（第三版）

无功功率与电力系统运行

王正风　著

中国电力出版社
CHINA ELECTRIC POWER PRESS

内 容 提 要

本书主要介绍电力系统无功功率对电力系统运行的影响。全书共分为10章加以阐述，分别为电力系统无功功率；无功功率与电压运行管理；无功功率与电力系统经济运行；电力系统数学模型；无功功率与静态电压稳定性；无功功率与系统静态功角稳定性；无功功率与系统暂态功角稳定性；无功功率与动态电压稳定性；无功功率与电力系统低频振荡和广域测量系统在电网安全运行中的应用。

本书可供电气工程、电力系统运行管理人员及相关技术人员阅读，同时也可以作为电气工程专业和电力系统专业的本科生、研究生以及相关专业的教师学习参考。

图书在版编目（CIP）数据

无功功率与电力系统运行/王正风著. —3版. —北京：中国电力出版社，2016.1（2024.8重印）
ISBN 978-7-5123-8317-3

Ⅰ. ①无… Ⅱ. ①王… Ⅲ. ①无功功率-影响-电力系统运行 Ⅳ. ①TM761

中国版本图书馆 CIP 数据核字（2015）第 229594 号

中国电力出版社出版、发行
（北京市东城区北京站西街 19 号 100005 http://www.cepp.sgcc.com.cn）
北京雁林吉兆印刷有限公司印刷
各地新华书店经售

*

2009 年 4 月第一版
2016 年 1 月第三版 2024 年 8 月北京第五次印刷
787 毫米×1092 毫米 16 开本 16 印张 390 千字
印数 10001—10500 册 定价 **39.00** 元

前　言

电力系统无功功率是电力系统能量的两种表现形式之一，虽然无功功率不消耗功率，但无功功率是用来建立和维持磁场，完成电磁能量的相互转换，从而完成电力系统能量传输的必要条件。长期以来，人们根据电力系统的特性，一般将无功功率与电力系统电压特性和电压稳定联系在一起。事实上，无功功率还对电力系统的经济运行和功角稳定具有重要影响。深入研究无功功率对电力系统运行的影响具有重要的意义。

《无功功率与电力系统运行》自 2009 年 4 月第一版出版以来，于 2012 年 2 月第二版再次出版，一直受到读者的喜爱。为了更好地适应读者的需求，在第二版的基础上进行了修订和完善。根据现代 AVC 的发展，更新了基于多智能体的无功电压控制技术相关内容；修改完善了广域测量系统在电网运行控制中的应用相关内容。全书仍然包括十章内容，分别为电力系统无功功率；无功功率与电压运行管理；无功功率与电力系统经济运行；电力系统数学模型；无功功率与电力系统静态电压稳定；无功功率与电力系统静态功角稳定；无功功率与电力系统暂态功角稳定；无功功率与电力系统动态电压稳定；无功功率与电力系统低频振荡和广域测量系统在电网运行控制中的应用。

本书在阐述过程中，兼顾了理论和实践，在数学公式推导过程中，阐述了其揭示的物理意义，使读者易于理解。本书是在作者多年来对无功功率和电力系统运行的研究成果基础上撰写而成的，同时吸收借鉴了国内外近些年有关电力系统无功功率和电力系统运行的电力科研工作者最新研究成果，在此表示感谢！

本书内容丰富，可供电气工程、电力系统运行管理人员及相关技术人员参考，同时可以作为电气工程专业和电力系统专业研究生和本科生的参考资料，也可作为电力工程专业教师的参考书。

本书撰写过程中，国家电网公司运行专业领军人才李端超高级工程师、西门子（中国）有限公司南京分公司张雅琼高级工程师、国家电网公司规划专业领军人才张鹏飞博士、河海大学潘学萍教授、安徽电力调度控制中心董瑞高级工程师为本书提供了无私的支持和帮助，本书吸收了他们研究的部分成果；汪永华教授为本书提出了很多有益的建议；此外国网电力科学研究院徐伟博士、刘强博士，安徽电力调度控制中心丁超高级工程师也参加了本书的编写工作和校正工作，在此表示衷心感谢。

由于编者水平有限，因此本书不完善、不正确的地方在所难免，如有缺点和不足之处，敬请读者见谅，并恳请读者给予批评指正。

编　者

2015 年 6 月

目 录

前言

第1章 电力系统无功功率 ·· 1

1.1 无功功率的基本概念 ·· 1

1.2 无功功率对电力系统的影响 ·· 2

1.3 正弦电路的无功功率理论 ··· 3

1.4 电力系统无功电源 ··· 9

1.5 电力系统的无功负荷 ··· 25

1.6 无功功率平衡 ·· 31

参考文献 ··· 32

第2章 无功功率与电压运行管理 ··· 33

2.1 电力系统无功功率传输 ·· 33

2.2 电力系统无功电压管理 ·· 35

2.3 电网无功电压标准 ·· 40

2.4 发电机无功电压调整 ··· 43

2.5 调整变压器变比调压 ··· 44

2.6 采用无功补偿设备调压 ·· 47

2.7 组合调压 ··· 49

2.8 基于多智能体协调的电网无功电压的自动控制 ·· 50

参考文献 ··· 70

第3章 无功功率与电力系统经济运行 ·· 71

3.1 电力系统经济运行 ·· 71

3.2 电力系统中无功功率的最优分布 ··· 73

3.3 开式网无功负荷的最优补偿容量及约束补偿容量 ······································ 76

3.4 电力系统无功功率优化——闭式网 ·· 82

3.5 电力系统经济运行理论的融合与发展 ··· 89

3.6 等耗量微增率与电力市场统一边际电价的联系 ··· 93

参考文献 ··· 96

第 4 章　电力系统数学模型 ·· 97

4.1　概述 ··· 97

4.2　同步发电机数学模型 ·· 98

4.3　发电机励磁系统模型 ·· 104

4.4　原动机模型 ··· 112

4.5　负荷模型 ··· 116

4.6　电力网络的数学模型 ·· 121

参考文献 ··· 122

第 5 章　无功功率与静态电压稳定性 ·· 123

5.1　概述 ··· 123

5.2　电力系统静态电压稳定 ·· 125

5.3　静态电压稳定分析方法（P-U 曲线分析） ·· 128

5.4　电压稳定性（U-Q 曲线分析） ··· 130

5.5　潮流多解法 ··· 132

5.6　连续潮流法 ··· 140

5.7　奇异值分析 ··· 145

5.8　灵敏度分析法 ··· 147

5.9　静态电压稳定控制 ·· 150

参考文献 ··· 152

第 6 章　无功功率与系统静态功角稳定性 ································· 154

6.1　电力系统静态功角稳定性 ··· 154

6.2　发电机无功功率对系统静态功角稳定性的影响分析 ······················· 156

6.3　无功补偿设备对系统静态功角稳定性的影响分析 ··························· 160

6.4　静态电压稳定与静态功角稳定的判据比较分析 ······························· 164

参考文献 ··· 171

第 7 章　无功功率与系统暂态功角稳定性 ································· 172

7.1　电力系统暂态功角稳定性 ··· 172

7.2　暂态功角稳定分析方法 ·· 174

7.3　暂态功角稳定理论证明——等面积法则 ·· 175

7.4　暂态功角稳定分析方法——扩展等面积法则 ···································· 179

7.5　发电机无功功率对暂态功角稳定性的影响分析——基于等面积法则证明 ······ 183

7.6　发电机无功功率对暂态功角稳定性的影响分析——基于 EEAC 理论证明 ······ 187

7.7　无功补偿设备对暂态功角稳定性的影响分析 ···································· 191

参考文献 ··· 194

第 8 章　无功功率与动态电压稳定性 ·· 196

8.1　概述 ·· 196

8.2　电力系统暂态电压稳定的时域仿真 ··· 198

8.3　电力系统暂态电压稳定 ·· 199

8.4　中长期电压稳定 ·· 202

8.5　暂态电压稳定控制 ··· 203

参考文献 ·· 209

第 9 章　无功功率与电力系统低频振荡 ··· 211

9.1　概述 ·· 211

9.2　电力系统低频振荡机理 ·· 212

9.3　电力系统低频振荡分析方法 ··· 214

9.4　无功功率对电力系统低频振荡的影响分析 ·· 224

参考文献 ·· 228

第 10 章　广域测量系统在电网安全运行中的应用 ···································· 229

10.1　电网广域测量系统 ··· 229

10.2　广域测量系统在静态稳定在线计算分析及控制中的应用 ······················ 234

10.3　广域测量系统在暂态稳定在线计算分析及控制中的应用 ······················ 238

10.4　广域测量系统在低频振荡在线计算分析及控制中的应用 ······················ 243

参考文献 ·· 246

电力系统无功功率

1.1　无功功率的基本概念

电力系统由发电、输电、配电和供电系统构成，是一个多种能量交换的系统。有功功率和无功功率是维持电力系统运行的两种能量重要的表达形式。

火电厂是依靠锅炉中燃烧的煤产生的热能推动汽轮机转化成机械能，汽轮机则利用其机械能推动发电机高速旋转，从而将机械能转化成电能。水电厂是依靠水电站中的水的势能推动水轮机，从而将势能转化成机械能，水轮机再传动发电机，将机械能转化为电能。而这些电能将通过电网的传输，即经过输电和供电提供给用户，用户则将电能转化为其他形式的能量，例如电动机的传动将电能转化成机械能、电弧炉将电能转化为热能、照明设备将电能转化为光能等。电力系统有功功率即表达为将电能转化为其他形式的能量的过程。

在电力系统传输有功功率的过程中需要无功功率的支持，用于在电气设备中建立和维持磁场，完成电磁能量的相互转换。无功功率不对外做功，但它为系统提供电压支撑，在电源与负荷之间提供电压降落所需的势能。不仅大多数网络元件需要消耗无功功率，而且大多数用户负荷也要消耗无功功率。诸如变压器、大量感应式电动机、气体放电灯、电风扇、冰箱、空调等设备，它们不仅需要从电力系统中吸收有功功率，同时需要吸收无功功率，以产生这些设备维持正常工作所必需的交变磁场。无功功率不是无用功率，它能为能量的交换、输送、转换创造必要的条件。因此研究无功功率具有重要的理论意义和实践意义，主要表现如下。

（1）无功功率与系统运行电压问题。电力系统的电压水平高低是电力系统能否正常可靠运行的重要指标，也是电能质量的主要指标之一，而电压水平的高低直接取决于无功功率是否充足、无功配置是否合理以及无功潮流分布是否合理等。

（2）无功功率与电力系统经济运行的问题。由于电网中无功潮流的流动将在线路和变压器等相关输变电设备上造成有功损耗，从而影响到电力系统的经济运行。因此，无功功率的优化可以提高电力系统运行的经济性，从而提高输电效率。

（3）无功功率与电力系统静态电压稳定问题。电力系统的电压稳定问题同电力系统的无功功率密切相关，系统中无功功率的不足是导致电力系统电压稳定失稳的重要原因。随着近年来国内外电压失稳事件的屡有发生，无功功率对电力系统静态电压稳定问题的影响已经成为电力系统的重要研究方向之一。

（4）无功功率与电力系统静态功角稳定的问题。电力系统的静态功角稳定是电力系统运行必须满足的基本条件之一。在电网实际运行中，要求电力系统必须具有较高的静态功角稳定储备，而发电机无功出力的多少、无功功率传输的多少、无功功率负荷的大小对电力系统的静态功角稳定都有影响。因此，研究系统静态功角稳定问题需要研究无功功率。

（5）无功功率与电力系统暂态功角稳定问题。无功功率不仅对电力系统电压稳定问题有重要的影响，还对电力系统暂态功角稳定具有影响，适当调节发电机组的无功出力可以提高电力系统暂态功角稳定性和输电能力。

（6）无功功率与电力系统动态电压稳定问题。无功功率不仅对电力系统的静态电压稳定问题具有重要影响，同样也对电力系统的动态电压稳定具有重要影响。发电机励磁系统的无功动态特性、电动机的无功动态特性以及负荷的动态电压特性等都对电力系统动态电压稳定具有重要影响，深入研究无功功率对电力系统动态电压稳定问题的影响，可以有效地提高电力系统运行可靠性，防止电力系统电压失稳事故的发生。

（7）无功功率与电力系统低频振荡的问题。发电机的无功出力还对电力系统的低频振荡有影响，发电机组进相运行时容易引起电力系统低频振荡发生，这种现象在安徽电网发生过数次。优化控制发电机组无功的出力和进相深度，可防止电力系统低频振荡的发生。

在正弦电路中，无功功率的概念具有清楚的物理意义，无功功率是电压、电流幅值以及电压和电流之间夹角正弦的乘积。无功功率表示有能量交换，但不消耗功率。

1.2　无功功率对电力系统的影响

无功功率虽然不直接消耗有功功率，但无功功率的交换将引起发电和输电设备上的电压降落和电能损失，影响系统电能质量，从而对发电、供电、配电 3 个方面都会产生不良影响。

1. 无功功率对有功功率的影响

输电线路的主要任务是输送有功功率，而为了实现有功功率的传输，同时维持系统电压水平，一般需要输送一定量的无功功率。输送无功功率将造成有功功率损耗。当有功功率一定时，输送的无功功率越大，则网络中的有功功率损耗就越大；当电力线路的传输能力一定时，传输无功功率越小，可以传输的有功功率越大。

2. 无功功率对电压的影响

（1）无功功率对电压水平的影响。电力系统的电压水平和无功功率密切相关，电力系统电压的高低可直接反映电网无功功率的平衡状况。若系统的无功电源比较充足，系统就有较高质量的电压运行水平。反之，如果无功功率不足，系统只能在较低质量的电压水平下运行。另外，电能在电力网中传输时，要损失掉部分有功功率和无功功率。当无功功率损耗较大时，将引起系统电压大幅度下降，影响系统运行的稳定性、经济性。

（2）无功功率对电压质量的影响。电力系统是向用户提供电能的网络，因而电能质量是供电部门生产经营活动中的一个重要经济技术指标。电压是电能质量的主要指标之一，其质量对电力系统稳定运行、降低线路损耗和保证工农业的安全生产有着重要意义。在工农业生产和人民生活中使用的各种用电设备都是按照额定电压来设计制造的。这些设备在额定电压下运行，才能取得最佳的运行状态。电压超出所规定的范围时，对用电设备将产生不良的后果。

目前大多数国家规定的电压允许变化范围一般为（$+5\%\sim-10\%$）U_N（额定电压）。电力部门为了确保电力系统正常运行时能够提供优质的电压，确保优质的供电服务，必须确保各输配电线路的母线电压在允许的偏差范围之内。电力系统正常运行时，应有充足的无功电源。无功电源的总容量要能满足系统在额定电压下对无功功率的需要。否则，电压就会偏离额定值。

当电力网有能力供给足够的无功功率时，负荷的电压就能维持在正常的水平上。如果无功电源容量不足，负荷的端电压就会降低。所以，我们要保证电力系统的电压质量，就必须先保证电力系统无功功率的平衡。

3. 无功功率对网损的影响

无功电源的布局、无功功率的传输以及无功功率的管理，直接影响线路的损耗和电力系统的经济运行。当有功功率和无功功率通过网络电阻时，会造成有功功率损耗。当网络结构已定，输送有功功率一定时，总的功率损耗完全决定于无功功率传输的大小，故无功功率通常不宜大量传输。

4. 无功功率对电力系统电压稳定的影响

电力系统由于其本身具有的特性，如在高压电网中，由于线路的电抗远大于电阻，因此电网的电压主要与无功功率相关；此外，从国内外发生的电压失稳事故来看，电压稳定问题，包括静态电压稳定和动态电压稳定问题，均和电力系统的无功功率密切相关。因此无功功率对电力系统的电压稳定具有重要的影响。深入分析电力系统的无功特性，特别是电力系统负荷的动态无功特性，是深入研究电力系统电压稳定问题的前提和基础。在这方面国内外已经取得了一定的研究结果。

5. 无功功率对电力系统功角稳定的影响

长期以来，人们对无功功率与系统功角稳定的研究不太深入，但事实上，无功功率对电力系统的功角问题具有一定的影响。诸如，发电机组进相运行时，其静态功角稳定性下降；在发电机组遭受较大扰动时，利用励磁系统的强励性能提高电力系统暂态功角稳定性；临界群的发电机组进相运行时，系统的暂态功角稳定性下降等。由于无功功率仅需要适当调节发电机组励磁系统的励磁电流，而无须附加费用，因此在电网实际运行中，应该及时合理地调节发电机组无功出力以及合理地配置无功补偿设备，以提高电力系统的静态功角稳定性和暂态功角稳定性，从而提高电力系统的输电能力。

6. 无功功率对电力系统低频振荡的影响

长期以来，人们对无功功率与电力系统低频振荡的研究不深入，人们研究低频振荡时得出的主要结论是电力系统存在弱阻尼时容易产生低频振荡，因而可以采用改善网络结构、减少有功功率输送以及增加电力系统稳定器 PSS 等措施来解决。事实上，发电机的无功出力对电力系统的低频振荡有影响，当发电机组进相运行时容易引起系统的低频振荡，如安徽电网 2001.5.16 低频振荡和 2011.1.13 低频振荡时，主要振荡发电机组处于进相运行状态。

1.3　正弦电路的无功功率理论

1.3.1　单相正弦电路的无功功率和功率因数

经典无功功率理论是建立在线性正弦交流电路基础上的。在正弦交流电路中，负荷是线性的，电路的电压和电流都是正弦波。设电压、电流瞬时值 u、i 的表达式分别为

$$\begin{cases} u = \sqrt{2}U\sin\omega t \\ i = \sqrt{2}I\sin(\omega t - \varphi) \end{cases} \tag{1-1}$$

式中：U 表示电压 u 的有效值；I 表示电流 i 的有效值；φ 表示电压 u 与电流 i 之间的相位差。

电路的瞬时功率 p 为

$$p = ui \tag{1-2}$$

瞬时功率 p 在一个周期内的平均功率 P 为

$$
\begin{aligned}
P &= \frac{1}{T}\int_0^T p\,\mathrm{d}t = \frac{1}{T}\int_0^T ui\,\mathrm{d}t = \frac{1}{T}\int_0^T (ui_\mathrm{p} + ui_\mathrm{q})\,\mathrm{d}t \\
&= \frac{1}{2\pi}\int_0^{2\pi} UI\cos\varphi(1 - \cos2\omega t)\,\mathrm{d}(\omega t) + \frac{1}{2\pi}\int_0^{2\pi}(-UI\sin\varphi\sin2\omega t)\,\mathrm{d}(\omega t) \\
&= UI\cos\varphi
\end{aligned}
\tag{1-3}
$$

式（1-3）中的 $P = UI\cos\varphi$ 是消耗在电阻元件上的平均功率，常称为有功功率；i_p 表示和电压同相位的电流分量；i_q 表示和电压相位相差 $90°$ 的电流分量。

电路的无功功率定义为

$$Q = UI\sin\varphi \tag{1-4}$$

可以看出，Q 就是式（1-3）中被积函数的第二项 ui_q 的变化幅度。ui_q 的平均值为零，表示电路有能量交换，但是不消耗功率。Q 表示了这种能量交换的幅度。在单相电路中，这种能量交换通常在电源和具有储能元件的负荷之间进行。从式（1-3）中可以看出，真正的功率消耗是由被积函数的第一项 ui_p 产生的。因此，ui_p 称为正弦电路的瞬时有功功率，ui_q 称为正弦电路的瞬时无功功率，i_p 称为瞬时有功电流分量，i_q 称为瞬时无功电流分量。

由式（1-4）可知，当电流的相位滞后电压时，Q 为正，Q 是消耗在感性负荷上的无功功率；当电流的相位超前电压时，Q 为负，Q 是消耗在容性负荷上的无功功率。因此通常规定感性无功功率为正，容性无功功率为负。

对于发电机和变压器等电气设备来说，其额定电流与导线的截面积及铜损耗有关，其额定电压和绕组电气绝缘有关，在工作频率一定的情况下，其额定电压还和铁芯尺寸及铁芯损耗有关。在工程上，常把电压电流有效值的乘积作为电气设备功率设计极限，这个值也就是电气设备最大可利用容量，称为视在功率 S，定义为

$$S = UI \tag{1-5}$$

功率因数定义为有功功率与视在功率的比值，即

$$\cos\varphi = P/S \tag{1-6}$$

由式（1-5）和式（1-6）可以看出，在正弦电路中，功率因数由电压和电流之间的相角差决定。因此，在单相正弦电路中，功率因数具有明确的物理意义，它就是电压和电流之间的相角差的余弦值。

由式（1-3）～式（1-5）可得 S、P、Q 满足如下关系

$$S^2 = P^2 + Q^2 \tag{1-7}$$

由于视在功率只是电压和电流有效值的乘积，因此它不能准确反映能量交换和消耗的强度，并且在一般电路中，视在功率不遵守能量守恒定律。

在线性交流电路中，当电流和电压均为正弦波时，无功功率表示负荷与电源之间能量来回交换的一种量度，它是电路中储能元件与电源间交换功率的最大值。无功功率表示有能量交换，但不消耗功率，而且通常只有在储能元件中才会有这种能量交换。

1.3.2 三相正弦电路的无功功率和功率因数

三相正弦电路的总有功功率定义为各相有功功率之和。三相正弦电路的总无功功率定义为各相无功功率之和。这样三相正弦电路的总视在功率可定义为

$$S=\sqrt{(\textstyle\sum P)^2+(\textstyle\sum Q)^2} \tag{1-8}$$

式中：$\sum P$ 表示为三相正弦电路的总有功功率；$\sum Q$ 表示为三相正弦电路的总无功功率；S 表示三相正弦电路的总视在功率。

三相功率因数可以定义为

$$\cos\varphi=\frac{\sum P}{S} \tag{1-9}$$

在三相对称正弦电路中，各相视在功率、功率因数也均相同。由式（1-8）可知，三相对称正弦电路的总视在功率等于各相视在功率之和，三相对称电路的功率因数等于单相功率因数。因此，三相对称电路的总视在功率和功率因数也有明确物理意义，三相总视在功率等于各相电压电流有效值的乘积之和，三相功率因数就是等于单相功率因数。

在三相不对称电路中，由于各相电压、电流存在不对称，各相的视在功率、功率因数也不相同。因此，三相正弦电路的视在功率和功率因数失去了单相电路的视在功率和功率因数的物理意义。

从上述无功功率定义可以进一步得出无功功率的以下几个属性：

（1）无功功率是一物理量，其表达式为 $Q=UI\sin\varphi$；

（2）无功功率是一个有符号的物理量；

（3）系统中无功功率可以被平衡掉，即流入某节点的无功功率等于流出某节点的无功功率；

（4）对无功功率进行补偿可以使功率因数等于1；

（5）单相无功功率与有功功率及视在功率满足直角三角形运算关系，而三相无功功率与有功功率及算术视在功率不一定满足直角三角形运算关系。

1.3.3 感性无功功率与磁场储能

如1.3.2小节所述，只有存在储能元件时才会有无功功率交换，而在电力系统中的储能元件通常为电感和电容。因此首先分析电感线圈产生的无功功率交换。

如果一个电感线圈接在直流电路中，由于电流和磁通都恒定不变，所以在线圈中不产生自感电动势。此时仅有线圈中的电阻起作用，由于线圈中电阻是很小的，所以实际上这一个回路构成了短路。

但若以一个交流电压加在线圈 L 的两端，则线圈中将产生一个自感电动势，这个自感电动势正好与所加的交流电压大小相等，方向相反。图1-1表示一个电感电路，图中箭头表示电源电压 u、电流 i 与自感电动势 e_L 的正方向。

L 是线性电感，交流电流的瞬时值为

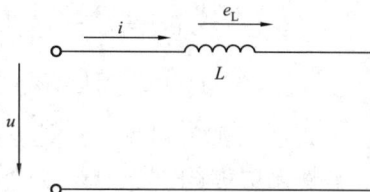

图1-1 交流电感电路

$$i = I_m\sin\omega t \tag{1-10}$$

根据电磁感应定律可以得到自感电动势为

$$e_L = -L \frac{di}{dt} = -L \frac{d}{dt}(I_m \sin\omega t) = \omega L I_m \sin(\omega t - 90°) = E_m \sin(\omega t - 90°) \quad (1-11)$$

由于电感线圈的电阻很小，可以忽略不计，因此线圈中只有自感电动势 e_L，也就是说 e_L 与 u 的大小相等、方向相反，而且这个关系适用在任意时刻，它的数学关系可表示如下

$$u = e_L \qquad\qquad (1-12)$$

将式（1-12）代入式（1-11）得

$$u = L \frac{di}{dt} = L \frac{d}{dt}(I_m \sin\omega t) = \omega L I_m \sin(\omega t + 90°) \quad (1-13)$$

以 $u_m = \omega L I_m$ 代入式（1-13）得

$$u = u_m \sin(\omega t + 90°) \qquad\qquad (1-14)$$

因此也可以写成 $u = \omega L I$，由于感抗

$$x_L = \omega L = 2\pi f L \qquad\qquad (1-15)$$

感抗 x_L 单位为欧姆，它的大小与电感 L 和频率 f 成正比。在交流电感电路中电压电流的关系由 x_L 所决定，即

$$u = x_L l \qquad\qquad (1-16)$$

而 x_L 是由电感大小（单位是亨）所决定，通常电网中工频固定为 50Hz，因此电感 L 越大感抗也越大，相应流过回路中的电流也就越小。

由式（1-11）及式（1-12）可以看出，自感电动势滞后电流相位 90°；而外加电压 u 则超前电流相位 90°。这是因为外加电压是电流对时间的一次微分，而自感电动势与外加电压正好方向相反，二者相位相差 180°。

该线路的电压、自感电动势、电流以及无功功率曲线如图 1-2 所示。该线路电压、自感电动势及电流的相量关系如图 1-3 所示。

在电感电路中，瞬时功率是无功功率。可用瞬时电流与瞬时电压的乘积，因此可用符号 q_L 表示

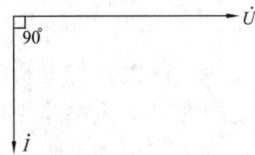

图 1-2　交流电感电路波形图

图 1-3　交流电感电路相量图

$$q_L = ui = U_m I_m \sin(\omega t + 90°)\sin\omega t = U_m I_m \sin\omega t \cos\omega t$$
$$= \frac{1}{2} U_m I_m \sin 2\omega t = UI \sin 2\omega t \qquad (1-17)$$

由式（1-17）可见，q_L 是正弦函数，并且它的频率是电压或电流频率变化的 2 倍。

感性无功功率的物理意义是：由于电感线圈是贮藏磁场能量的元件，当电感线圈加上交流电压之后，相应的磁场能量也随着变化，当电压增大，电压及磁场能量也就相应加强，此时线圈的磁场就将外电源供给的能量以磁场能量形式贮藏起来；当电流减小和磁场能量减弱时，线圈把磁场能量释放并输回到外面电路中。

从图 1-2 感性无功功率波形图 q_L 曲线可以看到，当外加电压 u 与电流 i 同方向时（都

为正值或都为负值），无功功率为正，此时线圈吸收能量，电感是一个负载；当施加电压 u 与电流相反方向时（一个为正值，另一个为负值），无功功率为负，此时线圈释放能量，电感变成一个无功电源。由于电感线圈中电阻是忽略不计的，因此电路中没有能量损耗，输入电感线圈的能量又全部输回电路中，图中瞬时功率 q_L 的正值半周的面积与负值半周的面积完全相等。所以交流电感电路中平均功率为零，可用式（1-18）表示

$$Q_L = \frac{1}{T}\int_0^T q_L \mathrm{d}t$$

$$= \frac{1}{T}\int_0^T UI\sin\omega t\, 2\mathrm{d}t$$

$$= 0 \qquad\qquad (1-18)$$

式（1-18）表示交流电感电路不消耗功率，电路中仅是电源能量与磁场能量之间的相互转换。瞬间功率最大值为

$$Q_L = UI = I^2 X_L \qquad\qquad (1-19)$$

式中：Q_L 表示线圈的容量，即无功功率，单位为千乏（kvar）或乏（var）。

由于感性无功功率是线圈以磁场储能的方式在电流一个周波之间储藏，二次全部释放出去，因此储藏在磁场中全部能量为

$$A = \int_0^I Li\,\mathrm{d}i = \frac{1}{2}LI^2 \qquad\qquad (1-20)$$

磁场能量 A 的单位为焦耳（J），从式（1-20）中可以看出，电感量越大，通过电感的电流越大，其所储能量也越大。

1.3.4 容性无功功率与电场储能

同样地，若将一个电容器接在直流电路接通充电，电容器没有电流流过。换句话来讲，这一个电容回路实际上相当于是断开的。

但当一个交流电压加在电容器的两端时，实验证明电路中就会有持续的交流电流通过。图 1-4 表示一个交流电容电路。

图中箭头表示电源电压 u 和电流 i 的正方向。C 是线性电容，交流电压 u 瞬时值为

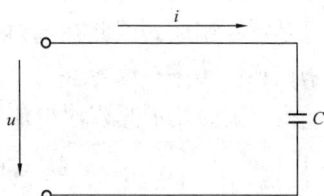

图 1-4 交流电容回路

$$u = U_m\sin\omega t \qquad\qquad (1-21)$$

同样，电容器上累积的电荷是电流 i 对时间 t 的积分，也就是说电流 i 与电容中电荷 q 的关系是电荷对时间的一次微分，即

$$i = \frac{\mathrm{d}q}{\mathrm{d}t} \qquad\qquad (1-22)$$

由于电荷 $q=Cu$，代入式（1-22），可得

$$i = \frac{\mathrm{d}q}{\mathrm{d}t} = C\frac{\mathrm{d}u}{\mathrm{d}t} = C\frac{\mathrm{d}}{\mathrm{d}t}(U_m\sin\omega t)$$

$$= \omega CU_m\sin(\omega t + 90°) = I_m\sin(\omega t + 90°) \qquad (1-23)$$

上式 $I_m = \omega CU_m$，因此式（1-23）可以写成

$$\frac{U_{\mathrm{m}}}{I_{\mathrm{m}}} = \frac{U}{I} = \frac{1}{\omega C} = x_{\mathrm{C}} \tag{1-24}$$

式中：x_{C} 表示容抗，单位是欧姆，也可以用频率表示，即

$$x_{\mathrm{C}} = \frac{1}{2\pi f C} \tag{1-25}$$

在电力系统中频率 f 是固定的，在正常运行时，其变化很小。因此容抗 x_{C} 的大小完全取决于电容量的大小，电容量越大则容抗越小，比较瞬时电压 u 与瞬时电流 i 可以看出，电流相位超前电压相位 $90°$。其物理意义可理解为先有充电使电容器上积累电荷，才引起电容器上电压升高；先有放电使电容器上释放电荷，电容器上电压才会下降。这二者是一次微分关系，见式（1-23），因此其相角差为 $90°$。

图 1-5 表示交流电容电路的电压、电流、无功功率波形曲线，图 1-6 表示电压与电流的相量图。

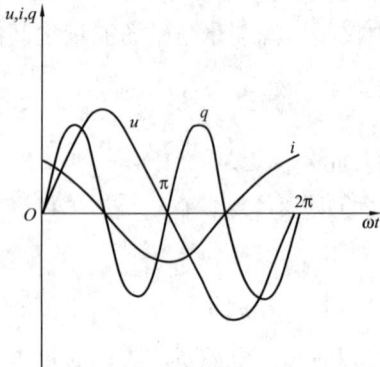

图 1-5　交流电容电路波形图

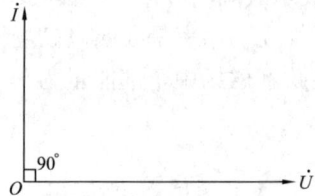

图 1-6　交流电容电路相量图

与电感电路和电容电路比较，不难看出感性电流方向与容性电流方向正好相反；同样容性电抗与感性电抗比较，二者也正好相反，而且能起到相互抵消的作用。容性功率与感性功率也是正好相反，因此在电力系统中往往采用容性功率来补偿感性功率，当容性功率过剩时也采用感性功率补偿容性功率。

由于瞬时功率是瞬时电流与瞬时电压的乘积，在电容电路中瞬时功率为

$$q_{\mathrm{C}} = ui = U_{\mathrm{m}} I_{\mathrm{m}} \sin(\omega t + 90°) \sin\omega t = U_{\mathrm{m}} I_{\mathrm{m}} \sin\omega t \cos\omega t$$

$$= \frac{1}{2} U_{\mathrm{m}} I_{\mathrm{m}} \sin 2\omega t = UI \sin 2\omega t \tag{1-26}$$

式（1-26）的波形如图 1-5 中 q_{C} 正弦曲线所示。从图中可以看到它的变化规律，它的频率与感性无功功率一样是电压与电流频率的 2 倍。

从物理概念可以这样解释容性无功功率：由于电容器是储藏电场能量的元件，当电容器上加上交流电压之后，电压交变时，相应的电场能量也随着变化。当电压增大，电流及电场能量也相应增大，此时电容器的电场就将外电源供给的能量以电场能量形式贮藏起来；当电压减小电场强度降低时，电容器把电场能量释放并输回到外面电路中。

从图 1-5 电容性无功功率波形图 q_{C} 曲线上可以看到，当外加电压 u 与电流 i 同方向时（都是正值或都是负值时），外电源把能量输入电场，此时电容器为吸收能量的负载，瞬时功率为正。当电压 u 减小，外加电压 u 与电流 i 反方向时（一个为正值，另一个是负值），电场能量输回给外电源，此时电容器相当于一个无功电源，瞬时功率为负。

由于感性电路电流滞后电压相位 90°，而容性电路电流超前电压相位 90°，**因此容性无功功率与感性无功功率正好相差 180°**。也就是说在容性电抗等于感性电抗的电路中，有 $X_L = X_C$，此时 $Q_L = Q_C$，二者正好抵消，电路中没有无功功率，电抗为 0。

由于电容电路中电阻略去不计，因此没有能量损失。由于瞬时无功功率正、负半波完全相等，因此其平均值为零，可以用式（1-27）表示，即

$$Q_C = \frac{1}{T}\int_0^T q_C \, \mathrm{d}t = \frac{1}{T}\int_0^T UI\sin 2\omega t \, \mathrm{d}t = 0 \tag{1-27}$$

式（1-27）表示交流电容电路不消耗功率，电路仅是电源能量与电场能量之间往复转换。

瞬间功率最大值为

$$Q_C = UI = I^2 X_C \tag{1-28}$$

式中：Q_C 表示电容器的容量，也是它的无功功率，其单位是千乏或乏。

由上所述：容性无功功率是电容器以电场储能的方式在外加电压一个周波之间二次储能，二次释放出去，因此贮藏在电场中的全部能量为

$$A = \int_0^U Cu \, \mathrm{d}u = \frac{1}{2}CU^2 \tag{1-29}$$

式中：A 的单位是焦耳 J；C 的单位是法拉，F；U 的单位是伏特，V。

1.4　电力系统无功电源

在电力系统中，无功电源主要是同步发电机、同步调相机、并联电容器、串联电容器、静止无功补偿器和高压输电线路等。

1.4.1　同步发电机

同步发电机既是电力系统的有功电源，同时又是最基本的无功电源装置。从系统观点来看，它的容量最大，调节也最方便。电力系统中大部分无功功率都是由同步发电机提供的。同步发电机在过励磁和欠励磁时可以分别发出或吸收无功功率。但是，发电机应严格地按照有功功率-无功功率（P-Q）极限曲线运行。同步发电机供给无功功率的能力，不仅与短路比大小有关，还与同时担负的有功负载大小有关，其最大无功功率出力受转子温升条件的限制。

同步发电机正常运行时，以滞后功率因数运行为主，即向系统提供无功功率。但必要时，也可以减小励磁电流，使功率因数超前，即所谓的"进相运行"，以吸收系统多余的无功功率，通常在系统低谷运行时，发电机进相运行是调节系统电压的手段之一。

同步发电机为了满足调相调压、无功备用和经济运行的需要，发电机无功出力一般不满载。随着电力系统容量的增加，大机组、远距离、超高压送电的比重增大，发电机无功容量的利用率会进一步降低，其运行功率因数会进一步提高。

1. 发电机的励磁电流与无功出力的关系

发电机空载运行的相量图如图 1-7 所示。

发电机空载运行时，此时发电机的电压等于电网电压或机组的额定电压，即 $\dot{U} = \dot{E}$，定子中没有电流，即 $I_S = 0$。由于发电机没有电枢反应，此时的励磁电流是额定电流值。发电机空载情况下的相量图如图 1-7（a）所示。

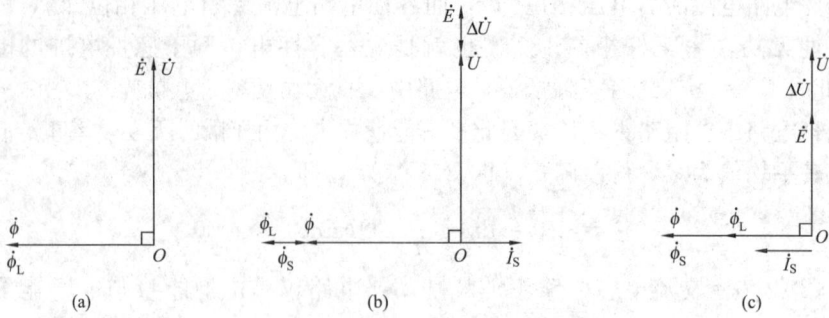

图 1-7 发电机空载运行相量图

(a) 正常励磁；(b) 过励磁；(c) 欠励磁

增加发电机励磁电流，发电机的空载电动势 E_0 将随之增大，因为电网电压 $\dot{U}$ 仍然不变，所以在发电机定子组中出现了电压降 ΔU。

$\Delta \dot{U}$ 在定子绕组中产生电流 $\dot{I}_S$，$\Delta \dot{U}$ 实际上就是 $\dot{I}_S$ 在同步电抗 X_d 上的电压降。因此 $\dot{I}_S$ 比 $\Delta \dot{U}$ 滞后 90°，即 $\dot{I}_S$ 比电网电压 $\dot{U}$ 滞后 90°，其相量图如图 1-7（b）所示。

由于 $\dot{I}_S$ 比电网电压 $\dot{U}$ 滞后 90°，通过 1.3.3 小节所述，其物理意义为发电机向电网输出了感性无功功率。这种运行状况通常就是发电机的过励磁运行。

从图 1-7（b）中还可以看到，虽然转子磁通 $\dot{\phi}_L$ 随着励磁电流的增大而增大，但由于感性定子电流产生了去磁的电枢反应 $\dot{\phi}_S$，所以总磁通 $\dot{\phi}$ 仍然不变。

如果减小励磁电流，转子产生的磁通 $\dot{\phi}_L$ 将减小，发电机的空载电势 $\dot{E}_0$ 也随着减小，因为电网电压 $\dot{U}$ 仍然不变，此时空载电势 E 的幅值低于电网电压 U，在发电机定子绕组中也出现了电压差。但这个电压差与过励状态时的电压差方向是相反的。

由于电压差 $\Delta \dot{U}$ 所引起的定子电流 $\dot{I}_S$ 比 $\Delta \dot{U}$ 滞后 90°，但它却比电网电压 $\dot{U}$ 超前 90°，这时候发电机向电网输出容性无功功率，即发电机从电网吸收感性无功功率。这种运行方式是欠励磁运行。

从图 1-7（c）可见，虽然转子磁通 $\dot{\phi}_L$ 随着励磁电流的减小而减小，但由于容性定子电流产生了助磁的电枢反应 $\dot{\phi}_S$，所以总磁通 $\dot{\phi}$ 仍然不变。

2. 同步发电机的 U 形曲线

由上述可知，调节同步发电机的励磁电流可以控制发电机的无功出力，此时发电机的定子电流 $\dot{I}_S$ 的大小随着励磁电流 $\dot{I}_L$ 的变化而变化。若将励磁电流 $\dot{I}_L$ 和定子电流 $\dot{I}_S$ 的变化绘制成曲线，曲线形状如图 1-8 所示，曲线形状如 U 形，因此称为 U 形曲线。

在 U 形曲线簇中，最下面的一条曲线表示发电机发出有功功率为零的情况，这条曲线最低点 a，表示空载时不输出无功功率的励磁状况。

当增加励磁电流时，即作过励磁运行时，定子电流 $\dot{I}_S$ 滞后电压 $\dot{U}$，同时随着 $\dot{I}_L$ 的增大而增大，所以曲线的右边是向上增加的；当减小励磁电流时，即作欠励磁运行时，定子电流 $\dot{I}_S$ 超前电压 $\dot{U}$，同时随着 $\dot{I}_L$ 的增大而减小，所以曲线的左边是向上增加的，整个曲线成

U 形。

图 1-8 中，每条 U 形曲线代表发电机处于不同有功出力情况，每条曲线的最低点代表功率因数 $\cos\varphi=1$ 的运行情况。其物理意义是：当同步发电机的输出功率 $P=UI\cos\varphi$ 一定时，当 $\cos\varphi=1$，定子电流 I_S 最小。

连接各条曲线上的最低点 a、a1、a2…，就可以得到一条仅输出有功功率而不输出无功功率的曲线。在这条虚线上，$\cos\varphi=1$ 是区分发电机过励磁还是欠励磁运行的分界线。虚线的右边是同步发电机过励磁运行状态，表明发电机输出感性无功功率；虚线的左边是同步发电机欠励磁运行状态，表明发电机从系统吸收感性无功功率。

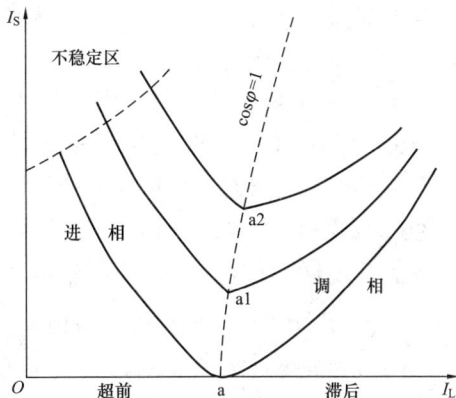

图 1-8 同步发电机的 U 形曲线

在 U 形曲线的左侧有不稳定区。因为当励磁电流减小时，电动势 E_0 就相应减小，此时发电机的极限有功出力 $P_{\max}=\dfrac{E_0U}{X_d}$ 亦相应减小。当励磁电流减小到一定程度后，发电机的电磁功率减小到原动机的功率，此时发电机功率角 $\delta=90°$，此时同步发电机的工作点在功角曲线的顶点，因此已经达到了发电机的功角稳定临界点，外界若稍有扰动，发电机将失去稳定。

3. 同步发电机的无功出力

同步发电机的无功出力可通过电压调整装置调节它的励磁电流来实现。由于发电机的定子端电压是电网电压，因此是恒定的；定子额定电流受定子绕组额定容量限制，因此也是恒定的。故在定子电压和定子电流限制的条件下，如果发电机功率因数 $\cos\varphi$ 减小，则发电机的有功出力减小，无功功率增大；若发电机功率因数 $\cos\varphi$ 增大，则发电机的有功出力增大，无功功率减小。

对于任何一台发电机，对应不同的有功出力时都有一个极限的无功出力，同步发电机的有功出力和无功出力的关系可以绘制成曲线，通常称之为发电机的 $P-Q$ 曲线，如图 1-9 所示。

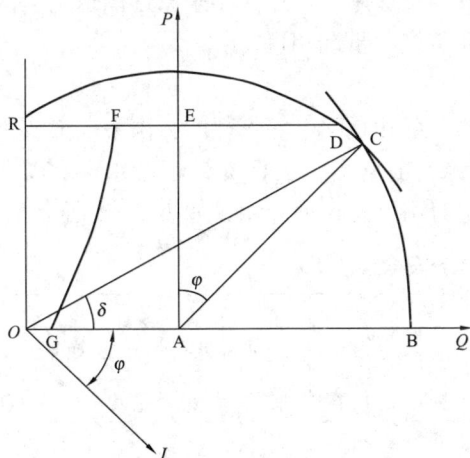

图 1-9 中，OA 表示发电机的机端电压 $\dot{U}$，定子电流滞后于电压 φ 角。AC 为定子电流在发电机同步电抗上的电压降，其长度等于 IX_d，OC 的长度表示发电机的电动势 E_d。

将各量除以 X_d，并用额定值为基准的标幺值表示，则

$$OA=\frac{U}{X_d}$$

图 1-9 中，OA 表示发电机的短路比；$AC=S$ 表示发电机的视在功率；$AC\cos\varphi=P$ 表示发电机的有功功率；$AC\sin\varphi=Q$ 表示发电机的无功功率。

图 1-9 发电机有功出力与无功出力极限值的关系

由于定子电流受定子绕组容量的限制，因此在图中以 A 为圆心、AC 为半径的圆弧表示定子的最大出力。转子的允许电流受转子绕组容量的限制，反映在图中为以 O 为圆心、OC 为半径的圆弧，这条弧表示转子的最大励磁电流值。这两个弧交于 C 点，该点表示定子与转子的电流同时达到最大允许值。

从图 1-9 可见，当功率因数 $\cos\varphi$ 降低，即 φ 增大时，由于受转子允许电流的限制，相量端点的轨迹是 BC 弧线，此时定子绕组没有满负荷；当功率因数 $\cos\varphi$ 增加，即 φ 降低时，由于受转子电流的限制，相量端点的轨迹是 CD 弧线，此时转子没有满负荷。

经过 D 点以后，如果 $\cos\varphi$ 继续增加，φ 角减小，由于受原动机额定出力的限制，运行范围不能超过直线 DR 以上，即不能超过额定出力 $P_{\max}$。

当 $\cos\varphi$ 继续增大超过 1 进入进相运行时，$\dot{E}_{\mathrm{d}}$ 与 $\dot{U}$ 之间的夹角 δ 不断增大，Q 变为负值时，其出力受静态稳定的限制，其极限值不超过 OR 范围。在实际运行中，考虑到稳定储备，实际运行范围不能超过 FG 曲线范围。

1.4.2　同步调相机

从电机原理来讲，同步调相机是空载运行的同步电动机，它的转子也和同步电动机一样，都是做成凸极式的。同步调相机的转速不高，一般为 $750 \sim 1000 \mathrm{r/min}$。由于同步调相机不拖动任何机械负载，专门用于补偿系统无功功率，所以转子轴要较同容量的同步电动机细小，它的空气间隙也比同步电动机要小。

同步调相机也是通过改变励磁电流的大小，实现从电网中吸收无功功率或者是输出无功功率。同步调相机在过励磁运行时，向系统供给感性无功功率，起无功电源的作用；在欠励磁运行时，从系统吸取感性无功功率，起无功负荷的作用，这种运行方式也称为"进相运行"。装有自动励磁装置的同步调相机能根据电压平滑地调节输入或输出的无功功率。

虽然同步调相机可以在欠励磁状态下运行，吸收电网的无功功率，但同步调相机进相运行时，欠励磁情况不能太严重。如果励磁电流过小，引起调相机的端部漏磁增大，造成定子铁芯端部过热。励磁电流如果太小，还会影响电网的静态稳定。根据实际运行经验，调相机运行时的最大出力为其额定出力的 $50\% \sim 65\%$。

同步调相机的主要优点是可以连续调节无功功率的数值，但由于它是一种旋转机械，有功功率损耗较大，运行维护复杂，响应速度慢，且投资费用大，近些年来已逐渐退出电网运行，通常只在需要大容量的无功功率补偿设备时才装设同步调相机。

1.4.3　输电线路的容性无功功率

输电线路的容性无功功率是由于导线对地充电电容和相间电容引起的。由于电力线路存在分布电容，因此能产生无功功率作为无功功率源。根据实际运行资料，110kV 及以上输电线路的电容性功率，在电力系统无功功率平衡中有不可忽视的作用，如表 1-1 所示。

表 1-1　　　　110kV 及以上输电线路的电容及电容性功率

导线截面（mm²）	110kV		220kV				330kV		500kV四分裂		750kV四分裂	
			单导线		双分裂							
	电容	功率	电容	功率	电容	功率	电容	功率	电容	功率	电容	功率
50	0.808	3.00	—	—	—	—	—	—	—	—	—	—
70	0.818	3.14	—	—	—	—	—	—	—	—	—	—

续表

导线截面 (mm²)	110kV		220kV				330kV		500kV 四分裂		750kV 四分裂	
			单导线		双分裂							
	电容	功率	电容	功率	电容	功率	电容	功率	电容	功率	电容	功率
95	0.840	3.18	—	—	—	—	—	—	—	—	—	—
120	0.854	3.24	—	—	—	—	—	—	—	—	—	—
150	0.870	3.30	—	—	—	—	—	—	—	—	—	—
185	0.885	3.35	—	—	1.14	17.3	—	—	—	—	—	—
240	0.904	3.43	0.837	12.7	1.15	17.5	1.09	36.9	—	—	—	—
300	0.916	3.48	0.848	12.9	1.16	17.7	1.10	37.3	1.18	94.4	—	—
400	0.939	3.54	0.867	13.2	1.18	17.8	1.11	37.5	1.19	95.4	1.22	215
500	—	—	0.882	13.4	1.19	18.1	1.13	38.2	1.20	96.2	1.23	217
630	—	—	0.895	13.6	1.20	18.2	1.14	38.6	1.205	96.7	1.24	219
700	—	—	0.912	14.8	1.21	18.3	1.15	38.8	1.21	97.2	1.24	219

注 电容单位为 μF/100km，电容功率单位为 Mvar/100km。

对于 110kV 以上输电线的电容性功率，可根据输电线路导线间的不同排列方式，首先计算出导线电纳，然后计算出其容性无功功率。式（1 - 30）给出了每 100km 输电线路的电纳。

$$b_0 = \frac{7.58 \times 10^{-4}}{\lg \dfrac{D_{CP}}{r}} \tag{1-30}$$

每 100km 输电线路的充电功率为

$$Q_0 = U^2 b_0 \tag{1-31}$$

式中：D_{CP} 表示线间几何均距。

$$D_{CP} = \sqrt[3]{D_1 D_2 D_3} \tag{1-32}$$

式中：D_1，D_2 和 D_3 分别表示三相导线之间的相间距离。对于三角形布置的导线有如下关系式

$$D_{CP} = D_1 = D_2 = D_3 \tag{1-33}$$

对于水平布置的导线，有

$$D_{CP} = \sqrt[3]{2}D \tag{1-34}$$

$$r = \sqrt[n]{r_0 a^{(n-1)}} \tag{1-35}$$

式中：r_0 表示导线的实际半径，cm；n 表示每相分裂导线数；a 表示分裂导线间的几何均距，cm；r 表示分裂导线的等值半径，cm。

由于导线自身存在电抗，相当于自身串联阻抗的作用，会消耗无功功率，因此输电线路既是一个无功功率源，但同时也要消耗无功功率。一般来说，对于电压等级为 35kV 及以下的电力线路，其充电功率甚小，电力线路主要是消耗无功功率。但是对于电压等级为 110kV 及以上的电力线路，其情况较为复杂。当电力线路的传输功率较大时，电力线路中电抗消耗的无功功率将大于电纳中产生的无功功率，则电力线路为无功负荷，消耗无功功率；当电力

线路的传输功率较小时，电力线路中电纳产生的无功功率将大于在电抗中消耗的无功功率损耗，此时电力线路为无功电源，发出无功功率。

如果交流线路每千米串联的等值电感为 $L(\mathrm{mH/km})$，并联的等值电容为 $C(\mathrm{F/km})$，线路运行电压为 $U(\mathrm{kV})$，电流为 $I(\mathrm{kA})$，则

每千米产生的容性无功功率为

$$Q_\mathrm{C} = 2\pi f C U^2 \tag{1-36}$$

每千米消耗的感性无功功率为

$$Q_\mathrm{L} = 2\pi f L I^2 \tag{1-37}$$

若线路产生的容性无功功率正好等于消耗的感性无功功率，即无功电源等于无功负荷，则

$$Q_\mathrm{C} = 2\pi f C U^2 = Q_\mathrm{L} = 2\pi f L I^2 \tag{1-38}$$

这样可得

$$\frac{U}{I} = \sqrt{\frac{L}{C}} = Z_\mathrm{S} \tag{1-39}$$

式中：Z_S 称为波阻抗，由波阻抗所导致的传输无功功率称为自然功率。自然功率可表示为

$$P_\mathrm{N} = \frac{U^2}{Z_\mathrm{S}} \tag{1-40}$$

当线路输送的功率大于自然功率时，线路消耗的无功功率大于线路产生的无功功率，此时输电线路相当于无功负荷；而当线路输送功率小于自然功率时，线路消耗的无功功率小于线路产生的无功功率，此时输电线路相当于无功电源。

波阻抗是由输电线路的几何距离、排列方式及周围介质决定的，但由于参变数 L 与 C 同时与几何距离及排列方式相关，因此实际上波阻抗变化范围很小。对架空线路来说，波阻抗的变化范围为 350～400Ω，电缆线路的波阻抗为 25～35Ω。

1.4.4　并联电容器

并联电容器是提供无功功率和电压支持的最廉价方法。在负荷区域附近进行并联补偿的主要目的是调节电压和保持负荷稳定。它供给的无功功率 Q_C 值与节点电压 U 的平方成正比，即

$$Q_\mathrm{C} = U^2/X_\mathrm{C} \tag{1-41}$$

式中：$X_\mathrm{C} = 1/\omega C$ 为电容器的容抗，进一步可写成

$$Q_\mathrm{C} = U^2 \omega C \tag{1-42}$$

由式（1-42）可见，电容器的无功输出与施加到电容器两端的端电压平方和频率成正比。若电网电压高于电容器的额定电压，电容器将会过负荷运行，同时输出的无功功率增大；当电网电压低于额定电压时，电容器的无功输出会降低。因此当系统发生故障时，若希望电容器的无功输出维持电压水平，电容器的输出无功将减少，不利于系统无功功率的调节，故其调节性能比较差。

电容器组的接线方式通常可以分为三角形和星形接线两种。星形接线又分为中性点接地和中性点不接地两种。我国电容器组接线方式大多数采用三角形接线。当电容器的额定电压等于电网的线间电压时，在配电系统可以直接采用三角形使用。

三角形接线的电容器，直接承受线间电压，但任何一台电容器因故障被击穿时，将造成

另外两相短路，故障电流很大，如果不能迅速切除故障，故障电流和电弧将使绝缘介质产生气体，会引起电容器油箱爆炸。所以，三角形接法通常用于短路容量较小的厂矿。

1.4.5 静止无功补偿器

静止无功补偿器（Static Var Compensator，SVC）是一种新型的无功补偿设备，美国通用电气公司（General Electrical）和西屋公司（Westing House）在美国电科院（EPRI）的资助下于 19 世纪 70 年代末期完成了世界上首台静止无功补偿器。

SVC 是一种可以控制无功功率的补偿装置，通常由并联电容器组（或滤波器）和一个可调节电感量的电感元件组成。SVC 一般被用来控制接入点电压在静、动态过程中维持在一定范围内，同时还具有一定的稳定系统能力，因此通常用在枢纽变电所或终端变电所灵活地补偿无功功率，提供随机性调相功能。

SVC 一般是通过晶闸管来实现快速投切并联电容器/电抗器来运行，有时也与机械控制的电容器/电抗器配合动作来实现上述功能。SVC 与一般的并联电容器补偿装置的区别是能够跟踪电网或负荷的无功波动，进行无功的实时补偿，从而维持电压的稳定，因此 SVC 通常又用于对冲击性负荷的就地补偿，如用于轧钢机、矿山绞车、电弧冶炼炉、电焊机、电气机车、高能加速器、频繁启动的电动机等。

SVC 是为了解决由电弧炉引起的闪变而开发出来的，是一种并联连接的静止无功发生器或吸收器，可调节其输出交换的容性或感性电流，以便保持或控制电力系统的一些特定参数。国际大电网会议将 SVC 分为机械投切电容器型（MSC）、机械投切电抗器型（MSR）、自饱和电抗器型（SR）、晶闸管控制电抗器型（TCR）、晶闸管投切电容器型（TSC）、晶闸管投切电抗器型（TSR）、自换相或电网换相器型（SCC/LCC）7 种类型。

常见的 SVC 有 4 种形式：SR（自饱和电抗器）、TCR（晶闸管控制电抗器）、TCT（晶闸管控制高漏抗变压器）、TSC（晶闸管投切电容器），其基本结构如图 1-10 所示。

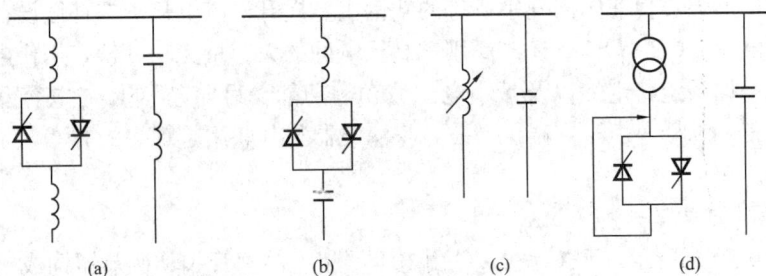

图 1-10 常见的几种 SVC 基本结构

(a) TCR 型；(b) TSC 型；(c) SR 型；(d) TCT 型

1. 晶闸管控制空芯电抗器型（TCR 型）

如图 1-10 (a) 所示，TCR 型 SVC 包括 4 个主要组成部分：高阻抗变压器或降压变压器（未画出）、电容器组（兼作滤波器）、晶闸管阀和调节器。动态补偿回路由电感 L 与两个反并联的晶闸管相串联组成。这两个晶闸管分别按照单相半波交流开关运行。改变控制角，电感中通过的电流便相应改变，进而控制补偿容量。降压变压器一次绕组连接成三角形，可以使晶闸管相控电抗器在不同导通状况下产生的三次谐波成分不流入系统。

(1) TCR 型 SVC 的优点。

1）可以进行连续感性和容性无功调节。单独的 TCR 由于只能吸收感性无功功率，与并联电容器配合使用，使得总的无功功率为 TCR 与并联电容器无功功率抵消后的净无功功率，因此可以将补偿器的总体无功电流偏置到可吸收容性无功的范围内。

2）能进行分相调节。降压变压器二次绕组连接成"开口星型"，中点分开，这是要使每相负载与另外两相独立，从而正序和负序的幅值可以单独控制、分相调节，可以平衡之前不平衡的负载。

3）吸收谐波能力好。并联电抗器串上小调谐电抗器还可兼作滤波器，能很好地吸收 TCR 产生的谐波电流。

4）控制灵活性好。TCR 型 SVC 有多种可选择补偿方案，一种方案就是将电容器组的总容量固接在电网上，而将 TCR 的总容量平均分为 n 组小单元，根据系统无功功率的平衡要求来决定启用小补偿单元的组数及其控制角。这样 TCR 型 SVC 就可以通过控制投入的组数进行粗调节，通过控制控制角进行细调节，实现平稳的无级补偿，因此整个控制过程十分灵活，而且效果也相当好。

5）动态响应时间较快（约 10ms），是能够胜任多类负荷的动态无功补偿。

（2）TCR 型 SVC 的缺点。

1）自身有谐波含量产生。

2）不可直接接于超高压。

3）运行维护复杂。由于组成部分较多而且较为复杂，TCR 本身的反并联晶闸管、多组 FC，虽然使得控制灵活，但也让运行维护复杂。

（3）TCR 型 SVC 的应用场合。

由于 TCR 型 SVC 具有反应时间快、无级补偿、运行可靠、能分相调节、能平衡有功、适用范围广以及价格较便宜等优点，因此实际应用最广，在控制电弧炉负荷产生的闪烁时，几乎都采用这种形式。目前国内几乎所有的轧钢机、提升机、电弧炉的补偿设备都采用此类型的 SVC。此外，TCR 型 SVC 还广泛用于高压电网的大容量无功补偿，用作电压支撑、无功潮流控制、增加系统稳定性以及减小电压波动等功能。目前，TCR 与电容器联用，是动态无功补偿的第一选择，由于它产生谐波，将滤波器与其联用是理想的方案，是目前连续调节的理想方法。

2. 晶闸管投切电容器型（TSC 型）

如图 1-10（b）所示，TSC 型 SVC 由电容器组、晶闸管阀和调节器构成，工作原理是通过检测到反并联的晶闸管阀两端的电压，在过零时控制晶闸管导通，将电容器投入。

（1）TSC 型 SVC 主要优点。

1）快速响应性。可频繁动作、分相调节，有效地抑制电压波动问题。

2）自身不产生谐波分量。由于电容器组是由晶闸管阀在其电压过零时投切的，电容器只是在两个极端电流值（零电流和额定正弦电流）之间切换，所以不会产生谐波。

3）用于调压和调无功，降低电压波动。

4）快速深度无功补偿。TSC 可有效地用于防止电压崩溃——在系统故障和负荷电流急剧增加时，使用 TSC 装置快速补偿无功功率，对系统电压起支撑作用，可显著地抑制电压崩溃趋势。

（2）TSC 型 SVC 主要缺点。

1）动态响应时间较长。

2）无功输出只能是级差的容性无功，每次只能投切一组电容器，实现级差无功补偿。

3）限制过电压的能力。

4）没有谐波吸收能力。

5）不能直接接于超高压。

6）运行维护较复杂，由于采用多组反并联晶闸管串联的形式，使得晶闸管的散热、导通的同时性、损坏的检测以及维护等都带来了一定的难度。

（3）TSC 型 SVC 的应用场合。

TSC 型 SVC 具有快速响应性、可频繁动作性以及分相补偿能力，可应用于对大型冲击性、快速周期波动变化、不平衡、非线性负荷（如电气化铁路、电弧炉、轧钢机、矿井卷扬机、风力发电站、大功率变频调速装置等）的动态无功补偿领域，可有效地抑制这些负荷所引起的电压波动问题，故是低压动态补偿的首选方式。对高压大容量需要大范围调节无功或电压的情况，也是较好的选择。如果与 TCR 联用往往可以解决更多问题。

3. 自饱和电抗器型（SR 型）

如图 1-10（c）所示，SR 型 SVC 主要由二-三柱式或三-三柱式自饱和电抗和并联电容器组成。它是利用铁芯的饱和特性，其滞后相位的无功功率随端电压的升降而增减。SR型静止无功补偿器在正常运行范围内输出特性是线性的。输出特性可以通过调节抽头位置和投切并联电容器来改变。自饱和电抗器的动态响应很快，在无斜率校正时响应时间小于1ms。在斜率校正不考虑旁路滤波器影响时，响应时间也达到 10～20ms。但在经斜率校正电容器和旁路滤波器后，最快动态响应时间将减缓到 1～2 个周波。饱和电抗器和变压器一样，具有相当大的短时过负荷能力。在感性范围内特性基本上是线性的。这种特性使 SR 型 SVC 除了稳定电压外，还适用于降低短时的过电压要求。

（1）SR 型 SVC 的主要优点。

1）工作可靠、维护简单。由于主要部件电力变压器、电抗器和电容器都是标准化的产品，因此可靠性高。

2）可以进行连续快速的感性/容性调节。固有的快速响应尤其适合对闪变负荷的补偿，同时还具有抑制不对称负荷的能力。

3）在感性工作范围内有较大的过载能力。例如，在持续 5min 以内，可以过载到1.5p.u.，或在数秒内过载到 3p.u.。特殊设计时，过载能力甚至可以达到 4～5p.u.（1s）。这一固有的过负荷能力特别适合于用来控制瞬时过电压。

4）自生谐波含量低。由于采用了曲折接线和网格调谐电抗器这两种内部谐波抑制技术，所产生的谐波相当低，在大多数应用中不需要另外设置滤波器。这两种谐波抑制技术同时还具有改善补偿器输出特性和平直度的作用。

（2）SR 型 SVC 的主要缺点。

1）控制灵活性较差。由于它不能附加其他控制信号，因此控制灵活性较差，从而也就限制了它的应用范围。

2）运行噪声大，高频磁滞伸缩力将造成在电抗器附近噪声水平高。为降低噪声对环境的影响，需要专门为饱和电抗器建造一个隔音室。

3）不能分相调节。

4）不能直接连接于超高压。

5）单位容量损耗大。由于自饱和电抗器在额定电压时铁芯需要工作于饱和状态，磁通密度较高，铁芯截面积比普通变压器要小，所以单位容量损耗大，且散热较难，制作要求高。

（3）SR 型 SVC 的应用场合。

SR 型 SVC 是由基于传统技术的无源元件构成的，其运行可靠、无需维护，而且过负荷能力强，因此在重要的应用场合，它的优越性更加明显。典型应用场合如下。

1）在交流输电系统中用于稳定电压以及降低短时过电压。在高压电网中负荷的变化引起电压的波动，特别是在空载（或轻载）长送电线路上，线路电容在线路的末端会产生不允许的过电压；而在另外一些情况下，满负荷又需要对电压降进行校正。在突然甩去负荷或开关操作时，需要快速的电压控制等。对于这些情形，SR 型 SVC 对于稳定电压以及降低过电压都是非常有效的。

2）在工业供电网络中用于抑制急剧的无功波动造成的电压波动或闪变。消除闪变的理想装置应是恒压无功补偿器，SR 型 SVC 可以说是一种接近于这种理想运行性能的补偿设备。在负荷急剧变化的工业企业电网的运行 SR 型 SVC 的经验表明，其快速抑制作用可以保证最好的电压稳定。

3）在高压直流输电系统中用于降低由于换流装置闭锁引起的动态短时过电压。在直流输电系统故障（直流闭锁、全停）或交流系统故障后而直流输电不能迅速启动时，换流阀不能消除无功功率，多余的无功功率将引起工频动态过电压，如交流系统的短路容量或短路比越小，产生的过电压越高。过高的工频过电压将对交、直流系统的安全运行构成严重威胁。利用 SR 型 SVC 动作迅速和过负荷能力强的特点，可以有效地抑制此类工频动态过电压；此外配合并联电容器的调节，可以较好地控制交流侧电压。

SR 型 SVC 反应速度快，并且有部分平衡化功能，作为以电压稳定为目的的动态无功功率补偿设备有较好的效果。

4. 晶闸管控制高漏抗变压器型（TCT 型）

如图 1−10（d）所示，主要组成部分为：降压变压器、晶闸管阀、电容器组和调节器。

（1）TCT 型 SVC 主要优点。

晶闸管控制高漏抗变压器型（TCT 型）是 TCR 型 SVC 的一种变形，因此，除了具有 TCR 的优点之外，还有它自身的优点。

1）成本低。由于将 TCR 的降压变压器设计成很大的漏抗，这样可以省去原来串联的电抗器，降压变压器二次绕组实际上通过晶闸管短接了起来，节省了成本。

2）可靠性高。当二次侧发生短路故障时，高漏抗可使变压器免受短路应力的影响。

3）过负荷能力强。由于高漏抗变压器不易饱和，线性度好，并且比单独的电抗器有更大的热容量，因此可以吸收感性无功范围内更大的过负荷。

4）可以直接接于超高压。这个优点是其他 3 种 SVC 所不具备的。

（2）TCT 型 SVC 主要缺点。

TCT 型 SVC 除了 TCR 型 SVC 的缺点外，还有它自身的缺点。主要是动态响应时间较长，噪声大，损耗大。另外，如果需要与并联电容器配合使用，则电容器只能接在一次侧的高压母线上，从而增加了成本。

1.4.6　静止同步补偿器

SVC 中大量采用的电力电子器件为高压大电流晶闸管，它起着电子式开关的作用，通过控制其投切时间，改变被控电抗或电容的等效阻抗，从而达到调节并联无功功率的目的，因此 SVC 通常称为变阻抗型并联 FACTS 装置。20 世纪七八十年代出现了一种新原理的并联无功补偿设备，它以变换器技术为基础，等效为一个可调的电压/电流源，通过控制该电压/电流源的幅值和相位来达到改变向电网输送无功功率大小的目的，它的名字有 ASVC、ASVG、ATATCON、SVC Light 和 STATCOM 等。

静止同步补偿器（Static Synchronous Compensator，STATCOM）的原理图如图 1 - 11 所示。

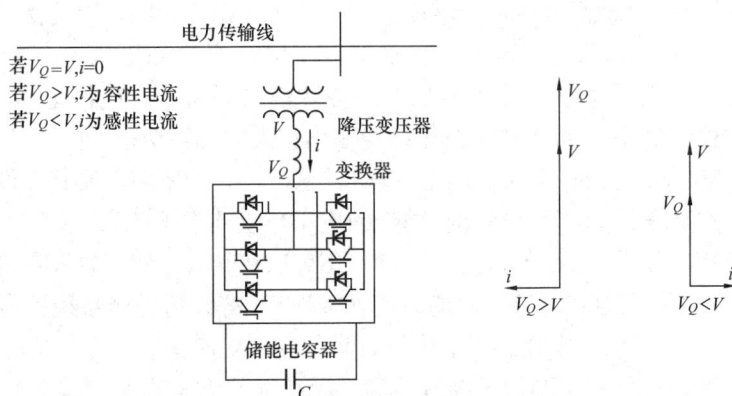

图 1 - 11　STATCOM 基本结构与相量图

静止同步补偿器的工作原理是通过调节输出电压幅值和相位来实现与交流系统无功功率的交换。STATCOM 输出的三相交流电压与所接电网的三相交流电压同步，并联接入输电线路。虽然它的输出特性与旋转同步调相机相似，但它能够提供快速的响应速度以及对称超前或滞后的无功电流，从而调整输电线路的无功功率，平衡输电线路电压，保持输电线路静态或动态电压在系统允许的范围内运行；同时，它的平滑连续控制可使由于无源装置产生的高电压波动的可能性减小到最低限度，有利于提高电力系统稳定性。

STATCOM 的调节原理是：当 STATCOM 输出电压幅值 V_Q 小于系统等效电压幅值 V 时，STATCOM 吸收超前无功，相当于电抗器的作用；当 V_Q 等于 V 时，STATCOM 与系统没有无功功率交换；当 V_Q 大于 V 时，STATCOM 输出超前无功，相当于电容器的作用。

实际上 STATCOM 的工作非常复杂，它的功能远远超出电容器和电感器的作用。同时，它不但有一定的损耗，而且 STATCOM 中逆变器的电压输出角也会根据需要产生相对于系统电压前后移动的动作。因此，为了实现控制目标，不但要控制等效无功电压源 V_Q 的幅值，同时还要调节 V_Q 与 V 相角差来控制 STATCOM 与系统交换的有功功率，通过调节直流电容电压大小以达到对节点电压的控制。

STATCOM 一个突出的特点是能提供动态电压支撑：缺乏动态无功功率是导致电压失去稳定的根本原因，因此在电网中合适的地点安装适当容量的动态无功补偿装置是提高系统电压稳定的主要手段。电力系统动态无功功率补偿装置主要有 SVC 和 STATCOM。SVC 装置在国外已经得到普遍应用，而 STATCOM 是近年来发展起来的新型补偿装置。由于 STATCOM 装置占地面积小，无功输出电流电压响应迅速，因此低压时无功补偿特性比 SVC 好，研究发现同容量 STATCOM 装置低压时相当于约 1.3 倍的同容量的 SVC 装置，而且 STATCOM 响应速度约为 20ms，比 SVC 响应速度快，因此 STATCOM 装置越来越受到重视，近年来 STATCOM 在欧美的应用范围也日益增大。

由于 STATCOM 采用电力电子变换器来产生无功功率具有响应速度快、无需负载电容、电抗和较好的暂态无功补偿特性等特点，因而具有控制节点电压、实现瞬时无功补偿、阻尼系统振荡、增强系统暂态稳定性、提高电能质量等功能。STATCOM 能够在系统事故后的暂态过程中对控制点附近区域电压提供较强的支撑，从而提高电网事故后的电压恢复能力，较大幅度地改善因事故后系统电压跌落而产生的暂态稳定问题，因此受到国内外的广泛重视。对于 STATCOM 而言，其输出无功功率等于输入电压和输入电流的乘积；而对于 SVC 而言，其输出无功功率等于输入电压的平方除以其阻抗。当电网电压下降时 STATCOM 依然可以通过控制输出更大的电流来维持输出较大的无功功率；而对于 SVC 而言由于其输出无功功率与电网电压的平方成正比，此时其输出无功功率在需要其提供较大无功功率输出的时候反而下降得十分厉害。因此在同样的应用环境要求下 STATCOM 所需的容量要小于 SVC 所需的容量。除此之外，STATCOM 还可以在其直流侧配置大容量储能电容或其他大容量储能器件如蓄电池和超导磁储能系统（SMES）等，这样当系统掉电时，配有储能系统的 STATCOM 还可以为本地系统提供短时间的电力支撑。

STATCOM 在输电网中主要用于潮流控制、无功补偿和提高系统稳定性等，在配电网中主要用于改善电能质量和提高供电可靠性。

1.4.7 晶闸管控制的串联电容器

晶闸管控制的串联电容器（Thyristor Controlled Series Capacitor，TCSC），简称可控串补，于 1986 年由 Vithayathil 等提出，作为一种快速调节电网线路阻抗的手段。TCSC 直接串入输电线路，主要由一个串联电容和 TCR 并联构成，通过控制晶闸管开关触发角，连续、快速、大范围地调整线路阻抗，以实现潮流控制、平息地区性功率振荡、提高系统暂态稳定、抑制次同步振荡（SSR），有效提高电力系统动态性能。

TCSC 的基本运行原理是：利用晶闸管的快速可控能力可以使得 TCR 在工频半个周波内部分导通，由此改变电容器的充放电状态，而线路电流基本保持恒定，从而可以改变 TCSC 的等效电抗。根据 TCR 导通状态的不同，TCSC 的总等效电抗既可以是容性电抗，也可以是感性电抗。因此，只要对晶闸管的导通角进行精确调节，就可以对 TCSC 的等值电抗进行快速、连续、精确的控制。

TCSC 结构如图 1-12 所示，主要由 4 个元器件组成：电力电容器 C，旁路电感 L，两个反并联大功率晶闸管 SCR。实际装置中还包括保护用的金属氧化物压敏限压器 MOV，旁路断路器等。通过对触发脉冲的控制，改变晶闸管的触发角，即可改变由其控制的电感支路中电流的大小，因而可以连续改变总的等效电抗，也即使线路的串补程度

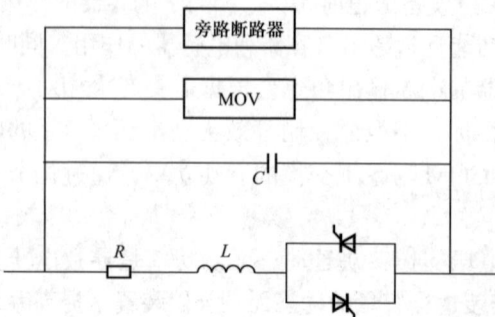

图 1-12　TCSC 主电路结构

连续的变化。通常设计的运行范围使得晶闸管触发角在145°~180°范围内时，其等效电抗呈容性；而触发角在90°~140°范围时，其等效电抗呈感性，这段特性使其在系统故障时具有限制短路电流的作用。

通过改变晶闸管的控制触发角可以改变 TCSC 电路中的环路电流，从而改变 TCSC 的等效电抗。基于对晶闸管电流的分析，可以得到 TCSC 稳态工频电抗与晶闸管控制角（用触发越前角表示）之间的关系：

$$X_{\text{TCSC}} = \frac{1}{\omega C} - \frac{A}{\pi \omega C}(2\sigma + \sin 2\sigma) + \frac{4}{\pi \omega C(k^2 - 1)}A\cos^2\sigma(k\tan k\sigma - \tan\sigma) \quad (1-43)$$

式中：σ 为导通角的 $1/2$，$\sigma = 180° - \alpha$，α 为以电容电压过零来计算的触发角，$A = \dfrac{k^2}{k^2 - 1}$，$k = \dfrac{\omega_0}{\omega}$，$\omega_0 = \dfrac{1}{\sqrt{LC}}$。

方程（1-43）表示了恒定正弦电流源激励条件下 TCSC 的工频等效电抗。

正常情况下，TCSC 有 4 种基本运行方式：晶闸管阻断模式（Thyristor Blocked）、容性微调模式（Capacitive Vernier Operation）、感性微调模式（Inductive Vernier Operation）和旁路模式（Thyristor Bypassed）。

（1）晶闸管阻断模式。此时晶闸管闭锁，相当于触发角 $\alpha = 180°$。这时，TCSC 相当于固定串联电容补偿，对应的容抗值称之为基本容抗值；TCSC 在此状态下的线路补偿度称为基本补偿度。TCSC 在投入前必然先运行于晶闸管阻断模式，所以该模式是 TCSC 运行的最基本模式。

（2）容性微调模式。当 $\alpha_{\min} \leqslant \alpha < 180°$ 时，TCSC 的容抗值在其最小值（基本容抗值）和最大值（通常是基本容抗值的 1.7~3 倍）之间，主要取决于线路电流和 TCSC 的短时过载能力等条件。TCSC 通常都是运行于容性微调模式。在暂态过程中可提高容抗值改善系统暂态稳定性；在动态过程中可控制其阻抗来抑制系统振荡；稳态运行时，可调节容抗值使系统潮流合理分布、降低网损。

（3）感性微调模式。当 $90° \leqslant \alpha \leqslant \alpha_{\max}$ 时，TCSC 呈现为一个感性可调电抗。若一套 TCSC 装置是由多个模块构成时，不同模块的感抗调节模式与容抗调节模式相配合，可以使整套 TCSC 装置的等值阻抗获得较大范围的连续可调性。

（4）旁路模式。此时触发角 $\alpha = 90°$，晶闸管全导通，TCSC 呈现为一个小感抗。在系统发生短路故障期间，TCSC 运行于旁路模式，利用自身的小感抗特性增大线路阻抗，从而能够减小故障电流，减少 MOV 所吸收的能量，保护设备。

1.4.8 静止同步串联补偿器

静止同步串联补偿器（Static Synchronous Series Compensator，SSSC）是依靠电压源变换器实现串联补偿的。SSSC 的实现是基于同步电压源的原理，即它不再利用电容器或电抗器产生或吸收无功功率来实现无功补偿，而是通过产生一个具有可控幅值和相角的、同步的、近似正弦波的电压 V_{12}（如图 1-13 所示）来与系统交换无功功率实现无功补偿；同时，它还可与线路交换有功功率，从而增加线路传输功率的能力，提高可控性。SSSC 的系统组成与等效电路如图 1-13 所示，它由电压型变换器、耦合变压器、直流环节以及控制系统组成，变压器以串联方式与电力传输线连接，直流环节可为电容器、直流电源或储能器。

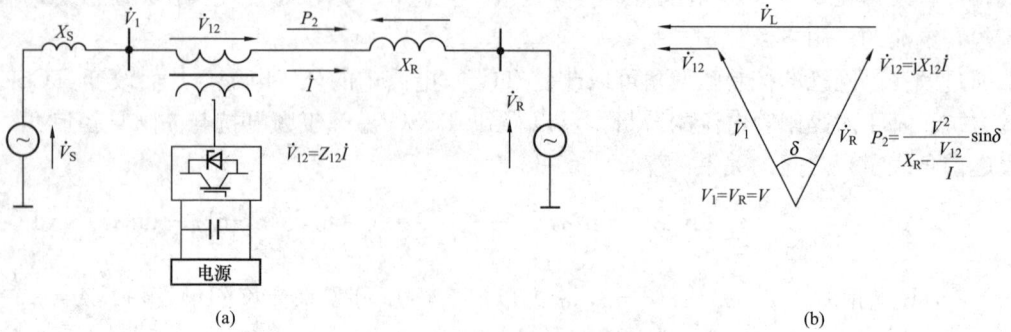

图 1-13 SSSC 原理图及相量图

（a）静态同步串联补偿器的系统组成与等效电路；（b）相量图

SSSC 相当于在线路上串联了一个可变阻抗，从外特性上看，它与串联电容器（固定式电容器、晶闸管投切串联补偿电容器 TSSC、可控串联补偿器 TCSC）有相似之处，但内在机理却有很大不同，具体表现如下。

（1）功角特性。串联电容器是容性补偿。只能增加线路的传输功率，而 SSSC 既可是容性补偿又可是感性补偿，既能增加线路的传输功率又能减少线路的传输功率。当它处于感性补偿时，如果满足能 $V|\dot{V}_{12}|>|\dot{V}_S-\dot{V}_R|$ 还可以实现功率的反向传输。因此，与串联电容器相比，SSSC 有更大的调节范围。

（2）交换有功。串联电容器只能和线路交换无功，而 SSSC 还可交换有功，从而补偿电阻性压降，与串补度无关地维持 X/R 的高比值。另外，从动态系统的稳定性来看，带有有功交换的无功补偿可相当有效地阻尼功率振荡。例如，在发电机加速期间，SSSC 发出无功功率，抬高电压，增大发电机发出的电磁功率，减少加速面积，同时通过吸收有功功率，可实现正向阻尼振荡；在发电机减速期间，SSSC 吸收无功功率降低电压，减少发电机送出的电磁功率，增大减速面积，同时通过发出有功功率实现反向阻尼振荡。由于 SSSC 可与交流系统交换有功，它能比 TCSC 更有效地阻尼振荡。

（3）免于谐振。固定电容器或 TCSC 可能与系统发生 SSR（次同步谐振）。TCSC 可以有效地抑制 SSR，而 SSSC 则可避免 SSR，因为：①理论上，SSSC 只产生同步电压，它对其他频率的输出阻抗为 0；②实际上，由于 SSSC 的耦合变压器有漏抗，在线路上会产生电压降，基频产生的电压降可由 SSSC 容性补偿，只保留有较小的其他频率的感抗值。因此，SSSC 不会和线路的感抗发生 SSR。另外，当线路中串有电容器时，SSSC 还可快速有效地抑制次同步谐波 SSR。可见，SSSC 控制潮流的能力优于串联电容器。

1.4.9 统一潮流控制器

统一潮流控制器（Unified Power Flow Controller，UPFC）集合了 STATCOM 和 SSSC 装置的优点，具有串联补偿、并联补偿、移相和端电压调节等 4 种基本功能以及由这些基本功能组合起来的综合作用。UPFC 的结构如图 1-14 所示。

由图 1-14（a）可见，UPFC 由 2 个电压源型的功率变换器、连接 2 个功率变换器的直流环节、2 个变压器以及控制系统组成。功率变换器 1 通过变压器 T_1 并联接入电力系统

（简称并联变换器部分），功率变
换器 2 通过变压器 T_2 串联接入电
力系统（简称串联变换器部分），
通常把变换器 1 称为并联变换
器，变换器 2 称为串联变换器。

　　UPFC 的并联变换器部分和
串联变换器部分都可以独立地向
系统提供或从系统吸收有功和无
功，当并联变换器部分单独运行
时，其实就相当于一个静止补偿
器 STATCOM，而当串联变换器
部分单独运行时，相当于一个
SSSC。

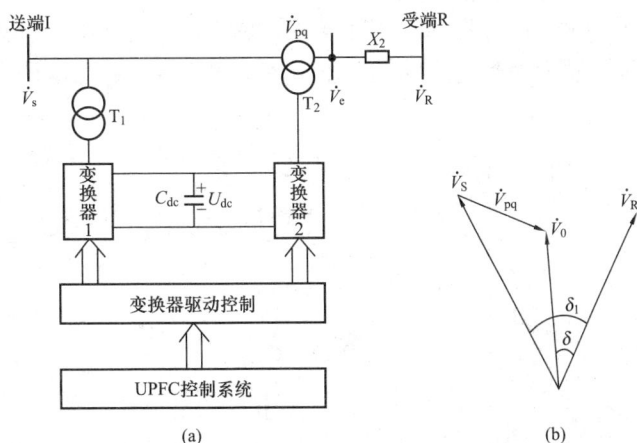

图 1 - 14　UPFC 的结构原理与相量图

（a）结构原理；（b）相量图

　　并联变换器部分主要负责进行无功补偿和维持节点电压稳定，同时根据串联变换器部分的需要，为串联变换器提供有功支持以维持 UPFC 的有功功率平衡。串联变换器部分可以向系统串联注入一个幅值和相角可以调节的交流电压，通过对交流电压的控制，使 UPFC 既能对传输线路的电压、阻抗、相角、有功和无功等参数进行单独控制，同时又能对这些电路参数进行综合控制。

　　UPFC 的功率变换部分由两个变换器通过共用的直流母线连接成背靠背的形式，共用一组直流母线电容。这种电路拓扑构成了一种理想的 AC - AC 功率变换器，能实现两个变换器交流端之间的有功功率双向流动，同时每个变换器都可以在其交流输出端产生或吸收无功功率。在构成 UPFC 的双变换系统中，变换器 2 通过串联在电力传输线中的变压器向电网中注入幅值和相位可调的电压，是实现 UPFC 电网控制功能的主要部分。其注入的电压表现为一个基频交流同步电压源。传输线的电流流经这个电压源会导致其与电网之间的有功、无功功率交换。这个无功功率可由串联变换器自己产生，而在交流侧吸收的有功功率则转变为直流母线上或正或负的直流有功功率需求。

　　变换器 1 的基本功能就是提供或吸收由变换器 2 与电网发生功率交换所致的直流有功功率需求。这种直流有功功率需求由变换器 1 转变为交流形式，并通过一个并联变压器耦合进电网。除了补偿变换器 2 所需的有功功率以外，变换器 1 还能够产生或吸收可控的无功功率，为线路提供独立的并联无功补偿。需要注意的是，虽然传输线、变换器 1 和变换器 2 之间存在通过共用直流母线建立的有功功率的交换通路，但变换器 2 所需的无功功率是由自己产生的，并不是通过线路传输过来的。因此变换器 1 可以工作在功率因数为 1 的情况下或被控于电网发生无功功率交换，而其所发出的无功功率与变换器 2 所注入电网中的无功功率互相独立。显然 UPFC 的直流母线上是不会流过无功功率潮流的。

　　UPFC 具有以下主要功能。

　　（1）电压调节功能。

　　当输入节点电压 $\dot{U}_1$ 幅值突然发生变化的时候，输出节点电压 $\dot{U}_2$ 的幅值也将发生突变，采用 UPFC 的电压调节功能可以稳定节点 $\dot{U}_2$ 的电压。UPFC 串联注入电压 $\dot{U}_{12}$ 和输入节点

$\dot{U}_1$ 电压的相位相一致，控制 $\dot{U}_{12}$ 的幅值 $\dot{U}_{12}$ 使得输出的总电压 $\dot{U}_2$ 的幅值 U_2 与指定的参考值相同，从而消除电压闪变、改变系统的潮流、稳定电压，如图 1-15（a）所示。

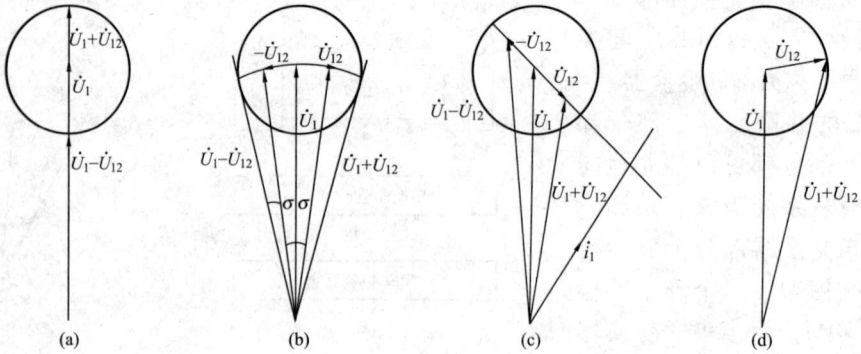

图 1-15　UPFC 主要控制功能矢量图

（a）电压调节功能；（b）相角调节功能；（c）阻抗补偿功能；（d）自动潮流调节功能

（2）相角调节功能。

当负载需求的有功功率增加时，发电机通过调节功角 δ 增加有功功率来满足负载的要求，但这样会引起发电机端电压下降，而且发电机的内部损耗增大，采用 UPFC 的相角调节模式即可解决上述问题。负载需要的有功功率通过串联侧的注入电压来补偿，发电机的功角不变，从而在不必调控输电线路两端电压相位的情况下，可连续调控输电线传输有功功率的大小，使电力系统中功率流向以及大小经济合理。如图 1-15（b）所示，控制电压 $\dot{U}_{12}$ 相对于 $\dot{U}_1$ 的变化，使得输出的总电压 $\dot{U}_2$ 在相位上发生了偏移，即调节 σ 角就可以调节线路传输潮流 P_2、Q_2，具体的偏移角度由控制系统给出。

（3）线路阻抗补偿功能。

感性负载电流流过线路电抗的时候会使负载端电压 U_L 下降，远距离传输线路上的电抗值 X_L 很大，进而使得输电线输送功率极限能力下降，危害电力系统运行稳定性。因此要进行线路阻抗补偿。补偿电压 $\dot{U}_{12}$ 和线路上的电流 $\dot{I}_1$ 成比例的变化，使得从线路一端看 UPFC 相当于一个串联的阻抗；指定一个期望的阻抗参考值，大体上相当于一个有极性的电阻和电容或电感组成的阻抗；当 $\dot{U}_{12}$ 与线路上的 $\dot{I}_1$ 电流垂直时，如图 1-15（c）所示，UPFC 就相当于一个阻抗补偿（感性或容性），用此操作模式来匹配系统中存在的串联容性线路补偿。它既能连续调控、又能双向补偿（升高和降低电压），是一项先进的调控电网节点电压、补偿线路感抗、增加电力系统传输功率极限的非常有效的先进技术。线路阻抗补偿改善了潮流分布，解决了充分利用输电设备，增大输送能力的问题，提高了暂态系统的稳定性。

（4）动态潮流控制功能。

在实际的电力系统运行当中，当线路上传输的有功和无功潮流也会发生变化，可以采用 UPFC 实现潮流的自动潮流控制，它实际上是上述几种模式的综合。如图 1-15（d）所示，通过控制电压 $\dot{U}_{12}$ 的幅值和相位，改变线路上的电流 $\dot{I}_1$，从而调节线路潮流。在这种模式下，串联的电压 $\dot{U}_{12}$ 通过一个反馈环节自动的调整，以确保线路上的有功功率和无功功率维持在指定的参考值上。此种工作模式是用传统的线路补偿装置所无法实现的，它便于潮流的调节和管理，此外，它可以用来处理系统的动态干扰，例如阻尼系统振荡。

（5）无功补偿功能。

UPFC 的并联部分可以独立地向电网提供无功功率，因此可以控制 UPFC 并联部分向接入节点提供无功补偿，起到支撑输入节点电压的目的。

与常规的晶闸管控制的移相器、可控串补和控制感性无功功率的静止无功补偿装置进行比较，UPFC 的优势是非常明显的。性能上 UPFC 能够同时或者有选择地提供串联补偿和相角控制，通过串联电压的注入在其内部产生必需的全部无功功率并使其实现潮流控制。在没有附加的功率硬件的情况下，可通过注入同相电压实现电压调节。UPFC 能够为线路提供与注入串联电压的无功功率要求无关的可控并联无功补偿（而在通常的移相器和静止无功补偿器的组合排列中，由于串联电压的注入，补偿器需要专门设置无功容量）。UPFC 的输出是连续可变的快速响应，因此它能够最佳地控制线路阻抗，并且能够利用现有的串联电容器阻尼次同步振荡，还能反转其输出以提供串联的感性补偿，以便减少线路上过多的电流。技术上，UPFC 易于处理几乎全部的潮流控制和输电线路的补偿问题。在装置方面，传统设备依赖于器件制造，尺寸较大，安装复杂且工作量大。而 UPFC 的体积较小，安装劳动量小，而且随着技术的发展，其成本将会较快地降低。

UPFC 也存在局限性，如受所安装设备的额定值和外施系统电压的限制。

1.5 电力系统的无功负荷

1.5.1 异步电动机

异步电动机在电力系统负荷中占的比重非常大，是电力系统的无功功率消耗大户。据有关统计，在工矿企业所消耗的全部无功功率中，异步电动机的无功功率消耗占了 $60\%\sim70\%$；而在异步电动机空载时所消耗的无功功率又占到电动机总无功功率消耗的 $60\%\sim70\%$。

当对称的三相电流通入异步电机的定子绕组时，在空气隙中便产生一旋转磁场以同步转速旋转。当这旋转磁场切割转子导体时，在转子导体中感应电动势，由于转子绕组是闭合的回路，在转子导体中将有电流流通，此时转子导体中的电流与旋转磁场的旋转方向相同。在电磁力矩的作用下形成转动力矩，拖动转子顺着磁场方向旋转。通常电磁力矩称为原动力，相应的电磁转矩称为驱动转矩，负载力矩称为阻力矩。异步电动机同同步电动机一样，电磁之间的转化是其进行有功功率传递的保证，因此其必然消耗无功功率用来建立磁场。

效率和功率因数是三相异步电动机的力能指标，前者反映电动机本身的能耗大小，后者反映电动机消耗的无功功率引起的供电网络损耗。

三相异步电动机的效率指的是电动机的有功输出与有功输入功率之比，可表示为

$$\eta = \frac{P_1}{P_2} \times 100\% \tag{1-44}$$

式中：P_2 表示电动机有功输出功率，kW；P_1 表示电动机有功输入功率，kW。

三相异步电动机功率因数是电动机输入端的有功功率与视在功率之比，可表示为

$$\cos\varphi = \frac{P_1}{\sqrt{3U_1 I_1}} = \frac{P_1}{S} \tag{1-45}$$

式中：U_1 表示电动机输入端线电压，kV；I_1 表示电动机输入端线电流，A。

电动机在额定负载时的功率因数称为额定功率因数，用 $\cos\varphi_N$ 表示。

电动机的无功功率计算公式可表示为

$$Q = Q_0 + \beta^2\left(\frac{P_N}{\eta_N}\tan\varphi_N - Q_0\right) \tag{1-46}$$

式中：Q_0 表示电动机空载时的无功功率，kvar；$\tan\varphi_N$ 表示额定功率因数时功率因数角 φ_N 的正切值。

电动机的有功功率损耗计算公式可用式（1-47）表达

$$\Delta P = P_0 + \beta^2\left[\left(\frac{1}{\eta_N - 1}\right)P_N - P_0\right] \tag{1-47}$$

式中：P_N 表示电动机的额定功率，kW；η_N 表示电动机的额定效率；P_0 表示电动机的空载损耗，kW；β 表示电动机的负载率。

这样，将式（1-46）和式（1-47）代入式（1-45），可进一步写成为式（1-48）

$$\cos\varphi = \frac{\beta P_N + P_0 + \beta^2\left[\left(\frac{1}{\eta_N - 1}\right)P_N - P_0\right]}{\sqrt{\left\{\beta P_N + P_0 + \beta^2\left[\left(\frac{1}{\eta_N - 1}\right)P_N - P_0\right]\right\}^2 + \left[Q_0 + \beta^2\left(\frac{P_N}{\eta_N}\tan\varphi_N - Q_0\right)\right]^2}}$$

$$\tag{1-48}$$

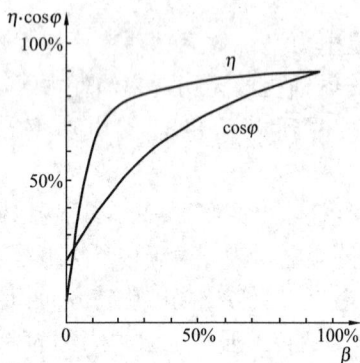

图 1-16 感应电动机负荷率与功率因数及效率的关系曲线

由式（1-48）可知：$\cos\varphi$ 的大小与 β 相关。

电动机的效率是随着电动机的负载率变化的，同样由式（1-48）可知，电动机的无功功率也是随着负载率的大小而变化的。

感应电动机的最高效率通常在 3/4 负载至满载之间出现，而它的功率因数则在满负荷时最高。图 1-16 给出了感应电动机典型的负荷率与功率因数及效率关系曲线。在此曲线上空载、半载及满载等 5 个点可用表 1-2 表示。

表 1-2   感应电动机负荷率与功率因数及效率的关系

负荷率 β	0（空载）	25%	50%	75%	100%（满载）
功率因数 $\cos\varphi$	0.20	0.50	0.77	0.85	0.89
效率 η	0	0.78	0.85	0.88	0.88

系统中无功负荷的电压特性主要是由异步电动机来确定的，特别是经辐射网络供电的工业负荷，如果这些负荷主要是大型感应电动机负荷时，甚至可能引起负荷端的电压连续下降，最后可能扩展到整个电力系统的电压崩溃。出现这种现象的原因在于负荷端无功功率供应不足，系统为满足负荷的无功功率需求而造成电压不稳定。

1.5.2 变压器

变压器是电力系统的另一无功功率消耗大户。变压器的无功功率损耗占全部电网无功损耗的 80%。在工矿业企业中，配电变压器的无功功率损耗占全部用户无功负荷的 20%。变压器的无功功率消耗包括励磁消耗和漏抗中的消耗两部分：励磁消耗基本上等于空载损耗电流的百分值，约为额定容量的 1%～2%；绕组漏抗消耗在变压器满载时基本上等于短路电压的百分值，约为 10%。

变压器的一次、二次绕组没有电的联系，功率传输依靠的是互感，即通过电磁转换实现有功功率的传递，在功率传递过程中遵循能量守恒定律；在电路上满足电压平衡，在磁路上满足磁势平衡。图 1-17 给出了单相绕组变压器负载时的运行示意图。

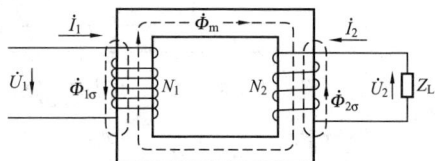

图 1-17 单相双绕组变压器负载
运行示意图

空载运行时，二次电流及其磁势为零，二次电路的存在对一次电流毫无影响，一次电流 $\dot{I}_1$ 即为空载电流 $\dot{I}_0$。空载电流受到电路和磁路双方的制约，一方面由 $\dot{I}_0$ 产生磁通以感应电动势 $\dot{E}_1$，另一方面 $\dot{I}_0$ 受到电压平衡的制约 $\left(\dot{I}=\dfrac{\dot{U}_1+\dot{E}_1}{Z_1}\right)$，使电路和磁路都处于平衡状态。

变压器接通负载后，二次绕组便流通电流，二次电流的存在建立起二次磁势，它作用在铁芯磁路上，改变了原有的磁势平衡状态，迫使主磁通变化，导致电动势也随之变化。电动势的改变又破坏了已建立的电压平衡，二次电流为 $\dot{I}_2$，由二次电流所建立的磁势为 $\dot{I}_2 N_2$。一次电流为 $\dot{I}_1$，由一次电流所建立的磁势为 $\dot{I}_1 N_1$，这样，根据全电流定律可得

$$\dot{I}_1 N_1 + \dot{I}_2 N_2 = \dot{I}_m N_1 \tag{1-49}$$

式（1-49）为磁势平衡方程式，其物理意义是：变压器负载时，作用在主磁路上的全部磁势应等于产生磁通所需要的励磁磁势。

改变式（1-49）的表达形式，可得

$$\dot{I}_1 = \dot{I}_m + \left(-\dot{I}_2 \frac{N_2}{N_1}\right) = \dot{I}_m + \dot{I}_{1L} \tag{1-50}$$

式中：$\dot{I}_{1L} = \left(-\dot{I}_2 \dfrac{N_2}{N_1}\right)$ 表示一次电流的负载分量。

式（1-51）的物理意义是：当变压器有负载电流通过时，一次电流 $\dot{I}_1$ 包含两个分量。其中 $\dot{I}_m$ 用以激励主磁通，而 $\dot{I}_{1L}$ 所产生的负载分量 $\dot{I}_{1L} N_1$，用以抵消二次磁势 $\dot{I}_2 N_2$ 对主磁通的影响。即当二次侧流过电流 $\dot{I}_2$ 时，一次侧变自动流过负载分量电流 $\dot{I}_{1L}$，以满足式（1-51）

$$\dot{I}_{1L} N_1 + \dot{I}_2 N_2 = 0 \tag{1-51}$$

故励磁电流的值仍决定于主磁通 $\dot{\Phi}_m$，或者说取决于 $\dot{E}_1$，即

$$-\dot{E} = \dot{I}_m Z_m \tag{1-52}$$

一次、二次电流在各自绕组中还产生漏磁通，感应漏磁电动势。通常把漏磁电势写成漏抗压降的形式，有

$$\begin{cases} -\dot{E}_{1\sigma} = jx_1\dot{I}_1 \\ -\dot{E}_{2\sigma} = jx_2\dot{I}_2 \end{cases} \qquad (1-53)$$

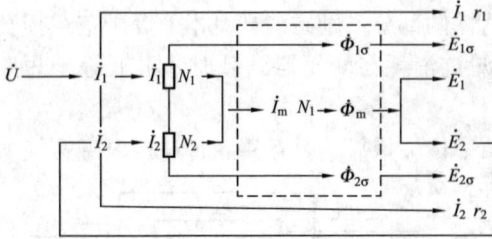

图 1-18 变压器负载运行时的电磁关系

式中：$\dot{E}_{1\sigma}$，x_1 分别为一次绕组的漏磁电势和漏抗；$\dot{E}_{2\sigma}$，x_2 表示二次绕组的漏磁电势和漏抗。

上述的电磁现象可以绘成图 1-18 所示的电磁现象示意图。

由以上电磁物理分析可得到以下一组表达式，即

磁势平衡式 $\qquad\qquad \dot{I}_1N_1 + \dot{I}_2N_2 = \dot{I}_mN_1 \qquad (1-54)$

电流表示式 $\qquad\qquad \dot{I}_1 = \dot{I}_m + \left(-\dot{I}_2\dfrac{N_2}{N_1}\right) \qquad (1-55)$

励磁支路电压降 $\qquad\qquad -\dot{E}_1 = \dot{I}_mZ_m \qquad (1-56)$

一次电压平衡式 $\qquad\qquad \dot{U}_1 = -\dot{E}_1 + \dot{I}_1Z_1 \qquad (1-57)$

二次电压平衡式 $\qquad\qquad \dot{U}_2 = -\dot{E}_2 + \dot{I}_2Z_2 \qquad (1-58)$

电压变比 $\qquad\qquad k = \dfrac{N_2}{N_1} = \dfrac{E_1}{E_2} \qquad (1-59)$

负载电路电压平衡式 $\qquad\qquad \dot{U}_2 = \dot{I}_2Z_L \qquad (1-60)$

式中：$Z_m = r_m + jx_m$ 表示励磁阻抗；$Z_1 = r_1 + jx_1$ 表示一次绕组漏阻抗；$Z_2 = r_2 + jx_2$ 表示二次绕组漏阻抗；$Z_L = r_L + jx_L$ 表示负载绕组阻抗。

上述方程式完整地表达了变压器负载时的电磁现象。当以二次绕组进行归算时，可得式（1-61）

$$\begin{cases} \dot{I}_1 = \dot{I}_m + (-\dot{I}_2') \\ -\dot{E}_1 = \dot{I}_mZ_m \\ \dot{U}_1 = -\dot{E}_1 + \dot{I}_1Z_1 \\ \dot{U}_2 = -\dot{E}_2' - \dot{I}_2'Z_2' \\ \dot{U}_2' = \dot{I}_2'Z_L' \\ \dot{E}_1 = \dot{E}_2' \end{cases} \qquad (1-61)$$

式（1-61）正好构成了一电路，如图 1-19 所示。

图 1-19 反映了变压器的运行情况，故称之为等效电路。又因为电路参数 Z_1、Z_2' 和 Z_m 连接的表达式如同英文字母"T"，故常称之为 T 形等效电路。

T 形等效电路虽很能完整地表达变压器内部的电磁关系，但运算烦琐。考虑到变压器的励磁电流与额定电流相比其值较小，仅为额定电流的 3%～8%，大型变压器甚至不到 1%，因此，把励磁支路移至端点时进行计算所引起的误差并不大，这样的电路称为等效电路，如图 1-20 所示。

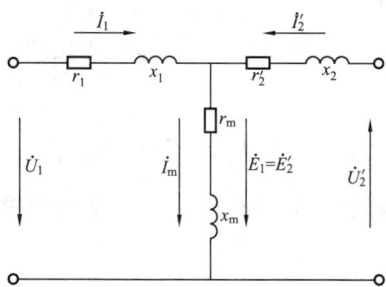

图 1-19　变压器的 T 形等效电路

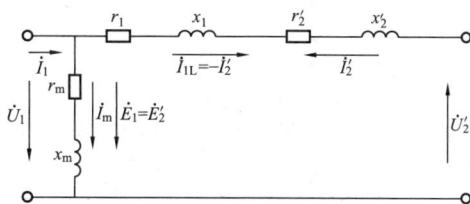

图 1-20　变压器的近似等效电路

这样，可将 r_1、r_2' 合并为一个电阻 r_k，同理，可将 x_1、x_2' 合并为一个电抗 x_k，即有

$$\begin{cases} r_k = r_1 + r_2' \\ x_k = x_1 + x_2' \\ Z_k = r_k + \mathrm{j}x_k \end{cases} \tag{1-62}$$

变压器的电抗参数是和磁通相对应的，x_m 和铁芯中的主磁通相对应，x_1 和 x_2 分别表示和一次、二次绕组的漏磁通相对应。主磁通在铁芯中流通，受磁路饱和影响，x_m 不是常数；而漏磁通路径主要是非磁性物质，所以 x_1 和 x_2 可看作常数。

由于 x_m 是励磁电流经过铁芯流过的路径，其磁阻小、电抗大，因此与输电线路相比，其电抗要远大于输电线路的电抗。

1.5.3　电力线路

电力线路有一定的特殊性。由于电力线路存在分布电容，能产生无功功率作为无功功率源，又由于自身串联阻抗的作用，消耗无功功率作为无功功率负荷。

单相线路流过正弦电流时，单相线路往返两根导线构成一个仅有一匝的单匝线圈，其磁场分布如图 1-21（a）所示。令其中之一位于无限远处，余下导线的磁场将如图 1-21（b）所示。

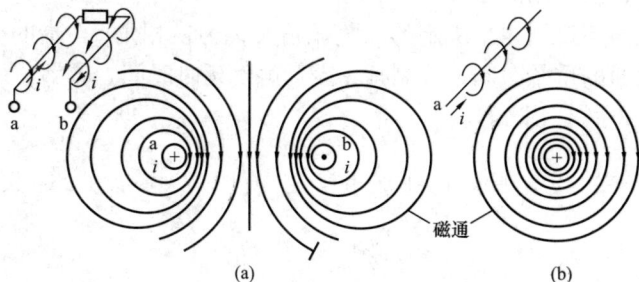

图 1-21　单相线路和单根导线的磁场分布

（a）单相线路；（b）单根导线

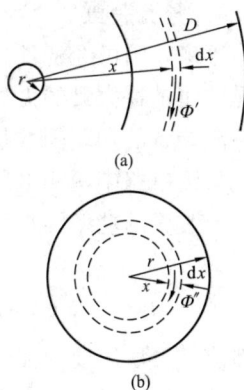

图 1-22　单相导线的外部和内部磁场

（a）外部磁场；（b）内部磁场

由图 1-22 可知，磁通是一系列的同心圆。其中，既有位于导线外部的外部磁通 Φ'，也有位于导线内部的内部磁通 Φ''。图 1-22 给出了单相导线的外部和内部磁场示意图。

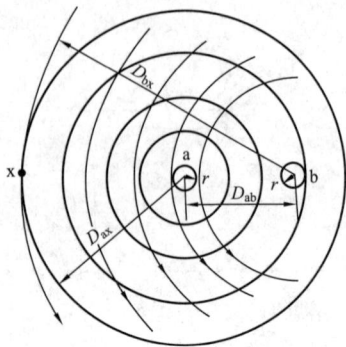

图 1-23 给出了单相线路的磁场示意图。

采用叠加原理，将内部磁通与外部磁通相加，可得到单根导线的总磁链。

$$\psi = \psi' + \psi'' = \left(2\ln\frac{D}{r} + \frac{\mu_r}{2}\right)i \times 10^{-7} \qquad (1-63)$$

式中：ψ 表示导线的合成磁链；μ_r 表示相对导磁系数，对空气，$\mu_r = 1$。

与之相对应的电感 L 则为

$$L = \psi/i = \left(2\ln\frac{D}{r} + \frac{\mu_r}{2}\right)i \times 10^{-7} \qquad (1-64)$$

图 1-23 单相线路的磁场

这样，单相线路的电抗为

$$x = 2\pi f\left(2\ln\frac{D}{r} + \frac{\mu_r}{2}\right) \times 10^{-4} \qquad (1-65)$$

单相线路上无功功率损耗是由于正弦电流流过交变磁通产生的。由于导线是通过空气构成电磁回路的，因此磁阻大，电抗相对于变压器和电机来说，其值较小。

三相架空线路由于三相均产生磁通，三相叠后进行计算所得的电抗为

$$x = 2\pi f\left(4.6\ln\frac{D_m}{r} + \frac{\mu_r}{2}\right) \times 10^{-4} \qquad (1-66)$$

式中：$D_m = \sqrt[3]{D_{ab}D_{bc}D_{ca}}$ 称为三相导线的几何均距。

这样，导线消耗的无功功率为

$$Q_L = 2\pi f\left(2\ln\frac{D}{r} + \frac{\mu_r}{2}\right)I^2 \times 10^{-4} \qquad (1-67)$$

电力网中对于一定电压等级的电力线路，电力线路越长，电力线路参数值越大，无功功率损耗也越大，电力线路上电压降也越大。

1.5.4 整流装置

近些年来，国民经济各部门大力推广使用各种新型的电力电子整流装置。这些新型的电力电子元件将消耗大量的无功功率。目前常用的是硅整流装置。

硅整流装置的功率因数是由叠弧角与控制角来决定的。叠弧角又称为换相角 γ，指的是三相桥式整流电路中两相电压共同导通的重叠时间；控制角 α 表示触发延时时间。

硅整流装置的功率因数可由式（1-68）求得

$$\cos\varphi = \frac{1}{2}\left[\cos\alpha + \cos(\alpha + \gamma)\right] \qquad (1-68)$$

硅整流装置所需要的无功功率为有功功率的 $30\% \sim 50\%$。

对于整流输电系统，在逆变侧还需要将直流变成交流，同样需要消耗无功功率。逆变侧消耗的无功功率与熄弧角及逆变角有关。逆变器的功率因数可表示为

$$\cos\varphi = \frac{1}{2}(\cos\beta + \cos\delta) \qquad (1-69)$$

逆变侧消耗的无功功率约为有功功率的 $50\% \sim 70\%$。

1.6 无功功率平衡

有功功率平衡和无功功率平衡是电力系统正常运行必须具备的条件。由于电能的特点，要求无功电源发出的无功功率和等于无功负荷消耗的无功功率以及在电力传输过程中消耗的无功功率损耗之和。由于电力系统自身的特点及元件的特点，电力系统无功功率损耗比有功功率损耗大得多。通常系统有功功率损耗一般只有负荷的百分之几，目前在 220kV 系统中，有功损耗通常只有 2% 左右，而系统中的无功功率损耗缺很大，通常和无功负荷的大小相差不大，这是由于无功功率在传输过程中，在输电线路和变压器上的损耗很大。因此在实际电网运行中，无功功率的平衡不仅需要发电机的支持，更需要用户安装无功补偿设备。

系统中无功功率平衡的关系式可用式（1-70）表示

$$\sum_{i=1}^{n} Q_{Gi} - \sum_{i=1}^{n} Q_{Li} - \Delta Q_{\Sigma} = 0 \tag{1-70}$$

式中：Q_{Gi} 为无功功率电源，包括发电机的无功功率和各种无功补偿设备提供的无功功率；Q_{Li} 为负荷消耗的无功功率；ΔQ_{Σ} 为网络中无功功率损耗，通常消耗在变压器上和输电线路上。

由以上可知，无功功率平衡的内容大致可包括如下。

（1）参考累计的规划运行资料确定未来的、有代表性的预想有功功率日负荷曲线。

（2）确定出现无功功率日负荷时系统中有功功率负荷的分配。

（3）假设各无功功率电源的容量和配置情况以及某些枢纽变电点的电压水平。

（4）计算系统中的潮流分布。

（5）根据潮流分布情况，统计关系式中的各项数据，判断系统中无功功率平衡情况。

（6）若统计结果表明系统中无功功率有缺额，则变更上列假设条件，重新进行潮流计算分析；若无功功率始终无法平衡，则应考虑增设无功电源。

无疑，在上述计算中，无功功率的分布应该是最优的。

需要说明的是，进行无功功率平衡计算的前提是系统的电压水平正常，正如考虑有功功率平衡一样。若不能在正常电压水平正常情况下保证无功功率平衡，系统的电压质量则不能保证。图 1-24 给出了无功功率平衡和系统电压水平关系。

如系统电源所提供的无功功率为 $\sum Q_{GCN}$、由无功功率平衡的条件决定的电压为 U_N，则该电压对应系统的正常电压水平。若系统仅能提供无功功率电源 $\sum Q_{GC}$，则无功功率仍能平衡，但平衡条件所决定的电压会降低于正常的电压 U_N。这种情况下，虽可以采取某些措施，如改变某台变压器的变比提高局部地区的电压水平，但其本质上来讲，改变变压器变比仅仅是改变了电网中无功功率分布，而不能从本质上解决无功功率电源不足的问题，从而造成电网电压的下降。因此事实上，系统中无功功率电源不足使得无功功率平衡是由于系统电压水平下降、无功功率负荷（包括损耗）本身具有正值的电压调节效应使全系统的无功功率需求（$\sum Q_L +$

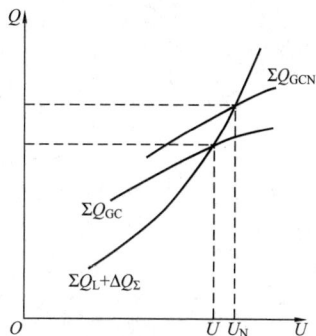

图 1-24　无功功率平衡和系统电压水平的关系

ΔQ_Σ）有所下降而达到的。

由此可见，系统中无功功率也应保持一定的备用。否则，当系统负荷增大时，电压质量仍无法保证。无功功率备用容量通常可取最大负荷无功功率负荷的 7％～8％。

参考文献

1 邱关源. 电路（上册）. 北京：高等教育出版社，1989.
2 邱关源. 电路（下册）. 北京：高等教育出版社，1989.
3 陆安定. 发电厂变电所及电力系统的无功功率. 北京：中国电力出版社，2003.
4 陈珩. 电力系统稳态分析. 北京：中国电力出版社，1995.
5 程浩忠，吴浩. 电力系统无功与电压稳定性. 北京：中国电力出版社，2004.
6 Mohan Mathur R，Rajiv K Varma. 基于晶闸管的柔性交流输电控制装置. 徐政译. 北京：机械工业出版社，2005.
7 谢小荣，姜齐荣. 柔性交流输电系统的原理与应用. 北京：清华大学出版社，2006.
8 刘天琪. 现代电力系统分析理论与方法. 北京：中国电力出版社，2007.
9 栗时平，刘桂英. 静止无功功率补偿技术. 北京：中国电力出版社，2006.
10 李坚. 商业化电网的经济运行及无功电压调整. 北京：中国电力出版社，2001.
11 王梅义，吴竞昌，蒙定中. 大电网系统技术. 北京：中国电力出版社，1998.
12 陈文彬. 电力系统无功优化与电压调整. 沈阳：辽宁科学技术出版社，2003.
13 Taylor C W. 电力系统电压稳定. 北京：中国电力出版社，2002.
14 周鹗. 电机学. 北京：中国电力出版社，1998.

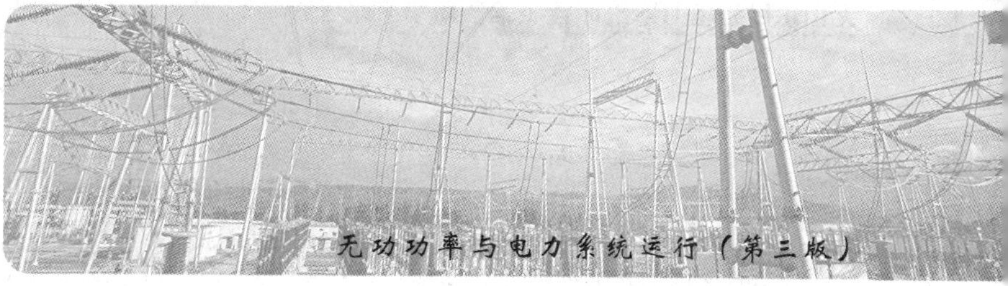

无功功率与电压运行管理

2.1　电力系统无功功率传输

输电线路传输的有功和无功功率取决于送端和受端电压的幅值和相角。图 2-1 表示一简单传输系统的模型，线路两端用同步电动机表示，送端和受端之间接有一个等值电抗。假设线路两端大容量系统的电压调节能力很强，即送端和受端的电压恒定。

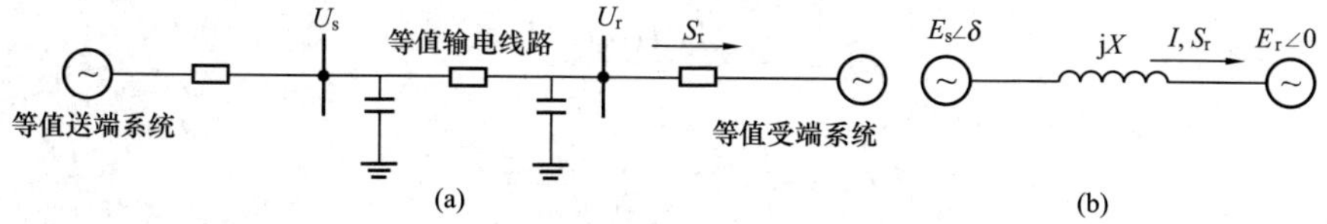

图 2-1　简单系统的功率传输

（a）系统原等值电路；（b）戴维南等值电路

受端的功率表达式如下

$$\overline{S}_r = P_r + jQ_r = \overline{E}_r I^*$$

$$= E_r \left(\frac{E_s \cos\delta + jE_s \sin\delta - E_r}{jX} \right)^*$$

$$= \frac{E_s E_r}{X} \sin\delta + j\left(\frac{E_s E_r \cos\delta - E_r^2}{X} \right) \tag{2-1}$$

由式 (2-1) 可得

$$P_r = \frac{E_s E_r}{X} \sin\delta = P_{\max} \sin\delta \tag{2-2}$$

$$Q_r = \frac{E_s E_r \cos\delta - E_r^2}{X} \tag{2-3}$$

同理，送端的功率表达式为

$$P_s = \frac{E_s E_r}{X} \sin\delta = P_{\max} \sin\delta \tag{2-4}$$

$$Q_s = \frac{E_s^2 - E_s E_r \cos\delta}{X} \tag{2-5}$$

现在仅考虑输电线路传输无功功率，用 $U_s \angle \theta$ 和 $U_r \angle 0°$ 分别代表线路送端和受端的电压，X 代表输电线路电抗，则式 (2-3)、式 (2-5) 可改写成

$$Q_r = \frac{U_s U_r \cos\theta - U_r^2}{X} \tag{2-6}$$

$$Q_s = \frac{U_s^2 - U_s U_r \cos\theta}{X} \tag{2-7}$$

当线路两端的相角差较小时有 $\cos\theta \approx 1$，所以式（2-6）和式（2-7）可以近似表达为

$$Q_r = \frac{U_r(U_s - U_r)}{X} \tag{2-8}$$

$$Q_s = \frac{U_s(U_s - U_r)}{X} \tag{2-9}$$

由式（2-8）和式（2-9）可知：无功功率传输大小主要取决于电压的幅值，无功功率传输的方向为由电压高的一端流向电压低的一端。这也就是在研究电力系统时经常所说的无功功率和电压相关，即 Q 和 U 耦合较强。在电力系统潮流计算时，采用 PQ 分解法求解潮流时，就是利用这一显著的物理特性来快速求解潮流的。

在电力处于重载条件时，传输的功率和功角较大，系统将不再具有上述的物理特性。这是因为此时线路传输的无功功率取决于式（2-10）和式（2-11）

$$Q_r = \frac{U_r(U_s \cos\theta - U_r)}{X} \tag{2-10}$$

$$Q_s = \frac{U_s(U_s - U_r \cos\theta)}{X} \tag{2-11}$$

由式（2-10）和式（2-11）可见，线路能传输的无功功率同 $U_s - U_r \cos\theta$ 成正比，因此若 θ 较大，此时传输无功功率将困难，可采用图 2-2 所示的 P-Q 圆进行求解。

图 2-2 中考虑了两种情况。情况 1 为 $U_s = 1\text{p. u.}$，$U_r = 0.95\text{p. u.}$，用实线表示；情况 2 为 $U_s = 1\text{p. u.}$，$U_r = 0.9\text{p. u.}$，用虚线表示。对于任一给定的有功功率传输，可以用一条垂直线画出，该直线和功率圆的交点即表示相应的无功功率。

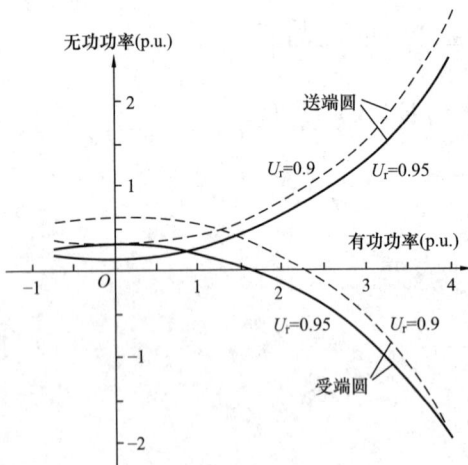

图 2-2　线路功率圆图

由图 2-2 可见：①线路两端电压和相角差随着无功功率传输的增大而增大；②在线路重载的情况下，功率曲线非常陡，严重的情况将达到每增加 1MW 的有功功率，线路两端需要增加无功功率 1Mvar；③如果线路两端电压相角差较大，即使线路两端电压幅值差较大，也不可能通过该线路传输无功功率。长线路或线路重载情况下都有可能导致两端电压相角差增大。根据电力系统运行要求，各点电压幅值应维持在 $1 \pm 5\%\text{p. u.}$ 的范围，这更增加了无功传输的难度，因此相对于有功功率传输，无功功率不能长距离传输。

此外，减少线路无功功率传输可以减小线路的有功功率和无功功率损耗。有功功率损耗的减小，提高了系统运行的经济性；而无功功率损耗的减小，可以减少了并联无功补偿器等无功补偿设备的投资，同样提高了系统运行的经济性。

输电线路的有功功率损耗和无功功率损耗可用式（2-12）和式（2-13）表达

$$P_{\text{loss}} = I^2 R = \frac{P^2 + Q^2}{U^2} R \qquad (2-12)$$

$$Q_{\text{loss}} = I^2 X = \frac{P^2 + Q^2}{U^2} X \qquad (2-13)$$

由式（2-12）可知，为了尽量减小线路上的有功功率损耗，应保持线路传输无功功率尽量少。

最后，减少线路无功传输可以降低甩负荷引起的线路短时过电压。

图 2-3 表示一个简单系统及其简化的戴维南电路，同时给出了对应的相量图。在线路受端开关打开之前，戴维南电压为

$$E_{\text{th}} \angle \delta = U \angle 0^\circ + jX\dot{I}$$

$$= U + jX \frac{P_r - jQ_r}{U}$$

$$= U + \frac{XQ_r}{U} + j\frac{XP_r}{U}$$

若令线路电压 $U = 1\text{p.u.}$，等值电抗为 0.625，末端消耗的无功功率为 0.6，有功功率为 1，则戴维南电压将达到 1.51p.u.。

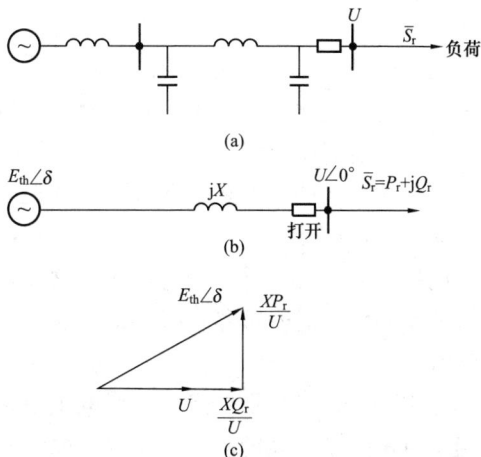

图 2-3　计算甩负荷情况的等值系统
(a) 原等值电路；(b) 戴维南等值电路；(c) 相量图

因此若末端突然甩负荷，此时交流侧电压将上升至一个不可接受的水平，必须采取预防措施控制过电压。

由上分析可知，无功功率应尽量少量传输的缘由如下：

（1）在有功功率传输较大情况下无功传输是低效的，需要较大的电压幅值降落；

（2）无功功率传输会增加网络的有功和无功功率损耗；

（3）无功功率传输会增大甩负荷引起的短时过电压；

（4）无功功率传输会增加变压器和输电线路等设备的容量。

2.2　电力系统无功电压管理

2.2.1　电压管理的必要性

电力系统的电压质量是衡量电力系统运行水平和电能质量的主要指标之一。保证电网电压质量是电力系统安全稳定的要求，也是保证用户的正常安全用电的要求。电力系统的电压管理不同于电力系统频率调整，由于系统内不同地区、不同节点的电压不相同，同时无功调节和控制手段的多样化，电力系统无功电压管理和电压的调整较电力系统有功频率调整更加复杂，但调节的手段也更加灵活。

电压质量直接影响工农业生产产品的质量和数量，影响人民日常生活，低劣的电压水平（过高或过低）不仅给用户生产、生活带来危害，还可能使系统本身的安全受到威胁，甚至引起"电压崩溃"，造成大面积停电事故。

系统电压降低时，由发电机电磁功率表达式 $P = \dfrac{EU}{X}\sin\delta$ 可知，发电机要保持其出力，δ

角就要增加，这将引起定子电流的增加。若原来定子电流已达到额定值，那么电压降低后，若要保持发电机有功出力，势必会使定子电流超过额定值。所以在这种情况下，只能减少发电机有功出力。

在电力系统的各类负荷中，占比重较大的是异步电动机。如果系统电压降低，那么异步电动机的转差率将增大，从而电动机定转子绕组中的电流也将随之增大，吸收的无功功率将增大，电动机温升提高，效率降低，寿命缩短；同时电动机的励磁无功功率将减少，在电压降低到临界点时，将引起电动机的制动，其结果又使电动机吸收无功功率的增大，这将引起电动机的级联响应，造成大范围内的电动机停转。此外，某些电动机驱动的生产机械的机械转矩与转速的高次方成正比，转差增大、转速下降时，其功率将迅速减少。而发电厂厂用电动机组功率的减少又将影响锅炉、汽轮机的工作，影响发电厂发电功率。

电炉的有功功率是与电压的平方成正比的，炼钢厂中的电炉将因电压过低而影响冶炼时间，从而影响产量。

同样，系统电压过高也是不允许的。它将使各种电气设备的绝缘受到损坏，直接影响设备的使用寿命。对变压器和电动机而言，二者的铁芯将饱和，铁损将增大，温度将上升，寿命将减短。

照明负荷，尤其是白炽灯，对电压变化的反应最灵敏。电压过高，白炽灯的寿命将大为缩短；电压过低，亮度和发光效率又要大幅度下降。如图2-4（a）所示。日光灯的反应较迟钝，但电压偏离其额定值时，其寿命也将缩短，如图2-4（b）所示。

下面简略介绍一下由于系统无功不足、电压过低而引起的电压崩溃问题。

电力系统各母线的无功负荷静态电压特性曲线一般有图2-5中曲线 Q_{FH} 所示的形状，即随着电压的上升，无功负荷也相应增大；而无功电源的电压特性曲线一般呈图2-5中曲线 Q_F 的形状，两条曲线有两个交点 a 和 b。由于无功负荷与无功电源必须满足平衡关系，因而母线只能运行在 a 点或 b 点，而不可能运行在其余的点上，但只有交点 a 是稳定的，而交点 b 是不稳定的。分析如下。

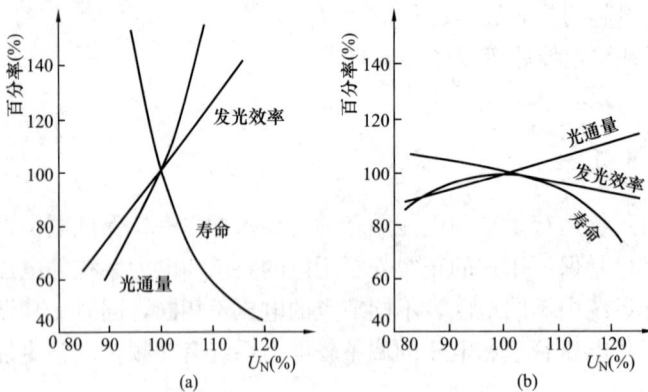

图2-4 照明负荷的电压特性
（a）白炽灯；（b）日光灯

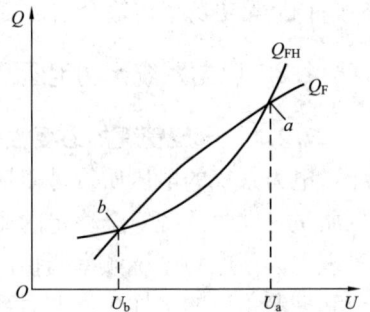

图2-5 无功负荷静态
电压特性曲线

如果母线运行在点 a，当母线电压有一个小的波动，如在 U_a 的基础上增加 ΔU 时，这时有 $Q_{FH}(U_a + \Delta U) > Q_F(U_a + \Delta U)$，此时系统出现无功功率不足，因此电压将被拉回到 a

点。同样，当母线电压减少 ΔU 时，有 $Q_F(U_a - \Delta U) > Q_{FH}(U_a - \Delta U)$，系统出现无功功率过剩，又会使母线电压升高到 a 点，可见 a 点是稳定运行点。

如果母线运行在 b 点，情况与在 a 点就截然相反。当母线电压增加 ΔU 时，则 $Q_F(U_b + \Delta U) > Q_{FH}(U_b + \Delta U)$，系统出现无功功率过剩，于是电压升高一直至平衡点 a 点。当母线电压减少 ΔU 时，则 $Q_{FH}(U_b - \Delta U) > Q_F(U_b - \Delta U)$，系统出现无功功率不足，于是母线电压还要继续下降，下降越多无功缺额越大。如此恶性循环，系统将失去了稳定运行能力，这也是通常所说的"电压崩溃"。

除了上述的系统电压过高或过低对系统本身和用户的不利外，冲击性或间歇性负荷引起的电压波动问题也值得关注，这一类负荷的设备包括往复工泵、电弧炉、卷扬机、通风设备等。其中最为严重的是电弧炉，起弧时电流很大，有的可以达到几万乃至几十万安培，引起的电压波动将十分明显。

限制这类负荷引起的电压波动的常见措施有：在大容量变电所采用专用母线和线路单独向这类负荷供电；在连接产生电压波动的负荷地点和电源之间的线路上串联电容器组；在这类负荷附近安装调相机以及配置静止补偿器等。串联电容器的作用在于抵消电路的电抗，从而限制电压波动的幅值；调相机的作用在于供给波动负荷以波动的无功功率等。

图 2-6 是自饱和型静止补偿器的原理图，其作用是来消除由冲击性或间歇性负荷引起的局部电压波动。它的工作原理如图 2-6 所示。

图中电容器 C、电抗器 L_f 组成的电路为工频下的感性无功功率电源，又因电容 C 与串联的电感 L_f 构成谐振回路，所以能起到了滤波器的作用。该支路是不可控的。饱和电抗器 L 和电容器 C_s 组成的支路，则有图 2-7 所示的电压、电流特性。C_s 的作用为抵消 L 的饱和电抗值，正常运行时有 $I = I_1 + I_2 \approx 0$，即电抗器运行于 A 点。当由于负荷波动而引起电压 U 下降时，由图 2-7 可见，这时，静止补偿器将产生一个滞后的电流，即发出无功功率，此时整个静止补偿器相当于一个电容器的作用，从而使电压 U 升高。反之，如果端电压 U 高了，则静止补偿器便产生一个滞后电流，吸收无功功率，整个静止补偿器这时又相当于一个电抗器了，从而使端电压 U 降下来。如此这样，静止补偿器就起到了维持母线供电的电压质量的效果。

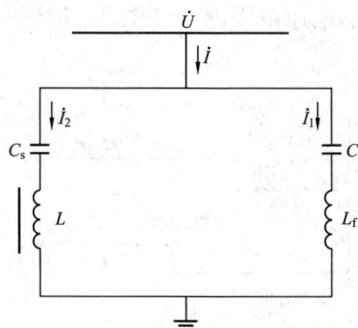

图 2-6　自饱和型静止补偿器的工作原理

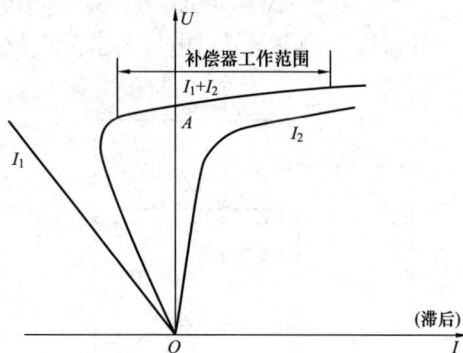

图 2-7　自饱和型静止无功补偿器电压、电流特性

2.2.2　电压管理

为了解决电压波动的问题，需要讨论电压调整和管理。虽然主网中有很多节点，但人们关注的重点是中枢点的电压水平。所谓中枢点指的是某些能反映全网的电压水平的节点，这

些中枢点通常是大容量的枢纽变电站，或者是大容量的发电厂。如能控制住这些中枢点的电压，那么全网大部分节点的电压质量一般来说将能得以保证。因此，电力系统的电压管理和调整可以通过监视和调整各个电压中枢点的电压来实现。

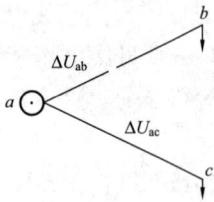

图 2-8　简单网络

为了对中枢点电压进行控制，其必要条件首先是明确中枢电压的允许变动范围，从而编制出中枢点的电压曲线。下面通过简单例子来说明确定中枢点电压曲线的方法。

设有图 2-8 所示的中枢点 a，它向两个负荷 b、c 供电。设负荷 b、c 的简化日负荷曲线如图 2-9 所示。

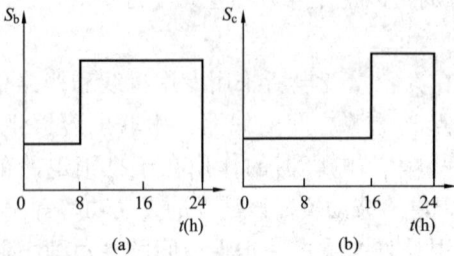

相应地在线路 ab、ac 上引起的电压损失如图 2-10 所示。

图 2-9　简单日负荷曲线
(a) 负荷 b；(b) 负荷 c

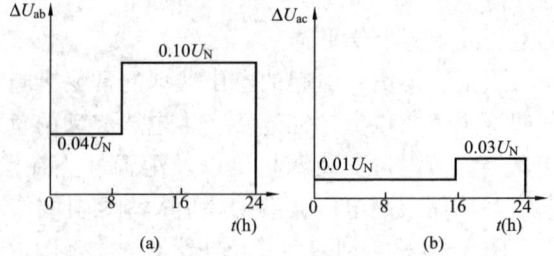

图 2-10　线路 ab、ac 上引起的电压损失图
(a) 负荷 b；(b) 负荷 c

设负荷点 b、c 所允许的电压偏移都是 $U_N \pm 5\%$（U_N 是中枢点 a 的电压额定值），于是，为满足负荷点 b 对电压的要求，每日 0～8 时中枢点 a 应维持的电压值为

$$U_b + \Delta U_{ab} = (0.95 \sim 1.05)U_N + 0.04U_N = (0.99 \sim 1.09)U_N$$

8～24 时中枢点 a 应维持的电压为

$$U_b + \Delta U_{ab} = (0.95 \sim 1.05)U_N + 0.10U_N = (1.05 \sim 1.15)U_N$$

为了满足负荷点 b 的电压要求，中枢点 a 应当保持的电压范围如图 2-11 所示。

同样，为满足负荷 c 对电压的要求，每日 0～16 时中枢点 a 应维持的电压值为

$$U_c + \Delta U_{ac} = (0.95 \sim 1.05)U_N + 0.01U_N = (0.96 \sim 1.06)U_N$$

同样可以画出满足 c 点电压要求的中枢点 a 应当保持的电压范围图，如图 2-12 所示。

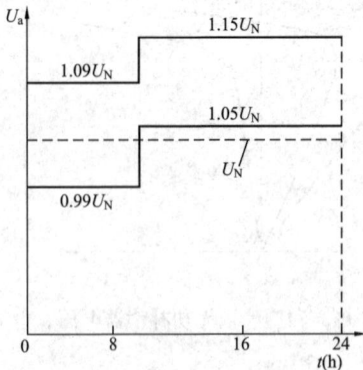

图 2-11　中枢点 a 应当保持
的电压范围

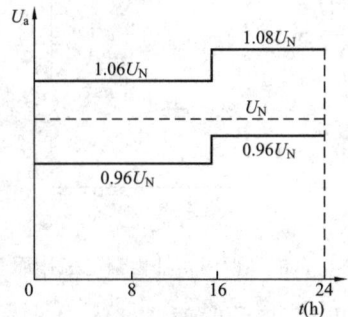

图 2-12　满足负荷点 c 时，中枢点 a
应保持的电压范围

把图 2-11、图 2-12 合并，可以得到图 2-13。图 2-13 中的阴影部分表示同时满足负荷 b 和负荷 c 的电压的中枢点电压合格的范围。

由图 2-13 可以看出，虽然负荷点 b、c 允许的电压偏移都是 $\pm 5\%$，即有 10% 的允许变动范围，但对中枢点电压的要求不一样。这是因为中枢点至负荷点 b 和 c 之间线路上的电压损耗 ΔU_{ab} 和 ΔU_{ac} 的大小不同，而中枢点电压要同时满足这两个负荷对电压的要求，此时中枢点电压的允许变动范围就大大缩小了。在此例中，每日的 8~16 时，为了满足负荷点 b 和 c 的电压要求，中枢点电压的变化范围仅有 1%。这仅仅是假设只有 b、c 两个负荷点的情况，如果负荷点更多，对中枢点电压变化的要求将会更加苛刻、严重的情况下，仅控制中枢点的电压就无法满足负荷电压质量的要求。

由此可见，如果两条线路的电压损耗 ΔU_{ab}、ΔU_{ac} 的大小和变化规律悬殊，则完全可能出现这样的情况：在某个时段内，中枢点电压无论如何调节都不可能同时满足 b、c 两个负荷点的电压要求。例如每日 8~24 时 ΔU_{ab} 增大为 $0.13 U_{N}$，则 8~16 时这 8h 内，中枢点电压不论取何值也不能使 b、c 两个点电压均符合要求，如图 2-14 所示。显然，在这种情况下仅仅依靠调整中枢点电压已经不能完全解决问题，而必须考虑其他措施了。

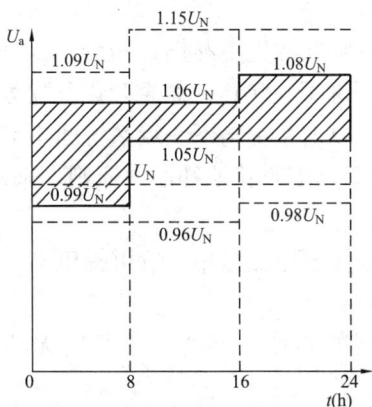

图 2-13 满足负荷点 b 和 c 时，
中枢点 a 应保持的电压范围

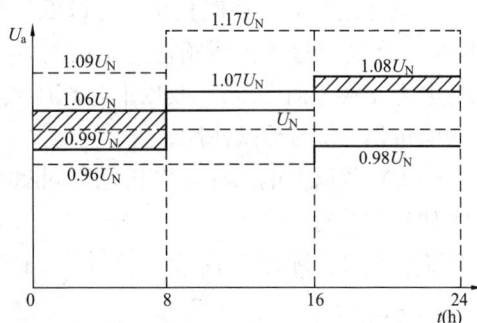

图 2-14 不能满足 b、c 两点
电压的中枢点电压示意图

以上所述的主要是系统调度运行部门所进行的电压管理工作。在进行电网规划设计时，通常难以事先进行较准确的电压管理方面的预测和计算的。这时可以依据如下原则大体确定一个中枢点电压的允许变动范围。

若由中枢点供电的各负荷的变化规律大致相同，考虑到高峰负荷时供电线路上电压损失较大，将中枢点电压适当升高以抵偿部分甚至全部电压损耗的增大部分；而低谷时线路上电压损耗较小，则应将中枢点电压适当降低以抵消部分乃至全部的电压损耗的减少部分。这种高峰负荷时升高电压、低谷负荷时降低电压的中枢点调压方式称之为"逆调压"。

与"逆调压"方式相对应的是"顺调压"。所谓"顺调压"，就是在高峰负荷时允许中枢电压降低，在低谷负荷时，又允许中枢点电压略高的调压方式。通常对于供电线路不长，负荷变动不大的中枢点就采取这种调压方式。

此外，还有一种"常调压"方式，即在任何负荷下，总是保持中枢点电压为一基本不变的数值，其界于"逆调压"和"顺调压"方式之间。

主网的中枢点及大部分其余节点电压得以控制和维持的同时，还需要控制地区电网、配电网中各节点的电压质量。无论是主网，还是地区网、配电网，做好电压管理和电能质量工作，一般说来应当具备3个条件：一是应有足够数量的无功电源和无功补偿设备；二是应当掌握大量准确的运行资料和有关数据；三是采用合理的调压方式。

2.3　电网无功电压标准

我国先后发布了 SD 325—1989《电力系统电压和无功电力技术导则（试行)》、DL 755—2001《电力系统安全稳定导则》、DL/T 1040—2007《电网运行准则》、GB 12325—1990《电能质量供电电压允许偏差》等相关标准进行制定无功电压标准。各个省级调度机构又根据电网运行的特点，进一步制定了无功电压标准。

2.3.1　无功补偿配置与调压配置标准

无功补偿配置与调压配置标准如下。

（1）电网的无功补偿配置应能保证电网各种正常运行方式下的分层和分区无功平衡。分层无功平衡的重点是 220kV 及以上电压等级层面的无功平衡，分区就地无功平衡重点主要是 110kV 及以下配电系统的无功平衡。

（2）无功补偿配置应遵循以下原则：分散就地补偿与变电站集中补偿相结合，以分散补偿为主；高压补偿与低压补偿相结合，以低压补偿为主；降损与调压相结合，以降损为主。

（3）应避免通过远距离线路输送无功电力，500kV 及以上系统与下一级系统间不应有大量的无功电力交换。对 500kV 及以上超高压线路充电功率应按照就地补偿的原则，采用高、低压并联电抗器100％予以补偿。

（4）220kV 及以上电网存在电压稳定问题时，宜在系统枢纽变电站配置可提供电压支撑的快速无功补偿装置。

（5）根据电网实际运行需要，应计算确定进行电网的容性、感性正负双向无功补偿配置。

（6）在大量采用 10～110kV 电缆线路的城市电网中，应根据电缆出线情况配置适当容量的感性无功补偿装置。

（7）水电较集中地区、110kV 及以上电压等级长线路轻负荷时，应根据电网结构，计算确定在相关变电站分散配置适当容量的感性无功补偿装置。

（8）变电站应合理配置适当容量的容性无功补偿装置，并根据设计计算确定无功补偿装置的容量。35～220kV 变电站在主变最大负荷时，其一次侧功率因数应不低于 0.95，在低谷负荷时功率因数应不高于 0.95。

（9）并联电容器组和并联电抗器组宜采用自动投切的方式。

（10）35～220kV 变电站主变压器高压侧应装设双向有功功率表和无功功率表（或功率因数表）。对于无人值班变电站，应在其集控站自动监控系统实现上述功能。

（11）供电企业自动无功电压控制系统应具备与主网调度机构自动无功电压控制主站实现联合闭环控制的功能，其性能和参数应满足电网安全稳定运行的需要。

（12）并入电网的发电机组应具备满负荷时功率因数在 0.85（滞相）～0.95（进相）运行的能力，以保证系统具有足够的事故备用无功容量和调压能力。为了平衡 500kV 及以上线路的充电功率，在电厂侧应适当考虑安装一定容量的并联电抗器。

（13）额定功率 100MW 及以上的发电机应通过进相试验，确认在 50%～100%额定有功功率情况下（一般取 3～4 个负荷点）吸收无功功率的能力及对电网电压的影响。

（14）200MW（新建 100MW）及以上火电和燃气机组，40MW 及以上抽水蓄能机组须具备无功电压自动控制功能，能根据电网调度机构下达的高压侧母线电压控制目标或全厂无功总出力，协调控制机组的无功功率。

（15）发电机组自动无功电压控制装置应具备与主网调度机构自动无功电压控制主站实现联合闭环控制的功能，其性能和参数应满足电网安全稳定运行的需要。

（16）在 40MW 及以上抽水蓄能电站接入系统可行性研究时，应全面计算确定发电、抽水不同工况下对电网电压的影响。

（17）各级变压器的额定变压比、调压方式和分接开关调压范围应结合电网实际运行调压计算确定，满足发电厂、变电站母线和用户受电端电压质量的要求，并考虑电网发展的需要。

（18）电力用户的无功补偿。电力用户应根据其负荷的无功需求，设计和安装无功补偿装置，并应具备防止向电网反送无功电力的措施。

1）35kV 及以上供电的电力用户，可参照要求（8）规定执行。

2）100kVA 及以上 10kV 供电的电力用户，其功率因数宜达到 0.95 及以上。

3）其他电力用户，其功率因数宜达到 0.90 及以上。

2.3.2　无功电压运行标准

无功电压运行标准如下。

（1）实行按调度权限划分下的分级管理原则，各级调度机构按季下达各级电网电压控制曲线。

（2）在满足电压合格的条件下，应遵循无功电力分层分区平衡原则。各级调度机构都应对调度衔接点（"关口"）的无功电力送出（或受入）量进行监督和控制。

（3）供电企业的无功电压运行。

1）严格按照调度机构下达的变电站电压控制范围和功率标准执行，负责做好本地区无功补偿装置的合理配置、安全运行及电压调整工作，保证电网无功分层分区就地平衡和各变电站的母线电压合格。

2）对所安装的无功补偿装置应随时保持完好状态，保持电容器、并联电抗器可用率在 96%及以上。运行管理部门应建立无功补偿装置管理台账，开展无功补偿装置运行情况分析工作。

3）自动无功电压控制系统是提高电网运行管理水平、保证电能质量的重要技术手段，未经电网调度机构批准，自动无功电压控制系统不能任意停用。

（4）发电企业的无功电压运行。

1）应严格按调度机构下达的电压控制曲线进行无功电力调整。

2）发电机组的自动调整励磁系统应具有自动调差环节和合理的调差系数，各机组调差系数的整定应协调一致。自动励磁调节装置应具有强励限制、低励限制等环节，参数设置应满足电网安全要求。

3）发电厂端自动无功电压控制装置新投运前必须通过单机调试及系统联调，且机组的自动励磁调节器处于正常自动状态，机组所在单位向调度机构汇报具备投运条件，由值班调度员下达投运命令后，方可投入运行。

4）机组自动无功电压控制装置未经调度机构许可，不得任意停用。未经电网调度机构批准，不能随意修改并网运行的自动无功电压控制机组的运行参数。无功调节装置整定值修改或者软件升级后，应与电网调度机构自动无功电压控制主站重新进行联调。

（5）当全网无功出力不足或过剩引起电压下降或升高时，调度机构应及时采取措施解决。

（6）当无功调节措施用尽电压仍超出控制限额时，调度机构应及时向上一级汇报。

2.3.3　电压质量标准

（1）电压质量的定义：指缓慢变化（电压变化率小于每秒1%时的实际电压值与系统标称电压值之差）的电压偏差值指标。

（2）发电厂和变电站的母线电压允许偏差值。

1）500kV母线正常运行方式时，最高运行电压不得超过系统额定电压的+10%；最低运行电压不应影响电力系统同步稳定、电压稳定、厂用电的正常使用及下一级电压的调节。

2）发电厂和500kV变电站220kV母线正常运行方式时，电压允许偏差为系统额定电压的0～10%，事故运行方式时为系统额定电压的-5%～10%。

3）220kV变电站220kV母线电压、110kV变电站110kV母线电压正常运行方式时，允许电压偏差为系统额定电压的-3%～7%。220kV变电站220kV母线电压波动日偏差幅度不应大于5%。

4）发电厂和220kV变电站的110～35kV母线正常运行方式时，电压允许偏差为系统额定电压的-3%～7%，事故运行方式时为系统额定电压的±10%。

5）带地区供电负荷的变电站和发电厂（直属）的10（6）kV母线正常运行方式下的电压允许偏差为系统额定电压的0～7%。

（3）用户受电端供电电压允许偏差值。

1）35kV及以上用户供电电压正、负偏差绝对值之和不超过额定电压的10%。

2）10kV及以下三相供电电压允许偏差为额定电压的±7%。

3）20V单相供电电压允许偏差为额定电压的-10%～7%。

（4）电压监测点设置原则。

1）电压控制点：选择有多回出线的区域性水、火电厂的高压母线，有大量地区负荷的发电厂母线，安装有载调压变压器和可投切电容器、电抗器组的枢纽变电站的中压或低压母线。

2）电压监视点：选择不具备电压和无功调整手段或电压无功调整手段不足的电压中枢点母线。

（5）电压统计。

1）电压合格率是实际运行电压在允许电压偏差范围内累计运行时间与对应的总运行统计时间的百分比。

2）统计范围：调度所辖范围内220kV母线电压监测点，110kV变电站110kV母线电压监测点的100%进行统计。其他电压监测点统计范围按有关规定执行。

3）电压合格率计算公式如下：

a. 监测点电压合格率

$$U_i\% = \left(1 - \frac{电压越上限时间 + 电压越下限时间}{电压监测总时间}\right) \times 100\% \qquad (2-14)$$

b. 电网电压合格率

$$U_n\% = \frac{\sum_{i=1}^{n}(电网检测点电压合格率)}{n} \times 100\% \qquad (2-15)$$

式中：n 为电网电压监测点数，以 EMS 采集数据为准（96 点/日）；U_n 为电网电压合格率，通常以月为统计周期。

2.4 发电机无功电压调整

电网的调压手段有多种，如发电机无功电压调整、变压器调压、并联补偿调压、串联无功补偿调压、无功电压自动控制以及组合调压等。本节首先介绍发电机的无功调压。

同步发电机不仅是系统的有功电源，还是系统的无功电源。发电机调压是各种调压手段中最直接和最经济的手段，不需要投资，所以应当优先考虑采用。

现代的同步发电机可在额定电压的 95%～105% 范围内保持额定功率运行。在发电机不经升压，直接用发电机电压向用户供电的简单系统中，若供电线路不是很长，则线路上的电压损耗不是很大。这种情况下，可以借助调节发电机励磁来改变发电机机端母线电压，使之实现逆调压以满足负荷对电压质量的要求。以图 2-15（a）所示简单系统为例，设备部分网络最大、最小负荷时的电压损耗分别如图 2-15 所示，则最大负荷时，由发电机母线至最远负荷处的总电压损耗为 20%，最小负荷时为 8.0%，即最远负荷处的电压变动范围为 12.0%；若发电机母线采用逆调压，最大负荷时升高至 105%U_N，最小负荷时下降为 U_N；如变压器的变比 $k_* = U_I U_{IIN}/U_{II} U_I = 1/1.10$，即一次侧电压为线路额定电压时，二次侧的空载电压较线路额定电压高 10%，则全网的电压分布将如图 2-15（b）所示。

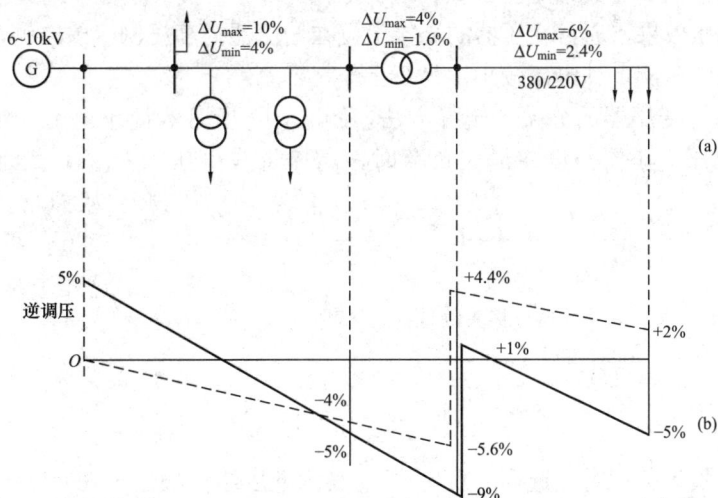

图 2-15　发电机母线逆调压的效果

(a) 简单系统接线图；(b) 电压分布情况

——— 最大负荷时；- - - - - 最小负荷时

由图 2-15 可知，此时最远负荷处的电压偏移最大负荷时为－5%，最小负荷时的电压偏移为 2%，都满足在一般负荷要求的±5%范围内。

若发电机经多级变压器向负荷供电时，此时仅借发电机调压通常不能满足负荷对电压质量的要求。同样以图 2-16 所示系统为例，此时最大、最小负荷时由发电机母线至最远负荷处的电压损耗分别为 35%、14%，即最远负荷处的电压变动范围为 21%。这时，即使因发电机母线采用逆调压可将变动范围缩小 5%，即缩小为 16%，但此时的电压波动已不能满足一般负荷的要求。由于发电机电压母线上往往还连接有其他负荷，比如厂用电负荷，它们距发电厂一般不远，大幅度地改变发电机母线又将导致这部分负荷对电压质量的要求得不到满足，因此也不能再扩大发电机的调整幅度。故这种情况下，仅仅依靠发电机调压已经不能保证这部分负荷的电压质量，因而必须辅之以其他调压方式。

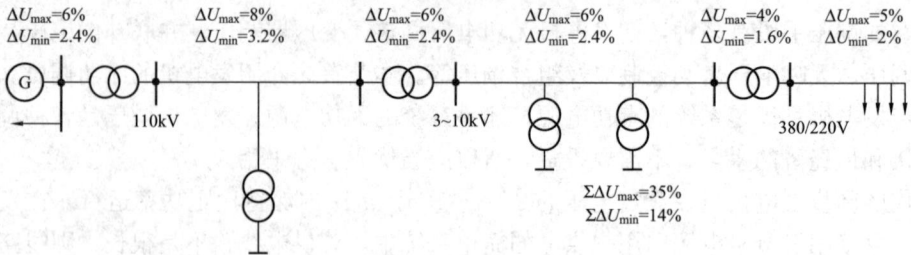

图 2-16　多电压级系统中的电压损耗

2.5　调整变压器变比调压

双绕组变压器的高压绕组和三绕组变压器的高压绕组、中压绕组一般都有若干个分接头可供选择，借以改变变压器的变化。有的有 3 个抽头，电压调节范围为 $U_N\pm5\%$，有的有 9 个抽头，电压调节范围为 $U_N\pm4\times2.5\%$，也有的有 17 分接头，电压调节范围为 $U_N\pm8\times1.25\%$。电压调整范围为其中对应于 U_N 的分接头，称为主接头。合理地选择变压器分接头可取得很好的调压效果，通常变压器的分接头设在变压器的高压侧或中压侧，这是因为分接头设在高压侧或中压侧，其电流较小，易于操作。

首先介绍降压变压器的分接头选择方法。图 2-17 所示为简单电力系统，变压器 i 是向用户供电的降压变压器。设在最大负荷时，高压母线电压为 U_{Imax}，此时变压器中的电压损耗为 ΔU_{imax}，低压侧实际电压为 U'_{imax}，折算到高压侧为 U'_{imax}。这几个量满足如下关系表达式

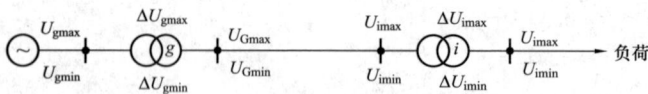

图 2-17　变压器分接头的选择

$$U'_{imax} = U_{imax}/K_{imax} = (U_{Imax} - \Delta U_{imax})/K_{imax}$$

$$= (U_{Imax} - \Delta U_{imax})U_{Ni}/U_{tImax} \tag{2-16}$$

式中：K_{imax} 表示最大负荷时应选择的变比；U_{Ni} 表示低压绕组额定电压；U_{tImax} 表示最大负荷时应选择的高压绕组分接头电压。

对式（2-16）进行变化，可得

$$U_{tImax} = (U_{Imax} - \Delta U_{imax})U_{Ni}/U'_{imax} \tag{2-17}$$

同样，在最小负荷时所应选择的变压器绕组分接头电压为

$$U_{t\mathrm{Imin}} = (U_{\mathrm{Imin}} - \Delta U_{i\mathrm{min}})U_{\mathrm{Ni}}/U'_{i\mathrm{min}} \tag{2-18}$$

普通变压器不能在带负荷情况下更改分接头，即在运行状态下只能选用同一个分接头。为了在最大方式和最小方式下变电所低压母线实际电压偏离额定值的幅度大体相同，变压器绕组的分接头电压取 $U_{t\mathrm{Imax}}$ 和 $U_{t\mathrm{Imin}}$ 的算术平均值，即

$$U_{t\mathrm{I}} = (U_{t\mathrm{Imax}} + U_{t\mathrm{Imin}})/2 \tag{2-19}$$

根据 $U_{t\mathrm{I}}$ 的数值，选择与之接近的一个分接头，检验这样调整是否能使低压母线电压满足要求。一般来说，如果以额定电压的百分数表示的 $(U_{i\mathrm{max}} - U_{i\mathrm{min}})$ 不大于以额定电压的百分数表示的 $(U'_{i\mathrm{max}} - U'_{i\mathrm{min}})$，那么，这样选择变压器分接头总可以使低压母线电压满足电压要求。

对于图 2-17 中的升压变压器来说，分接头的选择方法和降压变压器没有本质上的区别。所不同的是由于升压变压器的功率流是由低压侧向高压侧，与降压变压器相反。应将变压器中电压损耗和高压母线电压相加，电压关系满足

$$U'_{g\mathrm{max}} = U_{g\mathrm{max}}/K_{g\mathrm{max}} = (U_{G\mathrm{max}} - \Delta U_{g\mathrm{max}})/K_{g\mathrm{max}}$$

$$= (U_{G\mathrm{max}} + \Delta U_{g\mathrm{max}}) \cdot U_{N g}/U_{tG\mathrm{max}} \tag{2-20}$$

将式（2-20）变换形式，可得

$$U_{tG\mathrm{max}} = (U_{G\mathrm{max}} + \Delta U_{g\mathrm{max}}) \cdot U_{N g}/U'_{g\mathrm{max}} \tag{2-21}$$

同样，最小负荷时的分接头电压是

$$U_{tG\mathrm{min}} = (U_{G\mathrm{min}} + \Delta U_{g\mathrm{min}}) \cdot U_{N g}/U_{g\mathrm{min}} \tag{2-22}$$

这样，有

$$U_{tG} = (U_{tG\mathrm{max}} + \Delta U_{tG\mathrm{min}})/2 \tag{2-23}$$

下面通过一个算例来说明变压器的调压效果。

【例 2-1】 一个三绕组变压器的额定电压为 110/38.5/6.6kV，其等值电路如图 2-18 所示，各绕组在最大负荷时流过的功率已在图中标出，最小负荷均为最大负荷的 1/2，设与该变压器相连的高压母线 Ⅰ 在最大、最小负荷时电压分别为 112kV 和 115kV，中低压母线 Ⅱ、Ⅲ 电压在最小负荷时允许的范围是 0～7.5%，最大负荷时低压母线电压应当保持在 6kV，中压母线电压要求保持在 35kV。根据上述要求选择高中压绕组的分接头。

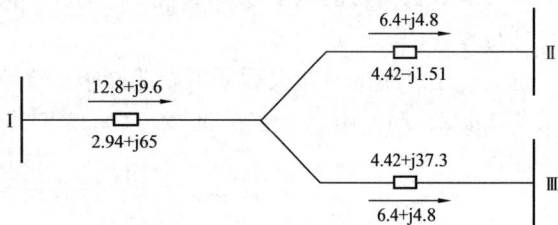

图 2-18　三绕组变压器的等值电路

根据给定条件下求出的变压器各绕组中的电压损失如表 2-1 所示。归算至高压绕组的分接头电压如表 2-2 所示。

表 2-1　　　　　　　　　　　**各 绕 组 电 压 损 耗**　　　　　　　　　　　kV

负荷情况	高压绕组	中压绕组	低压绕组
最大负荷	5.91	0.197	1.98
最小负荷	2.88	0.093	0.935

表2-2 各 母 线 电 压 kV

负荷情况	高压绕组	中压绕组	低压绕组
最大负荷	112	105.9	104.1
最小负荷	115	112	111.1

根据表2-2和低压母线对调压的要求选择高压绕组的分接头。由式（2-17）可求得低压母线电压在最大负荷时对高压绕组分接头的要求为

$$U_{tmax} = 104.1 \times \frac{6.6}{6} = 114.5 \ (kV)$$

最小负荷时对高压绕组分接头的要求是

$$U_{tmin} = 111.1 \times \frac{6.6}{6 \times (1 + 7.5\%)} = 113.7 \ (kV)$$

这样，可以获得它们的平均值为 $(114.5 + 113.7)/2 = 114.1 \ (kV)$。

可以选取 $(110 + 5\%) \ kV$，即 $115.5 kV$ 作为变压器的分接头。

选择该分接头后，在最大负荷时低压母线电压为

$$U_{tmax} = 104.1 \times \frac{6.6}{115.5} = 5.95 \ (kV)$$

在最小负荷时低压母线电压为

$$U_{tmin} = 111.1 \times \frac{6.6}{115.5} = 6.35 \ (kV)$$

在最大负荷时低压母线电压偏移为

$$\frac{5.95 - 6}{6} \times 100\% = -0.83\%$$

在最大负荷时低压母线电压偏移为

$$\frac{6.35 - 6}{6} \times 100\% = 5.83\%$$

虽然最大负荷时的电压较要求低 -0.83%，但由于分接头之间的电压差为 2.5%，因此这个值是允许的。

选定高压绕组的分接头后即可以选择中压绕组的分接头位置。最大负荷时中压绕组电压要求为 $35 kV$，因而由 $35 = 105.9 U'_{tmax}/115.5$ 可得

$$U'_{tmax} = 35 \times \frac{115.5}{105.9} = 38.2 \ (kV)$$

最大负荷时中压绕组电压为

$$U'_{tmin} = 37.6 \times \frac{115.5}{112} = 38.8 \ (kV)$$

于是取中压绕组所对应的分接头电压为

$$\frac{38.2 + 38.8}{2} = 38.5 \ (kV)$$

这样就可以选择 $38.5 kV$ 作为变压器中压绕组的分接头电压。此时，在最大负荷时中压绕组电压为

$$105.9 \times \frac{38.5}{115.5} = 35.3 \text{ (kV)}$$

在最小负荷时中压绕组电压为

$$112 \times \frac{38.5}{115.5} = 37.3 \text{ (kV)}$$

由此可见，不论在最大负荷时还是在最小负荷时，中压母线电压均能满足要求。

2.6　采用无功补偿设备调压

2.3 节和 2.4 节介绍的是借助发电机和变压器调压，二者都是无须附加无功补偿设备的调压手段。调节便利且不需要额外投资是它们的共同优点，但它们只适用于系统中无功功率能达到平衡或无功电源充裕的情况。当系统中无功功率不足时，就应当采用各种附加的无功补偿设备来向系统提供无功功率，以维持系统电压在额定范围之内。这些补偿设备大体可以分为并联补偿和串联补偿两类。并联补偿通常指的是并联电容器、调相机和静止无功补偿器。串联补偿通常指的是串联电容器补偿。本节主要介绍并联无功补偿和串联无功补偿设备调压。

2.6.1　并联无功补偿设备调压

1. 并联电容器调压

电容器可向系统提供感性无功功率以提高节点电压，目前应用十分广泛。通常在高峰负荷时投入电容器；在轻负荷时应当切除节点的部分乃至全部电容器。

设有简单系统如图 2-19 所示，在选择电容器容量时，可按两步考虑。

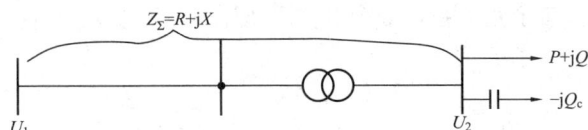

图 2-19　具有并联电容器补偿设备的简单系统

第一步，按最小负荷时无补偿情况选择变压器分接头，将最小负荷时低压母线电压的实际值折算到高压侧为 U'_{2m}，再根据最小负荷时低压侧所允许最大的电压 U'_{2m}，就可由式（2-24）求得所选择的变压器高压侧分接头电压

$$U_{tm} = U'_{2m} \cdot \frac{U_{2N}}{U_{2cm}} \qquad (2-24)$$

第二步，按最大负荷计算出变压器没装电容器时低压母线电压值 U'_{2m}（归算到高压侧的值）。如果最大负荷时低压母线电压应当保持在 U'_{2m}，则应装设的电容器容量可由式（2-25）求得

$$Q = \frac{U_{2cM}}{X} \left(U_{2cM} - \frac{U'_{2M}}{K} \right) K^2 \qquad (2-25)$$

根据式（2-25）计算可以获得电容器容量，不仅考虑了变压器的调压作用，同时电容器容量得到充分利用。

电容器发出的无功功率与所在节点电压的平方成正比，即

$$Q_c = \frac{U^2}{X_c} \qquad (2-26)$$

式中：X_c 是电容器容抗，U 是电容器所在节点电压。

由式（2-26）可知，当节点电压下降，系统需要较多无功功率时，其送出的无功功率反而减少，这是电容器调压的不足。此外，在一个大量应用并联电容器补偿无功的系统中，电压调节能力反而变差。

但是，由于电容器可以分散设置，就地提供无功，从而减少线路功率损耗和电压损耗，而且电容器还可以做到随电压波动分组投切，再加上电容器运行损耗小，投资费用低，因此，电容器仍是目前电网中应用最普遍的无功补偿设备。

2. 调相机调压

调相机的调节方式是借改变其励磁电流以改变其无功功率的供应，当端电压为定值时，调相机的无功功率与励磁电流之间基本为线性关系，如图2-20所示。如果将图中的纵坐标改为定子电流的大小，它就成为众所周知的同步电动机的U形曲线。

调相机可以装设自动励磁调节装置，能自动地在电力系统电压变化时增减无功功率以维持系统电压，对于提高电力系统运行的稳定性是有益的。

3. 采用静止补偿器调压

静止补偿器是一种可控的动态无功补偿装置，其特点是将可控的电抗器与电容器并联使用，电容器发出无功功率，可控电抗器则可吸收无功功率，根据无功负荷的变化情况进行调节，以保持母线电压的稳定。

晶闸管控制电抗器型的调节方式则显然是借改变晶闸管的触发角 α 来改变电抗器吸取的无功功率，从而补偿供应或吸取的感性无功功率。端电压为定值时，无功功率与触发角之间大体有余弦关系，如图2-21所示。

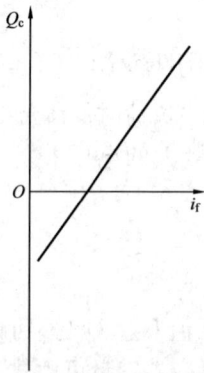

图2-20　调相机U形曲线

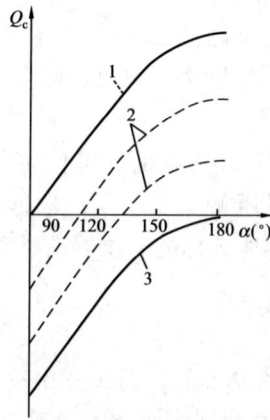

图2-21　静止补偿器的调节方式
1—投入全部电容器；2—投入部分电容器；3—不投入电容器

2.6.2　串联电容器调压

把电容器串联在线路中，改变了线路参数，从而起到了调压作用。例如有一条输电线路，如图2-22所示。

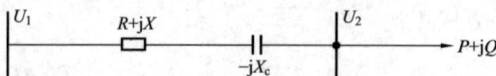

图2-22　串联电容补偿

在没有串联电容器之前，线路上的电压损耗为

$$\Delta U = \frac{PR + QX}{U_2} \qquad (2-27)$$

在线路中串联电容后，线路上的电压损耗变为

$$\Delta U' = \frac{PR + Q(X - X_c)}{U_2} \tag{2-28}$$

这样，线路末端电压提高了

$$\Delta U'' = \Delta U - \Delta U' = \frac{QX_c}{U_2} \tag{2-29}$$

假定线路首端电压 U_1 恒定，若采用串联电容器补偿，根据上面的计算可以得到使线路末端电压升高 $\Delta U''$ 所对应的电容器电抗为

$$X_c = \frac{\Delta U'' \cdot U_2}{Q} \tag{2-30}$$

这样可以得到电容器的容量为

$$Q_c = 3I^2 X_c \tag{2-31}$$

式中：I 是线路中的电流。

串联电容器作调压使用时，一般用在单端供电的 110kV 及以下电压等级的分支线路上，特别是用在负荷波动大而频繁、功率因数又很低的线路，其调压效果是比较显著的。但是对于功率因数较高的线路来说，线路电抗对电压损耗影响较小，故而串联电容器调压效果就不明显了。当线路力率达到 1 时，即线路上无功功率为 0，则串联电容器调压几乎不起作用了。

2.7 组合调压

如前所述，在各种调压手段中，应优先考虑利用发电机调压，因这种措施无须附加投资。当发电机母线没有负荷时，一般可在 95% ~ 105% 范围内调节；发电机母线有负荷时，一般采用逆调压。合理使用发电机调压通常都可以减轻其他调压措施的负担。

变压器的变化或分接头可随时选择或改变，对无功功率供应较充裕的系统，可尝试采用各类型优载调压变压器，使调压灵活、有效。尤其是系统中个别负荷的变化规律以及它们距电源的远近相差悬殊时，不采用优载调压变压器几乎无法满足所有负荷的质量要求。有载调压变压器的特殊功能还体现为系统间联络线以及中低压调整互不影响，可以做到分散调压；中低压配电网络则因线路电阻较大，借改变无功功率分布调压效果不显著，往往不得不采用有载调压变压器调压。

但一般只能在系统无功充裕的情况下进行调节。若系统无功功率不足，通过变压器调压不能从本质上提高系统电压水平，甚至可能给系统带来恶性的效果。

在需要附加设备的调压措施中，对无功功率不足的系统，首要问题是增加无功功率电源，因此宜采用并联电容器、调相机或静止补偿器。但系统中采用串联加压器的方法并不能从本质上解决电压问题。

由于不同的调压措施各有优缺点，因此需要将各种调压方式进行综合以取长补短，这就出现了组合调压。分析这种调压时，可将相关变量分为如下 3 类。

（1）以各类调压措施的调整量（包括各发电机电压、各变压器变比、各并联补偿设备容量的调整）为控制变量。

（2）以负荷的变化量（包括各有功、无功功率负荷的变化量）为扰动变量，系统正常运行时，系统电压的变化主要受不断变化的负荷的影响。

（3）以节点电压和支路无功功率的因变量（包括各中枢点电压和各主干线无功功率的因

变量）为状态变量。由于电压的变化总伴随着无功功率潮流的变化，无功功率潮流的变化又影响有功功率网损，因此支路无功功率的因变量也列入状态变量。

这样可列出如下的矩阵方程式

$$
\begin{bmatrix} \Delta \boldsymbol{U} \\ \Delta \boldsymbol{Q} \end{bmatrix} = \begin{bmatrix} \dfrac{\partial U}{\partial U_G} & \dfrac{\partial U}{\partial U_k} & \dfrac{\partial U}{\partial U_c} \\ \dfrac{\partial Q}{\partial Q_G} & \dfrac{\partial Q}{\partial Q_k} & \dfrac{\partial Q}{\partial Q_c} \end{bmatrix} \begin{bmatrix} \Delta U_G \\ \Delta k \\ \Delta Q_c \end{bmatrix} + \begin{bmatrix} \dfrac{\partial U}{\partial P_L} & \dfrac{\partial U}{\partial Q_L} \\ \dfrac{\partial Q}{\partial P_L} & \dfrac{\partial Q}{\partial Q_L} \end{bmatrix} \begin{bmatrix} \Delta P_L \\ \Delta Q_L \end{bmatrix} \tag{2-32}
$$

式中的 ΔU、ΔQ、ΔU_G、Δk、ΔQ_c、ΔP_L、ΔQ_L 都是列相量。它们的阶数分别对应于需要控制的电压的中枢点数、需要控制的无功功率的主干线数，可发挥控制作用的发电机、变压器、并联补偿设备数，变化着的有功功率、无功功率负荷数。

若这些控制变量和扰动变量变化幅度小，则式（2-32）中所有的偏导数都可以视为定值，这样可由式（2-32）直接获得各负荷变化、各调压措施调整作用时的各中枢点电压和各主干线无功功率的变动。这就是分析组合调压的基本方法。这种方法起源于灵敏度分析，对电力系统而言，敏感度分析就是指以状态相量 x 表征的系统运行状况对控制相量 u 和扰动相量 d 的变化敏感程度。式（2-32）也称为调压问题分析时的敏感度方程，式中的两个系数矩阵都称为敏感度矩阵，而该式又可以简化写为

$$
\Delta x = S_u \Delta U + S_d \Delta d \tag{2-33}
$$

在电网实际运行计算中，利用人工控制电压调整的各种手段已很难满足电力系统运行需要，自动电压控制已经成为电力系统电压控制必不可少的手段，下节将详细介绍目前电网运行中的自动电压控制。

2.8 基于多智能体协调的电网无功电压的自动控制

2.8.1 电压控制的目的和分类

1. 电压控制的目的

随着大机组、超高压电网的形成，电压不仅是电网电能质量的一项重要指标，而且是保证大电网安全稳定运行和经济运行的重要因素，近年来国际上几次大停电与电压崩溃都有一定的关系。在现代超高压电网中，需要对系统电压和无功实现如下控制：

（1）系统电压必须大于某一最低数值，以保证电力系统静态和暂态的运行稳定性，以及变压器带负荷调压分接头的运行范围和厂用电的运行。

（2）正常情况下，电网必须具有规定的无功功率储备，以保证事故后的系统电压不低于规定的数值，防止出现电压崩溃事故和同步稳定破坏。

（3）保证系统电压低于规定的最大数值，以适应电力设备的绝缘水平和避免变压器过饱和，并向用户提供合理的最高水平电压。

（4）大机组无功出力分配必须满足系统稳定要求，单机无功必须满足 $P\text{-}Q$ 曲线，保证机组安全运行。

（5）满足上述电压条件下，尽可能降低电网的有功功率损耗，以取得经济效益。

电力系统电压和无功功率控制是一个关系到保证供电质量，满足用户无功功率需求和系统电压稳定的问题，同时也是减少线损，提高电网运行经济性的十分有效的措施，一直为电力系统运行人员和研究人员所重视。

2. 电压控制的分类

电力系统的电压及无功功率控制通常采用分层分区控制的原则。许多电力系统都按空间

和时间将电压控制分为三个等级:一级、二级和三级控制。控制功能按时间和空间分开,可以防止各级控制之间的交互作用而造成的振荡及不稳定。

(1)设置在发电厂、用户或各供电点(就地的)的一级电压控制。一级电压控制通常是快速反应的闭环控制,响应时间一般为数毫秒至几秒。例如:同步电机(发电机、调相机、同步电动机)的无功功率控制,静止无功补偿器的控制,变压器有载切换分接开关,以及快速自动投切电容器和电抗器等。由负荷波动、电网切换和事故引起的快速电压变化,通常是由一级电压控制进行调整的。其中发电机自动励磁调节系统(Automatic Voltage Regulator,AVR)是电力系统中最重要的电压和无功功率控制系统,因为它响应速度快,可控制的容量大,不论是正常运行时保证电压水平,还是紧急控制时防止电压崩溃,都起着重要的作用。

(2)设置在系统枢纽点(区域的)的二级电压控制。二级电压控制响应速度一般在几分钟以内。二级控制系统协调一个区域内各就地一级控制设备的工作,如:改变发电机或SVC 的电压调节定值,投切电容器电抗器,切负荷,以及必要时闭锁变压器有载分接开关切换等。这类控制可以是自动,也可以是手动进行。二级电压控制自动闭环进行时,系统除了将上述实时控制命令从控制中心送到执行地点外,还需将各种电压安全监视信息送给有关值班人员。

(3)设置在系统调度中心(全网的)的三级电压控制。三级电压控制为预防控制,包括的时间跨度为十几分钟到几十分钟。它的目的在于发现电压稳定性的劣化和采取必要的措施,同时使系统电压和无功分布全面协调,控制电网在安全和经济准则优化状态下运行,这类控制主要是协调各二级控制系统,可以由控制系统自动进行,也可由电网运行人员的人为干预。

2.8.2 基于人工智能技术的电压自动控制系统

电力系统的无功电压优化控制问题是一个多目标、多变量、多约束的混合非线性规划问题(详见第 3 章),其优化变量既有连续变量(如节点电压),又有离散变量(如变压器挡位、无功补偿装置组数等),使得整个优化过程十分复杂,特别是优化过程中离散变量的处理更增加了优化问题的难度。传统的数学优化方法如线性规划、非线性规划、整数规划、二次规划、动态规划等方法不能实现全局最优,只能找到局部最优解。

而人工智能技术由于具有传统方法不具备的智能特性,如可以引入专家的经验知识、能够处理不确定性的问题、具有自学习和获取知识的功能、适于处理非线性问题等,因而在无功电压控制中具有很好的应用前景。

常用的人工智能技术包括专家系统(Expert System,Es)、人工神经网络(Artificial Neural Network,ANN)、模糊理论(Fuzzy Theory,FT)、遗传算法(Genetic Algorithm,GA)以及近来比较流行的多 Agent 系统(Multi-Agent System,MAS)。

1. 专家系统(ES)

专家系统发展较早,也是一种比较成熟的人工智能技术,它根据某个领域的专家提供的特殊领域知识进行推理,模拟人类专家作出决策的过程,提供具有专家水平的解答。目前电力系统运行和控制是由具有经验的调度人员借助自动化系统完成。这是由于一方面传统数值分析方法缺乏启发性推理能力,同时也无法进行知识积累。另一方面电力系统自身的复杂性使一些必要的数据模型及状态量难以获取,单纯的数值方法难以满足电力系统的要求。此外电力系统中由于种种原因，造成量测系统数据出问题，利用专家系统可以很好地识别坏数据。在电力自动化系统中引入电力系统专家的经验知识是十分必要的。

专家系统在电力系统无功电压控制中也有较多的应用成果。专家系统在无功电压控制中的典型应用是将已有无功电压控制的经验或知识用规则表示出来，形成专家系统的知识库，进而根据上述的规则由无功电压实时变化值确定控制手段。专家系统知识库可包括每条母线电压上限和下限、每一控制器控制量上限和下限、每条母线电压和控制量灵敏度以及控制潮流的逻辑规则等信息，推理机则按照知识库描述的各条规则，依次寻求和选择消除母线电压偏差最有效的控制器，直至该母线电压恢复为设定值。在电力系统电压分层优化控制模式下，可根据基于电气距离概念的向上分级归类的分区算法，利用基于电力系统的专家知识进行自动分区和优化，进一步保证电力系统分区的合理性和子区域电压的可控性。

2. 人工神经网络（ANN）

人工神经网络是模拟人类传递和处理信息的基本特性，由人工仿制大量简单的神经元以一定的方式连接而成：单个人工神经元实现输入到输出的非线性关系，它们之间的连接组合使得 ANN 具有了复杂的非线性特性。与 ES 相比，ANN 的特点是用神经元和它们之间的有向权重来隐含处理问题的知识，它具有以下的优点：信息分布存储，有较强的容错能力；学习能力强，可以实现知识的自我组织，适应不同信息处理的要求；神经元之间的计算具有相对独守性，便于并行处理，执行速度较快。正是由于 ANN 有极强的非线性拟合能力和自学习能力，且具有联想记忆、鲁棒性强等性能，使 ANN 对于电力系统这个存在着大量非线性的复杂大系统来说有很大的应用潜力。

3. 模糊理论（FT）

模糊理论（FT）是将经典集合理论模糊化，并引入语言变量和近似推理的模糊逻辑，具有完整推理体系的智能技术。模糊控制是模拟人的模糊推理和决策过程的一种实用控制方法，它根据已知的控制规则和数据，由模糊输入量推导出模糊控制输出。主要包括模糊化、模糊推理与模糊判决三部分。随着模糊理论的发展和完善，模糊控制的一些优点得到了广泛的应用，如：适于处理不确定性、不精确性以及噪声带的问题；模糊知识使用语言变量来表述专家的经验，更接近人的表达方式，易于实现知识的抽取和表达；具有较强的鲁棒性，被控对象参数的变化对模糊控制的影响不明显等。近年来，模糊理论在电力系统应用的研究不断增加，并取得不少研究成果，显示模糊理论在解决电力系统问题上的潜力。

电力系统电压无功控制受电力系统时变性、运行条件和网络参数经常变化等特点以及许多条件下无功负荷不能精确给定的影响，很难建立精确的数学模型，在这种情况下，模糊理论可被引入电压无功控制的研究。考虑到在电力系统实际运行中电压和无功限制并不是一成不变的，容许少量的越限这一情况，将电压限值模糊化，利用模糊线性规划方法，目标是确定维持电压所需增加的最少无功功率。

为了解决系统无功优化控制问题，可将功损耗最小、提高电压质量、减少控制次数等多个目标加以平衡，把这些目标和电压等状态变量的限制模糊化，再优化控制模糊多目标。

4. 遗传算法（GA）

20 世纪 70 年代由美国 J. Holland 教授提出的遗传算法（GA）是一种通过模仿生物遗传和进化过程来求复杂问题的全局最优解的搜索和优化方法。它采用多路径搜索，对变量进行编码处理，用对码串的遗传操作代替对变量的直接操作，从而可以更好地处理离散变量。

GA 用目标函数本身建立寻优方向，无需求导求逆等复导数数学运算，且可以方便地引入各种约束条件，遗传算法具有较高的鲁棒性和广泛的适应性，对求解问题几乎没有什么限制，并能够获得全局的最优解集，更有利于得到最优解，适合于处理混合非线性规划和多目标优化。

因此遗传算法在电力系统研究涉及优化问题的领域得到广泛的应用。在无功电压控制领域，遗传算法可用于解决无功优化控制问题。电力系统无功优化是一个多变量、非线性、小连续、多约束的优化控制问题，传统的数学优化方法往往难以找到完全符合运行要求的全局最优解，所以遗传算法这一基于群体优化的全局搜索方法在无功优化中受到极大的关注，近年来将遗传算法引入电力系统的无功优化中取得了一定的经验和成果。

长期以来，专家学者利用人工智能技术对电力系统无功电压优化控制进行大量研究，并提出各种算法，但由于各种原因，真正用于实时控制领域的很少。主要算法优缺点列表见表 2 - 3。

表 2 - 3   人工智能算法在无功优化应用中的比较

性能比较 人工智能算法	优点	缺点
模拟退火法（SA）	无功优化的全局收敛性好	所需 CPU 时间过长，且随系统规模扩大及复杂性提高而增加
遗传算法（GA）	能最大概率地找到全局最优解；可避免维数灾问题，占用内存少	对大型电力系统进行优化需花费较长的时间
禁忌搜索算法	需要的迭代次数比 SA 和 GA 等少搜索效率高；不需要使用随机数，对大规模的复杂优化问题更有效	易收敛于局部最优；只适于解决配电网无功优化等纯整数规划问题
蚁群寻优算法	可避免过早收敛于局部最优	适用范围不广
人工神经网络算法	计算时间大约为线性规划的一半	目前尚缺少针对无功优化问题的训练算法，易陷入局部最优

5. 多 Agent 系统（MAS）

Agent 是分布式人工智能（Distributed Artificial Intelligence，DAI）的一门前沿技术，它能使在逻辑上和物理上分散的系统并行、协调地实现问题求解，最初主要用于构造复杂的软件系统，是开发大型分布式软件系统的有效方法。随着 MAS 的发展和成熟，这一技术得到了广泛的应用，近年来受到控制界的关注。

Agent 是对过程运行的决策或控制任务进行抽象而得到的一种具有行为能力的实体，它可以利用数学计算或规则推理完成特定操作任务，并能够通过消息机制与过程对象及其他 Agent 交互以完成信息传递与协调。MAS 是一个有组织、有序的 Agent 群体，共同工作在特定的环境中，每个 Agent 根据环境信息完成各自承担的工作，同时可以分工协作，合作完成特定的任务。基于 MAS 的控制系统不同于传统意义上的分散控制，而是把控制器当作具有自治性和协作性的主动行为能力的 Agent，通过相关 Agent 的通信和任务分享进行协调上作，以实现预定的控制目标。

多 Agent 系统的特征如下：

（1）各个 Agent 有有限和局部的信息资源和问题求解能力，但没有全局的求解能力。

（2）整个系统的知识和数据分散，各 Agent 有各自的数据输入/输出接口。

（3）系统不存在全局控制，但各 Agent 之间决策分歧是能够通过协作来解决。

（4）各 Agent 计算决策过程是异步的。

综上所述，人工智能技术可在电力系统无功电压控制方面中具有的应用潜力和前景，特别是多 Agent 系统的特点非常符合电力系统无功电压优化控制的实际，对电网无功电压控制具有很好的适应性和实用价值，因此下面将详细介绍基于多 Agent 系统的电网自动电压控制。

2.8.3　基于多智能体协调的电网自动电压控制

Agent 是分布式人工智能的一门技术，分布式人工智能的研究源于 20 世纪 70 年代末期。当时主要研究分布式问题求解（Distributed Problem Solving，简称 DPS），其研究目标是要建立一个由多个子系统构成的协作系统，各子系统之间协同工作对特定问题进行求解。在 DPS 系统中，把待解决的问题分解为一些子任务，并为每个子任务设计一个问题求解的任务执行子系统。通过交互作用策略，把系统设计集成为一个统一的整体，并采用自顶向下的设计方法，保证问题处理系统能够满足顶部给定的要求。

分布式人工智能系统具有如下一些特点：

（1）分布性。整个系统的信息，包括数据、知识和控制等，无论是在逻辑上或者是物理上都是分布的，不存在全局控制和全局数据存储。系统中各路径和节点能够并行地求解问题，从而提高了子系统的求解效率。

（2）连接性。在问题求解过程中，各个子系统和求解机构通过计算机网络相互连接，降低了求解问题的通信代价和求解代价。

（3）协作性。各子系统协调工作，能够求解单个机构难以解决或者无法解决的困难问题。例如，多领域专家系统可以协作求解单领域或者单个专家系统无法解决的问题，提高求解能力，扩大应用领域。

（4）开放性。通过网络互连和系统的分布，便于扩充系统规模，使系统具有比单个系统更大的开放性和灵活性。

（5）容错性。系统具有较多的冗余处理结点、通信路径和知识，能够使系统在出现故障时，仅仅通过降低响应速度或求解精度，就可以保持系统正常工作，提高工作可靠性。

（6）独立性。系统把求解任务归约为几个相对独立的子任务，从而降低了各个处理节点和子系统问题求解的复杂性，也降低了软件设计开发的复杂性。

分布式人工智能一般分为分布式问题求解（DPS）和多 Agent 系统（Multi-agent System，MAS）两种类型。DPS 研究如何在多个合作和共享知识的模块、节点或子系统之间划分任务，并求解问题。MAS 则研究如何在一群自主的 Agent 之间进行智能行为的协调。两者的共同点在于研究如何对资源、知识、控制等进行划分。两者的不同点在于，DPS 往往需要有全局的问题、概念模型和成功标准；而 MAS 则包含多个局部的问题、概念模型和成功标准。DPS 的研究目标在于建立大粒度的协作群体，通过各群体的协作实现问题求解，并采用自顶向下的设计方法。MAS 却采用自底向上的设计方法，首先定义各自分散自主的 Agent，然后研究怎样完成实际任务的求解问题；各个 Agent 之间的关系并不一定是协作的，也可能是竞争甚至是对抗的关系。

上述对分布式人工智能的分类并非绝对和完善。有些人认为 MAS 基本上就是分布式人工智能，DPS 仅是 MAS 研究的一个子集，他们提出，当满足下列三个假设时，MAS 就成为 DPS 系统：①Agent 友好；②目标共同；③集中设计。显然，持这种看法的人大大扩展了 MAS 的研究和应用领域。正是由于 MAS 具有更大的灵活性，更能体现人类社会的智能，更适应开放和动态的世界环境，因而引起许多学科及其研究者的强烈兴趣和高度重视。

目前对 Agent 和 MAS 的研究有增无减，仍是一个研究热点。要研究的问题包括 Agent 的概念、理论、分类、模型、结构、语言、推理和通信等。

1. 智能体（Agent）的概念

对于 Agent，迄今仍然没有对它的概念达成一致意见，但是根据国内外已经实现了的系统可对 Agent 进行一般性的描述：Agent 是一种具有目标、行为和领域知识的实体，它能作用于自身和环境，并对环境作出反应。从不同的角度，可对 Agent 作出两层抽象：自治 Agent 抽象和认知 Agent 抽象。尽管目前尚无非常确切的 Agent 的概念定义，但一种普遍的观点认为：作为 Agent 的软件或硬件系统一般具有以下的特征：

（1）行为自主性。智能体能够控制它的自身行为，其行为是主动的、自发的、有目标和意图的，并能根据目标和环境要求对短期行为作出规划。

（2）作用交互性。也称反应性，智能体能够与环境交互作用，能够感知其所处环境，并借助自己的行为结果，对环境作出适当反应。

（3）环境协调性。智能体存在于一定的环境中，感知环境的状态、事件和特征，并通过其动作和行为影响环境，与环境保持协调。环境和智能体是对立统一体的两个方面，互相依存，互相作用。

（4）面向目标性。智能体不是对环境中的事件作出简单的反应，它能够表现出某种目标指导下的行为，为实现其内在目标而采取主动行为。这一特性为面向智能体的程序设计提供了重要基础。

（5）存在社会性。智能体存在于由多个智能体构成的社会环境中，与其他智能体交换信息、交互作用和通信。各智能体通过社会承诺，进行社会推理，实现社会意向和目标。智能体的存在及其每一行为都不是孤立的，而是社会性的，甚至表现出人类社会的某些特性。

（6）工作协作性。各智能体合作和协调工作，求解单个智能体无法处理的问题，提高处理问题的能力。在协作过程中，可以引入各种新的机制和算法。

（7）运行持续性。智能体的程序在起动后，能够在相当长的一段时间内维持运行状态，不随运算的停止而立即结束运行。

（8）系统适应性。智能体不仅能够感知环境，对环境作出反应，而且能够把新建立的智能体集成到系统中而无须对原有的多智能体系统进行重新设计，因而具有很强的适应性和可扩展性。也可把这一特点称为开放性。

（9）结构分布性。在物理上或逻辑上分布和异构的实体（或智能体），如主动数据库、知识库、控制器、决策体、感知器和执行器等，在多智能体系统中具有分布式结构，便于技术集成、资源共享、性能优化和系统整合。

（10）功能智能性。智能体强调理性作用，可作为描述机器智能、动物智能和人类智能的统一模型。智能体的功能具有较高智能，而且这种智能往往是构成社会智能的一部分。

2. 智能体的结构

智能体系统是个高度开放的智能系统，其结构如何将直接影响到系统的智能和性能。例如，一个在未知环境中自主移动的机器人需要对它面对的各种复杂地形、地貌、通道状况及环境信息做出实时感知和决策，控制执行机构完成各种运动操作，实现导航、跟踪、越野等功能，并保证移动机器人处于最佳的运动状态。这就要求构成该移动机器人系统的各个智能体有一个合理和先进的体系结构，保证各智能体自主地完成局部问题求解任务显示出较高的求解能力，并通过各智能体间的协作完成全局任务。

人工智能的任务就是设计智能体程序，即实现智能体从感知到动作的映射函数。这种智能体程序需要在某种称为结构的计算设备上运行。这种结构可以是一台普通的计算机，或者可能包含执行某种任务的特定硬件，还可能包括在计算机和智能体程序间提供某种程度隔离的软件，以便在更高层次上进行编程。一般意义上，体系结构使得传感器的感知对程序可用，运行程序并把该程序的作用选择反馈给执行器。可见，智能体、体系结构和程序之间具有如下关系：

智能体＝体系结构＋程序

计算机系统为智能体的开发和运行提供软件和硬件环境支持，使各个智能体依据全局状态协调地完成各项任务。具体地说：

（1）在计算机系统中，智能体相当于一个独立的功能模块、独立的计算机应用系统，它含有独立的外部设备、输入输出驱动装备、各种功能操作处理程序、数据结构和相应的输出。

（2）智能体程序的核心部分叫做决策生成器或问题求解器，起到主控作用，它接收全局状态、任务和时序等信息，指挥相应的功能操作程序模块工作，并把内部工作状态和所执行的重要结果送至全局数据库。智能体的全局数据库设有存放智能体状态、参数和重要结果的数据库，供总体协调使用。

（3）智能体的运行是两个或多个进程，并接受总体调度。特别是当系统的工作状态随工作环境而经常变化以及各智能体的具体任务时常变更时，更需搞好总体协调。

（4）各个智能体在多个计算机 CPU 上并行运行，其运行环境由体系结构支持。体系结构还提供共享资源（黑板系统）、智能体间的通信工具和智能体间的总体协调，以使各智能体在统一目标下并行、协调地工作。

3. 智能体的结构分类

根据上述讨论，可把智能体看作是从感知序列到实体动作的映射。根据人类思维的不同层次，可把智能体分为下列几类：

（1）反应式智能体。反应式（reflex 或 reactive）智能体只简单地对外部刺激产生响应，没有任何内部状态。每个智能体既是客户，又是服务器，根据程序提出请求或做出回答。图 2-23 为反应式智能体的结构示意图。图中，智能体的条件—作用规则使感知和动作连接起来。我们把这种连接称为条件—作用规则。

（2）慎思式智能体。慎思式（deliberative）

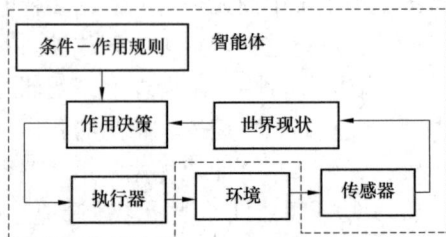

图 2-23　反应式智能体结构

智能体又称为认知式（cognitive）智能体，是一个具有显式符号模型的基于知识的系统。其环境模型一般是预先知道的，因而对动态环境存在一定的局限性，不适用于未知环境。由于缺乏必要的知识资源，在智能体执行时需要向模型提供有关环境的新信息，而这往往是难以实现的。

慎思式智能体的结构如图 2-24 所示。智能体接收的外部环境信息，依据内部状态进行信息融合，以产生修改当前状态的描述。然后，在知识库支持下制订规划，再在目标指引下，形成动作序列，对环境发生作用。

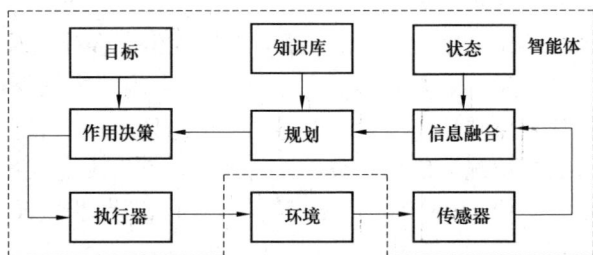

图 2-24　慎思式智能体结构

（3）跟踪式智能体。简单的反应式智能体只有在现有感知的基础上才能作出正确的决策。随时更新内部状态信息要求把两种知识编入智能体的程序，即关于世界如何独立地发展智能体的信息以及智能体自身作用如何影响世界的信息。图 2-25 给出一种具有内部状态的反应式智能体的结构图，表示现有的感知信息如何与原有的内部状态相结合以产生现有状态的更新描述。与解释状态的现有知识的新感知一样，也采用了有关世界如何跟踪其未知部分的信息，还必须知道智能体对世界状态有哪些作用。具有内部状态的反应式智能体通过找到一个条件与现有环境匹配的规则进行工作，然后执行与规则相关的作用。这种结构叫作跟踪世界智能体或跟踪式智能体。

（4）基于目标的智能体。仅仅了解现有状态对决策来说往往是不够的，智能体还需要某种描述环境情况的目标信息。智能体的程序能够与可能的作用结果信息结合起来，以便选择达到目标的行为。这类智能体的决策基本上与前面所述的条件—作用规则不同。反应式智能体中有的信息没有明确使用，而设计者已预先计算好各种正确作用。对于反应式智能体，还必须重写大量的条件—作用规则。基于目标的智能体在实现目标方面更灵活，只要指定新的目标，就能够产生新的作用，图 2-26 表示基于目标智能体的结构。

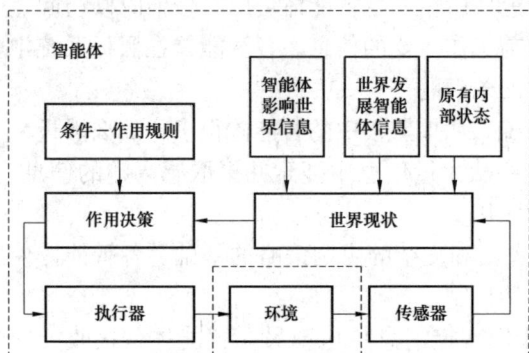

图 2-25　具有内部状态的智能体结构

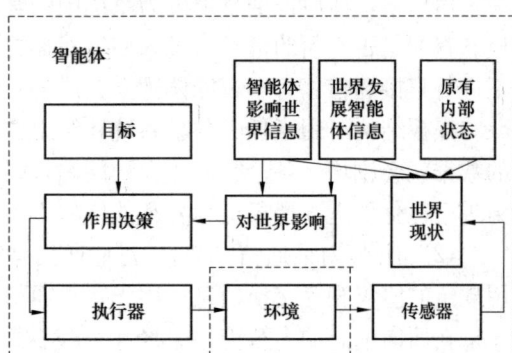

图 2-26　一个具有显式目标的智能体

（5）基于效果的智能体。只有目标实际上还不足以产生高质量的作用。如果一个世界状态优于另一个世界状态，那么它对智能体就有更好的效果（utility）。因此，效果是一种把状态映射到实数的函数，该函数描述了相关的满意程度。一个完整规范的效果函数允许对两类情况作出理性的决策。第一，当智能体只有一些目标可以实现时，效果函数指定合适的交替。第二，当智能体存在多个瞄准目标而不知哪一个一定能够实现时，效果（函数）提供了一种根据目标的重要性来估计成功可能性的方法。因此，一个具有显式效果函数的智能体能够作出理性的决策。不过，必须比较由不同作用获得的效果。图 2 - 27 是基于效果的智能体结构，给出一个完整的基于效果的智能体结构。

（6）复合式智能体。复合式智能体是在一个智能体内组合多种相对独立和并行执行的智能形态，其结构包括感知、动作、反应、建模、规划、通信和决策等模块，如图 2 - 28 所示。智能体通过感知模块来反映现实世界，并对环境信息作出一个抽象，再送到不同的处理模块。若感知到简单或紧急情况，信息就被送反射模块，作出决定，并把动作命令送到行动模块，产生相应的动作。

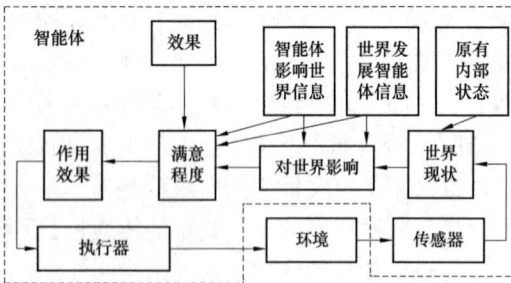

图 2 - 27　基于效果的智能体结构

图 2 - 28　复合式智能体的结构

4. 智能体通信

智能体之间的通信和协作，是实现多智能体系统问题求解所必需的。协作应当按照相应的策略和协议进行。通信可分为黑板系统和消息对话系统两种方式。

（1）黑板结构方式。黑板系统采用合适的结构支持分布式问题求解。在多智能体系统中，黑板提供公共工作区，智能体可以交换信息、数据和知识。首先，某个智能体在黑板上写入信息项，然后该信息项可为系统中的其他智能体所用。各智能体可以在任何时候访问黑板，查询是否有新的信息。可采用过滤器提取当前工作需要的信息。各智能体在黑板系统中不进行直接通信。每个智能体独立完成各自求解的子问题。

黑板结构可用于任务共享系统和结果共享系统。如果黑板中的智能体很多，那么黑板中的数据就会剧增。各个智能体在访问黑板时，需要从大量信息中搜索并提取感兴趣的信息。为进行优化处理，黑板应为各智能体提供不同的区域。

（2）消息/对话通信。消息/对话通信是实现灵活和复杂的协调策略的基础。各智能体使用规定的协议相互交换信息，用于建立通信和协调机制。

在面向消息的多智能体系统中，发送智能体把特定消息传送至另一智能体（接收智能体）。与黑板系统不同，两智能体之间的消息是直接交换的，执行中没有缓冲。如果不是发送给该智能体的话，那么它就不能读该条消息。一般地，发送智能体要为特定消息指定惟一的地址，然后只有该地址的智能体才能读该条消息。为了支持协作策略，通信协议必须明确规定通信过程和消息格式，并选择通信语言。交换知识是特别重要的，所有相关智能体必须知道通信语言的语义。

5. 多智能体系统

至今所研究的智能体都是单个智能体在一个与它的能力和目标相适应的环境中的反应和行为。通过适当的智能体反应能够影响其他智能体的作用。每个智能体能够预测其他智能体的作用，在其目标服务中影响其他智能体的动作。为了实现这种预测，需要研究一个智能体对另一个智能体的建模方法。为了影响另一个智能体，需要建立智能体间的通信方法。多个智能体组成一个松散耦合又协作共事的系统，即一个多智能体系统。在本节开始时曾经指出，多智能体系统研究如何在一群自主的智能体间进行智能行为协调。在前面讨论智能体的特性时，实际上也是指多智能体系统所具有的特性，如交互性、社会性、协作性、适应性和分布性等。此外，多智能体系统还具有如下特点：数据分布或分散，计算过程异步、并发或并行，每个智能体具有不完全的信息和问题求解能力，不存在全局控制。

（1）多智能体的基本模型。在多智能体系统的研究过程中，适应不同的应用环境而从不同的角度提出了多种类型的多智能体模型，包括理性智能体的 BDI 模型、协商模型、协作规划模型和自协调模型等。

1）BDI 模型。这是一个概念和逻辑上的理论模型，它渗透在其他模型中，成为研究智能体理性和推理机制的基础。在把 BDI 模型扩展至多智能体系统的研究时，提出了联合意图、社会承诺、合理行为等描述智能体行为的形式化定义。联合意图为智能体建立复杂动态环境的协作框架，对共同目标和共同承诺进行描述。当所有智能体都同意这个目标时，就一起承诺去实现该目标。联合承诺用以描述合作推理和协商。社会承诺给出了社会承诺机制。

2）协商模型。协商思想产生于经济活动理论，它主要用于资源竞争、任务分配和冲突消解等问题。多智能体的协作行为一般是通过协商而产生的。虽然各个智能体的行动目标是要使自身效用最大化，然而在完成全局目标时，就需要各智能体在全局上建立一致的目标。对于资源缺乏的多智能体动态环境，任务分解、任务分配、任务监督和任务评价就是一种必要的协商策略。合同网协议是协商模型的典型代表，主要解决任务分配、资源冲突和知识冲突等问题。

3）协作规划模型。多智能体系统的规划模型主要用于制订其协调一致的问题求解规划。每个智能体都具有自己的求解目标，考虑其他智能体的行动与约束，并进行独立规划，也称部分规划。网络节点上的部分规划可以用通信方式来协调所有节点，达到所有智能体都接受的全局规划。部分全局规划允许各智能体动态合作。智能体的相互作用以通信规划和目标的形式抽象地表达，以通信元语描述规划目标，相互告知对方有关自己的期望行为，利用规划信息调节自身的局部规划，达到共同目标。另一种协作规划模型为共享规划模型，它把不同心智状态下的期望定义为一个公理集合，指挥群体成员采取行动以完成所分配的任务。

4）自协调模型。该模型是为适应复杂控制系统的动态实时控制和优化而提出来的。自协调模型随环境变化自适应地调整行为，是建立在开放和动态环境下的多智能体系统模型。该模型的动态特性表现在系统组织结构的分解重组和多智能体系统内部的自主协调等方面。

（2）多智能体系统的体系结构。多智能体系统的体系结构影响着单个智能体内部的协作智能的存在，其结构选择影响着系统的异步性、一致性、自主性和自适应性的程度，并决定信息的存储方式、共享方式和通信方式。体系结构中必须有共同的通信协议或传递机制。对于特定的应用，应选择与其能力要求相匹配的结构。下面简单介绍几种常见的多智能体系统的体系结构。

1）智能体网络。在该体系结构下，无论是远距离或是短距离的智能体，其通信都是直接进行的。该类多智能体系统的框架、通信和状态知识都是固定的。每个智能体必须知道：应在什么时候把信息发送至什么地方，系统中有哪些智能体是可以合作的，它们具有什么能力等。不过，把通信和控制功能都嵌入每个智能体内部，要求系统中每一智能体都拥有关于其他智能体的大量信息和知识。而在开放的分布式系统中，这往往是难以实现的。此外，当智能体数目较大时，这种——交互的结构将导致系统效率低下。

2）智能体联盟。在该结构下，若干近程智能体通过助手智能体进行交互，而远程智能体则由各个局部智能体群体的助手智能体完成交互和消息发送。这些助手智能体能够实现各种消息发送协议。当某智能体需要某种服务时，它就向其所在的局部智能体群体的助手智能体发出一个请求，该助手智能体以广播形式发送该请求，或者把寻找请求与其他智能体能力进行匹配，一旦匹配成功的智能体。在这种结构中，一个智能体无须知道其他智能体的详细信息，比智能体网络有较大的灵活性。

3）黑板结构。本结构与联盟系统的区别在于，黑板结构中的局部智能体群共享数据存储——黑板，即智能体把信息放在可存取的黑板上，实现局部数据共享。在一个局部智能体群体中，控制外壳智能体负责信息交互，而网络控制智能体负责局部智能体群体之间的远程信息交互。黑板结构中的数据共享要求群体中的智能体具有统一的数据结构或知识表示，因而限制了多智能系统中的智能体设计和建造的灵活性。

（3）多智能体的协商技术。协商是多智能体系统实现协同、协作、冲突消解和矛盾处理的关键环节，其关键技术有协商协议、协商策略和协商处理三种。

1）协商协议。协商协议主要研究智能体通信语言（Agent Communication Language，ACL）的定义、表示、处理和语义解释。协商协议的最简单形式为：

协商通信消息：（〈协商元语〉，〈消息内容〉）

其中，协商元语即为消息类型，其定义一般以对话理论为基础。消息内容包括消息的发送者、消息编号、消息发送时间等固定信息以及与协商应用的具体领域有关的信息描述。

2）协商策略。该策略用于智能体决策及选择协商协议和通信消息，包括一组与协商协议相对应的元级协商策略和策略的选择机制两部分内容。协商策略可分为破坏协商、拖延协商、单方让步、协作协商、竞争协商5类。只有后两类协商策略才有意义。对于竞争策略，参与协商者坚持各自的立场，在协商中表现出竞争行为，力图使协商结果有利于自身的利益。对于协作策略，各智能体应动态和理智地选择适当的协商策略，在系统运行的不同阶段表现出不同的竞争或协作行为。策略选择的一般方法是：考虑影响协商的多方面因素，给出适当的策略选择函数。

3）协商处理。协商处理包括协商算法和系统分析两方面，前者用于描述智能体在协商过程中的行为（包括通信、决策、规划和知识库操作），后者用于分析和评价智能体协商的行为和性能，回答协商过程中的问题求解质量、算法效率和系统的公平性等问题。

协商协议主要处理协商过程中智能体之间的交互，协商策略主要修改智能体内的决策和控制过程，而协商处理则侧重描述和分析单个智能体和多智能体协商社会的整体协作行为。后者描述了多智能体系统协商的宏观层面，而前两者则刻画了智能体协商的微观方面。

（4）多智能体系统的协调方法。智能体间的负面交互关系导致冲突，一般包括资源冲突、目标冲突和结果冲突。为实现冲突消解，必须研究智能体的协调。智能体间的正面交互关系表示智能体的规划和重叠部分，或某个智能体具有其他智能体所不具备的能力，各智能体间可通过协作取得成功。

智能体间的不同协作类型将导致不同的协调过程。当前主要有 4 种协调方法，即基于集中规划的协调、基于协商的协调、基于对策论的协调和基于社会规划的协调。

1）基于集中规划的协调。如果多智能体系统中至少有一个智能体具备其他智能体的知识、能力和环境资源知识，那么该智能体可作为主控智能体对该系统的目标进行分解，对任务进行规划，并指示或建议其他智能体执行相关任务。这种基于集中规划的协调方法特别适用于环境和任务相应固定、动态行为集可预计和需要集中监控的情况，如机器人协调和智能控制等。

2）基于协商的协调。本协调方法属于分布式协调，系统中没有作为规划的主控智能体。协商是智能体间交换信息、讨论和达成共识的方式。具体协商方法有合同网协商、功能精确的合作（FA/C）和基于对策论的协商等。例如，合同网采用市场机制进行任务通告、投标和签订合同以实现任务分配。

3）基于对策论的协调。此协调方法包括无通信协调和有通信协调两类。无通信协调是在没有通信的情况下，智能体根据对方及自身的效益模型，按照对策论选择适当行为。在这种协调方式中，智能体至多也只能达到协调的平衡解。在基于对策论的有通信协调中则可得到协作解。

4）基于社会规划的协调。这是一类以每个智能体都必须遵循的社会规则、过滤策略、标准和惯例为基础的协调方法。这些规则对各智能体的行为加以限制，过滤某些有冲突的意图和行为，保证其他智能体必需的行为方式，从而确保本智能体行为的可行性，以实现整个智能体系统的社会行为的协调。这种协调方法比较有效。

（5）多智能体系统的学习。机器学习的研究和应用已获得很大进展。多智能体系统的研究促进了机器学习新的发展。多智能体系统具有分布式和开放式等特点，其结构和功能都很复杂。对于一些应用，在设计多智能体系统时，要准确定义系统的行为以适应各种需求是相当困难的，甚至是无法做到的。这就要求多智能体系统具有学习能力。学习能力是衡量多智能体系统和其他智能系统的重要特征之一。

在人工智能领域对机器学习的研究已有 40 多年的历史了。尽管智能体的研究时间还不算太长，过去很长时间内也不把机器学习与智能体挂钩，但其实质却是单智能体学习。近年来，以互联网为实验平台，设计和实现了具有某种学习能力的用户接口智能体和搜索引擎智能体，表明单智能体学习已获得新的进展。与单智能体学习相比，多智能体系统学习比较新颖，发展也很快。单智能体学习是多智能体系统学习的基础，许多多智能体系统学习方法也是单智能体学习方法的推广和扩充。例如，上述用户接口智能体和搜索引擎智能体中的学习已被认为是多智能体系统学习，因为在人机协作系统中，人也是一个智能体。

多智能体系统学习要比单智能体学习复杂得多，因为前者的学习对象处于动态变化中，且其学习离不开智能体间的通信。为此，多智能体系统学习需要付出更大的代价。当前在多智能体系统学习领域，强化学习和在协商过程中学习已引起关注。结合动态编程和有师学习，以期建立强大的机器学习系统。只给计算机设定一个目标，然后计算机不断与环境交互以达到该目标。

多智能体系统学习有许多需要深入研究的课题，包括多智能体系统学习的概念和原理、具有学习能力的 MAS 模型和体系结构、适应 MAS 学习特征的新方法以及 MAS 多策略和多观点学习等。

根据上述的多智能体系统技术特点和电力系统无功电压运行特点，以及现有的电网调度自动化系统实际情况，采用慎思式多智能体系统结构和黑板式通信模式比较方便的建立无功电压自动控制系统。

6. 无功电压优化控制的一般原则

电力系统无功电压具有电力系统控制所固有的复杂性、非线性、不精确性及实时性等特性，其中有些方面难以用传统的数学模型和常规的控制方法来描述和实现。电力系统的无功优化问题是一个多目标、多变量、多约束的混合非线性规划问题，其优化变量既有连续变量如节点电压，又有离散变量如变压器挡位、无功补偿装置组数等，使得整个优化过程十分复杂，特别是优化过程中离散变量的处理更增加了优化问题的难度。对电网无功电压进行自动优化控制无论在国外还是在国内输电网都没有普遍应用。理论上，无功分布可以达到最优，特别是近年来遗传算法的发展使无功优化收敛性得到保证，使在线优化成为可能。但在实际在一个复杂庞大的电力系统中，却几乎不可能在线实现最优控制。如当运行条件变化时，要维持系统无功潮流和电压最优分布，根据电网无功功率与电压的特点，势必要求全系统各点各种无功功率调节手段与电压调节手段频繁动作，没有高度发达的通信网络和自动化条件就办不到，实际上许多无功控制设备也不允许频繁调节；其次，和频率调节不同的是，变压器分头、电容（抗）器的无功调节无法做到均匀调节；由于不可能建立全网电压标准，只能以就地测量电压为依据，分散的量测误差势必给优化带来影响。另一重要原因，目前也是看来最主要的瓶颈，优化计算的数据基础——状态估计（SE）结果的正确性、可靠性还无法满足实时控制的要求，主要表现在 SCADA 数据的不同时性和测量装置误差、通道状态好坏都给状态估计结果带来误差，甚至错误（即坏数据污染），在此基础上进行优化控制会给电网带来很大的安全风险，这也是至今国内外还没有成功将全局潮流优化（OPF）结果直接用于实时控制的重要原因，尽管 OPF 理论算法早在 20 世纪 70 年代就成熟了。目前全局无功优化软件在实际电网中的应用还停留在开环状态，即提供调整方案，再由调度人员判断正确后手动调整有关无功设备，尽可能使电网运行在较优水平。从工程应用角度看，现实中的电力系统无功只能实现次优分布，如何实现次优分布目前也是研究中的课题，还没有统一模式。但从电力系统总的概念出发，一般认为，比较接近无功次优分布的做法是，无功功率尽量做到分区分层平衡，减少因大量传送无功功率而产生的压降和线损，在留足事故紧急备用的前提下，尽可能使系统中的各点电压运行与允许的高水平，此举不但有利于系统运行的稳定性，也可以获得接近优化的经济效益。

7. 基于多智能体系统的无功电压控制

由于电力系统无功不能长距离传输的物理特性，决定了电力系统中的无功电压控制器是按地域分散配置的。控制器之间的相互协调和优化控制是需要研究和解决的重要理论和实际问题。现代化大电网中存在大量的发电机自动电压调节器（AVR）、变电站的静止无功补偿器（SVC）、静止无功发生器（STATCOM）、电容/电抗器、主变分接头以及其他无功电压调节设备。这些设备可作为执行 Agent，每个厂站作为控制 Agent，每个控制 Agent 可以包含几个执行，各控制 Agent 一方面根据自身的环境信息（如电压、有功、无功等）自主完成其特定的调节任务，另一方面可接受其他控制 Agent 的调压和调无功潮流任务请求和反馈任务执行信息，整个多 Agent 系统共同的目标是维持区域内的电压水平和无功就地平衡。研究利用多 Agent 系统解决了二级电压调节的分散协调控制问题，在电力系统紧急状态下进行二级调压以快速恢复电压至正常范围。正常情况下多 Agent 系统协调无功潮流分布，满足电网安全运行所必需的无功储备，减少无功流动，达到降低电网有功损耗的目的。利用采用基于 MAS 的电压控制系统进行系统无功电压控制与传统的集中控制相比，有着以下明显优势：

（1）在多 Agent 模式下，即使某些通信线路发生故障，或某些 Agent 失效，其他 Agent 也可以在一定程度上替代它的工作；传统集中控制模式下，若某些数据不正确，将造成全局技术错误，从而使整个控制系统失去控制能力，甚至会造成误控。

（2）采用并行工作方式的多 Agent 模式，增加了系统的灵活性和通用性。

（3）由于每个 Agent 具有自主性，因而它们可以按照任务的要求进行组合，使整个系统适应动态的环境。

（4）通过修改 Agent 规则库、控制算法和协调方式等可以满足不同的无功电压控制要求。

（5）每个 Agent 具有一定的学习能力，简化了系统计算复杂性。

（6）每个 Agent 控制策略可以很简单，通过各 Agent 的协作，能适应系统各种情况，避免传统算法因计算不能收敛而造成的系统无解情况。

基于多智能体协调的电网自动电压控制系统是一个分层、多级、分散的协调控制系统，如图 2-29 所示。每个发电厂、变电所作为一个控制智能体，每个无功设备作为执行智能体，每个控制智能体除了执行自身的任务（如保证电压合格，维持自身所包含的各执行智能体之间安全、协调），还通过通信信息，学习周围一些信息，接收和转发其他控制智能体发

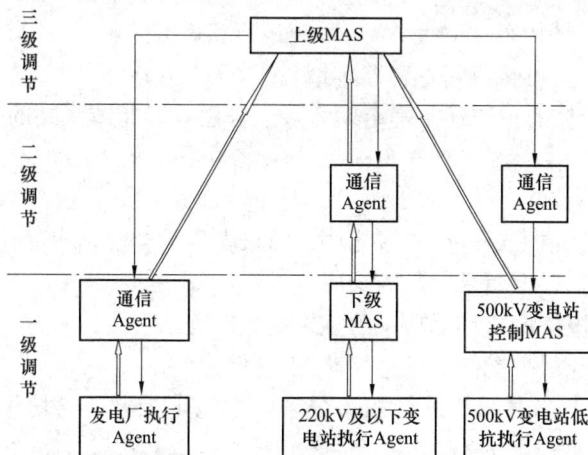

图 2-29　基于 MAS 的电网自动电压控制系统结构

⇑—信息流；↓—控制流

送的请求、声明等信息，并作为相应的反映。根据电网控制中心的生产实际情况，将整个多智能体系统分为上级智能体系统（网省级）和下级多智能体系统。上级智能体系统包含220kV及以上电压等级厂站，下级智能体系统（各地市级）包括110kV及以下厂站。上下级多智能体系统各包括多个控制智能体，通过上下级各控制智能体的协调控制，以实现电网中所有厂站母线电压在要求的合格范围内，合理协调各无功设备的运行状态，同时尽可能减少不同地区之间的无功传输，减少网损，同时减轻电网运行人员手动调节无功电压的负担。

根据MAS系统功能及电网无功电压实际控制现状，将系统各智能体分为控制智能体、消息管理智能体、通信智能体和执行智能体。

（1）控制智能体是指能够提出控制电压和无功的决策智能体，即相当于人的大脑。控制智能体是系统的核心，它进行系统的协调以及控制命令的下达。控制智能体需要的信息包括：

1）母线的实际电压量测，母线电压控制上、下限值。

2）每个出线两侧的有功、无功潮流，出线线路参数。

3）邻居智能体。

4）执行智能体的实际状态。

5）控制对象的约束。

控制智能体根据调节能力的大小，分为核心控制智能体和普通控制智能体。

1）核心控制智能体（Core Agent）：能够较大范围调整无功和电压厂站母线，对系统电压和无功潮流影响大。每个电压等级（不包括发电机组低压母线）作为一个智能体，每个智能体包含几个执行智能体，如发电机、电抗器。

2）普通智能体：各220kV/500kV变电所母线。正常情况下通过下级多智能系统（地区供电公司AVC系统）维持无功就地平衡，必要情况下辅助调整母线电压。

每个核心智能体需要采集的信息包括：

● 母线的实际电压量测，母线电压控制上、下限值。

● 每个出线两侧的有功、无功潮流，出线线路参数。

● 邻居智能体。

● 下级智能体的实际状态（下级AVC系统运行状态）。

● 控制对象的约束（可投可切电容器容量）。

（2）消息管理智能体的主要任务是定期清除公告栏各智能体张贴的过期信息，防止公告栏阻塞。

多智能体消息类型：

1）请求信息。包括请求最近核心智能体、请求电压调整、请求无功供给。

2）响应信息。包括以上请求信息的响应。

3）确认信息。对电压调整和无功供给响应信息的确认。

4）转发信息。对邻居智能体信息进行转发。

5）公告信息。智能体对系统进行相关公告，如退出控制、通信中断、电压接近限值、量测错误、失去/恢复调节能力等。

多智能体消息结构定义如下：

```
typedef struct _mesWr
```

```
{
long   m_time;   //消息产生的时间
int   m_type;   //消息的类型
int   m_from;   //消息从何处来
int   m_org;   //消息起源何处
int   m_mean_type;   //消息的内容类型
float m_ablity;        //消息包含智能体的调节能力
float m_price;        //智能体单位调节能力所需的代价
float m_length;        //消息传送所经过的距离
int   m_dest;        //消息的目的地
int   m_seq;        //消息的序列号
int   m_hops;        //消息传播经过的跳数
int   m_mean;        //消息的含义
int   m_key;        //发送消息的智能体类型
int   m_live;        //消息存活的跳数
int   m_flag;        //消息的标志
int   m_road[16];   //消息所经过的路径
}mes;
static mes   mesWr[MAX_WR];
```

（3）执行智能体是指各发电机组无功调节装置以及各供电公司 AVC 系统（下级多智能体系统）的遥控/遥调功能，其中下级 AVC 系统又是一个控制系统，它一方面和上级 AVC 协调及进行信息交换外，还进行各供电公司电网的电压无功控制任务。

（4）通信智能体负责上下级各智能体系统通信，按照规定的通信规约进行数据信息和数据交换。目前通信规约按照电力系统通行的 S5、CDT、101、104 等标准规约。

8. 控制智能体自动分区学习算法

实现电网动态分区，是实现无功电压控制的关键所在。各控制多智能体通过消息机制交互学习，实现电网自动分区分层，协调电压控制，控制区域无功平衡，达到无功次优分布的目标。

基于电力系统电压灵敏度和电气距离有很强相关性特点，根据电网实时状态，各控制智能体自动簇集和分区。基于电气距离动态分区学习算法如下：

（1）在系统初始运行时，所有智能体只知道自身信息，如电压幅值、线路无功潮流大小和控制对象状态。对其他智能体状况一无所知。

（2）核心智能体向自己邻居智能体发请求信息，让其告之其他核心智能体信息，该请求张贴在公告栏上。

（3）邻居智能体通过读公告栏信息，收到核心智能体请求，如果自己已经有到该核心智能体的信息，则比较该消息路径是否比已有的短，是的话，重新记录该核心智能体到自己距离及路径；如果自己就是核心智能体或有其他核心智能体信息，则回答响应信息；如果该消息经过的跳数和距离小于规定的限值，则同时将此请求向其邻居（不包括消息来源方向）转发。

（4）以此循环（一般经过 6 次），每个智能体都知道自己相近的几个核心智能体的距离，各智能体根据到核心智能体电气距离自动分成不同控制区域。

（5）各分区根据核心智能体的实际距离按照一定的原则进行自动合并，即耦合性强的区域合并成一个控制区域。

（6）如系统某个线路停运，相关智能体发公告，则经过此路径的相近核心智能体信息重新进行学习，以适应系统网络变化。

9. 控制智能体电压协调调整算法

各控制智能体分区学习以后，将进行二级电压协调控制，具体算法如下：

（1）当某个控制智能体检测到电压越限时，若自身有调节能力，则进行调节，否则向区域内的有关核心控制智能体发请求，相关核心控制智能体根据自己的能力和已有的信息进行响应，再由发起请求的控制智能体进行确认。

（2）核心控制智能体根据请求控制智能体的确认调节数量将命令发给各控制执行智能体进行调节，执行智能体调节起始和结束后发公告，各相关智能体根据调节前后电压变化学习该核心控制智能体对自动母线电压灵敏度。

（3）若区域内的核心控制智能体没有响应或没有能力，则依次向区域外的较远的核心控制智能体发请求，等待响应。

（4）若所有核心控制智能体都不响应，则对下级智能体系统发请求电压紧急控制（牺牲无功平衡）。

（5）在某控制智能体电压接近限值时，该控制智能体发出预警公告，防止其他控制智能体控制行为引起该控制智能体电压越限。

（6）在某核心控制智能体调节能力发生变化时，也向系统发出公告，以便其他控制智能体发请求信息时，加以考虑，避免无效请求。

（7）各执行智能体对控制智能体的控制命令有效性进行校核，无效时或超出执行能力范围，将拒绝执行。

10. 控制智能体无功分层分区平衡协调控制算法

在系统电压合格，无须二级电压调整的情况下，各智能体系统将进行三级无功电压调整，维持电网无功分层分区平衡，以减少电网有功损耗。算法设计如下：

（1）当普通智能体确定自身不能维持无功就地平衡时，向核心智能体发无功供给请求。

（2）核心智能体根据自身能力发响应，包括无功数量及价格（价格与核心智能体无功调节能力成反比）。

（3）发起智能体根据核心智能体的响应以及自己到核心智能体的距离，计算需购买的无功数量，再发确认信息。

（4）核心智能体根据确认信息进行调整有关无功设备的无功出力。

11. 控制智能体自检算法

由于设备或通道原因，电力系统采集装置所采集的数据不可避免会出现不合理数据或错误数据，智能体根据自身信息或相邻智能体有关信息，分析采集数据的合理性，并采取相应措施。

（1）数据不刷新。在规定的时间内，数据没有变化或通道中断标志出现，则根据相邻智能体有关信息进行估计本智能体相关数据。若本智能体是核心智能体，则发公告。

（2）数据不平衡。智能体根据自身信息判断母线功率是否平衡，若不平衡，根据相邻智能体信息判断错误量测，并进行纠正。

（3）控制失效。核心智能体控制命令下发，在规定的时间内控制对象没有反应，则发失去控制能力公告。

（4）电压数据合理性检查。对两条母线电压量测偏差大的，通过相邻智能体电压水平，鉴别出相对合理电压量测。

12. 控制智能体运行过程

根据以上学习和协调控制算法，控制智能体从初始化到协调过程步骤综合如下：

（1）初始化阶段。

Step1：智能体进程开始。

Step2：智能体初始化，如某些参数置零。

Step3：获取本身状态数据与邻居的连接状态、元件参数、量测数据以及限值等。

（2）分区学习阶段。

Step4：检查自己是否需要分区学习，否则继续下一步，是则转入 Step9。

Step5：向黑板写消息，向邻居发出分区请求信息，等待响应。

Step6：检查黑板上内容，选取自己分区请求的响应信息。

Step7：检查响应信息中的有关信息是否已存在，如果否，直接保存此距离信息，是则比较新的距离和已存在的长短，短则更新信息。

Step8：连续两个等待周期，消息板上不再有分区响应信息，则分区学习结束。

（3）状态自检阶段。

Step9：采集数据是否刷新，否则发公告，告诉其他智能体。

Step10：自身功率是否平衡，否则比较线路两侧，若是线路不平衡，则向线路对侧发请求，让其检查，等待响应。

Step11：若对侧功率平衡，则本侧量测出错，检查本侧是否旁路代，是则用旁路开关数据替代。否则用对侧量测考虑线路损耗后数据替代。

Step12：自身母线电压量测是否异常，否则检查备用数据是否正常，正常则用备用数据代替。否则发公告，告诉其他智能体。

Step13：在规定时间内执行智能体是否响应控制，否则发控制闭锁公告。

Step14：检查自身调节能力，若接近调节上下限，则发出调节能力上闭锁和下闭锁公告。

Step15：若所有执行智能体退出控制，则发控制退出公告。

Step16：若所有执行智能体恢复控制能力，则发控制恢复公告。

（4）电压协调控制阶段。

Step17：检查本身电压幅值大小，如果越限或接近限值则进入下一步，否则转入 Step 20。

Step18：若电压接近限值，除了自身闭锁控制方向外，还向核心智能体发电压预警公告，让其闭锁控制方向。

Step19：自身电压有越限，如果有调节能力，则直接向有关执行智能体发控制命令，调节电压。否则向最近的几个核心智能体发调压请求。

Step20：检查黑板电压调整响应消息，选择最近的核心智能体参与电压控制，根据灵敏度估算需要调节量。

Step21：等待控制智能体调节结束消息，结束后通过自身电压变化幅度，重新学习电压无功灵敏度。

Step22：若电压恢复正常，则向邻近核心智能发消息，否则回到 Step19。

（5）无功协调阶段。

Step23：普通控制智能体检查自身无功是否平衡，若否，如果自身有调节能力，则向下一级智能体发无功平衡指令，维持无功就地平衡。

Step24：区域联络线路无功潮流是否超出合理范围，是则向区内核心智能体发无功调整请求，减少区域无功流动。

普通智能体、核心智能体协调框图分别如图 2-30、图 2-31 所示。

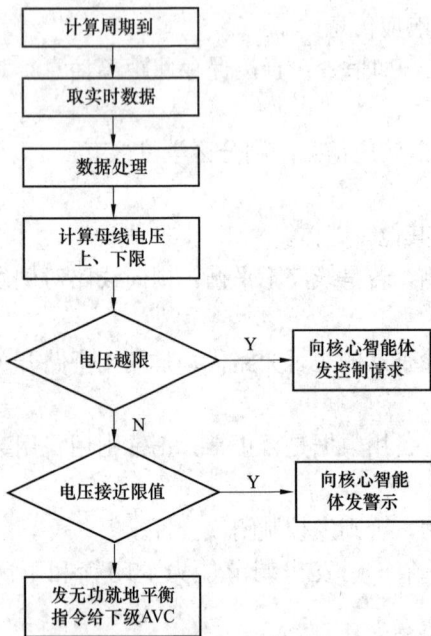

图 2-30　普通控制智能体控制策略框图

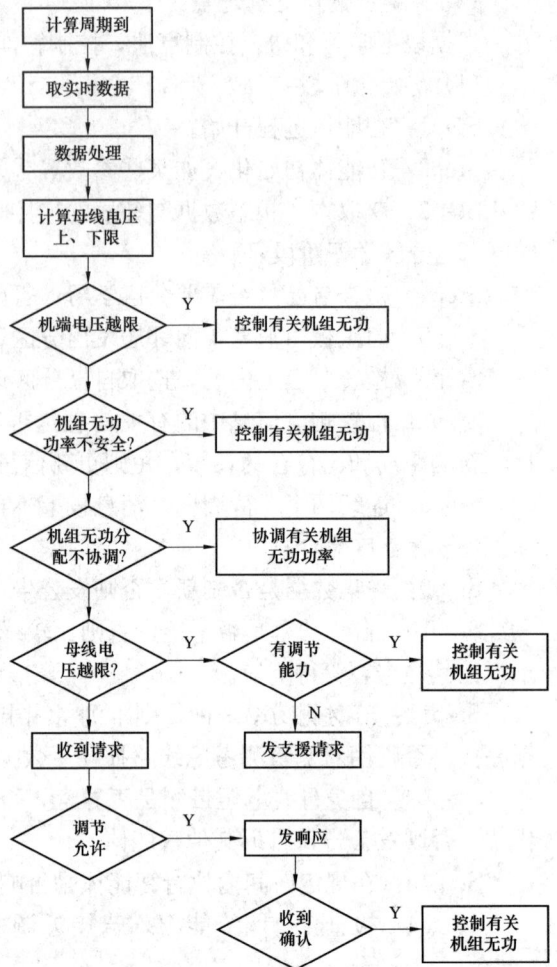

图 2-31　核心控制智能体控制策略框图

13. 各分区核心控制智能体控制无功设备原则

区域内无功储备应满足要求，尽量留出发电机无功调节能力最为快速反应调节。如高峰时，切除电抗器，逐步投入电容器，留足发电机无功上调空间；低谷时，切除电容器，逐步投入电抗器，留足发电机无功下调空间。

14. 核心控制智能体控制发电机组无功策略

机组无功调节对机组安全稳定运行至关重要，核心控制智能体调节机组无功调节必须按下列次序满足：

（1）保证机端电压满足机组厂用电及变压器运行要求。

（2）保证考虑机组功率因数满足要求。

（3）保证枢纽母线电压满足要求。

（4）保证电厂内机组无功分配满足要求。

调节时应使发电机组无功出力分布尽量均衡，机组功率因数应大致相等。即增加无功出力时，在满足安全的条件下，优先增加功率因数高的机组，反之则优先减少功率因数低的机组。

15. 各发电厂执行智能体设计方案

发电机组励磁调节系统是电力系统中最重要的电压和无功功率控制系统，响应速度快，可控制的容量大，不论是正常运行时保证电压水平和紧急控制时防止电压崩溃，都起着重要的作用。机组无功电源是实现电网无功电压控制重要的控制设备，但机组的无功出力应留有一定的备用容量，以满足电网的稳定运行要求。

核心控制智能体根据系统电压及无功分布以及其他智能体协调结果，计算各发电厂母线电压或全厂/单台机组的无功出力，通过远动通道将控制命令下发到电厂侧通信智能体，通信智能体通过校核，正常后将控制命令转发到各机组执行智能体，执行智能体再通过比较机组实际无功和指令的差别，调节机组机端电压给定值，从而使机组 AVR 调节励磁电流直至机组无功达到指令要求。典型的发电厂 AVC 执行终端示意图如图 2-32 所示。

为保证机组安全，核心控制智能体在向执行智能体下发指令的同时，还将下发核心智能体采集到的机组其他实时信息，如机组实际有功、无功、机端电压，电厂母线电压，由电厂通信智能体进行比较，正常后才转发给执行智能体，否则将发报警。

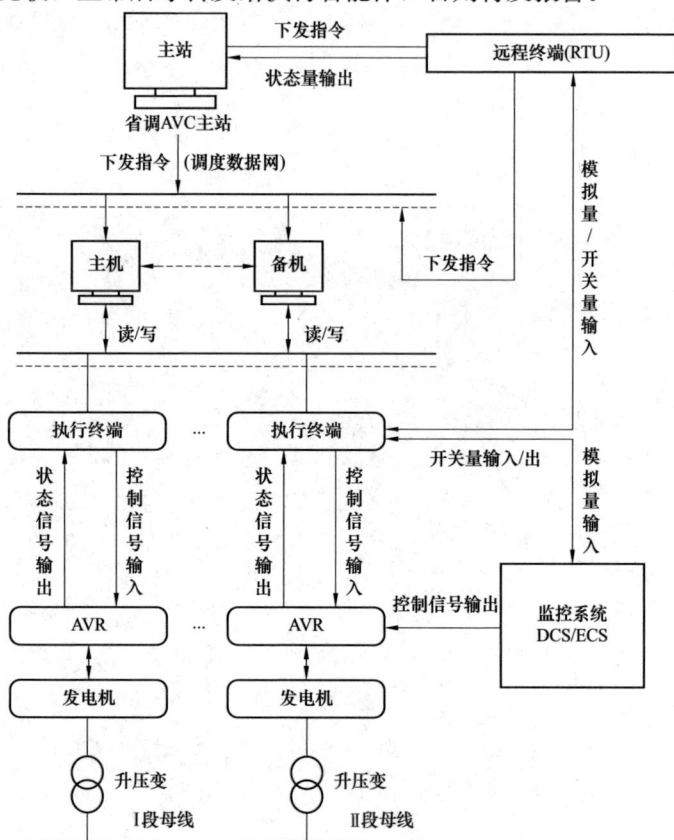

图 2-32 发电厂 AVC 执行终端示意图

16. 上、下级 AVC 协调策略

（1）本级 AVC 负责控制本级电网电压合格、无功储备和无功分布合理，有功网损尽量小。

（2）在满足电压合格的前提下，本级 AVC 尽量维持和上、下级电网关口（分界点）无功交换最小，达到无功分层分区平衡的效果。优先满足上级要求，跟踪上级 AVC 指令，同时根据本级电网情况，向下级 AVC 下发无功电压约束。

（3）在本区域失去调节能力情况下向上、下级 AVC 系统申请支援，必要时牺牲无功平衡维持电压合格。

参考文献

1 陈珩. 电力系统稳态分析. 北京：中国电力出版社，1995.

2 程浩忠，吴浩. 电力系统无功与电压稳定性. 北京：中国电力出版社，2004.

3 刘天琪. 现代电力系统分析理论与方法. 北京：中国电力出版社，2007.

4 李坚. 商业化电网的经济运行及无功电压调整. 北京：中国电力出版社，2001.

5 王梅义，吴竞昌，蒙定中. 大电网系统技术. 北京：中国电力出版社，1998.

6 陈文彬. 电力系统无功优化与电压调整. 沈阳：辽宁科学技术出版社，2003.

7 Taylor C W. 电力系统电压稳定. 北京：中国电力出版社，2002.

8 吴迪，李端超，董瑞，等. 安徽电网自动电压控制系统的实施与效果. 电力设备，2005，6（5）：63-67.

9 中华人民共和国国家经济贸易委员会. 电力系统安全稳定导则，2001.

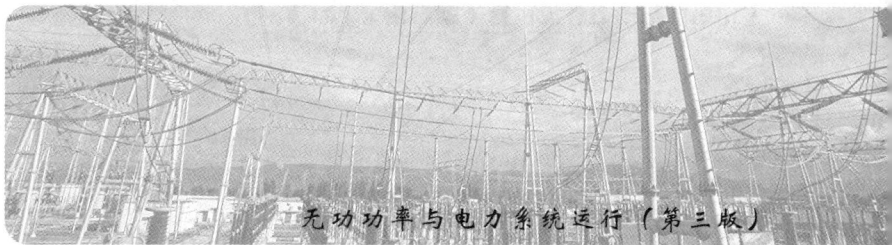

无功功率与电力系统经济运行

3.1 电力系统经济运行

3.1.1 电力系统经济运行理论

随着国民经济的迅速发展和用电量的增加，电网的经济运行日益受到重视。降低网损、提高电力系统输电效率和电力系统运行的经济性是电力系统运行部门面临的实际问题，也是电力系统研究的主要方向之一。特别是随着电力市场的实行，电网公司通过有效的手段降低网损，提高系统运行的经济性，可给电网公司带来更高的效益和利润。

电力系统经济运行的初始概念可以追溯到 20 世纪 30 年代。随着数学基本理论（主要是优化理论）和计算工具（主要是计算机）的发展，电力系统经济运行的模型和方法在理论上和实践上都取得了长足的发展和进步。在 20 世纪 60 年代末，考虑了系统的经济因素后出现了一些经济调度理论，如电力系统有功功率的最优分配包括两个方面：有功功率电源的最优组合和有功功率负荷的最优分配。有功功率电源的最优组合指的是系统中发电设备的合理组合，包括机组的最优组合顺序、机组的最优组合数量和机组的最优开停时间。有功功率负荷的最优分配指的是系统的有功功率负荷在各个正在运行的发电设备之间的合理分布，最经典的是等耗量微增率，指的是系统所有的发电机组具有同样的耗量微增率时，系统运行所需要的费用最小。同样，无功功率的最优分布包括无功功率电源的最优分布和无功功率负荷的最优补偿。无功电源最优分布的原则是等网损微增率，无功功率负荷的最优补偿指的是最优补偿容量的确定、最优补偿设备的分布和最优补偿顺序的选择等，其遵循的原则是最优网损微增率准则，指的是系统所有的无功电源配置具有相同的网损微增率时，系统网损最小。

电力系统规模的扩大，对计算速度和系统安全性提出了更高的要求，这些经典调度理论已不能满足要求。人们需要能将电力系统的潮流计算和优化理论结合起来，并且考虑系统的各种约束条件，这就形成了经典的优化理论——最优潮流（OPF）和无功优化理论，本章主要论述无功功率同电力系统经济运行理论的关系以及各种优化理论的发展和内在联系。

3.1.2 无功功率与电力系统经济运行

电力系统无功功率优化和无功功率补偿是电力系统安全经济运行研究的一个重要组成部分。通过对电力系统无功电源的合理配置和对无功负荷的最佳补偿，不仅可以维持电压水平和提高电力系统运行的稳定性，而且可以降低有功网损和无功网损，提高电力系统安全经济运行水平。

进行无功优化和无功补偿的目的可归纳为以下三点。

1. 减小线路损耗和系统网损，提高系统运行的经济性

无功功率在输电及配电网络上的流动将引起有功网损和无功网损。当网络中某支路（包

括线路和变压器）进行无功补偿后，引起的有功功率损耗可用式（3-1）表达

$$\Delta P_\Sigma = \frac{P^2 + Q^2}{U_2^2} \times R \qquad (3-1)$$

式中：ΔP_Σ 为有功功率损耗。

在负荷节点补偿无功补偿设备后，输电线路上传输的无功功率将减小，因此无功功率传输引起的网损将下降，即

$$\Delta P_\Sigma = \frac{P^2 + (Q - Q_C)^2}{U_2^2} \times R \qquad (3-2)$$

由式（3-2）可见，当进行无功补偿后，有功功率损耗将下降，从而网损将下降。

对线路进行无功补偿前后的电路图如图 3-1 所示。

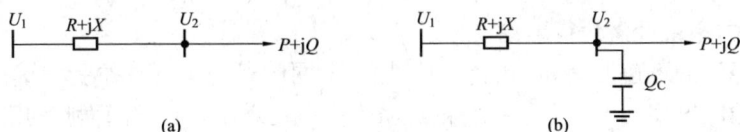

图 3-1　简单输电线路传输功率图

（a）未进行无功补偿的传输功率；（b）进行无功补偿的传输功率

同时由于无功功率补偿设备的灵活性，无功补偿设备的配置和容量的选择引起了广泛的研究。

2. 减少电压损耗

高电压等级、大容量和跨区电网的迅速发展，对电压稳定和电压质量提出了更高的标准和更严格的要求。进行无功补偿可以提高受端电压水平，从而提高电压质量。

当进行无功补偿后，线路上的电压损耗可用式（3-3）表达

$$\dot{U}_2 = (\dot{U}_1 - \Delta U') - \mathrm{j}\delta U' \qquad (3-3)$$

$$\Delta U' = \frac{PR + (Q - Q_C)X}{U_1} \qquad (3-4)$$

$$\delta U' = \frac{PX - (Q - Q_C)R}{U_1} \qquad (3-5)$$

式中：$\dot{U}_1$，$\dot{U}_2$ 分别为线路首端、末端的电压相量；R，X 为线路的电阻和电抗；P，Q 为线路上流动的有功功率和无功功率；$\Delta U'$，$\delta U'$ 为电压降落的纵轴分量和横轴分量。

由式（3-3）可见，当对负荷节点进行无功补偿后，电压降落的两个分量 $\Delta U'$、$\delta U'$ 减小，从而使电压损耗下降，提高了负荷的节点电压水平。

3. 提高发电设备利用率

当系统进行无功补偿后，系统发电机的发电功率因数可以提高，用式（3-6）表达

$$\cos\varphi = \frac{P}{S} \qquad (3-6)$$

当进行无功功率补偿后，负荷的功率因数可提高，这样发电机所发的无功即可减少，发电机的功率因数可提高，由式（3-6）可见，发电机输出的有功功率就能增大，因此提高了发电设备的利用率。

3.2　电力系统中无功功率的最优分布

3.2.1　无功功率电源的最优分布

电力系统无功功率的最优分布包括无功电源的最优分布和无功功率负荷的最优补偿。

1. 等网损微增率

优化无功功率电源分布的目的是降低电力网络中的有功功率损耗。因此，目标函数是网络有功总损耗 ΔP_Σ。在除了平衡节点外其他各节点的注入有功功率一定的情况下，网络总损耗仅与各节点的注入无功功率有关。由于无功电源的多样性和灵活性，因此可以通过无功补偿设备——电容器、调相机和静止无功补偿器等提供感性无功功率，补偿无功功率负荷消耗的无功功率，从而降低网络的有功总损耗。

无功电源最优分布的目标是使有功网损最小，即目标函数为

$$\text{Min}\quad \Delta P_\Sigma(Q_{Gi}) \tag{3-7}$$

满足等式约束

$$\sum_{i=1}^{n} Q_{Gi} - \sum_{i=1}^{n} Q_{Li} - \Delta Q_\Sigma = 0 \tag{3-8}$$

式中：ΔQ_Σ 为网络的无功功率总损耗；Q_{Gi} 表示无功电源发出的无功功率；Q_{Li} 表示无功负荷的无功功率。

满足不等约束条件

$$\begin{cases} Q_{Gimin} \leqslant Q_i \leqslant Q_{Gimax} \\ U_{imin} \leqslant U_i \leqslant Q_{imac} \end{cases} \tag{3-9}$$

这样，根据列出的目标函数和等约束条件建立新的、不受约束的目标函数，即构造拉格朗日函数

$$C^* = \Delta P_\Sigma(Q_{Gi}) - \lambda \left(\sum_{i=1}^{n} Q_{Gi} - \sum_{i=1}^{n} Q_{Li} - \Delta Q_\Sigma \right) \tag{3-10}$$

对式（3-10）求导，可得其最小值的条件为

$$\begin{cases} \dfrac{\partial \Delta P_\Sigma}{\partial Q_{G1}} \dfrac{1}{(1 - \partial \Delta Q_\Sigma / \partial Q_{G1})} = \dfrac{\partial \Delta P_\Sigma}{\partial Q_{G2}} \dfrac{1}{(1 - \partial \Delta Q_\Sigma / \partial Q_{G2})} = \cdots \\ \dfrac{\partial \Delta P_\Sigma}{\partial Q_{Gn}} \dfrac{1}{(1 - \partial \Delta Q_\Sigma / \partial Q_{Gn})} = \lambda \\ \displaystyle\sum_{i=1}^{n} Q_{Gi} - \sum_{i=1}^{n} Q_{Li} - \Delta Q_\Sigma = 0 \end{cases} \tag{3-11}$$

式（3-11）中的第 1 式即为无功电源最优分布的准则，而第 2 式则是无功功率平衡关系式。由式（3-11）可见，当系统具有统一的等网损微增率时，系统的损耗最小。

2. 网损微增率的计算

通常网损微增率的计算采用转置潮流雅克比矩阵法，具体计算步骤如下。

由于网络损耗既是所有节点有功率和无功功率的函数，也是所有节点电压的函数，即

$$\Delta P_\Sigma = F(P, Q) = f(\delta, U) \tag{3-12}$$

可列出

$$\left[(\partial \Delta P_\Sigma / \partial P)^T \ (\partial \Delta P_\Sigma / \partial Q)^T \right] \begin{bmatrix} \Delta P \\ \Delta Q \end{bmatrix} = \left[(\partial \Delta P_\Sigma / \partial \delta)^T \ (\partial \Delta P_\Sigma / \partial U)^T \right] \begin{bmatrix} \Delta \delta \\ \Delta U / U \end{bmatrix} \tag{3-13}$$

将潮流计算时的修正方程式

$$\begin{bmatrix} \Delta P \\ \Delta Q \end{bmatrix} = \begin{bmatrix} H & N \\ J & L \end{bmatrix} \begin{bmatrix} \Delta\delta \\ \Delta U/U \end{bmatrix} \tag{3-14}$$

将式（3-13）代入式（3-14），可得

$$[(\partial\Delta P_\Sigma/\partial P)^{\mathrm{T}}\,(\partial\Delta P_\Sigma/\partial Q)^{\mathrm{T}}]\begin{bmatrix} H & N \\ J & L \end{bmatrix} = [(\partial\Delta P_\Sigma/\partial\delta)^{\mathrm{T}}\,(\partial\Delta P_\Sigma/\partial U)^{\mathrm{T}}] \tag{3-15}$$

再将式（3-15）转置，可得

$$\begin{bmatrix} H & N \\ J & L \end{bmatrix}^{\mathrm{T}} \begin{bmatrix} \partial\Delta P_\Sigma/\partial P \\ \partial\Delta P_\Sigma/\partial Q \end{bmatrix} = \begin{bmatrix} \partial\Delta P_\Sigma/\partial\delta \\ U\,\partial\Delta P_\Sigma/\partial U \end{bmatrix} \tag{3-16}$$

于是，可解得

$$\begin{bmatrix} \partial\Delta P_\Sigma/\partial P \\ \partial\Delta P_\Sigma/\partial Q \end{bmatrix} = \begin{bmatrix} H & N \\ J & L \end{bmatrix}^{\mathrm{T}\,-1} \begin{bmatrix} \partial\Delta P_\Sigma/\partial\delta \\ U\,\partial\Delta P_\Sigma/\partial U \end{bmatrix} \tag{3-17}$$

由式（3-17）解得的 $\partial\Delta P_\Sigma/\partial Q$ 中提取待求的 $\partial\Delta P_\Sigma/\partial Q_{Gi}$。

由于 $\Delta P_\Sigma = P_1 + P_2 + \cdots + P_n$，可得

$$(\partial\Delta P_\Sigma/\partial\delta_j) = \sum_{i=1}^{n} \partial P_i/\partial\delta_j \tag{3-18}$$

$$U_j\,\partial\Delta P_\Sigma/\partial U_j = \sum_{i=1}^{n} U_j\,\partial P_i/\partial\delta_j \tag{3-19}$$

式中：$j=1,\ 2,\ \cdots,\ n$。

同样，可列出 $\partial\Delta Q/\partial Q_{Gi}$ 的计算式如下

$$\begin{bmatrix} \partial\Delta Q_\Sigma/\partial P \\ \partial\Delta Q_\Sigma/\partial Q \end{bmatrix} = \begin{bmatrix} H & N \\ J & L \end{bmatrix}^{\mathrm{T}\,-1} \begin{bmatrix} \partial\Delta Q_\Sigma/\partial\delta \\ U\,\partial\Delta Q_\Sigma/\partial U \end{bmatrix} \tag{3-20}$$

式中的 $\partial\Delta Q_\Sigma/\partial\delta$ 和 $U\Delta Q_\Sigma/\partial U$ 的每个元素都是 J 阵或 L 阵中相应行诸元素之和。

3. 无功功率电源的最优分布

求出了等网损微增率，就可以进行无功功率电源最优分布的计算，其具体计算步骤如下。

(1) 根据初始条件，进行潮流计算并求取网损微增率 $\partial\Delta P_\Sigma/\partial Q_{Gi}$、$\partial\Delta Q_\Sigma/\partial Q_{Gi}$ 和 $\dfrac{\partial\Delta P_\Sigma}{\partial Q_{Gi}}\Big/\Big(1-\dfrac{\partial\Delta Q_\Sigma}{\partial Q_{Gi}}\Big)$。

(2) 根据网损微增率调整 Q_i 和 U_i：网损微增率大的节点少发无功功率，即减小 Q_i 或降低 U_i；网损微增率小的节点应增大 Q_i 或提高 U_i，即令这些节点的无功电源多发无功。

(3) 根据调整后的 Q_i 和 U_i 进行潮流计算、网损微增率计算和网损 ΔP_Σ 计算。

(4) 若 $\Delta P_{\Sigma i} - \Delta P_{\Sigma i-1} \leqslant \varepsilon$，完成计算，获得结果，否则转入（2）。

需要指出的是，网损 ΔP_Σ 不再减小，并不表示各节点的网损微增率全部相等，这是因为在调整过程中，有些节点的 Q_i 和 U_i 可能已达到其上下限。只有 Q_i 限额内的节点，网损微增率才相等。

虽然等网损微增率揭示的物理意义清晰，但由上面的迭代过程可见，该方法计算量大，因此在工程实践中难以应用。在工程实践中，通常采用以网络损耗为目标函数，以节点功率、电压和电源功率为约束条件的无功优化程序。

3.2.2 无功功率负荷的最优补偿

无功功率负荷的最优补偿指的是最优补偿容量的确定、最优补偿设备的分布和最优补偿

顺序的选择等。无功功率负荷的最优补偿通常遵循的是最优网损微增率准则，下面介绍最优网损微增率准则。

无功功率负荷补偿的最优准则的目标是在该节点进行无功补偿后带来得效益最大，即可用式（3-21）的目标函数来表示

$$\text{Max} \quad C_e(Q_{Ci}) - C_c(Q_{Ci}) \tag{3-21}$$

其中，$C_c(Q_{Ci}) = \beta(\Delta P_{\Sigma 0} - \Delta P_{\Sigma})\tau_{max}$，表示无功补偿后带来的效益，$C_c(Q_{Ci}) = (\alpha + \gamma)K_c Q_{Ci}$ 表示无功补偿需要的投资费用。

同样构造拉格朗日函数可得

$$C = \beta(\Delta P_{\Sigma 0} - \Delta P_{\Sigma})\tau_{max} - (\alpha + \gamma)K_c Q_{Ci} \tag{3-22}$$

式中：β 为每度电价；τ_{max} 为年最大负荷损耗小时数；α，γ 分别表示为无功补偿设备年度折旧维护率和投资回收率；K_C 为单位无功补偿设备的价格；Q_{Ci} 为各节点无功补偿容量，$\Delta P_{\Sigma 0}$ 为补偿前的有功网损；ΔP_{Σ} 为补偿后的有功网损。

对式（3-22）求极值，即对 Q_{Ci} 求偏导

$$\frac{\partial \Delta P_{\Sigma}}{\partial Q_{Ci}} = -\frac{(\alpha + \gamma)K_C}{\beta \tau_{max}} \tag{3-23}$$

式（3-23）右边为最优网损微增率，表示每增加单位容量无功补偿设备所减小的有功损耗。这样可列出如下的最优网损微增率准则

$$\frac{\partial \Delta P_{\Sigma}}{\partial Q_{Ci}} \leqslant -\frac{(\alpha + \gamma)K_C}{\beta \tau_{max}} = \gamma_{eq} \tag{3-24}$$

这个准则表明，只有在网损微增率为负且仍不大于 γ_{eq} 时进行无功补偿；设置补偿后的网损微增率仍然为负，且仍然不大于 γ_{eq}。而补偿设备节点的先后则以网损微增率的大小为序，首先从 $\partial \Delta P_{\Sigma}/\partial Q_{Ci}$ 最小的节点开始。

等网损微增率是无功功率电源最优分布的准则，而最优网损微增率是无功功率负荷最优补偿的准则，综合运用这两个准则可以统一解决无功补偿设备的最优补偿容量和最优分布问题。但在实际运用中却很繁琐，因为在运用最优网损微增率准则来确定系统中无功功率负荷的最优补偿时，其前提为充分利用电网中已有的无功电源。因此首先根据系统最大负荷来确定最优无功电源分布方案，选出系统中无功功率的分点，并计算它们的网损微增率，选择网损微增率最小的节点为补偿点，在此按最优网损微增率进行补偿。补偿后重新计算电网中各点网损微增率，再选择网损微增率较小的点进行无功补偿，每隔几次中间插入一次无功电源的最优分布计算。如此反复，直至电网所有节点的网损微增率都约等于最优网损微增率 γ_{eq} 时，此时系统无功功率的配置达到最优。由此可见，上述计算过程是一个迭代的过程，不仅繁琐而且费时。因而本章将在下面的章节介绍如何克服这二者的"脱钩"，并构造新的目标函数进行无功功率的优化。

3.2.3　无功优化和补偿的原则和类型

1. 无功优化和补偿的原则

在无功优化和无功补偿中，首先要确定合适的补偿点。无功负荷补偿点一般按以下原则进行确定：

（1）根据网络结构的特点，选择几个中枢点以实现对其他节点电压的控制；

（2）根据无功就地平衡原则，选择无功负荷较大的节点；

（3）无功分层平衡，即避免不同电压等级的无功相互流动，以提高系统运行的经济性。

2. 无功优化和补偿的类型

电力系统的无功补偿不仅包括容性无功功率的补偿而且包括感性无功功率的补偿。在超高压输电线路中（500kV 及以上），由于线路的容性充电功率很大，据统计在 500kV/km 的容性充电功率达 1.2Mvar/km。这样就必须对系统进行感性无功功率补偿，以抵消线路的容性功率。如实际上，电网在 500kV 的变电所都进行了感性无功补偿，并联了高压电抗和低压电抗，尽量使无功功率在 500kV 电网平衡。

3.3 开式网无功负荷的最优补偿容量及约束补偿容量

3.3.1 开式网的相关特点

从电网潮流分布计算的特点而言，一般把放射式、干线式及链式接线的电力网络称为开式电力网，如图 3-2 所示。开式网的网络中支路的功率可由负荷功率及相应的功率损耗相加直接求得。

为了说明相关特点，以图 3-3 所示的开式网为例，并为了使问题简化，忽略线路和变压器的对地支路。

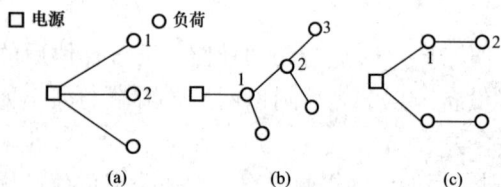

图 3-2 开式电力网络

(a) 放射式；(b) 干线式；(c) 链式

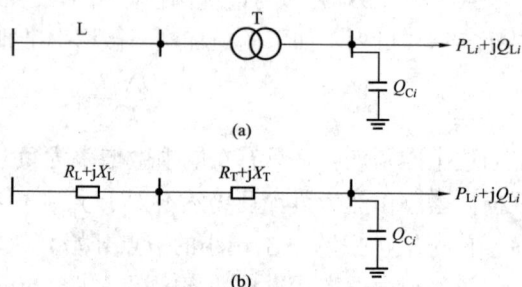

图 3-3 简单开式电力网

(a) 网络接线；(b) 简化等值电路图

在节点 i 设置无功补偿设备 Q_{Ci}，此时网络中实际网损 ΔP_Σ 及所降低的网损 $\Delta\Delta P_\Sigma$ 分别为

$$\Delta P_\Sigma = \frac{P_{Li}^2 + (Q_{Li} - Q_{Ci})^2}{U_i^2} \times R_i \qquad (3-25)$$

$$\Delta\Delta P_\Sigma = \Delta P_{\Sigma 0} - \Delta P_\Sigma = \frac{2Q_{Li}Q_{Ci} - Q_{Ci}^2}{U_i^2} \times R_\Sigma \qquad (3-26)$$

相应的实际网损微增率 $\partial\Delta P_\Sigma / \partial Q_{Ci}$ 及其降低的网损微增率 $\partial\Delta\Delta P_\Sigma / \partial Q_{Ci}$ 分别为

$$\frac{\partial\Delta P_\Sigma}{\partial Q_{Ci}} = \frac{2(Q_{Ci} - Q_{Li})}{U_i^2} \times R_\Sigma \qquad (3-27)$$

$$\frac{\partial\Delta\Delta P_\Sigma}{\partial Q_{Ci}} = \frac{-2(Q_{Ci} - Q_{Li})}{U_i^2} \times R_\Sigma \qquad (3-28)$$

式中：$\Delta P_{\Sigma 0}$ 表示节点 i 设置无功补偿前，网络中的实际网损；R_Σ 表示供应点至无功负荷点支路元件电阻和。

由式（3-27）和式（3-28）可见：

（1）在节点 i 设置无功补偿时，其实际网损微增率 $\partial \Delta P_\Sigma / \partial Q_{Ci}$ 与降低网损微增率 $\partial \Delta \Delta P_\Sigma / \partial Q_{Ci}$ 正好相差一个"—"号；

（2）这两个网损微增率均与网络因素相关，即与节点电压 U_i、节点负荷 Q_{Li} 及网络参数 R_Σ 相关，同时构成了补偿容量 Q_{Ci} 与网损微增率的内在联系。

3.3.2 开式网最佳补偿容量

1. 目标函数的构成

为了将二者结合起来，重新构造目标函数，即以电网年运行费用最小为目标函数，包括年电网网损费用和无功补偿投资的年运行维护折算费用，如式（3-29）所示

$$F = \beta \tau_{\max} \Delta P_\Sigma + (\alpha + \gamma) K_C Q_{C\Sigma} \qquad (3-29)$$

式中：$Q_{C\Sigma}$ 为补偿总容量。

式（3-15）同样满足式（3-8）的约束条件，这样构造新的拉格朗日函数

$$F' = \beta \tau_{\max} \Delta P_\Sigma + (\alpha + \gamma) K_C Q_{C\Sigma} - \lambda \left(\sum_{i=1}^{n} Q_{Gi} - \sum_{i=1}^{n} Q_{Li} - \Delta Q_\Sigma \right) \qquad (3-30)$$

对式（3-30）求导，可得其最小值的条件是

$$\begin{cases} \dfrac{\partial \Delta P_\Sigma}{\partial Q_{Ci}} \dfrac{1}{(1 - \partial \Delta Q_\Sigma / \partial Q_{Ci})} = \lambda = -\dfrac{(\alpha + \gamma) K_C}{\beta \tau_{\max}} \\[4mm] \displaystyle\sum_{i=1}^{n} Q_{Gi} - \sum_{i=1}^{n} Q_{Li} - \Delta Q_\Sigma = 0 \end{cases} \qquad (3-31)$$

为了计算简单，可不计无功的网损修正系数，这样式（3-31）改写为

$$\frac{\partial \Delta P_\Sigma}{\partial Q_{Ci}} = \lambda = -\frac{(\alpha + \gamma) K_C}{\beta \tau_{\max}} = \gamma_{eq} \qquad (3-32)$$

式（3-32）左边为等网损微增率，右边为最优网损微增率，由此可见，式（3-32）将等网损微增率准则和最优网损微增率准则完美地结合到一起，即在无功优化中采用该目标函数模型实际上是将二准则结合在一起，虽然很多学者提出了该模型，但却忽视了该数学模型对这二准则的"连接"意义。特别是在开式网中，采用该数学模型推导出的计算公式可直接求出无功功率的最优分布。

2. 最佳补偿容量计算公式的推导

现采用上述模型来推导开式网的无功功率的优化分布问题，首先推导放射式开式网的最佳无功补偿容量。

（1）放射式开式网的最佳无功补偿容量。对于网络为放射式网络，网络年计算支出费用与无功补偿的关系可用式（3-33）表达

$$F = \beta \tau_{\max} \frac{P_1^2 + (Q_{C1} - Q_{L1})^2}{U_1^2} R_1 + (\alpha + \gamma) K_C Q_{C\Sigma} \qquad (3-33)$$

由于主要研究的是无功功率对有功网损的影响，因此有功功率对网损的影响可不考虑，式（3-33）可简化为式（3-34）

$$F = \beta \tau_{\max} \frac{(Q_{C1} - Q_{L1})^2}{U_1^2} R_1 + (\alpha + \gamma) K_C Q_{C\Sigma} \qquad (3-34)$$

令式（3-34）对 $Q_{C\Sigma}$ 的偏导数等于零，可得出在 i 节点设置的最佳补偿容量为

$$Q_{C1,op} = Q_{L1} + \frac{\gamma_{eq} U_1^2}{2 R_1} \qquad (3-35)$$

$$\gamma_{eq} = \frac{(\alpha + \gamma)K_C}{\beta\tau_{max}}$$

相应的网损微增率为

$$\frac{\partial \Delta P_\Sigma}{\partial Q_{C1}} = \frac{2(Q_{C1} - Q_{L1})}{U_1^2}R_1 = \gamma_{eq} \qquad (3-36)$$

在其余节点的补偿 $Q_{Cn,op}$ 均于上式相同。

（2）干线式和链式开式网的最佳无功补偿。对于干线式及链式接线开式网，在第 $i=1$ 点设置无功补偿，其 $Q_{C1,op}$ 同放射式开式网，若在 $i=1$，2 设置无功补偿，如图 3-2(b)、（c）所示，此时年计算支出费用可用式（3-37）表达

$$F = \beta\tau_{max}\left[\frac{(Q_{C1}+Q_{C2}-Q_{L1}-Q_{L2})^2}{U_1^2}R_1 + \frac{(Q_{C2}-Q_{L2})^2}{U_2^2}R_2\right] + (\alpha+\gamma)K_C Q_{C\Sigma} \qquad (3-37)$$

同理，可求得 $Q_{C2,op}$ 的表达式为（为了简化起见，节点 2 电压可认为与节点 1 电压近似相等）

$$Q_{C2,op} = Q_{L2} + \frac{\gamma_{eq}U_1^2}{2R_\Sigma} - \frac{R_1(Q_{C1}-Q_{L1})}{R_\Sigma} \qquad (3-38)$$

式中：R_Σ 为干线式或链式接线开式网线路电阻之和，此处 $R_\Sigma = R_1 + R_2$。

同样可求其网损微增率为

$$\begin{cases} \dfrac{\partial \Delta P_\Sigma}{\partial Q_{C1}} = \dfrac{2(Q_{C1}+Q_{C2}-Q_{L1}-Q_{L2})}{U_1^2}R_1 = \gamma_{eq} \\[3mm] \dfrac{\partial \Delta P_\Sigma}{\partial Q_{C2}} = \dfrac{2(Q_{C1}+Q_{C2}-Q_{L1}-Q_{L2})}{U_1^2}R_1 + \dfrac{2(Q_{C2}-Q_{L2})}{U_2^2}R_2 = \gamma_{eq} \end{cases} \qquad (3-39)$$

推广到网络节点数为 i，干线式或链线式开式网线路段数为 m，综合可得开式网各处无功负荷最佳补偿容量 $Q_{Ci,op}$ 的计算通式为

$$Q_{Ci,op} = Q_{Li} + \frac{\gamma_{eq}U_1^2}{2R_\Sigma} - \sum_{j=1}^{i-1}\frac{R_j(Q_{Cj}-Q_{Lj})}{R_\Sigma} \qquad (3-40)$$

相应网损微增率通式为

$$\frac{\partial \Delta P_\Sigma}{\partial Q_{Ci}} = \sum_{j=1}^{i}\frac{2(\sum\limits_{k=j}^{n}Q_{Ck} - \sum\limits_{k=j}^{n}Q_{Lk})}{U_j^2}R_j = \gamma_{eq} \qquad (3-41)$$

上述公式简单明了，且将著名的等网损微增率准则和最优网损微增率准则结合在一起，通过计算公式一次性得出最佳补偿容量，避免了计算的迭代过程。

【例 3-1】 对图 3-4 所示网络（参考文献［1］的算例），简化的 60kV 等值网络图，图中，各负荷节点的无功功率负荷分别为：$Q_{L1}=10$Mvar，$Q_{L1}=7$Mvar，$Q_{L1}=5$Mvar，$Q_{L1}=8$Mvar。各线段的电阻已示于图中。已知最大负荷损耗时间 $\tau_{max}=5000$h；无功功率补偿设备采用电容器，其单位容量投资 K_C 与电能损耗价格 β 的比值 $K_C/\beta=800$，折旧维修率和投资回收率分别为 $\alpha=0.1$，$\gamma=0.1$。试在不计无功功率网损的前提下计算最优补偿容量及分布。

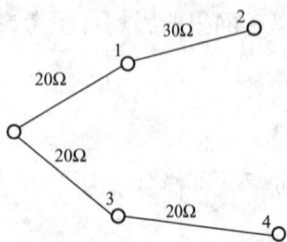

图 3-4 开式网等值电路图

根据式（3-35）和式（3-38）计算

$$Q_{C1,op} = Q_{L1} + \frac{\gamma_{eq}U_1^2}{2R_1} = 10 - 0.032 \times \frac{60^2}{2 \times 20} = 7.12$$

$$Q_{C2,op} = Q_{L2} + \frac{\gamma_{eq}U_1^2}{2R_\Sigma} - \frac{R_1(Q_{C1} - Q_{L1})}{R_\Sigma} = 7 - 0.032 \times \frac{60^2}{2 \times 50} + \frac{20 \times 2.88}{50} = 7$$

同理可求出节点 3 和节点 4 的最优补偿容量为 2.12Mvar 和 8Mvar。

由此可见利用本文的推导公式可一次性计算出,与参考文献 [1] 按等网损微增率准则,求解 5 元联立方程组,列表试算 6 次迭代并作图所得出的补偿及最优分布完全一样,参见表 3-1 和图 3-5。因此本文提出的方法将等网损微增率和最优网损微增率完美地结合到一起,使系统的无功功率最优配置计算简单、容易。

表 3-1　　　　　　　　　　　　　　　无功功率补偿设备的最优分布

顺序	$Q_{C\Sigma}$	Q_{C1}	Q_{C2}	Q_{C3}	Q_{C4}	$\partial\Delta P_\Sigma / \partial Q_{Ci}$	顺序	$Q_{C\Sigma}$	Q_{C1}	Q_{C2}	Q_{C3}	Q_{C4}	$\partial\Delta P_\Sigma / \partial Q_{Ci}$
1	20	5	7	0	8	-0.0556	4	26	8	7	3	8	-0.0222
2	22	6	7	1	8	-0.0444	5	28	9	7	4	8	-0.0111
3	24	7	7	2	8	-0.0333	6	30	10	7	5	8	0

由此可见,采用了年运行费用最小的目标函数"连接"了等网损微增率和最优网损微增率准则,本节对其进行了深刻阐述,证明了该模型在无功优化中的意义,为无功功率的最优分布提供了有价值的指导意义,具有工程实际价值。

3.3.3 开式网无功负荷的约束补偿容量

按式(3-49)计算所得的最优补偿容量 $Q_{Ci,op}$ 必须同时满足 $Q_{C\Sigma} = \sum\limits_{i\in C} Q_{Ci}$ 等约束条件。但在实际工作中,由于受资金周转的限制不能投入这么多的补偿容量,此时各负荷的最佳补偿容量问题将受到给定补偿容量 $Q_{C\Sigma}$ 的约束限制,即

$$Q_{C\Sigma} \geqslant \sum_{i\in C} Q_{Ci} \qquad (3-42)$$

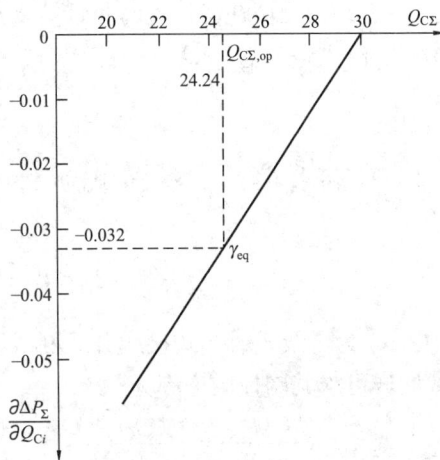

图 3-5　最优补偿容量的确定

这样,开式网无功负荷的最佳补偿容量问题将转化为在给定的约束补偿容量条件下,寻求各负荷点实际补偿容量并称为约束补偿容量,用 $Q_{Ci,st}$ 表示。

选择拉格朗日乘子构造拉格朗日函数,如式(3-43)所示

$$L = J(Q_{Ci}) - \lambda\left(Q_{C\Sigma} - \sum_{i\in C} Q_{Ci}\right) \qquad (3-43)$$

为了获得式(3-43)的最小值,令式(3-43)对 $Q_{C\Sigma}$ 及 λ 求偏导等于零,则可得

$$\frac{\partial J}{\partial Q_{C\Sigma}} = \lambda \qquad (3-44)$$

$$Q_{C\Sigma} = \sum_{i\in C} Q_{Ci} \qquad (3-45)$$

1. 放射式开式网的最佳无功补偿容量

对于网络为放射式网络,此时网络年计算支出费用与无功补偿的关系可表达为

$$F = \beta \tau_{\max} \frac{P_1^2 + (Q_{C1} - Q_{L1})^2}{U_1^2} R_1 + (\alpha + \gamma) K_C Q_{C\Sigma} - \lambda \left(Q_{C\Sigma} - \sum_{i \in C} Q_{Ci} \right) \tag{3-46}$$

同样不考虑有功功率对网损的影响，式（3-46）可简化为

$$F = \beta \tau_{\max} \frac{(Q_{C1} - Q_{L1})^2}{U_1^2} R_1 + (\alpha + \gamma) K_C Q_{C\Sigma} - \lambda \left(Q_{C\Sigma} - \sum_{i \in C} Q_{Ci} \right) \tag{3-47}$$

令上式对 $Q_{C\Sigma}$ 的偏导数等于零，可得出在 i 节点设置的最佳补偿容量为

$$Q_{C1,op} = Q_{L1} + \frac{(\gamma_{eq} + \lambda_{st}) U_1^2}{2 R_1} \tag{3-48}$$

式中：$\lambda_{st} = \dfrac{\lambda}{\beta \tau_{\max}}$ 称之为约束补偿容量乘子。

相应的网损微增率为

$$\frac{\partial \Delta P_\Sigma}{\partial Q_{C1}} = \frac{2(Q_{C1} - Q_{L1})}{U_1^2} R_1 = \gamma_{eq} \tag{3-49}$$

在其余节点的补偿 $Q_{Cn,op}$ 均与上式相同。

2. 干线式和链式开式网的最佳无功补偿

对于干线式及链式接线开式网，在第 $i=1$ 点设置无功补偿，其 $Q_{C1,op}$ 同放射式开式网，若在 $i=2$ 设置无功补偿，此时年计算支出费用可用下式表达

$$F = \beta \tau_{\max} \left[\frac{(Q_{C1} + Q_{C2} - Q_{L1} - Q_{L2})^2}{U_1^2} R_1 + \frac{(Q_{C2} - Q_{L2})^2}{U_2^2} R_2 \right] + (\alpha + \gamma) K_C Q_{C\Sigma} - \lambda \left(Q_{C\Sigma} - \sum_{i \in C} Q_{Ci} \right)$$
$$\tag{3-50}$$

同理，可求得 $Q_{C2,op}$ 的表达式为（为了简化起见，节点 2 电压可认为与节点 1 电压近似相等）

$$Q_{C2,op} = Q_{L2} + \frac{(\gamma_{eq} + \lambda_{st}) U_1^2}{2 R_\Sigma} - \frac{R_1 (Q_{C1} - Q_{L1})}{R_\Sigma} \tag{3-51}$$

式中：R_Σ 为干线式或链式接线开式网线路电阻之和，此处 $R_\Sigma = R_1 + R_2$。

同样可求其网损微增率为

$$\begin{cases} \dfrac{\partial \Delta P_\Sigma}{\partial Q_{C1}} = \dfrac{2(Q_{C1} + Q_{C2} - Q_{L1} - Q_{L2})}{U_1^2} R_1 = \gamma_{eq} \\[3mm] \dfrac{\partial \Delta P_\Sigma}{\partial Q_{C2}} = \dfrac{2(Q_{C1} + Q_{C2} - Q_{L1} - Q_{L2})}{U_1^2} R_1 + \dfrac{2(Q_{C2} - Q_{L2})}{U_2^2} R_2 = \gamma_{eq} \end{cases} \tag{3-52}$$

推广到网络节点数为 i，干线式或链线式开式网线路段数为 m，综合可得开式网各处无功负荷最佳补偿容量 $Q_{Ci,op}$ 的计算通式为

$$Q_{Ci,op} = Q_{Li} + \frac{(\gamma_{eq} + \lambda_{st}) U_1^2}{2 R_\Sigma} - \sum_{j=1}^{i-1} \frac{R_j (Q_{Cj} - Q_{Lj})}{R_\Sigma} \tag{3-53}$$

相应网损微增率通式为

$$\frac{\partial \Delta P_\Sigma}{\partial Q_{Ci}} = \sum_{j=1}^{i} \frac{2 \left(\sum_{k=j}^{n} Q_{Ck} - \sum_{k=j}^{n} Q_{Lk} \right)}{U_j^2} R_j = \gamma_{eq} \tag{3-54}$$

此时类似最佳补偿容量 $Q_{Ci,op}$ 的推导，可以求出开式网无功功率负荷的约束补偿容量 $Q_{Ci,st}$ 的计算通式为

$$Q_{Ci,st} = Q_{Li} + \frac{\gamma_{eq} + \gamma_{st}}{2} \cdot \frac{U_i^2}{R_\Sigma} - \sum_{j=1}^{i-1} \frac{R_j(Q_{Cj} - Q_{Lj})}{R_\Sigma} \qquad (3-55)$$

相应的网损微增率通式为

$$\frac{\partial \Delta P_\Sigma}{\partial Q_{Ci}} = \sum_{j=1}^{i} \frac{2(\sum_{k=j}^{m} Q_{Ck} - \sum_{k=j}^{m} Q_{Lk})}{U_j^2} R_j = \gamma_{eq} + \lambda_{st} = \lambda_i \qquad (3-56)$$

式中：λ_i 为约束网损微增率。

上式表明：

（1）当新建拉格朗日目标函数最小原则确定的无功负荷约束补偿容量 $Q_{Ci,st}$ 时，其实际网损微增率 $\partial \Delta P_\Sigma / \partial Q_{Ci}$ 正好等于约束网损微增率 λ_i；

（2）在补偿容量 $Q_{C\Sigma}$ 受到约束时，λ_{st} 总是负值；

（3）不同补偿容量 $Q_{C\Sigma}$ 与年计算支出费用 J 之间的关系如图 3-6 所示。

由图 3-6 可见，当开式网的无功功率负荷一定，约束补偿总容量 $Q_{C\Sigma,st} < Q_{C\Sigma,op}$ 时，其单位补偿容量所能减小的有功网损相对较大，但此时并不是 J_{min} 所对应的最优补偿容量。

3. 算例

同样以 ［例 3-1］ 为例，试计算在补偿容量为 $Q_{C\Sigma,st}$ 为 20Mvar 下的各节点的最优无功负荷补偿容量。

首先作出 $\frac{\partial \Delta P_\Sigma}{\partial Q_{Ci}} = f(Q_{C\Sigma})$ 的线性关系曲线，由于各节点无功负荷在全补偿时，$\frac{\partial \Delta P_\Sigma}{\partial Q_{Ci}} = 0$，可以确定直线一点。此外根据最优网损微增率 γ_{eq} 和最优负荷补偿容量 $Q_{C\Sigma}$ 可以确定直线另一点，这样可以作出直线，如图 3-7 所示。

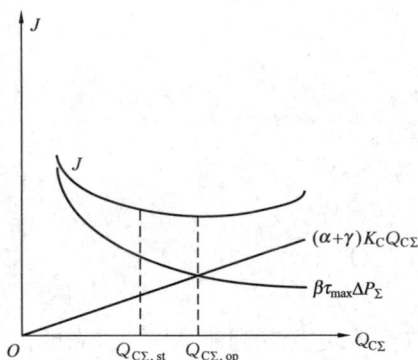

图 3-6 $Q_{C\Sigma}$ 与 J 之间的关系

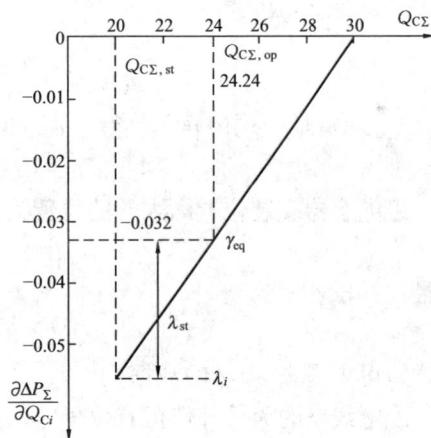

图 3-7 约束补偿容量的确定

这样由图 3-7 的线性关系可以求得当 $Q_{C\Sigma,st} = 20$Mvar 时的 λ_{st} 为 -0.0236。由于 $\lambda_{st} = \lambda_i - \gamma_{eq}$，将相关数据代入式（3-55），可计算所得出各节点的约束补偿容量 $Q_{Ci,st}$ 如下

$$Q_{C1,st} = Q_{L1} + \frac{(\gamma_{eq} + \lambda_{st})U_1^2}{2R_1} = 10 - (0.032 + 0.0236) \times \frac{60^2}{2 \times 20} = 5$$

$$Q_{C2,st} = Q_{L2} + \frac{(\gamma_{eq} + \lambda_{st})U_1^2}{2R_\Sigma} - \frac{R_1(Q_{C1} - Q_{L1})}{R_\Sigma} = 7 - 0.0556 \times \frac{60^2}{2 \times 50} + \frac{20 \times 5}{50} = 7$$

同理求出 $Q_{C3,st}=0\text{Mvar}$，$Q_{C4,st}=8\text{Mvar}$，$Q_{C\Sigma,st}=20\text{Mvar}$。

上述计算结果完全同本章参考文献［1］中［例6-4］的计算结果。

3.3.4 配电线路上的无功补偿

由于35、10kV及一些低压配电线路的电阻相对较大，无功潮流在线路上流动时引起的功率损耗较大且电压损耗较大，因此通常在配电线路上进行无功补偿。经典的线路补偿理论认为电容器安装的位置如表3-2所示，其原理可简述如下。

表3-2   配电线路上最佳无功补偿点的确定和容量的确定

电容器组数	离线路末端距离			电容器安装总容量
	第一组	第二组	第三组	
1	$L/3$			$2Q/3$
2	$L/5$	$3L/5$		$4Q/5$
3	$L/7$	$3L/7$	$5L/7$	$6Q/7$

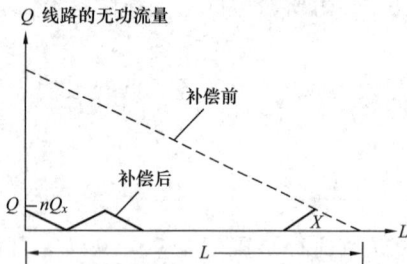

图3-8 安装 n 台电容器
线路的无功功率补偿

当线路输送的无功功率为 Q，线路长度为 L，每组补偿距离为 x 时，每组补偿容量为 Q_x

$$Q_x = Qx/L \qquad (3-57)$$

当电容器安装在补偿区间中心时，降低的线损最大。无功潮流图如图3-8所示。

当第 i 组电容器安装地点离末端的距离为

$$x_i = ix - x/2 = (i-1/2)x \qquad (3-58)$$

此时，线路的损耗可用式（3-59）表达

$$\Delta P_x = \frac{(Q_x/2)^2}{3U^2}\frac{x}{2}2nr + \frac{(Q-nQ_x)^2}{3U^2}(L-nx)r \qquad (3-59)$$

式（3-59）对 x 求偏导，可得出式（3-60）

$$x = 2L/(2n+1) \qquad (3-60)$$

任一组电容器安装位置离末端的位置为

$$x_i = L(2i-1)/(2n+1) \qquad (3-61)$$

其最佳补偿容量为

$$nQ_x = 2nQ/(2n+1) \qquad (3-62)$$

这样即可求得表3-2的数据。

对于配电线路的无功补偿可有效降低网损，但它是假定无功潮流是均匀分布的，如果线路上的无功潮流为非均匀分布的，得出的结论也将不同。

3.4 电力系统无功功率优化——闭式网

3.3节介绍的简单开式网的最优无功补偿容量，但在实际电网运行中，电网运行管理者所关注的是全网的无功分配情况及经济运行情况，这就需要全网的无功优化计算。无功优化计算就是在系统网络结构和系统负荷给定的情况下，通过调节控制变量（发电机的无功出力和机端电压水平、无功补偿设备的安装及投切和变压器分接头的调节）使系统在满足各种约束条件下网损达到最小。通过无功优化不仅使全网电压在额定值附近运行，而且能取得可观的经济效益，使电能质量、系统运行的安全性和经济性完美地结合在一起，因而无功优化的前景十分广阔。无功补偿可看作是无功优化的一个子部分，即通过调节电容器的安装位置和电容器的容量，使系统在满足各种约束条件下网损达到最小。

3.4.1　无功优化模型

国内外学者对无功优化进行了大量研究，提出了大量的无功优化的数学模型和优化算法。无功优化的数学模型主要有如下两种。

（1）为不计无功补偿设备的费用，以系统网损最小为主要目的。即优化状态时的无功优化时的目标函数可用式（3-63）表达

$$\text{o. b.} \quad \text{Min} \quad F = \Delta P_{\Sigma} \tag{3-63}$$

$$\text{s. t.} \quad \underline{U_i} \leqslant U_i \leqslant \overline{U_i}$$

$$\underline{Q_{Ci}} \leqslant Q_{Ci} \leqslant \overline{Q_{Ci}}$$

$$\underline{K_{ij}} \leqslant K_{ij} \leqslant \overline{K_{ij}}$$

$$\underline{Q_{Gi}} \leqslant Q_{Ci} \leqslant \overline{Q_{Gi}}$$

式中：$\underline{U_i}$、$\overline{U_i}$表示电压的下限、上限；$\underline{Q_{Ci}}$、$\overline{Q_{Ci}}$表示电容器组的下限、上限，$\underline{K_{ij}}$、$\overline{K_{ij}}$分别表示变压器变比的下限、上限；$\underline{Q_{Gi}}$、$\overline{Q_{Gi}}$表示发电机电压的下限、上限。

（2）以系统运行最优为目标函数，它考虑了系统由于补偿后减小的网损费用和添加补偿设备的费用，可用式（3-64）表达

$$F = \beta \tau_{\max} \Delta P_{\Sigma} + (\alpha + \gamma) K_C Q_{C\Sigma} \tag{3-64}$$

$$\text{s. t.} \quad \underline{U_i} \leqslant U_i \leqslant \overline{U_i}$$

$$\underline{Q_{Ci}} \leqslant Q_{Ci} \leqslant \overline{Q_{Ci}}$$

$$\underline{K_{ij}} \leqslant K_{ij} \leqslant \overline{K_{ij}}$$

$$\underline{Q_{Gi}} \leqslant Q_{Ci} \leqslant \overline{Q_{Gi}}$$

式中：β为每度电价；$\tau_{\max}$为年最大负荷损耗小时数；α，γ分别表示为无功补偿设备年度折旧维护率和投资回收率；K_C为单位无功补偿设备的价格；$Q_{C\Sigma}$为无功补偿总容量。

模型二考虑了投资问题，通常可认为是一种比较理想的无功优化模型。特别是随着电力市场的实行，各部门都追求经济效益，考虑无功投资问题显然更合理一些。

3.4.2　优化算法

电力系统的非线性、约束的多样性、连续变量和离散变量混合性和计算规模较大，使电力系统的无功优化存在着一定的难度。

1. 常规优化算法

最早应用于无功优化的算法是单纯形法，这种方法的概念易懂，实现简单，从而应用广泛。但在实践中发现它是一种指数收敛算法，随着系统的增大，求解问题维数的增加，其迭代次数急速增长，因而不适于求解大规模的无功优化问题，此外它处理不等式约束也不方便。1968 年有人提出简化梯度下降法，它在拉格朗日函数的基础上，对变量求梯度，并用它来修正变量。该方法与单纯形法相比，它提供了目标函数最速下降的方向，但其逼近最优解的路径是锯齿形的，越接近最优点，收敛速度越慢，且不等式越限罚因子的选取没有一定的规则可循，因而同样不适宜求解带不等约束的优化问题。

1984 年 Karmarkar 提出了具有多项式时间特性的内点算法，在每步迭代中通过空间变

换将线性解置于多胞体的中心，使其在可行域内部移动。内点法中的原－对偶仿射尺度法，即路径跟随法，本质上是牛顿法、拉格朗日函数和对数壁垒函数三者的结合。这种方法具有收敛可靠和计算速度快的优点，成为近年来研究的热点，在无功优化和最优潮流中获得了广泛应用，本节将详细介绍原-对偶仿射尺度的内点法。

上述常规算法都只能处理连续变量，而无功优化属于混合整数规划问题。为了使获得的优化结果能应用于实际控制，人们起先将连续优化后的解直接就近靠拢归整，由于无功优化非线性的本质，导致结果不能达到最优，甚至会使一些变量越限。至今已提出的处理方法有决策树法、偏分法、割平面法、分支定界法和罚函数法。随着变量数的增加，分支定界法所确立的分支数目也增加。虽然从穷尽搜索的角度来看可以获得最优解，但增加了大量的计算。参考文献［13］提出的将离散量归整，通过罚函数的形式纳入到无功优化过程中，大大减少了计算时间，且由于罚函数采用了二次函数的形式，罚函数法保证了算法的收敛性。

2. 人工智能方法

为了提高收敛性和非线性对于无功优化中的离散变量（变压器分接头的调节，电容器组的投切）的处理，研究人员逐渐把人工智能方法运用于无功优化这一领域。基于对自然界和人类本身的有效类比而获得启示的智能方法被称为人工智能算法，其中以专家系统、神经网络、遗传算法、改进的遗传算法、分布计算的遗传算法、启发式算法、模拟退火方法、Tabu搜索方法、模糊集理论、粗糙集理论等为代表。近年来，遗传算法以其全局寻优的特性及易于处理离散变量的优点获得了较广泛的研究。遗传算法中最优解的搜索过程模仿生物染色体之间的交叉和染色体的变异的这一进化过程，使用遗传算子（选择算子、交叉算子和变异算子）作用于群体内，从而得到新一代群体。遗传算法的致命缺点在于迭代次数多，计算时间长，难以应用于实时的无功优化当中。

由上可见，对离散变量的处理方法是决定内点法及其他连续优化方法能否用于实时控制的关键，而智能算法的计算速度则成为将其应用于实时控制的瓶颈。

3. 无功优化需要解决的问题

（1）以网损为最小的目标函数，它本身是电压平方的函数，在求解无功优化时，最终求得的解可能有不少母线电压接近于电压的上限，而电网实际运行部门又不希望电压接近于上限运行。如果将电压约束范围变小，可能造成无功优化的不收敛或者要经过反复修正、迭代才能求出解（需人为改变局部约束条件）。如何将电压质量和经济运行指标统一仍需进一步研究。

（2）电力系统的无功优化问题是一个多目标、多变量、多约束的混合非线性规划问题，其优化变量既有连续变量如节点电压，又有离散变量如变压器挡位、无功补偿装置组数等，使得整个优化过程十分复杂，特别是优化过程中离散变量的处理更增加了优化问题的难度。对电网无功电压进行自动优化控制无论在国外还是在国内输电网都没有普遍应用。理论上，无功分布可以达到最优，特别是近年来遗传算法的发展使无功优化收敛性得到保证。但在一个复杂庞大的电力系统中，却几乎不可能在线实现最优控制。如当运行条件变化时，要维持系统无功潮流和电压最优分布，根据电网无功功率与电压的特点，势必要求全系统各点各种无功功率调节手段与电压调节手段频繁动作，没有高度发达的通信网络和自动化条件就办不到，实际上许多无功控制设备也不允许频繁调节。其次，和频率调节不同的是，变压器分头、电容（抗）器的无功调节无法做到均匀调节。由于不可能建立全网电压标准，只能以就地测量电压为依据，分散的量测误差势必给优化带来影响。另一重要原因，目前也是看来最主要的瓶颈，优化计算的数据基础——状态估计（SE）结果的正确性和可靠性还无法满足实时控制的要求，主要表现在 SCADA 数据的不同时性、通道状态都给状态估计结果带来误差，甚至错误（即坏数据污染）。在此基础上进行优化控制会给电网带来很大的安全风险，这也是至今国内外还没有成功将全局潮流优化（OPF）结果直接用于实时控制的重要原因，尽管 OPF 理论算法早在 20 世纪 70 年代就成熟了。目前全局无功优化软件在实际电网中的应用还停留在开环状态，即提供调整方案，再由调度人员判断正确后下令调整有关无功设备，尽可能使电网运行在较优水平。从工程应用角度看，现实中的电力系统无功只能实现次优分布，如何实现次优分布目前也是研究中的课题，还没有统一模式。但从电力系统总的概念出发，一般认为，比较接近无功次优分布的做法是，无功功率尽量做到分区分层平衡，减少因大量传送无功功率而产生的压降和线损，在留足事故紧急备用的前提下，尽可能使系统中的各点电压运行在允许的高水平，这样不但有利于系统运行的稳定性，也可以获得接近优化的经济效益。

3.4.3 原对偶内点法

1. 发展历史

1984 年，Karmarkar 提出了一个新的线性规划的多项式时间算法——内点法。在 1985年，这一算法被证明与古典障碍函数法之间存在着等价关系。此后内点法被推广应用于非线性规划领域。应用投影尺度法要对问题进行复杂的变换，很不方便，仿射尺度法是它的变型算法，可分为以下 3 类：

$$仿射尺度法 \begin{cases} 原仿射尺度法 \\ 对偶仿射尺度法 \\ 原-对偶仿射尺度法 \end{cases}$$

原-对偶仿射尺度法也称路径跟随法，它本质上是牛顿法、拉格朗日函数和对数壁垒函数三者的结合。

内点法易于处理带等式、不等式约束的优化问题，线性规划内点法还具有多项式时间收敛性，迭代次数不会随系统规模增大显著增大。虽然非线性内点法的多项式时间特性还未得到证明，但其具有的良好的计算特性吸引了许多学者将其应用于解决大规模非线性优化问题。

2. 思想

线性规划内点法是一种多项式时间算法，这个算法完全不同于单纯形法，Karmarkar 最初的算法所考虑的线性规划问题是建立在单纯形结构上的，它在每步迭代中通过空间变换将线性解置于多胞体的中心，并在可行域的内部移动。一般来说，在可行域中的某个内点要从所有可行方向中找出"最好的移动方向"不是一件容易的事情。然而，假设可行域是一个多胞型，Karmarkar 注意到了如下两个基本的观点：

（1）如果现行内点解靠近多胞形的中心，那么它应该移向使目标函数取得最小值的最快下降方向；

（2）不改变问题的任何基本特征，对解空间做一些适当的变换，可以将现行内点解置于变换后解空间的中心附近。

基于这两个基本观点，Karmarkar 的投影尺度算法的基本做法就十分明确了，对于一个内点解，对解空间进行变换使得现行解位于变换空间的多胞形的中心附近；然后使它沿着最速下降方向移动，但是为了保持解是内点，要限制移动步长，使解点总是不能达到可行域的边界；然后做逆变换将各改进的解映射回原来的解空间中的一个新的内点，重复以上过程直到以需要的精度取得最优解。在变换后的空间里，长度和角度都发生了变形，这就使现行的内点变成 Δ 的中心，一般有如下结论：

（1）$T_{\bar{x}}$ 是一个精心定义的从 Δ 到 Δ 的映射，若 $\bar{x}$ 是 Δ 的内点；

（2）$T_{\bar{x}}(\bar{x}) = \dfrac{e}{n}$ 成为 Δ 的中心；

（3）$T_{\bar{x}}(\bar{x})$ 是 Δ 的端点，如果 x 是 Δ 的端点；

（4）$T_{\bar{x}}(\bar{x})$ 在 Δ 的边界上，如果 x 在 Δ 的边界上；

（5）$T_{\bar{x}}(\bar{x})$ 是 Δ 的内点，如果 x 是 Δ 的内点；

（6）$T_{\bar{x}}$ 是一个一一对应的映射，其逆映射 $T_{\bar{x}}^{-1}$ 为 $T_{\bar{x}}^{-1}(y) = \dfrac{\bar{X}y}{e^T \bar{X} y}$（$\forall y \in \Delta$）。

这种沿着内点寻优的思想激起了许多新的开发"内点法"的研究，在很多研究中，仿射尺度法（Affine Scaling Approach）吸引了研究者的注意。这种方法是用简单的仿射变换替代了 Karmarkar 原来的投影交换，从而使人们可以直接解标准形式的线性规划问题。Karmarkar 算法对单纯形结构的特殊要求被放松了。

事实上，N. Megiddo 和 M. Shub 的工作指明，由基本的仿射尺度算法给出的通往最优解的轨线依赖于出发点，对于一个坏的初始解，即出发点太靠近可行域的某个端点时，可能导致一条要通过所有端点的长的路程。然而，原仿射尺度算法和对偶仿射尺度算法的多项式时间复杂性可以通过将一个建在正象限的墙上的、以阻止内点解"陷入"边界的对数壁垒函数结合进来，进而重新得到实现。沿着这个方向，1987 年，R. Monteiro、I. Adler 和 M. G. C. Resende，还有 M. Kojima、S. Mizuno 和 A. Yoshise 提出并分析了第 3 个变型算法，称之为原-对偶仿射尺度算法。对数壁垒函数方法是一种离开正墙的方法，它将一个在边界处值极其大的壁垒函数结合到原来的目标函数中去，把这个新的目标函数极小化，就能将解自动地推离正墙。R. C. Monteiro 和 I. Adler 将这个原-对偶算法改进为至多 $O(nL)$ 步迭代就可收敛，每步迭代需 $O(n^{2.5})$ 次算术运算，从而得到了一个总的复杂性为 $O(n^3 L)$ 次算术运算的算法。带有对数壁垒函数的原仿射尺度算法、带有对数壁垒函数的对偶仿射尺度算法和原-对偶算法的移动方向是各不相同的，但在通向满足 KKT 条件解的代数路径上，它们是等价的牛顿方向。

3. 流程

（1）公式推导。

优化的数学模型如下

$$\min \quad f(x) \tag{3-65}$$

$$\text{s. t.} \quad h(x) = 0 \tag{3-66}$$

$$g(x) + u = g, \ u > 0 \tag{3-67}$$

$$g(x) - l = g, \ l > 0 \tag{3-68}$$

采用原对偶内点法，引入对数壁垒函数消去松弛变量的非负性约束，构造拉格朗日函

数为

$$\min \quad L = f(x) - y^{\mathrm{T}}h(x) - z^{\mathrm{T}}[g(x) - l - g] - w^{\mathrm{T}}[g(x) + u - g(x)]$$

$$- \mu \sum_{i=1}^{r} \ln(l_r) - \mu \sum_{i=1}^{r} \ln(u_r) \tag{3-69}$$

由 KKT 条件，对各变量的导数为零

$$L_x = \frac{\partial L}{\partial x} = \nabla_x f(x) - \nabla_x h(x) \cdot y - \nabla_x g(x) \cdot (z + w) = 0 \tag{3-70}$$

$$L_y = \frac{\partial L}{\partial y} = h(x) = 0 \tag{3-71}$$

$$L_z = \frac{\partial L}{\partial z} = g(x) - l - g = 0 \tag{3-72}$$

$$L_w = \frac{\partial L}{\partial w} = g(x) + u - g = 0 \tag{3-73}$$

$$L_l = \frac{\partial L}{\partial l} = z - \mu[L]^{-1}e = 0 \Rightarrow L_l^\mu = LZe - \mu e = 0 \tag{3-74}$$

$$L_u = \frac{\partial L}{\partial u} = -w - \mu[U]^{-1}e = 0 \Rightarrow L_u^\mu = UWe + \mu e = 0 \tag{3-75}$$

式中：$e = [1, \cdots, 1]^{\mathrm{T}}$，$L = \mathrm{diag}(l_1, \cdots, l_r)$，$U = \mathrm{diag}(u_1, \cdots, u_r)$，$Z = \mathrm{diag}(z_1, \cdots, z_r)$，$W = \mathrm{diag}(w_1, \cdots, w_r)$。

由式（3-74）和式（3-75）得

$$\mu = \frac{l^{\mathrm{T}}z - u^{\mathrm{T}}w}{2r} = \frac{Gap}{2r} \tag{3-76}$$

式中：Gap 为对偶间隙；μ 为壁垒参数。

将式（3-70）~式（3-75）各方程线性化，由牛顿法得出

$$-[\nabla_x^2 f(x) - \nabla_x^2 h(x)y - \nabla_x^2 g(x)(z+w)]\Delta x + \nabla_x h(x)\Delta y + \nabla_x g(x)(\Delta z + \Delta w) = L_x$$

$$\tag{3-77}$$

$$\nabla_x h(x)^{\mathrm{T}}\Delta x = -L_y \tag{3-78}$$

$$\nabla_x g(x)^{\mathrm{T}}\Delta x - \Delta l = -L_z \tag{3-79}$$

$$\nabla_x g(x)^{\mathrm{T}}\Delta x + \Delta u = -K_w \tag{3-80}$$

$$Z\Delta L + L\Delta z = -L_l^\mu \tag{3-81}$$

$$W\Delta u + U\Delta w = -L_u^\mu \tag{3-82}$$

将式（3-78）~式（3-82）进行行列变换得到

$$\Delta z + L^{-1}Z\Delta l = -L^{-1}L_l^\mu \tag{3-83}$$

$$\Delta w + U^{-1}W\Delta u = -U^{-1}L_u^\mu \tag{3-84}$$

$$\Delta l - \nabla_x^{\mathrm{T}}g(x)\Delta x = -L_z \tag{3-85}$$

$$\Delta z - \nabla_x^{\mathrm{T}}g(x)\Delta x = -L_w \tag{3-86}$$

$$\begin{bmatrix} H' & \nabla_x h(x) \\ \nabla_x^{\mathrm{T}} h(x) & 0 \end{bmatrix} \begin{bmatrix} \Delta x \\ \Delta y \end{bmatrix} = \begin{bmatrix} L'_x \\ -L_y \end{bmatrix} \tag{3-87}$$

$$H = -[\nabla_x^2 f(x) - \nabla_x^2 h(x)y - \nabla_x^2 g(x)(z+w)] \tag{3-88}$$

$$H' = H - \nabla_x g(x)[L^{-1}Z - U^{-1}W]\nabla_x^{\mathrm{T}} g(x) \tag{3-89}$$

$$L'_x = L_x + \nabla_x g(x)[L^{-1}(L_l^\mu + ZL_z) + U^{-1}(L_u^\mu - WL_w)] \tag{3-90}$$

由式（3-83）～式（3-87）得到各变量该次迭代的变化量。计算各变量的迭代步长，保证松弛变量与对偶变量的符号。

原变量的迭代步长为

$$\alpha_p = \min\left\{\min_{\Delta l_i < 0} \frac{-l_i}{\Delta l_i}, \min_{\Delta u_i < 0} \frac{-u_i}{\Delta u_i}, 1.0, i=1,2,\cdots,r\right\} \tag{3-91}$$

对偶变量的迭代步长为

$$\alpha_d = \min\left\{\min_{\Delta z_i < 0} \frac{-z_i}{\Delta z_i}, \min_{\Delta w_i < 0} \frac{-w_i}{\Delta w_i}, 1.0, i=1,2,\cdots,r\right\} \tag{3-92}$$

计算新的变量值

$$x^{(k+1)} = x^{(k)} + \alpha \cdot \alpha_p \cdot \Delta x \tag{3-93}$$

$$l^{(k+1)} = l^{(k)} + \alpha \cdot \alpha_p \cdot \Delta l \tag{3-94}$$

$$u^{(k+1)} = u^{(k)} + \alpha \cdot \alpha_p \cdot \Delta u \tag{3-95}$$

$$y^{(k+1)} = y^{(k)} + \alpha \cdot \alpha_d \cdot \Delta y \tag{3-96}$$

$$z^{(k+1)} = z^{(k)} + \alpha \cdot \alpha_d \cdot \Delta z \tag{3-97}$$

$$w^{(k+1)} = w^{(k)} + \alpha \cdot \alpha_d \cdot \Delta w \tag{3-98}$$

式中：α 为阻尼因子，取值范围为 0.98～0.9995。

在一定条件下，若 x^* 是优化问题的解，当 μ 固定时，$x_{(\mu)}$ 是拉格朗日优化问题的解，则当 $Gap \to 0$，$\mu \to 0$，产生的序列 $\{x_{(\mu)}\}$ 收敛至 x^*。

实践证明若取 $\mu = \dfrac{l^{\mathrm{T}}z - u^{\mathrm{T}}w}{2r} = \dfrac{Gap}{2r}$，收敛性能不是很好，引入中心参数 β，构成

$$\mu^{k+1} = \beta^k \cdot \frac{l^{\mathrm{T}}z - u^{\mathrm{T}}w}{2r} \tag{3-99}$$

β 取值不同，将对优化的可行性与最优性产生不同影响。

（2）优化步骤。

1）初始化：设定迭代次数初值 $k=0$，最大迭代次数 $k_{\max}$；设定中心参数，初值取为 $\beta=0.2$；设定阻尼因子 α（取值范围为 0.95～0.9995）；设定 μ 初值（一般为 1～10）；设定数组 y 的初值（可取 $y[2i-1]=10^{-5}$，$y[2i]=-10^{-5}$）；给 l、u 赋初值，根据式（3-74）、式（3-75），z、w 初值按式（3-100）和式（3-101）计算。

$$z_0[i] = \mu_0/l_0[i] \tag{3-100}$$

$$w_0[i] = -\mu_0/u_0[i] \tag{3-101}$$

2）求式（3-70）～式（3-90）取值，解式（3-87）对应的方程，得 Δx、Δy，代入式（3-83）～式（3-87）求得 Δl、Δu、Δz、Δw。

3）由式（3-91）、式（3-92）求解原变量与对偶变量的迭代步长，并由式（3-93）、式（3-94）计算新的原、对偶变量。

4）更新中心参数，计算对偶间隙，判敛（取 $\mu < 10^{-8}$ 作为迭代收敛判据），若收敛则输出计算结果，若超过最大迭代次数，则判为不收敛，否则迭代次数加 1，即 $k=k+1$；返回步骤2）。

3.5 电力系统经济运行理论的融合与发展

3.5.1 有功经济调度理论与最优潮流

最优潮流是 20 世纪 50 年代由法国学者 Carpentier 率先把电力系统经典调度理论同潮流计算结合起来的，后来在电力市场中获得广泛应用。

1. 有功功率电源的最优组合

机组合理组合的方法有最优组合顺序法、动态规划法和整数规划法。

机组合理组合的本质是根据各类发电厂的特性进行合理组合，使系统运行费用最小。水力发电厂和核电厂由于其一次性投资大，而运行费用小，因此通常作为优先机组考虑发电；而火力发电厂由于其运行需要消耗燃料资源，因此通常其组合次序在核电厂和水力发电厂后。此外由于水力发电厂的水轮机组投入运行和再度投入相对于汽轮机组（火电厂和原子能电厂）不需要消耗大量能量和很多时间，因此水电机组通常用作调峰机组和其他一些调节功能。

2. 有功功率负荷的最优分配

在传统的电力系统中，有功功率负荷分布的最优准则是等耗量微增率准则，指的是当各发电机组的有功微增耗量相等时，此时系统运行最经济。其数学表达式为

$$\text{Min} \quad F_{\Sigma} = F_1(P_{G1}) + F_2(P_{G2}) + \cdots + F_n(P_{Gn}) = \sum_{i=1}^{n} F_i(P_{Gi}) \tag{3-102}$$

满足约束条件

$$\sum_{i=1}^{n} P_{Gi} - \sum_{i=1}^{n} P_{Li} - \Delta P_{\Sigma} = 0 \tag{3-103}$$

不等式约束

$$P_{Gi,\,\min} \leqslant P_{Gi} \leqslant P_{Gi,\,\max} \tag{3-104}$$

$$Q_{Gi,\,\min} \leqslant Q_{Gi} \leqslant Q_{Gi,\,\max} \tag{3-105}$$

$$U_{i,\,\min} \leqslant U_i \leqslant U_{i,\,\max} \tag{3-106}$$

$$P_{ij,\,\min} \leqslant P_{ij} \leqslant P_{ij,\,\max} \tag{3-107}$$

式中：$P_{Gi,\max}$，$P_{Gi,\min}$ 为发电机有功功率上下限；$Q_{Gi,\max}$，$Q_{Gi,\min}$ 发电机无功上下限；$U_{i,\max}$，$U_{i,\min}$ 为节点电压上下限；$P_{ij,\max}$，$P_{ij,\min}$ 为线路的传输功率极限；n 表示节点数。

构造拉格朗日函数

$$C = \sum_{i}^{n} F_i(P_{Gi}) - \lambda \left(\sum_{i=1}^{n} P_{Gi} - \sum_{i=1}^{n} P_{Li} - \Delta P_{\Sigma} \right) \tag{3-108}$$

对式（3-108）求导，得

$$\frac{\partial F_1(P_{G1})}{\partial P_{G1}} \cdot \frac{1}{(1 - \partial \Delta P_{\Sigma}/\partial P_{G1})} = \frac{\partial F_2(P_{G2})}{\partial P_{G2}} \cdot \frac{1}{(1 - \partial \Delta P_{\Sigma}/\partial P_{G2})}$$

$$= \cdots = \frac{\partial F_n(P_{Gn})}{\partial P_{Gn}} \cdot \frac{1}{(1 - \partial \Delta P_{\Sigma}/\partial P_{Gn})} \tag{3-109}$$

其中 $\dfrac{1}{1-\partial\Delta P_\Sigma/\partial P_{Gn}}$ 为网损修正因子。

式（3-109）表明，系统具有同一的等耗量微增率时，运行最经济。由于各节点网损修正因子的不同，因此各节点的耗量微增率 $\dfrac{\partial F_i(P_{Gi})}{\partial P_{Gi}}$ 不相等；若不计网损时，各节点的 $\dfrac{\partial F_i(P_{Gi})}{\partial P_{Gi}}$ 应相等，即所谓的等耗量，其表达式如式（3-110）所示。

$$\frac{\partial F_1(P_{G1})}{\partial P_{G1}}=\frac{\partial F_2(P_{G2})}{\partial P_{G2}}=\cdots=\frac{\partial F_n(P_{Gn})}{\partial P_{Gn}} \tag{3-110}$$

3. 最优潮流

最优潮流指的是系统在当前接线和负荷水平时，在满足一系列约束条件的情况下，通过调节控制变量使系统的运行状况达到最优。

经典的最优潮流数学模型可用式（3-111）表达。

$$\mathrm{Min}\quad F(x)=\sum_{i=1}^{n_G}\left[f_{Gi}(P_{Gi})\right] \tag{3-111}$$

式中：$f_{Gi}(P_{Gi})$ 表示发电机发出有功功率时需要成本费用；n_G 表示发电机台数。

满足的等式约束（潮流约束）有

$$g_{pi}=P_{Gi}-P_{Li}-\sum_{j=1}^{n}U_iU_j\mid\boldsymbol{Y}_{ij}\mid\cos(\theta_i-\theta_j-\delta_{ij})=0 \tag{3-112}$$

$$g_{qi}=Q_{Gi}-Q_{Li}-\sum_{j=1}^{n}U_iU_j\mid\boldsymbol{Y}_{ij}\mid\sin(\theta_i-\theta_j-\delta_{ij})=0 \tag{3-113}$$

满足的不等式约束有

$$P_{Gi,\,\min}\leqslant P_{Gi}\leqslant P_{Gi,\,\max} \tag{3-114}$$

$$Q_{Gi,\,\min}\leqslant Q_{Gi}\leqslant Q_{Gi,\,\max} \tag{3-115}$$

$$U_{i,\,\min}\leqslant U_i\leqslant U_{i,\,\max} \tag{3-116}$$

$$P_{ij,\,\min}\leqslant P_{ij}\leqslant P_{ij,\,\max} \tag{3-117}$$

式中：θ_i，θ_j 为节点 i，j 的相角；$\boldsymbol{Y}_{ij}$ 为节点导纳矩阵；δ_{ij} 为导纳 $\boldsymbol{Y}_{ij}$ 的相角，其余字母含义同前。

采用内点法将不等式约束转变成等式约束，形成扩展的拉格朗日函数。

$$
\begin{aligned}
\min L =& \sum_{i=1}^{N_G}\left[f_{pi}(P_{gi})+f_{qi}(Q_{gi})\right]-\sum_{i=1}^{N}\lambda_{pi}g_{pi}-\sum_{i=1}^{N}\lambda_{qi}g_{qi}+\sum_{i=1}^{N_G}\pi_{1pi}(P_{gi}-s_{1pi}-P_{gimin})\\
&+\sum_{i=1}^{N_G}\pi_{upi}(P_{gi}-s_{upi}-P_{gimax})+\sum_{i=1}^{N_G}\pi_{1qi}(Q_{gi}-s_{1qi}-Q_{gimin})+\sum_{i=1}^{N_G}\pi_{uqi}(Q_{gi}-s_{uqi}-Q_{gimax})\\
&+\sum_{i=1}^{N_B}\pi_{1Bi}(P_{Bi}-s_{1Bi}-P_{Bimin})+\sum_{i=1}^{N_B}\pi_{uBi}(P_{Bi}-s_{uBi}-P_{Bimax})+\sum_{i=1}^{N}\pi_{1Ui}(U_i-s_{1Ui}-U_{imin})\\
&+\sum_{i=1}^{N}\pi_{uUi}(U_i-s_{uUi}-U_{imax})-\mu\left(\sum_{i=1}^{k}\ln s_{ui}+\sum_{i=1}^{k}\ln s_{1i}\right) \tag{3-118}
\end{aligned}
$$

式中：s_1，s_u 为下限、上限松弛变量相量；$s_1=\left[s_{1p},\ s_{1q},\ s_{1B},\ s_{1U}\right]^T$，$s_u=\left[s_{up},\ s_{uq},\ s_{uB},\right.$ $\left.s_{uU}\right]^T$；π_1，π_u 为下限、上限对偶变量相量；$\pi_1=\left[\pi_{1p},\ \pi_{1q},\ \pi_{1B},\ \pi_{1U}\right]^T$，$\pi_u=\left[\pi_{up},\ \pi_{uq},\right.$

π_{uB}，$\pi_{uU}]^T$；μ 为对数障碍函数。

$$\rho_i^p = \frac{\partial L}{\partial P_i}\bigg|_* = \lambda_{pi} \qquad (3-119)$$

$$\rho_i^q = \frac{\partial L}{\partial Q_i}\bigg|_* = \lambda_{qi} \qquad (3-120)$$

式（3-119）的 ρ_i^p 表示的数学意义是发电费用函数对每个节点消耗有功功率的偏导数，表明每个节点增加单位有功功率需要消耗的成本费用，ρ_i^p 也就是电力市场中的实时电价。两节点的实时电价差别则主要是由网损造成的；当不计网损时，两节点的实时电价相等。此外同时由式（3-119）的推导也可见：当忽略线路电阻时，即不考虑系统有功功率损耗时，由最优潮流求得的 λ_{pi} 相等。这和没有考虑有功网损的等网损微增率因子，即式（3-110）中的 λ 具有相同意义（各点的耗量相等时，发电机成本费用最小）。当考虑有功网损时，即增加了网损修正因子 $\dfrac{1}{1-\partial \Delta P_\Sigma / \partial P_{Gi}}$，各节点实时电价不同，也就求解最优潮流时，各节点不同 λ_{pi} 的原因。由上述分析可见，最优潮流实质上是等耗量微增率的进一步发展。

式（3-120）的物理意义是系统费用函数对每个节点消耗无功功率的偏导数，表明每个节点增加单位无功功率需要消耗的费用。

【例 3-2】 现以 IEEE9 节点为例进行分析。系统接线如图 3-9 所示。

当系统的各条线路电阻均为 0 时，系统的有功网损为 0，这样相当于忽略了系统的有功网损。这时，根据最优潮流计算所得结果如表 3-3 所示。

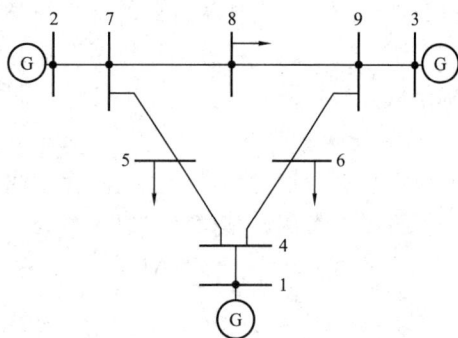

图 3-9　IEEE9 节点系统

表 3-3　　　　　　　　　最优潮流计算所得的计算结果

节点号	U (p.u.)	P_{Gi} (MW)	Q_{Gi} (Mvar)	P_{Li} (MW)	Q_{Li} (Mvar)	λ_{pj}
1	1.093	86.56	−8.38	0.00	0.00	24.044
2	1.004	134.38	61.59	0.00	0.00	24.044
3	0.940	91.06	−3.40	0.00	0.00	24.044
4	0.910	0.00	0.00	0.00	0.00	24.044
5	0.914	0.00	0.00	125.00	50.00	24.044
6	0.944	0.00	0.00	90.00	30.00	24.044
7	0.949	0.00	0.00	0.00	0.00	24.044
8	0.969	0.00	0.00	100.00	35.00	24.044
9	0.968	0.00	0.00	0.00	0.00	24.044

由表 3-3 可见，在不考虑有功网损的情况下，求解最优潮流所得的拉格朗日乘子均相同。即表明，在满足方程的拉格朗日乘子相同的情况下，系统运行状态最优。这和满足等耗量微增率的意义相同，即所有的节点的耗量微增率相等时，系统达到最优。因此这进一步论证了最优潮流和等耗量微增率之间的联系，即最优潮流包含了等耗量微增率，是等耗量微增率的进一步发展。

通常式（3-111）中的发电机费用函数可表达为

$$f_{Gi}(P_{Gi}) = a_i \cdot P_{Gi}^2 + b_i \cdot P_{Gi} + c_i \qquad (3-121)$$

式中：a_i，b_i，c_i 为系数；P_{Gi} 为发电机有功出力。

若为水轮机组和核电机组，系数 a_i 和 b_i 均较小，而火电机组的 a_i 和 b_i 通常较大，因此由最优潮流求得的最优解必定是：在满足系统稳定运行情况下，水电机组和核电机组优先投入运行并多出力，而火电机组则次之。该结果同"有功功率电源的最优组合"得出的结论完全一致。因此通过最优潮流获得的机组最优组合显然包含了传统的经典有功功率电源的最优组合理论，是经典有功功率电源的最优组合理论的发展。

对比等耗量微增率的目标函数、约束条件同最优潮流的目标函数、约束条件，二者一致，因此最优潮流包含了等耗量微增率，是经典的等耗量微增率的进一步发展。

3.5.2　无功功率经典调度理论与无功优化

1. 经典无功功率调度理论

经典的无功功率电源的最优分布是按等网损微增率准则进行分布的，其推导在 3.2.1 小节已详细介绍；无功功率负荷的最优补偿遵循的是最优网损微增率，其推导在 3.2.2 小节已详细介绍。二者的统一就是建立系统综合运行费用最小的目标函数，即以年运行费用最小为目标函数，其目标函数为式（3-29），而式（3-29）对 Q_{Ci} 求导得到式（3-32）。

2. 无功优化理论

以系统运行最优为目标函数的无功优化，它考虑了系统由于补偿后减小的网损费用和添加补偿设备的费用，其模型可以表达为

$$\text{Min} \quad F = \beta\tau_{\max}\Delta P_\Sigma + (\alpha+\gamma)K_C Q_{C\Sigma} \qquad (3-122)$$

$$\text{s. t.} \quad g_{pi} = P_{Gi} - P_{Li} - \sum_{j=1}^{n} U_i U_j \mid \boldsymbol{Y}_{ij} \mid \cos(\theta_i - \theta_j - \delta_{ij}) = 0 \qquad (3-123)$$

$$g_{qi} = Q_{Gi} - Q_{Li} - \sum_{j=1}^{n} U_i U_j \mid \boldsymbol{Y}_{ij} \mid \sin(\theta_i - \theta_j - \delta_{ij}) = 0 \qquad (3-124)$$

$$U_{i,\min} \leqslant U_i \leqslant U_{i,\max} \qquad (3-125)$$

$$Q_{Gi,\min} \leqslant Q_{Gi} \leqslant Q_{Gi,\max} \qquad (3-126)$$

$$K_{ij,\min} \leqslant K_{ij} \leqslant K_{ij,\max} \qquad (3-127)$$

$$Q_{Ci,\min} \leqslant Q_{Ci} \leqslant Q_{Ci,\max} \qquad (3-128)$$

由此可见，当不考虑变压器变比时，上述模型包含了等网损微增率准则。因此无功优化理论包含了经典的等网损微增率理论。

最优网损微增率式（3-22）目标函数等同于以系统综合运行费用最小的目标函数，证明如下。

进行无功补偿后，系统的运行总费用表达为

$$\text{Min} \quad C^* = \beta\Delta P_\Sigma \tau_{\max} + (\alpha+\gamma)K_C Q_{Ci} \qquad (3-129)$$

对 Q_{Ci} 求导，得

$$\frac{\partial \Delta P_\Sigma}{\partial Q_{Ci}} = -\frac{(\alpha+\gamma)K_C}{\beta\tau_{\max}} = \gamma_{eq}^* = \gamma_{eq} \qquad (3-130)$$

同样，由式（3-122）和式（3-130）比较可见，无功优化也包含了最优网损微增率。

因此考虑无功补偿费用的无功优化是经典的无功电源最优分布——等网损微增率和无功

功率负荷的最优补偿——最优网损微增率的融合与发展。

3.5.3 最优潮流和无功优化的关系

纵观最优潮流和无功优化的数学表达式，可以看出，最优潮流的约束条件与无功优化的约束条件相比，缺少了变压器的变比调节和无功补偿设备的调节。在目标函数方面，缺少了无功补偿设备的投资费用。因此若对最优潮流进行扩展，计入无功补偿设备的投资费用、变压器的变比调节和无功补偿设备的调节，可形成扩展的最优潮流，其函数表达如下所示。

$$\text{Min} \quad F(x) = \sum_{i=1}^{n_G} \left[f_{Gi}(P_{Gi}) \right] + \sum_{i=1}^{n_C} f_{Ci}(Q_{Ci}) \tag{3-131}$$

$$\text{s. t.} \quad g_{pi} = P_{Gi} - P_{Li} - \sum_{j=1}^{n} U_i U_j \mid \boldsymbol{Y}_{ij} \mid \cos(\theta_i - \theta_j - \delta_{ij}) = 0 \tag{3-132}$$

$$g_{qi} = Q_{Gi} - Q_{Li} - \sum_{j=1}^{n} U_i U_j \mid \boldsymbol{Y}_{ij} \mid \sin(\theta_i - \theta_j - \delta_{ij}) = 0 \tag{3-133}$$

$$P_{Gi,\,\min} \leqslant P_{Gi} \leqslant P_{Gi,\,\max} \tag{3-134}$$

$$Q_{Gi,\,\min} \leqslant Q_{Gi} \leqslant Q_{Gi,\,\max} \tag{3-135}$$

$$U_{i,\,\min} \leqslant U_i \leqslant U_{i,\,\max} \tag{3-136}$$

$$P_{ij,\,\min} \leqslant P_{ij} \leqslant P_{ij,\,\max} \tag{3-137}$$

$$K_{ij,\,\min} \leqslant K_{ij} \leqslant K_{ij,\,\max} \tag{3-138}$$

$$Q_{Ci,\,\min} \leqslant Q_{Ci} \leqslant Q_{Ci,\,\max} \tag{3-139}$$

其中，$f_{Ci}(Q_{Ci})$ 为无功设备的费用函数，可以表达为式（3-122）等号右边第 2 项的形式。

由上述可见，扩展的最优潮流理论包含了无功优化理论，而无功优化理论又包含了经典的等网损微增率和最优网损微增率准则，同时由 3.5.1 小节又可知，最优潮流理论包含了经典的有功功率电源的最优组合和有功功率负荷的最优补偿——等耗量微增率准则。因此扩展的最优潮流理论是上述 5 个理论的综合和发展。

3.6 等耗量微增率与电力市场统一边际电价的联系

随着电力市场的实行，电力系统的许多理论将会发生改变，而一些电力市场中的理论也同传统电力系统的各种优化模式存在着联系。这是因为在传统电力系统中的一些优化理论的目标是使系统的运行经济费用最小，而实行电力市场的目标也是通过价格促进资源的有效配置，促进电力系统的经济运行。

由 Schweppe 提出的实时电价理论为电力市场的实行提供了前提，即通过实时电价使系统运行的效益最大。而经典有功电源的有效配置是按等耗量微增率来分布的。本节主要分析了电力市场中的统一边际价和等耗量微增率的联系。

3.6.1 实时电价和边际电价

实时电价是随着电力市场的发展而提出的，它是现代电力市场理论的基石。它准确描述了电价的结构，具有进行用电管理、发电方管理和促使消费合理化的功能。实时电价制度是以边际成本为理论基础，以整体社会效益最大为目标函数，实时电价的数学模型如下

$$\rho_k(t) = \gamma_F(t) + \gamma_M(t) + \eta_{L,k}(t) + \gamma_{QS}(t) + \gamma_R(t) + \eta_{M,k}(t) + \eta_{QS,k}(t) + \eta_R(t) \tag{3-140}$$

式中：$\rho_k(t)$ 表示第 k 个用户在时刻 t 的电价；$\gamma_F(t)$ 表示发电微增燃料费用；$\gamma_M(t)$ 表示发电微增维护成本；$\eta_{L,k}(t)$ 表示网络边际损耗费用；$\gamma_{QS}(t)$ 表示发电供电质量费用；$\gamma_R(t)$

表示发电收支调节费用；$\eta_{M,k}(t)$ 表示网络维护费用；$\eta_{QS,k}(t)$ 表示网络供电质量费用；$\eta_R(t)$ 表示网络收支调节费用。

当发电容量和输电容量充足时，并忽略价格调整量 $\gamma_R(t)$ 和 $\eta_R(t)$ 时，实时电价可写为

$$\rho_k(t) = \gamma_F(t) + \gamma_M(t) + \eta_{L,k}(t) + \eta_{M,k}(t) \tag{3-141}$$

式中前 2 项称为电能边际成本，后 2 项为网络的边际成本，式（3-141）表明：用户的电价即为发电系统的边际成本加上输电系统的边际成本。

发电商的电能边际成本为系统微增率，即

$$\lambda(t) = \gamma_F(t) + \gamma_M(t) \tag{3-142}$$

当用电量增加时，$\lambda(t)$ 也增加，可表示为

$$\lambda(t) = \frac{\partial\{C_F[W_g(t)] + C_M[W_g(t)]\}}{\partial W_d(t)} \tag{3-143}$$

式中：$C_F[W_g(t)]$ 表示系统发电量为 $W_g(t)$ 的总燃料成本；$C_M[W_g(t)]$ 表示系统发电量为 $W_g(t)$ 的总维护成本；$W_d(t)$ 表示系统负荷。

在经济学中，认为采用边际成本电价可反映经济成本的变动趋势，真实反映未来资源的价值，将获得最优的社会效益。边际价格理论有短期边际价格理论和长期边际价格理论，这种价格理论基于经济学理论。它不同于传统的会计学成本定价方法，会计学成本定价方法是一种传统的定价方法，是根据电力企业会计记录与财务报表中出现的成本记录来核算供电成本，而边际成本是根据增加单位电量用电而增加的成本。会计学的定价模式是静态平衡和向后看的，是根据过去已经发生的各项开支和成本来制定电价；而边际成本是反映将来的成本，它反映经济成本的变动趋势，能真实地实现未来资源的价值。因此利用边际成本价格来进行合理定价可提高电网公司的利益，促使电网公司进一步发展。

证明如下。

实时电价制定的目的是使社会效益最大化，目标函数为

$$C = B_e(W_{d,t}) - C_{FM}(W_{g,t}) \tag{3-144}$$

满足电量平衡约束（不考虑网损的情况下）

$$W_{d,t}(\rho_t) = W_{g,t} \tag{3-145}$$

这样满足系统电量约束后构成拉格朗日函数。

$$C = B_e(W_{d,t}) - C_{FM}(W_{g,t}) + \mu_{c,t}[W_{d,t}(\rho_t) - W_{g,t}] \tag{3-146}$$

式中：$C_{FM}(W_{g,t})$ 时段 t 输出总电能 $W_{g,t}$ 时的总燃料和维护费；$B_e(W_{d,t})$ 为用电效益；$W_{d,t}(\rho_t)$ 为负荷 $W_{d,t}$ 具有对电价的响应作用。

对式（3-146）求发电量 $W_{g,t}$ 偏导，可得满足上述函数最优的 $W_{g,t}$ 为

$$\mu_{c,t} = \frac{\partial[C_{FM}(W_{g,t})]}{\partial W_{g,t}} \tag{3-147}$$

同样对式（3-147）求电价 ρ_t 偏导，满足上述函数最优的电价为

$$\frac{\partial C}{\partial \rho_t} = \frac{\partial C}{\partial W_{d,t}} \frac{\partial W_{d,t}}{\partial \rho_t} = \left[\frac{\partial B_e(W_{d,t})}{\partial W_{d,t}} - \mu_{c,t}\right]\frac{\partial W_{d,t}}{\partial \rho_t} \tag{3-148}$$

从而有

$$\mu_{c,t} = \frac{\partial B_e(W_{d,t})}{\partial W_{d,t}} \tag{3-149}$$

用户的效益为用户使用电能而产生的效益，可表示为

$$B_d(W_{d,t}) = B_e(W_{d,t}) - \rho_t W_{d,t} \tag{3-150}$$

式中：$B_d(W_{d,t})$ 为用户用电的净效益。

满足用户效益最大的电量满足

$$\rho_t = \frac{\partial B_e(W_{d,t})}{\partial W_{d,t}} = \mu_{c,t} = \frac{\partial C_{FM}(W_{g,t})}{\partial W_{g,t}} \tag{3-151}$$

由式（3-151）可见，根据边际价格理论计算出的边际价格 ρ_t 即可达到社会效益的最优。

上述函数是以社会效益最大为目标函数，它求得的实时电价等同于以发电成本最小的实时电价。这是因为当以发电成本最小为目标函数时，有

$$C^* = C_{FM}(W_{g,t}) + \mu_{c,t}[W_{d,t}(\rho_t) - W_{g,t}] \tag{3-152}$$

对式（3-152）求发电量 $W_{g,t}$ 偏导，可得满足上述函数最优的 $W_{g,t}$

$$\mu_{c,t}^* = \frac{\partial[C_{FM}(W_{g,t})]}{\partial W_{g,t}} = \mu_{c,t} = \rho_t \tag{3-153}$$

由式（3-153）可见，该电价等同于用社会效益最优为目标函数求出的实时电价，这也是最优潮流用于实时电价求解的机理之一（目前用最优潮流求解实时电价的数学模型均是以各种成本最小为目标函数，满足各种约束）。同时相对于式（3-144）来说，用户用电产生的效益是用户自身的特性决定，作为电力公司很难对其作出准确评估，只具有理论价值；而采用发电成本最小为目标函数时，可准确地得出成本曲线，因此具有实际价值。这样即可以理解为 ρ_t 是以成本最小为目标函数计算所得的边际价格。

3.6.2 等耗量微增率 λ 和统一边际价格模型

在传统的电力系统中，有功功率电源分布的最优准则是等耗量微增率准则，指的是当各发电机组的有功微增耗量相等时，系统消耗的能量最小。其推导过程见 3.5 节式（3-102）～式（3-109），式（3-109）在不计网损的情况下可以简写成

$$\begin{cases} \dfrac{\partial F_1(P_{G1})}{\partial P_{G1}} = \dfrac{\partial F_2(P_{G2})}{\partial P_{G2}} = \cdots = \dfrac{\partial F_N(P_{GN})}{\partial P_{GN}} = \lambda \\ \displaystyle\sum_{i=1}^N P_{Gi} - \sum_{i=1}^N P_{Li} = 0 \end{cases} \tag{3-154}$$

在电力市场环境下，为了体现公平性和市场供需情况，各厂上网电价都是基于统一的系统边际价格，即在全部机组出力总和与系统总负荷平衡的情况下，购电费用最低。其模型为

$$\text{Min} \quad \{f_{SMP,t}[P_{SMP}(t)]\} \tag{3-155}$$

满足等约束条件（系统电量平衡）

$$\sum_{j \in N_G} I_{t,j} \cdot P_{t,j} = D_t, \quad t = 1, 2, \cdots, T \tag{3-156}$$

不等式约束

$$I_{t,j} \cdot P_{min,j} \leqslant P_{t,j} \leqslant P_{max,j} \cdot I_{t,j}, \quad t = 1, 2, \cdots, T \tag{3-157}$$

式中：$P_{SMP}(t)$ 表示某时段下的边际机组；$f_{SMP,t}[P_{SMP}(t)]$ 表示某时段的系统边际电价；D_t 为 t 时段的系统总有功功率；$P_{t,j}$，$P_{min,j}$，$P_{max,j}$ 表示机组 j 在 t 时段的有功出力、有功出力的下限和上限；$I_{t,j}$ 表示机组 j 在 t 时段的开停机状态。

当将式（3-102）$F_i(P_{Gi})$ 看作是电网公司支付给发电商的有功费用函数时，此时的耗量微增率 λ 就是一个边际价格，这式（3-102）、式（3-154）的意义就表明：当系统在

统一的边际价格，并且满足系统的功率平衡时，系统的购电费用最小，这和式（3-155）、式（3-156）的在满足电力市场下系统有功功率平衡的统一边际价格具有同样的意义。因此传统意义上的等耗量微增率λ和电力市场下发电机的统一边际价存在着一定的联系。

参考文献

1　陈珩. 电力系统稳态分析. 北京：中国电力出版社，1998.

2　诸骏伟. 电力系统分析. 北京：中国电力出版社，1998.

3　王正风，徐先勇. 浅谈电力系统的无功优化和无功补偿. 华东电力，2002，30（11）：13-15.

4　陈文彬. 电力系统无功优化与电压调整. 北京：中国电力出版社，2003.

5　徐先勇，王正风. 电力系统无功功率负荷的最佳补偿容量. 华东电力，1999，27（6）：26-28.

6　王正风. 电力系统无功功率负荷的最佳补偿容量. 合肥：合肥工业大学，2000.

7　王正风，徐先勇，司云峰. 电力系统无功功率的最优分布. 现代电力，2004，21（6）：20-23.

8　王正风. 企业无功功率的最佳补偿容量. 电力电容器，2001，22（3）：18-20.

9　王正风. 马鞍山电网电压运行偏高分析. 电力自动化设备，2002，22（8）：77-79.

10　王正风，徐先勇，唐宗全. 电力市场下的无功优化规划. 电工技术杂志，2000，19（6）：8-10.

11　张雅琼. 电网实时动态无功优化控制初探. 国电自动化研究院，2005.

12　李丽英，周庆捷，杨少坤. 电力系统无功优化问题研究综述. 电力情报，2002（3）：69-74.

13　Karmarkar N K. A new polynomial time algorithm for linear programming. Combinatorica，1984（4）：373-395.

14　刘明波，陈学军. 电力系统无功优化的改进内点算法. 电力系统自动化，1998，22（5）：33-36.

15　张元明，王晓东，李乃湖. 基于原对偶内点法的电压无功功率优化. 电网技术，1998，22（6）：42-45.

16　许诺，黄民翔. 原对偶内点法与定界法在无功优化中的应用 [J]. 电力系统及其自动化学报，2000，12（3）：20-30.

17　程莹，刘明波. 含离散控制变量的大规模电力系统无功优化 [J]. 中国电机工程学报，2002，22（5）：54-60.

18　任震，钟红梅，张勇军，等. 电网无功优化的改进遗传算法 [J]. 电力自动化设备，2002，22（8）：16-18.

19　胡济洲，李胜洪，奚江惠，等. 基于内点法和遗传算法无功优化的比较及应用 [J]. 中国电力，2002，35（12）：33-36.

20　王成山，唐晓莉. 基于启发式算法和Bender's分解的无功优化规划 [J]. 电力系统自动化，1998，22（11）：14-17.

21　王正风，汤伟，吴昊，等. 论等耗量微增率和等网损微增率与最优潮流的关系 [J]. 电力自动化设备，2007，27（4）：39-41.

22　郝思鹏，王正风. 电力系统经济运行理论的发展与融合 [M]. 能源与环境，2007，26（6）：4-6.

23　王锡凡，王秀丽，陈皓勇. 电力市场基础 [M]. 西安：西安交通大学出版社，2003.

24　杜松怀. 电力市场 [M]. 北京：中国电力出版社，2004.

25　赵凤云，王秀丽. 输配电市场 [M]. 北京：中国电力出版社，2003.

26　Schweppe F C，Caramanis M C，Bohn R E. Spot Pricing of Electricity [M]. Kluwer Academic Publishers，1988.

27　王正风，王栋. 开式网无功负荷的最优约束补偿容量 [J]. 电力电容器与无功补偿，2008，29（5）：15-17.

28　尚金成，黄永皓，夏清，等. 电力市场理论研究与应用 [M]. 北京：中国电力出版社，2002.

29　王正风. 论等耗量微增率与电力市场统一边际价的联系 [J]. 华北电力技术，27（6）：52-54.

第 4 章

电 力 系 统 数 学 模 型

4.1 概述

随着电网规模的不断扩大，大区电网的不断互联，电网结构的复杂程度日益增加；大功率电力电子设备的引入，大容量输电方式的出现，使电力系统的动态行为更加复杂；发生停电对于电网的影响可能更广，所以对于电力系统安全稳定分析的要求越来越高，提高模型与参数的精确性具有重要的意义。

美国西部电网 1996 年 8 月 10 日大停电，系统出现振荡、解列，并失去 30 000MW 负荷，但是美国 BPA 电力局使用电网动态数据库对事故进行重现研究时仿真结果却是系统稳定，可见模型和参数的仿真结果与实际电力系统的物理过程相差甚远，严重影响了电力系统安全性分析的准确性和可靠性。

电力系统的数学模型主要包括发电机、励磁系统、原动机及调速器和负荷等，以上也称为电力系统的 4 大参数。4 大参数的模型和参数的精确性是电力系统仿真计算可信的前提和基础。由于电力系统模型的基础性、重要性，国外早在 20 世纪 30 年代就开始了这方面的分析研究。20 世纪 70 年代以来，国内外的电力工作者在参数辨识方面做了大量的研究工作。1985 年 IEEE 曾组织专门委员会，对用于电力系统各种类型的同步发电机数学模型和参数测算方法进行了归纳总结，做了大量的研究工作，随后 IEEE 相继公布了有关 4 大参数的数学模型。1990 年全国电网会议统计报告中，将负荷、励磁系统、发电机及原动机调速系统的建模和参数测试分别列居急需解决研究课题的第 2、4、5 和 6 位，由此确定了模型参数的地位，极大地促进了建模工作及参数辨识工作地发展。随着电力部门的重视，国内也建立了 4 大参数库。

电力系统数学模型的建立通常有如下两大问题。第一是确定描述对象的数学方程式。数学方程式的确定方法有两种：其一是分析法，利用专门学科理论推演出系统的数学模型；其二是利用实验或运行数据来识别数学模型。第二是参数的获取。一般地，对于简单的元件，可由其元件的设计参数按一定的物理关系导出模型参数。例如对于架空线路，按导线在空间的排列方式及导线的材料和导线所在的自然环境，由电磁场理论可以求出输电线路的参数。这种方法属于分析法。但对于复杂的元件或系统，设计参数与实际运行参数往往有一定的差别。例如发电机参数，由于实际运行工况的变化，发电机未考虑涡流、磁滞、饱和等实际运行工况的影响，所以计算结果与实际情况不符，严重影响了计算的准确度和可信度。现场试验证实，考虑饱和效应的发电机稳态电抗 X_d 实测值要比不计饱和效应的 X_d 设计值小 25％左右，这将对机组稳态运行功角以及静态稳定储备产生显著的影响。又如采用不考虑励磁系统作用的恒定模型，多数情况下会使计算结果偏于保守，不能挖掘机组潜力。有鉴于此，1990 年全国电网计算讨论会将发电机模型和参数测试列为电网计算中急需解决的问题，近年来，电力界对于建立电网 4 大参数（发电机、负荷、励磁系统和调速系统参数）数据库的呼声日益高涨，国内在这方面也开展了许多有意义的工作。过去的几十年中，系统辨识理论、PMU 相角测量技术等新理论和技术在电力系统获得了广泛的应用，而充分利用这些新技术构筑的平台，对电力系统的同步发电机模型、励磁系统模型、原动机及调速器模型和负荷模型及参数的研究有重要意义。特别是由于通信技术和计算机水平的飞速发展，以及基于 GPS 的同步相量测量技术的出现，电力系统动态数据的获得已变得方便而快捷，这为实时在线获得电力系统模型参数提供了条件。国内外的研究都证明了在线实时的获得的参数具有更高的价值，为模型与参数的精确性的提高提供了条件，进而为电力系统仿真计算的精确性奠定了基础。本章将介绍发电机、励磁系统、调速系统和负荷的模型。

4.2　同步发电机数学模型

同步发电机是电力系统主要元件之一，在电力系统分析中，一般均假设同步电机为理想同步电机。其建立在 3 点假设基础上：其一为假定发电机铁芯不饱和；其二假定电机具有完全对称的磁路和绕组；其三假定定子绕组的自感磁场、定子与转子之间的互感磁场在空气隙按正弦分布。研究电力系统暂态过程，包括功角稳定、电压稳定和频率稳定都要对发电机进行建模，此时发电机模型的精确性无疑将影响电力系统暂态过程的分析和系统稳定分析。本节分析发电机三相短路的暂态过程、发电机的 5 种常用模型以及物理过程同数学模型之间的联系。

4.2.1　同步发电机短路物理过程分析

为了分析简单起见，先分析同步发电机空载情况下突然短路的物理过程。当同步发电机突然短路后，其定子绕组闭合。根据闭合绕组的磁链守恒原则，由短路前在励磁电流产生的磁链将匝链定子绕组，发电机定子绕组电流将产生一直流分量 i_a 以维持磁链守恒。当转子继续以同步转速转动时，这组磁链产生的磁通将穿越励磁绕组，为了保持磁链守恒，励磁绕组将产生同步角频率交变的交流分量 $i_{f\omega}$。当发电机有阻尼绕组时，阻尼绕组 D、Q 轴也将产生交流分量 $i_{D\omega}$，$i_{Q\omega}$。由于励磁绕组、阻尼绕组均是单相绕组，根据双反应原理，可分解为 2 个以相应角速度而方向相反的旋转磁场。与转子同向的同频交流旋转磁场相对与定子绕组来说为 2 倍同步速，此时根据磁链守恒原则，定子绕组将产生 2 倍角频率交变的倍频分量 $i_{2\omega}$；而与转子转动方向相反的交变磁场对定子绕组来说在空间不动，以抵消定子绕组的产生直流分量 i_a 的磁链。由于这组分量的来源是定子绕组的直流分量，因而其衰减取决于定子绕组的参数，这就是定子绕组时间常数 T_a。

在短路后，转子继续转动，其励磁电流产生的磁通将继续穿越定子绕组，根据磁链守恒原则，定子绕组将产生同步角频率交变的交流分量 i_ω 以抵消它的穿越。而由这组交流分量产生的合成磁场将削弱励磁电流产生磁场，根据磁链守恒原则，转子绕组将有一直流分量增量 Δi_{fa} 来抵消这种削弱。这组直流分量的衰减取决于转子的参数。而定子同频交流分量的衰减同转子一样。当考虑阻尼绕组时，阻尼绕组 D、Q 轴也将产生直流分量 i_{Da}，i_{Qa}。励磁绕组和阻尼绕组的直流分量的助磁作用，迫使定子交流磁通穿越整个转子铁芯的路径发生改变，磁阻增大，电抗减小。i_{Da} 和 Δi_{fa} 将分别按两个不同的时间常数衰减，即 T''_d 和 T'_d。其暂态 D 轴、Q 轴等值电路图如图 4-1 所示：

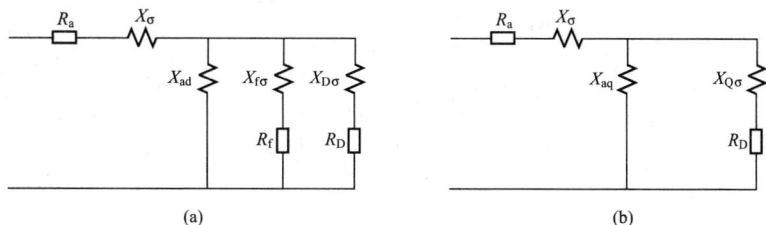

图 4-1 发电机 D 轴、Q 轴等值电路图
(a) 发电机 D 轴等值电路图；(b) 发电机 Q 轴等值电路图

T'_d 取决于转子本身的参数，对图 4-1 来说即相当于绕组 D 轴都开路，对励磁绕组求时间常数，即 $T'_d=\left(X_{f\sigma}+\dfrac{X_{ad}X_\sigma}{X_{ad}+X_\sigma}\right)\Big/R_f$。同样 T''_d 相当于对阻尼绕组求时间常数，$T''_d=\left(X_{D\sigma}+\dfrac{1}{1/X_\sigma+1/X_{ad}+1/X_{f\sigma}}\right)\Big/R_D$。同样对于 q 方向可以得出其次暂态电抗为 $T''_q=\left(X_{f\sigma}+\dfrac{X_{aq}X_\sigma}{X_{aq}+X_\sigma}\right)\Big/R_Q$。由于转子上 q 轴方向没有闭合绕组，故其暂态时间常数和稳态的时间常数相等，即 $T'_q=T_q$。

需要指出的是，在短路后，由于 D 轴方向上的励磁绕组和阻尼绕组是一对静止磁耦绕组，因而短路后的初始阶段，D 轴阻尼绕组电流 i_{Da} 的迅速减小，而励磁绕组电流增量 Δi_{fa} 将迅速增大。经过一段时间后，这两个电流分量将一同衰减，所以 i_{Da} 和 Δi_{fa} 将分别按两个不同的时间常数衰减，即 T''_d 和 T'_d。同样，由于在 Q 轴方向上存在阻尼绕组，其电流的衰减按 Q 轴次暂态时间常数 T''_q 衰减，即由闭合的定子绕组影响后的交轴阻尼绕组的参数决定。这样，定子绕组电流分量的衰减应该考虑两部分。第一个与 i_{Da}，Δi_{fa} 相对应，即按 T''_d 和 T'_d 两个时间常数衰减；而第二个对应于分量 i_{Qa} 的衰减时间常数 T''_q。

综上分析可知，暂态过程中，定子绕组存在 3 组电流分量，即直流分量 i_a、同频分量 i_ω 和倍频分量 $i_{2\omega}$。励磁绕组电流中将有直流分量增量 Δi_{fa} 和以同步角频率交变的交流分量 $i_{f\omega}$。D、Q 轴的阻尼绕组将各有一直流分量 i_{Da} 和 i_{Qa}，以及同步角频率交变的交流分量 $i_{D\omega}$，$i_{Q\omega}$。其对应的关系图可用图 4-2 表达。

说明 [1，2，3] 分别代表励磁绕组、D 轴阻尼绕组和 Q 轴阻尼绕组，在表中的 1 和 2 分别对应于同步角频率的交流分量和 2 倍角频率的交流分量。

4.2.2 电力系统动态分析中的发电机模型

在电力系统中，描述发电机的最精确模型是 7 阶模型，即在 d，q，0 坐标下考虑 d，q，f，D，Q5 个绕组的电磁过渡过程（以磁链或

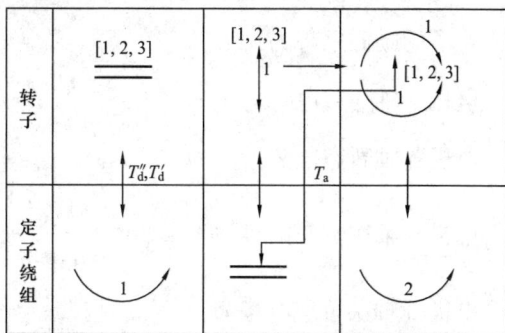

图 4-2 定子绕组和励磁绕组、阻尼绕组各电流分量和产生的磁场相对应的关系

电流为状态量）以及转子绕组过渡过程（以 ω，δ 为状态量）。也有的对于汽轮发电机的实心转子，通常 q 轴的暂态过程有时用两个绕组表示时，发电机的模型用 8 阶坐标表示。

经过 Park 变化后的磁链方程（标幺值形式）可用式（4-1）表达

$$
\begin{bmatrix} \psi_d \\ \psi_q \\ \psi_0 \\ \psi_f \\ \psi_D \\ \psi_Q \end{bmatrix} = \begin{bmatrix} X_d & & & X_{ad} & X_{ad} & \\ & X_q & & & & X_{aq} \\ & & X_0 & & & \\ X_{ad} & & & X_f & X_{ad} & \\ X_{ad} & & & X_{ad} & X_D & \\ & X_{aq} & & & & X_Q \end{bmatrix} \begin{bmatrix} -i_d \\ -i_q \\ -i_0 \\ i_f \\ i_D \\ i_Q \end{bmatrix} \tag{4-1}
$$

在 d 轴和 q 轴上的磁链方程可用式（4-2）和式（4-3）表示

$$
\begin{bmatrix} \psi_d \\ \psi_f \\ \psi_D \end{bmatrix} = \begin{bmatrix} X_d & X_{ad} & X_{ad} \\ X_{ad} & X_f & X_{ad} \\ X_{ad} & X_{ad} & X_D \end{bmatrix} \begin{bmatrix} -i_d \\ i_f \\ i_D \end{bmatrix} \tag{4-2}
$$

$$
\begin{bmatrix} \psi_q \\ \psi_Q \end{bmatrix} = \begin{bmatrix} X_q & X_{aq} \\ X_{aq} & X_Q \end{bmatrix} \begin{bmatrix} -i_q \\ i_Q \end{bmatrix} \tag{4-3}
$$

经过 Park 变化后的电压方程可用式（4-4）表达

$$
\begin{bmatrix} u_d \\ u_q \\ u_0 \\ u_f \\ u_D \\ u_Q \end{bmatrix} = \begin{bmatrix} r_d & & & & & \\ & r_q & & & & \\ & & r_0 & & & \\ & & & r_f & & \\ & & & & r_D & \\ & & & & & r_Q \end{bmatrix} \begin{bmatrix} -i_d \\ -i_q \\ -i_0 \\ i_f \\ i_D \\ i_Q \end{bmatrix} + \begin{bmatrix} \dot{\psi}_d \\ \dot{\psi}_q \\ \dot{\psi}_0 \\ \dot{\psi}_f \\ \dot{\psi}_D \\ \dot{\psi}_Q \end{bmatrix} + \begin{bmatrix} -\omega\psi_q \\ \omega\psi_d \\ 0 \\ 0 \\ 0 \\ 0 \end{bmatrix} \tag{4-4}
$$

1. 发电机 7 阶模型的推导

在 d，q，0 坐标下考虑 d，q，f，D，Q 5 个绕组的电磁过渡过程（以磁链或电流为状态量）以及转子绕组过渡过程（以 ω，δ 为状态量）。

在推导 7 阶模型前，首先定义一组电势。

定子的励磁电势为
$$
E_f = X_{ad} \frac{u_f}{r_f} \tag{4-5}
$$

电机 q 轴空载电势为
$$
E_q = X_{ad} i_f \tag{4-6}
$$

电机 q 轴暂态电势为
$$
E'_q = \frac{X_f}{X_{ad}} - \psi_f \tag{4-7}
$$

电机 q 轴次暂态电势为
$$
E''_q = \frac{X_{ad}}{X_f X_D - X_{ad}^2}(X_{Dr}\psi_f + X_{f\sigma}\psi_D) \tag{4-8}
$$

电机 d 轴次暂态电势为
$$
E''_d = -\frac{X_{aq}}{X_Q}\psi_Q \tag{4-9}
$$

（1）定子回路的电磁过程，由式（4-4）可得 d，q 坐标系上的定子电压方程式
$$
u_d = \dot{\psi}_d - \omega\psi_q - R_a i_d \tag{4-10}
$$

$$u_q = \dot{\psi}_q + \omega\psi_d - R_a i_q \tag{4-11}$$

（2）转子绕组电压方程式。根据式（4-4）的转子电压方程，在两边同乘以 $\dfrac{X_{ad}}{X_f}\times\dfrac{X_f}{r_f}$，并由式（4-5）、式（4-6）可得

$$T'_{d0}\dot{E}'_q = E_f - E_q \tag{4-12}$$

（3）D 轴阻尼绕组回路电压表达式。将式（4-7）代入式（4-8），可得 ψ_D 表达式

$$\psi_D = \frac{X'_d - X_a}{X'_d - X''_d}E''_q - \frac{X''_d - X_a}{X'_d - X''_d}E'_q \tag{4-13}$$

这里，$X''_d = X_d - \dfrac{X^2_{ad}X_f - 2X^3_{ad} + X^2_{ad}X_D}{X_D X_f - X^2_{ad}}$，$X'_d = X_d - \dfrac{X^2_{ad}}{X_f}$（这两个式子均可由图 4-1 的等值电路图推导出）。

同样将式（4-7）、式（4-8）代入式（4-2）即可得到 d 轴电流和 D 轴电流的关系表达式

$$i_D = \frac{E'_q - E_q}{X_d - X'_d} + i_d = \frac{E''_q - E'_q + (X'_d - X''_d)i_d}{X'_d - X_1} \tag{4-14}$$

将式（4-13）、式（4-14）代入式（4-4）并令 $T''_{d0} = \dfrac{X_D - X^2_{ad}/X_f}{r_D}$，同样可得出转子 D 绕组电压方程

$$T''_{d0}\dot{E}''_q = \frac{X''_d - X_a}{X'_d - X''_a}T''_{d0}\dot{E}_q - E''_q + E'_q - (X'_d - X''_D)i_d \tag{4-15}$$

由于 $\dfrac{X''_d - X_{a1}}{X''_d - X_a}T''_{d0}\dot{E}_q \approx T''_{d0}\dot{E}_q$，所以式（4-15）可简化为

$$T''_{d0}\dot{E}''_q = T''_{d0}\dot{E}_q - E''_q + E'_q - (X'_d - X''_D)i_d \tag{4-16}$$

（4）Q 轴阻尼绕组的电压方程。将式（4-3）的第 2 式两边同时乘以 $-X_{aq}/X_Q$，可得

$$E''_d = -\frac{X_{aq}}{X_Q}\psi_Q = \frac{X^2_{ad}}{X_Q}i_q - X_{aq}i_Q \tag{4-17}$$

由式（4-3）的第 1 式解出 i_Q 并代入式（4-17），并根据 X''_q 的定义，得

$$E''_d = -\psi_q - X''_q i_q \tag{4-18}$$

将式（4-18）代入式（4-3）第 1 式，可得到 i_Q 和 i_q 的关系式

$$i_Q = \frac{1}{X_{aq}}[-E''_d - (X_q - X''_q)i_q] \tag{4-19}$$

可同样由式（4-4）得到 Q 轴绕组的电压方程，在等式两边同时乘以 $-\dfrac{X_{aq}}{X_Q}\times\dfrac{X_Q}{r_Q}$，并令 $T''_{q0} = \dfrac{X_Q}{r_Q}$，同时将式（4-20）代入得

$$T''_{q0}\dot{E}''_d = X_{aq}i_Q = -E''_d + (X_q - X''_q)i_q \tag{4-20}$$

（5）转子运动方程。

$$T_J \frac{d\omega}{dt} = T_m - [E''_q i_q + E''_d - (X''_d - X''_q)i_d i_q] - D(\omega - 1) \tag{4-21}$$

$$\frac{d\delta}{dt} = \omega - 1 \tag{4-22}$$

这样由式（4-10）～式（4-12）、式（4-16）和式（4-20）～式（4-22）构成的方程组就构成了发电机的 7 阶方程。

2. 同步发电机实用 5 阶模型

在实际计算分析中，同步发电机 5 阶模型在电力系统暂态过程中应用较多，该模型是忽略定子回路电磁暂态过程推导出来的，即认为 $\dot{\psi}_d=0$，$\dot{\psi}_q=0$ 及 $\omega=1$。在 5 阶模型中，实际上采用 E'_q，E''_q，E''_d 取代磁链变量 ψ_f，ψ_D，ψ_Q。

（1）定子电压方程。由式（4-2）的后两式求出 i_f，i_D，并代入该式中的第 1 式，从而就建立了 ψ_d 和 E''、X''_d 之间的表达式

$$\psi_d = E''_q - \left[X_d - \frac{X_{ad}^2}{X_f X_D - X_{ad}^2}(X_D + X_f - 2X_{ad}) \right] i_d = E''_q - X''_d i_d \qquad (4-23)$$

根据 $\dot{\psi}_d=0$，$\dot{\psi}_q=0$ 及 $\omega=1$，将式（4-18）、式（4-23）代入对式（4-10）和式（4-11）进行简化，可得

$$u_d = -\psi_q - r_a i_d = E''_d + X''_q i_q - r_a i_d \qquad (4-24)$$

$$u_q = -\psi_d - r_a i_q = E''_q + X''_d i_d - r_a i_q \qquad (4-25)$$

（2）转子绕组的电压方程。同式（4-12）的推导，即在两边同乘以 $\dfrac{X_{ad}}{X_f} \times \dfrac{X_f}{r_f}$，可得到

$$T'_{d0}\dot{E}'_q = E_f - E_q = E_f - \frac{X_d - X_a}{X'_d - X_a}E'_q + \frac{X_d - X''_d}{X'_d - X_a}E'_q - \frac{(X_d - X'_d)(X''_d - X_a)}{X''_d - X_a}i_d \qquad (4-26)$$

（3）阻尼绕组电压方程。阻尼绕组 D 和 Q 轴方向上的电压方程同式（4-16）和式（4-20）。

（4）发电机转子方程式同式（4-21）和式（4-22）。由上述方程构成的方程组称为发电机的 5 阶模型，其状态变量包括 E'_q，E''_q，E''_d，ω，δ。一般用于电力系统中比较精确的计算。

5 阶模型对应的发电机磁路可用图 4-3 表示。

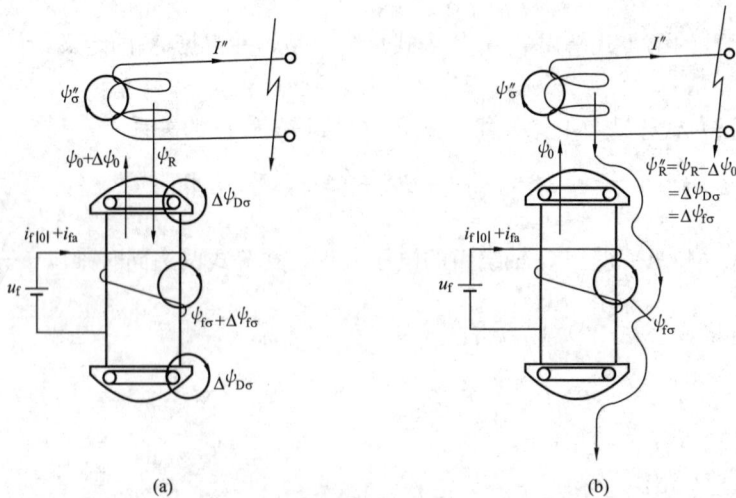

图 4-3　发电机 5 阶模型对应的电磁反应

（a）主磁通增加；（b）电枢反应走漏磁路径

通过上述的数学推导和图 $4-2$ 所示可以知道，发电机 5 阶模型即是考虑了励磁绕组、阻尼绕组的电磁反应。

3. 同步发电机 3 阶模型

在实际中，由于转子阻尼绕组的时间常数通常较小，在工程上可以忽略。当忽略 D 绕组、Q 绕组的暂态过程时，上述发电机的 5 阶模型将变为 3 阶。由于忽略了阻尼绕组，整个电机的 Park 方程将发生变化，即式（$4-1$）和式（$4-4$）将变为

$$\begin{bmatrix} \psi_d \\ \psi_q \\ \psi_f \end{bmatrix} = \begin{bmatrix} X_d & & X_{ad} \\ & X_q & \\ X_{ad} & & X_f \end{bmatrix} \begin{bmatrix} -i_d \\ -i_q \\ i_f \end{bmatrix} \tag{4-27}$$

$$\begin{bmatrix} u_d \\ u_q \\ u_f \end{bmatrix} = \begin{bmatrix} r_d & & \\ & r_q & \\ & & r_f \end{bmatrix} \begin{bmatrix} -i_d \\ -i_q \\ i_f \end{bmatrix} + \begin{bmatrix} -\psi_q \\ \psi_d \\ \psi_f \end{bmatrix} \tag{4-28}$$

（1）定子电压方程式。

$$u_d = -\psi_q - r_a i_d = X_q i_q - r_a i_d \tag{4-29}$$

$$u_q = \psi_d - r_a i_q = E'_q - X'_d i_d - r_a i_q \tag{4-30}$$

（2）发电机励磁绕组的暂态方程式。

由于 $\dot{E}'_q = \dfrac{X_{ad}}{X_f}\psi_f$，因此有 $E_q = E'_q + (X_d - X'_d)I_d$，代入式（$4-12$）可得

$$T'_{d0}\dot{E}'_q = E_f - E'_q - (X_d - X'_d)i_d \tag{4-31}$$

（3）转子运动方程式有

$$T_J \frac{d\omega}{dt} = T_m - T_e = T_m - [E'_q i_q - (X'_d - X_q)i_d i_q] - D(\omega - 1) \tag{4-32}$$

$$\frac{d\delta}{dt} = \omega - 1 \tag{4-33}$$

3 阶模型对应的发电机磁路如图 $4-4$ 所示。

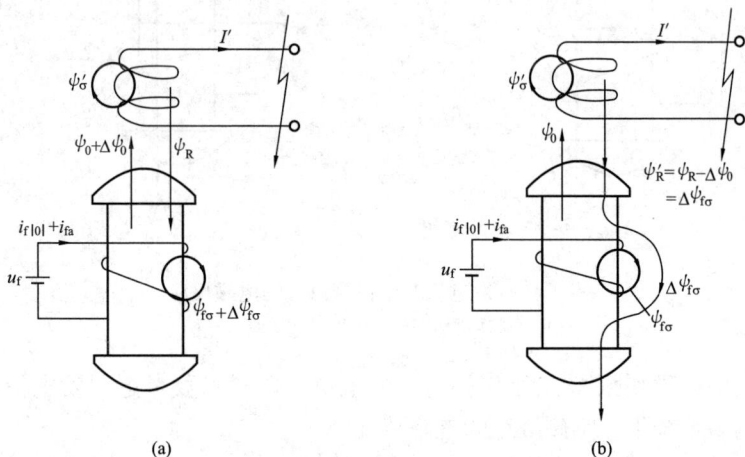

图 $4-4$ 发电机 3 阶模型对应的电磁反应

（a）主磁通增加；（b）电枢反应走漏磁路径

通过上述的数学推导和图 4 - 4 可以知道，发电机 3 阶模型即是考虑了励磁绕组和定子绕组之间的电磁反应。

4．同步发电机 2 阶模型

（1）E_q' 恒定的 2 阶模型。当假定暂态电势 $\dot{E}_q'=0$，$\dot{E}_d'=0$ 时，此时假定 E_q' 恒定（即认为由于励磁调节器的作用使得 E_q' 在暂态过程中保持不变），对上述 3 阶模型进行进一步简化，可得

$$\begin{cases} u_d = X_q i_q - r_a i_d \\ u_q = E_q' - X_d' i_d - r_a i_q \\ T_j \dfrac{\mathrm{d}\omega}{\mathrm{d}t} = T_m - [E_q' i_q - (X_d' - X_q) i_d i_q] - D(\omega - 1) \\ \dfrac{\mathrm{d}\delta}{\mathrm{d}t} = \omega - 1 \end{cases} \quad (4-34)$$

（2）E' 恒定 2 阶模型。当忽略暂态凸轴效应时，即令 $X_d' = X_q'$，可对式（4 - 34）的前两式进行合并，此时即所谓的 E' 恒定经典 2 阶模型，可用式（4 - 35）表达

$$\begin{cases} \dot{U} = \dot{E} - (r_a + \mathrm{j}X_d')\dot{I} \\ T_j \dfrac{\mathrm{d}\omega}{\mathrm{d}t} = T_m - (E_q' i_q + E_d' i_d) - D(\omega - 1) = T_m - R_e(\dot{E}'I) - D(\omega - 1) \\ \dfrac{\mathrm{d}\delta}{\mathrm{d}t} = \omega - 1 \end{cases} \quad (4-35)$$

E_q' 恒定的 2 阶模型对应的发电机磁路如图 4 - 5 所示。

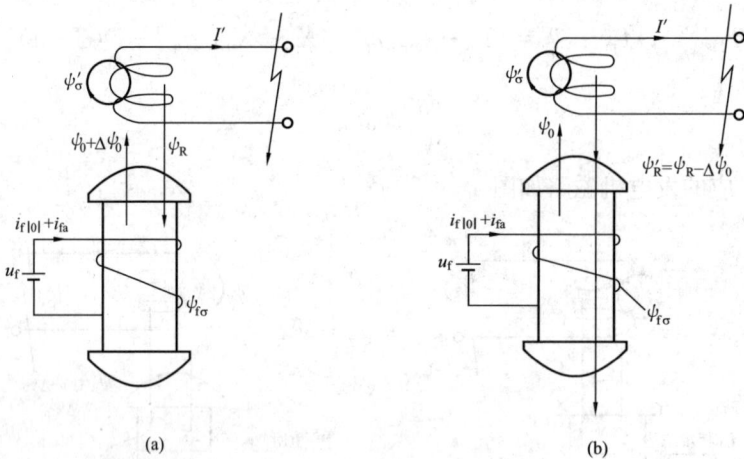

图 4 - 5　发电机 2 阶模型对应的电磁反应
（a）主磁通增加；（b）电枢反应走漏磁路径

通过上述数学推导和图 4 - 5 可以知道，发电机 2 阶模型仅考虑了发电机转子特性，没有考虑发电机的阻尼绕组、励磁绕组的电磁特性。

4.3　发电机励磁系统模型

励磁控制器系统的主要任务是向发电机的励磁绕组提供一个可调的直流电流，以满足发

电机正常发电和电力系统安全运行的需要。无论是在稳态运行还是在暂态过程中，同步发电机的运行状态都与励磁有关。对发电机的励磁进行合适的调节和控制，可以保证发电机及电力系统的可靠性、安全性和稳定性。

同步发电机励磁控制系统的基本功能如下。

（1）维持发电机机端电压运行水平。对于单机运行的发电机，引起机端电压变化的主要原因是无功负荷的变化，当无功负荷发生变化时，要保持机端电压不变，必须相应的调节发电机的励磁电流。

（2）在并列运行机组之间合理地分配无功功率。当调节励磁电流时，发电机发出（或吸收）的无功功率作相应变化，因此，通过励磁电流的调节，可以控制发电机发出的无功功率，并且使并列运行机组间的无功功率合理分配。

（3）提高电力系统的运行稳定性。

1）提高电力系统功角静态稳定性。励磁控制系统提高电力系统的静态功角稳定性表现在两个方面。其一是当发电机发出的有功功率不变时，通过增加发电机的励磁电流，即增大感应电动势，使发电机的功角减小，从而提高发电机运行的稳定性；其二是当系统有功负荷增加时，发电机输出的有功功率也随着增加，此时增加发电机的励磁电流，可以使发电机的功角维持不变，从而保证发电机的稳定运行。

2）提高电力系统的暂态功角稳定性。当系统受到扰动后，励磁装置进行强励以增大励磁，改变发电机电磁功率曲线，减少发电机暂态过程中加速面积，增大发电机暂态过程中减速面积，从而提高发电机的暂态稳定性。提高同步发电机的强励能力，即提高励磁顶值电压和励磁电压的上升速度，是提高电力系统暂态稳定性的手段之一。

3）提高电力系统电压稳定性。当电力系统由于各种扰动出现低电压或接近电压稳定临界点时，励磁自动调节控制系统可发挥其调节作用，即大幅度地增加励磁以提高系统电压，提高电力系统电压稳定性。

但另一方面，励磁系统中的自动电压控制是造成电力系统机电振荡阻尼变负的最重要原因之一，因此提高电压调节器精度和提高电力系统动态稳定性是不兼容的。

IEEE 于 1968 年和 1981 年分别提出了用于电力系统稳定计算分析的励磁系统模型；1991 年中国电机工程学会也提出了用于电力系统稳定计算的励磁系统模型的推荐模型；1995 年 IEEE 又分别提出了低励限制模型和过励限制模型。中国电力科学研究院在总结以往的标准模型和励磁系统的发展的基础上，提出了 6 种通用型励磁系统模型，模型中包含了低励限制和过励限制模型，可以较好地适应各种励磁系统的仿真要求，并在 PSD—BPA 电力系统暂态稳定程序和 PSASP 电力系统综合分析程序中得到了实现。

励磁系统由主励磁系统和自动励磁调节系统两部分构成，前者用来提供发电机的励磁系统电流，后者用来对励磁电流进行调节和控制。根据产生励磁电流方式的不同，励磁系统可以分为直流励磁机系统、交流励磁机系统和静止励磁机系统 3 类。

一般的励磁系统的组成可以用图 4-6 表示。主励磁系统为发电机的励磁系统提供励磁电流；励磁调节器用于对励磁电流进行调节或控制；发电机端电压测量与负载补偿环节测量发电机的端电压 $\dot{U}_t$，并对发电机的负载电流 $\dot{I}_t$ 进行补偿；辅助补偿器对励磁调节器输入辅助控制信号；保护与限幅环节用以确保机组的各种运行参数不越过其限值。

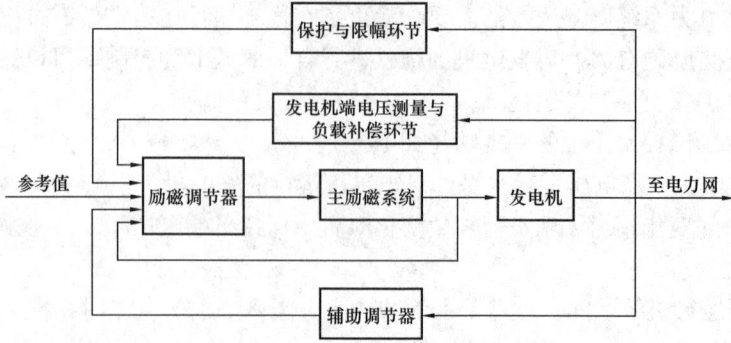

图 4-6 同步发电机的励磁控制系统

4.3.1 主励磁系统数学模型

1. 直流励磁系统

直流励磁机由于其运行维护成本过大，已不用于新建的大容量的发电机组，但是某些电力系统中仍可能有未退役的直流励磁机，因此简单介绍其数学模型。

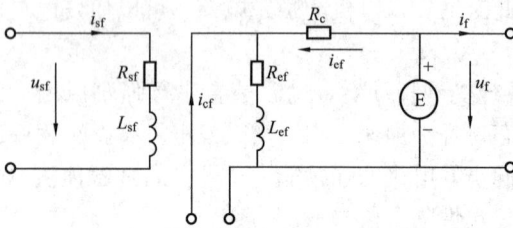

图 4-7 直流励磁系统的原理接线图

直流励磁系统又分为自励和他励两种类型。其原理接线如图 4-7 所示。图中，E 表示励磁机的电枢；R_{ef} 和 L_{ef}、R_{sf} 和 L_{sf} 分别为自励、他励绕组的电阻和自感；i_{ef}、i_{sf} 和 i_{cf} 分别为自励、他励和复励电流；u_{sf} 为他励绕组的外施电压；R_c 为可变调节电阻。

直流励磁机的数学模型可以表示为

$$\left[S_E + \left(1 - \frac{\beta}{R_c + R_{ef}} \right) + (T_{ef} + T_{ff})s \right] U_f(s) = \frac{\beta}{R_{ff}} U_{ff}(s) + \frac{\beta R_c}{R_c + R_{ef}} I_{cf}(s) \quad (4-36)$$

式中：$T_{ef} = \dfrac{L}{R_c + R_{ef}}$，$T_{ff} = \dfrac{L}{R_{ff}}$ 分别表示自励绕组和他励绕组的时间常数。

如果取直流励磁系统的额定电压 U_{fB} 作为 U_f 的基准值，取 $\dfrac{U_{fB}}{\beta}$ 作为各励磁电流的基准值，取 $\dfrac{R_{ff}U_{fB}}{\beta}$ 作为 U_{ff} 的基准值，则式（4-36）可以表示为

$$(S_E + K_E + T_E S)U_f^*(s) = U_{ff}^*(s) + K_{cf}I_{cf}^*(s) \quad (4-37)$$

式中：$K_E = 1 - \dfrac{\beta}{R_c + R_{ef}}$ 为励磁机的自励系数；$T_{ES} = T_{ef} + T_{ff}$ 为励磁绕组的等值时间常数；$K_{cf} = \dfrac{R_c}{R_c + R_{ef}}$ 为 I_{cf} 输入的放大倍数。

其传递函数框图可用图 4-8 表示。

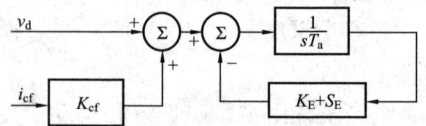

图 4-8 直流励磁系统
传递函数的一般形式

2. 交流励磁系统

交流励磁机为同步电机。通常励磁机与发电机同轴旋转。励磁机定子的交流输出经三相不可控或可控的桥式整流器整流后供给发电机的励磁绕组。整流器有静止型和旋转型两类。励磁机自身的励磁方式有他励和自励两种。根据不同的整流器安排方式及励磁机的励磁方式

有各种组合。

交流励磁机多采用他励式励磁，这时交流励磁机的数学模型完全可以直接取用 4.2 节建立的同步电机数学模型。但是由于交流励磁机的负载就是发电机的励磁绕组，其运行工况相对于发电机要简单得多，因此通常是把同步机的数学模型经简化后用于描述励磁机。下面介绍一种简单而常用的方法。采用以下假定条件：

（1）不计阻尼绕组的影响；

（2）忽略定子电阻；

（3）由于励磁机的负载为发电机的励磁绕组，故励磁机的定子电流几乎是纯感性电流，可近似认为励磁机定子电流的交轴分量为零。

可得励磁机的定子电压方程为

$$\begin{cases} v_d = 0 \\ v_q = \varphi_d = e'_q - X'_d i_d \end{cases} \tag{4-38}$$

在式（4-38）中进一步忽略励磁机定子电流对励磁机定子电压的影响，则励磁机的定子电压与其暂态电势相等。当采用了"单位励磁电压/单位定子电压"的基准值系统，E_{fq} 与同步机的励磁绕组电压相等。由以上假设，记励磁机的励磁电压为 u_R，定子电压为 u_E 时，定子电流为 i_E，与同步发电机的模型相同，可得不计饱和效应的励磁机的数学模型为

$$\begin{cases} T_E \dot{u}_E = u_R - e_{qE} \\ u_{eq} = u_E + (X_{dE} - X'_{dE})i_E \end{cases} \tag{4-39}$$

当考虑励磁系统的饱和效应时，可以表达为

$$(1 + S_E)u_E = e_{qE} - (X_{dE} - X'_{dE})i_E \tag{4-40}$$

式中：S_E 励磁机的饱和系数。

在励磁机经三相不控桥式整流器供给发电机励磁绕组的情况下，整流器的输出电流为发电机的励磁电流 i_f，它与整流器的输入电流即励磁机的定子电流 i_e 近似为正比关系。将式（4-40）中的 $(X_{dE} - X'_{dE})i_E$ 换成 $K_D i_f$，可得到

$$\begin{cases} T_E u_e s = u_R - e_{qE} \\ e_{qE} = (1 + S_E)u_E + K_D i_f \end{cases} \tag{4-41}$$

可用图 4-9 所示的传递函数框图来表示采用不控三相桥式整流的他励交流励磁机的数学模型。

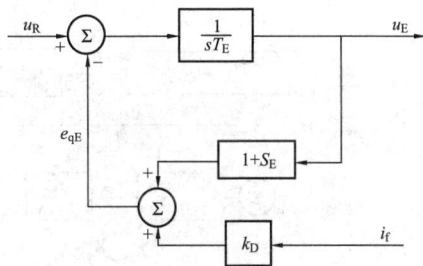

图 4-9　他励式交流励磁机的传递函数框图

3. 功率整流器的数学模型

采用交流励磁机供电发电机励磁电流时，需要三相桥式可控或不可控电路。由于三相桥式可控或不可控电路的暂态过程复杂，通常仅用准稳态数学方程来模拟，即将整流器的暂态过程近似处理成一系列稳态过程的连续。

三相桥式不可控电路的稳态方程为

$$u_f = \frac{3\sqrt{2}}{\pi}U_E - \frac{3X_r}{\pi}i_f \tag{4-42}$$

式中：U_E 为交流励磁机的线电压有效值；u_f 和 i_f 分别是励磁机的输出电压和电流；X_r 为换相电抗；$\dfrac{3X_r}{\pi}i_f$ 为换相压降。

4.3.2 励磁调节器的数学模型

励磁调节器的作用是处理和放大输入的控制信号，从而生成合适的励磁控制信号。励磁调节器通常包括功率放大环节、励磁系统稳定环节和幅值限值环节。

1. 直流励磁机励磁系统

直流励磁机励磁系统根据励磁调节器的不同类型，可以分为可控相幅励磁调节器、复式励磁加负载补偿和带晶闸管调节器的直流励磁系统 3 种。目前采用的是带晶闸管调节器的直流励磁系统，前面两种已逐渐淘汰。带晶闸管的励磁调节系统的框图如图 4 - 10 所示。

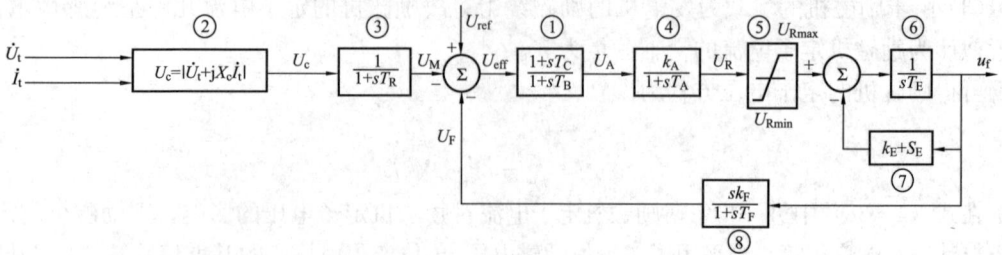

图 4 - 10　采用晶闸管调节器的直流励磁机励磁系统的传递函数框图

其中框①反映相位复式励磁；框②和框③为测量和滤波环节；框④为综合放大和移相触发环节，调节器的输出作用于励磁机的自励或他励绕组；框⑤为限幅环节，其输入信号为励磁机的复励电流；框⑥和框⑦为直流励磁机环节；框⑧为软负反馈环节，用以实现对发电机励磁电压并联校正。

2. 交流励磁机励磁系统

交流励磁机励磁系统应用较多，其形式也较多，下面仅介绍采用不可控功率整流器和可控整流器的交流励磁机励磁系统，其传递函数如图 4 - 11 所示。

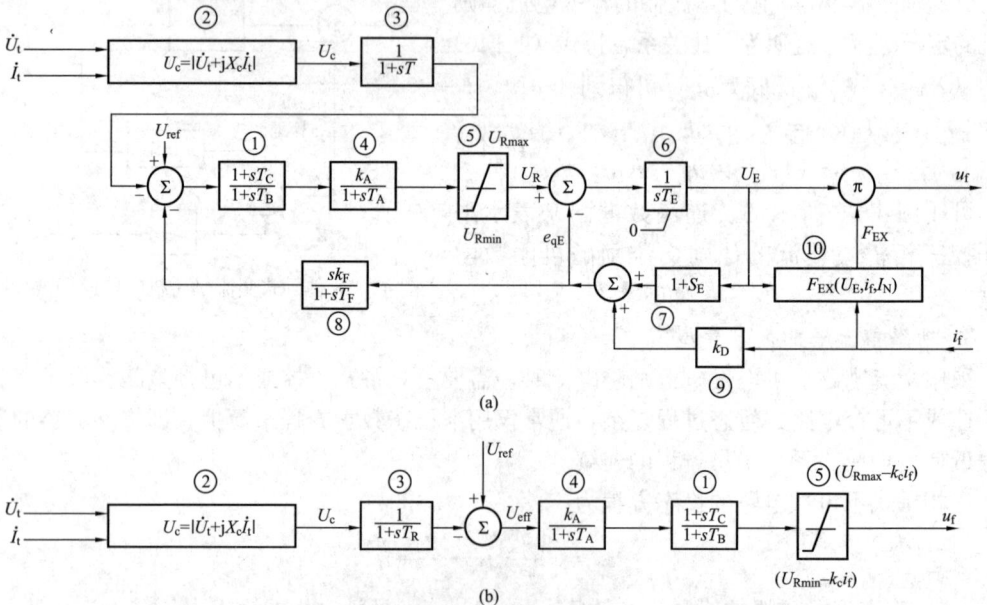

(a)

(b)

图 4 - 11　交流励磁机励磁系统的传递函数框图
(a) 不可控功率整流器；(b) 可控功率整流器

图 4-11（a）中图框①为超前—滞后环节；框②和框③为电压和电流的测量以及调差环节；框④为综合放大和移相触发环节；框⑤为限幅环节；框⑥、框⑦和框⑨为他励式励磁机模型；框⑧为发电机励磁电压并联校正环节；框⑩为功率整流器数学模型。

图 4-11（b）中图框①为超前—滞后环节；框②和框③为电压和电流的测量以及滤波环节；框④为综合放大和移相触发环节；框⑤为限幅环节。

3. 静止励磁系统

在静止励磁系统中，发电机的励磁电源取自发电机本身的输出电压或输出电流，前者称为自并励系统，后者称为自复励系统。自并励系统的传递函数框图如图 4-12 所示。

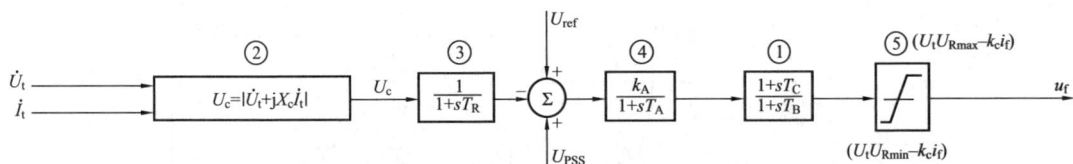

图 4-12　自并励静止励磁系统的传递函数框图

自并励静止励磁系统的传递函数图同可控功率整流器的交流励磁机的励磁系统的传递函数图基本相同，这是因为两者在结构上的差别仅在于发电机励磁电源的不同，这一差别反映在励磁系统输出的限制环节上。

4.3.3　励磁调节器的数学模型

4.3.2 节给出了直流励磁机励磁系统、交流励磁机励磁系统与静止励磁系统常见的数学模型。实际上，每台发电机的励磁机厂家提供的励磁机模型都不完全相同，为此在电力系统稳定计算仿真中，常对发电组励磁系统进行现场测试和参数整定，最后采用目前电力系统稳定仿真计算软件 BPA 和 PSASP 程序所采用的通用模型，也就是中国电力科学研究院所总结的 6 种通用型励磁系统数学模型进行暂态稳定计算仿真。由于直流励磁机主要用于小型火电机组，目前随着国家节能减排工作的进行，小火电机组基本关停，直流励磁机已很少应用了，而目前大量 600MW 火电机组多数都采用静止励磁机。在 BPA 和 PSASP 软件进行暂态稳定仿真中，静止励磁机励磁系统一般采用静止励磁系统 FV 数学模型，如图 4-13 所示。

该模型在获得调差信号后，先通过超前—滞后环节对信号进行处理，然后将该信号放大，同时，还有一个反馈环节，以增加励磁系统的稳定性。此外，该模型还含有低励磁限制和过励磁限制。

图 4-14 给出了省略过励限制和低励限制的 FV 简化实用模型，由串联校正环节、并联校正环节、综合放大单元和晶闸管整流环节组成。

图 4-14 的 BPA-FV 模型中，输入 V_{ERR} 为发电机机端电压和基准电压的差值，输出 E_{FD} 为发电机励磁电压，k_V 为比例积分或纯积分选择因子，I_{FD} 为发电机励磁电流。

（1）串联校正环节。串联校正环节中包含一个超前环节和一个滞后环节。超前环节具有微分性质，输出的相位领先输入相位，它的主要作用是改善动态品质，减小过渡过程时间 T，超前环节基本上是一个高通滤波器。滞后环节可以使输出量相对于输入量有一个相位滞后，分母的惯性环节占优势，用于提高允许的放大倍数，增加静态精度。滞后环节基本上是一个低通滤波器，也就是说滞后校正使低频增益提高，这减小了稳态误差，同时使高频增益

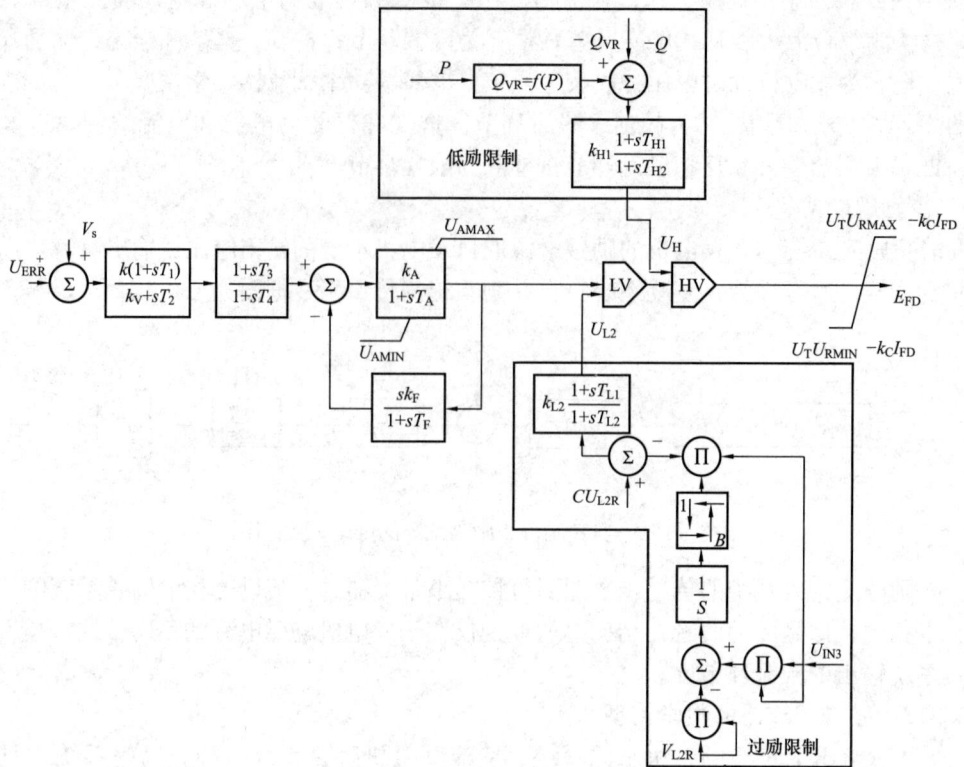

图 4-13 BPA FV 励磁模型

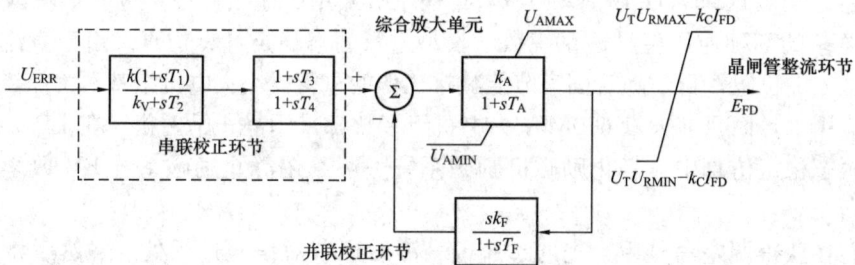

图 4-14 BPA FV 励磁简化实用模型

减小，相应减小了超调，但与此同时牺牲了快速性。这与比例—积分的作用是相同的。滞后校正在快速励磁系统中被广泛的采用。

　　将超前和滞后环节结合使用可使低频段信号滞后，高频部分信号领先。在高频段和低频段，幅值都没有衰减，而中间一段幅值衰减显著，所以它是一个带阻滤波器，在频域内，其中的领先校正提供了额外的相位裕量，提高了高频段的增益，因而能使动态响应得到改善，但它使稳态的精度改善较少。其中滞后校正环节的主要作用是使高频段增益减小，在低频段上可以采用较大增益，使稳态调节精度提高，但动态响应时间有所增加。超前滞后环节综合了上述两者的特性。它的超前部分，在原来未被校正系统的增益交界频率提供了额外的相角裕量。而它的滞后部分，在上述增益交界频率以上将产生衰减的幅值，因而容许低频段提高增益以改善系统的稳态特性。

（2）并联校正环节。一般串联校正比并联校正简单，但是串联校正常常需要附加放大器以增大增益或进行隔离。在励磁控制中，最常见的并联校正是励磁机电压的微分负反馈，如图 4-15 所示。

若参考量 $R(s)=0$，扰动量对输出的影响可表达为

$$\frac{C(s)}{N(s)} = \frac{G_2(s)}{1+G_1(s)G_2(s)H(s)}$$

$$(4-43)$$

图 4-15 并联校正方框图

若扰动量 $C(s)=0$，参考量对输出的影响可表达为

$$\frac{R(s)}{N(s)} = \frac{G_1(s)G_2(s)}{1+G_1(s)G_2(s)H(s)} \qquad (4-44)$$

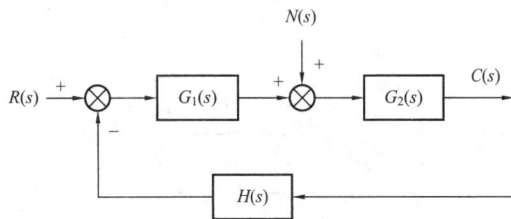

如果设计时，使得 $|G_1(s)G_2(s)H(s)| \gg 1$ 及 $|G_1(s)H(s)| \gg 1$，则由式（4-43）可得

$$\frac{C(s)}{N(s)} \approx 0 \qquad (4-45)$$

对参考量变动的可表达为

$$\frac{C(s)}{R(s)} \approx \frac{1}{H(s)} \qquad (4-46)$$

可见，只要 $|G_1(s)|$ 选得足够大，采用并联负反馈以后，扰动对系统的影响非常小，闭环传递函数将与并联反馈所跨接的前向传递函数无关，而仅仅由并联反馈传递函数的导数所决定，这就是并联反馈的主要优点。

（3）综合放大单元。该单元由调节器中的综合放大、移相触发及晶闸管整流电路组成。放大电路可看成惯性环节，同步触发器是一个比例环节，无时滞影响。对于晶闸管整流器，考虑到在运行中改变控制电压的调节过程中，整流器的平均输出电压对触发器电压有滞后作用，经适当处理后，也可看成一阶惯性环节。这样综合控制单元的传递函数可以近似用一阶惯性环节表示，如下式所示

$$G_A(s) = \frac{k_A}{1+sT_A} \qquad (4-47)$$

式中：k_A 为综合放大倍数，T_A 为综合时间常数。

（4）晶闸管整流环节。晶闸管整流环节主要用来模拟励磁系统中将交流转换成直流的电路，其中换弧压降系数 k_C 可用下式求得

$$k_C = \frac{1}{2}(x'_d + x'_q) \frac{z_{base}}{r_{base}} \qquad (4-48)$$

式中：x'_d、x'_q 为交流励磁机 d 轴及 q 轴暂态电抗标幺值；z_{base} 为交流励磁机定子阻抗基值（有名值）；r_{base} 为发电机励磁电阻基值（有名值），它等于励磁机空载特性气隙线上对应于额定子电压的励磁电压与励磁电流之比。

目前稳定仿真中，对于交流励磁机励磁系统一般采用 FM 模型，如图 4-16 所示。

111

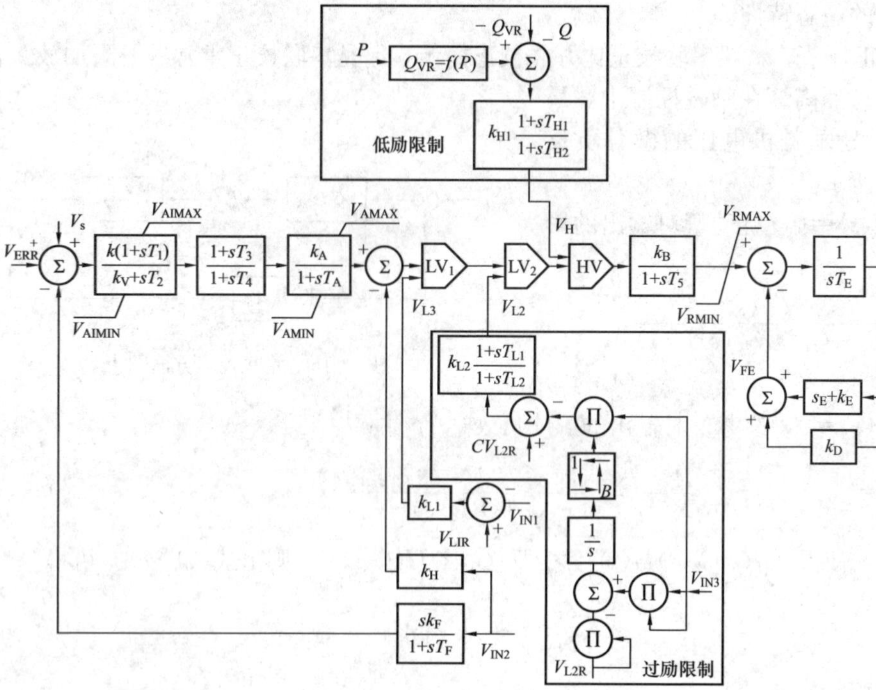

图 4-16　FM 励磁模型

4.4　原动机模型

发电机是将原动机输送的能量转化成电能。电力系统机电暂态过程实际上就是原动机输出的动能同发电机产生的电磁能量相互平衡的关系。电力系统在稳态情况下发生扰动以后，电磁功率发生变化，从而打破了发电机电磁功率与原动机机械功率的平衡，引起发电机转速变化，从而又引起调速系统的动作去调节水轮机导水叶或汽轮机进气门的开度。开度的调节将改变原动机的机械功率。这样，扰动的发生就使系统进入了复杂的机械与电磁互相作用的暂态过程。

除风力、太阳能、潮汐发电外，用于大规模电能生产的原动机分为水轮机和汽轮机两种。本节主要介绍水轮机和汽轮机的数学模型。

4.4.1　水轮机及调速系统数学模型

1. 水轮机数学模型

水轮机的动态行为与其给水压力管道中的水流的动态特性密切相关。稳态情况下，引水管道中各节点的水流速度相同，水压恒定。但当导水叶开度突然增大时，导水叶处的流量将增大，但由于水流的惯性，管道中其他各点的流速不能立即增大，结果造成水轮机的进水压力短时间内不增反减，从而使水轮机的输入功率也不增加反而有所降低。反之亦然。通常称这种现象为水锤效应。另外，在具有弹性的管道中输送的可压缩流体的运动，其各点的流量与压力的变化过程是一个波动过程，它类似于均匀分布参数的传输线中的波过程。在电力系统仿真计算中都采用简化模型，通常忽略水流的波效应，并不计引水管管壁等对水流的阻力而引起的水轮机机械功率损耗等。最简单的简化模型可表示为

112

$$\Delta P_m = \frac{1 - T_w s}{1 + 0.5 T_w s} \Delta \mu \tag{4-49}$$

式中：T_w 为水锤时间常数，其大小与引水管长度有关；μ 为导水叶开度。

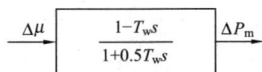

图 4-17 水轮机经典模型的传递函数

其传递函数如图 4-17 表示。

T_w 的物理意义是水头 H_0 将压力水管中的水从静止状态加速到流速为 U_0 所需要的时间，这个时间常数的大小与 U_0 有关，即与水轮机的负载有关，负载越大则时间常数越大。通常满载情况下，设计制造使 T_w 的值在 $0.5 \sim 4s$。

2. 水轮机调速系统数学模型

水轮机调速器主要有机械液压式和电气液压式两种类型。虽然它们的实现方法不同，但作用原理相似，因而可以采用相同的数学模型。下面以机械液压式调速器为例建立其数学模型。离心飞摆式调速器的原理结构如图 4-18 所示。下面给出标幺值下的调速器各元件的运动方程，其中各量的正方向已在图中标出。

（1）离心飞摆方程。离心飞摆的作用是测量发电机转速。略去飞摆的质量和阻尼的作用，可以近似地认为 η 与转速偏差成正比，比例系数为 k_δ，则有

$$\eta = k_\delta(\omega_0 - \omega) \tag{4-50}$$

（2）配压阀活塞方程。不计配压阀活塞的惯性和调速器的动作，配压阀活塞位移 ρ 与图 4-18 中 B 点位移 ζ 的关系可以表示为

$$\rho = \mu - \zeta \tag{4-51}$$

（3）接力器活塞方程。接力器活塞的运动速度与位移 ρ 成正比，比例时间常数为 T_s，可以表示为

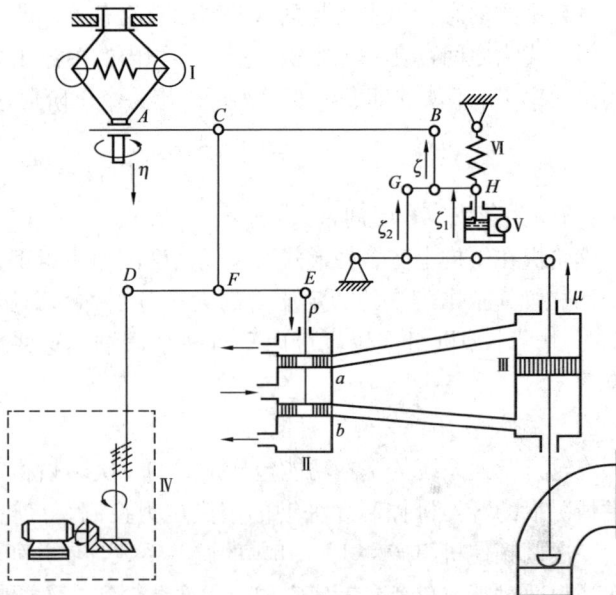

图 4-18 水轮机离心飞摆式调速器的原理结构图

I—离心飞摆；II—错油门（配压阀）；III—油动机（接力器）；
IV—调频器；V—缓冲器；VI—弹簧

$$T_s u s = \rho \tag{4-52}$$

（4）反馈方程。反馈 ζ 由图 4-18 中 G 点位移 ζ_2 所产生的硬负反馈和由 H 点位移 ζ_1 所产生的软负反馈合成，可以表示为

$$\zeta = \zeta_1 + \zeta_2 = \frac{k_\beta T_i s}{1 + T_i s} + k_s \mu \tag{4-53}$$

式中：$k_s = \sigma/\delta$，$k_\beta = \beta/\delta$，$\delta = 1/k_\delta$。

k_β 和 T_i 分别为软反馈的增益和时间常数；k_s 为硬反馈的增益；δ 为测量元件的灵敏度；β 表示软反馈系数；σ 为调差系数。

上述数学模型的传递函数框图可用图 4-19 表示。

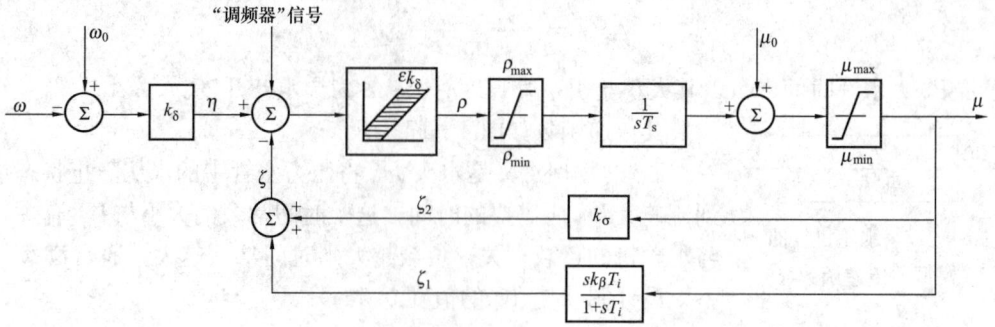

图 4-19　离心飞摆式调速系统的传递函数框图

4.4.2　汽轮机及其调速系统的数学模型

1. 汽轮机的数学模型

汽轮机的动态行为主要与蒸汽的容积效应有关。即当汽轮机调速气门开度 μ 变化后，由于气门与喷嘴之间存在一定容积，这个容积内的蒸汽压力不会立即发生变化，从而使汽轮机的输出功率 P_m 不能立即发生变化。可以用一个 1 阶惯性环节来表示

$$P_m = \frac{1}{T_{CH}s + 1}\mu \tag{4-54}$$

式中：T_{CH} 为蒸汽容积时间常数。

汽轮机在结构上有多种形式。现代大型汽轮机组都是由多个汽缸同时驱动一台发电机，多个汽缸按其工作蒸汽的额定压力的大小分别称为高压缸（HP）、中压缸（IP）和低压缸（LP）。中、小型机组汽轮机可以只有一个汽缸。这些影响同样可用一个 1 阶惯性环节来模型。

2. 汽轮机调速系统的数学模型

汽轮机调速系统的基本功能包括正常的一次调频和二次调频、过速控制、过速切机以及正常情况下的开停机控制和辅助的蒸汽压力控制。汽轮机正常的一、二次调频与水轮机相似。一次调频使机组产生 $4\% \sim 5\%$ 的调差系数，使并列运行的机组间能够稳定地分配负荷。二次调频通过整定负荷参考值完成。一次调频和二次调频都只调整汽轮机的主汽门。在通常的电力系统稳定性分析中，只考虑对主汽门的控制而不考虑对其他阀门的控制。

汽轮机调速系统大体可分为机械液压、电气液压和功率—频率电气液压调速器等 3 种类型。机械液压式调速器与水轮机离心飞摆式调速器动作原理基本相同，只是汽轮机调速系统无须软反馈环节而只用硬反馈，其系数为 1。这样，汽轮机械液压式调速系统便可采用图 4-20 所示的传递函数框图。时间常数 T_1 用来描述调速器中错油门的惯性。T_1 的数值不是很大，一般将此环节忽略不计。

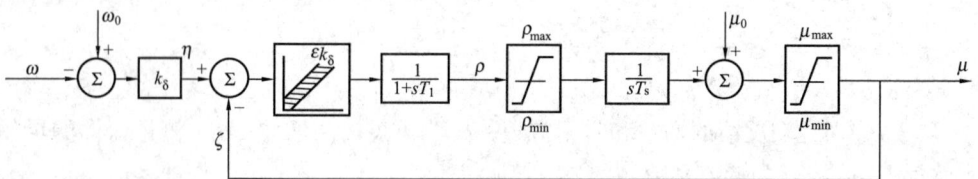

图 4-20　汽轮机机械液压式调速系统的传递函数框图

电气液压式调速器是用电子线路实现机械液压式调速器中低功率输出的环节，即从转速测量到油动机前的机械部分。电气液压式较之机械液压式有更好的适应性和灵活性，响应速度也得到提高。为了使调速系统有更好的线性响应特性，还引入了蒸汽流量（或高压缸第一段的蒸汽压力）和油动机活塞位置的反馈回路。电气液压式调速系统的原理框图与传递函数框图如图 4-21 所示。

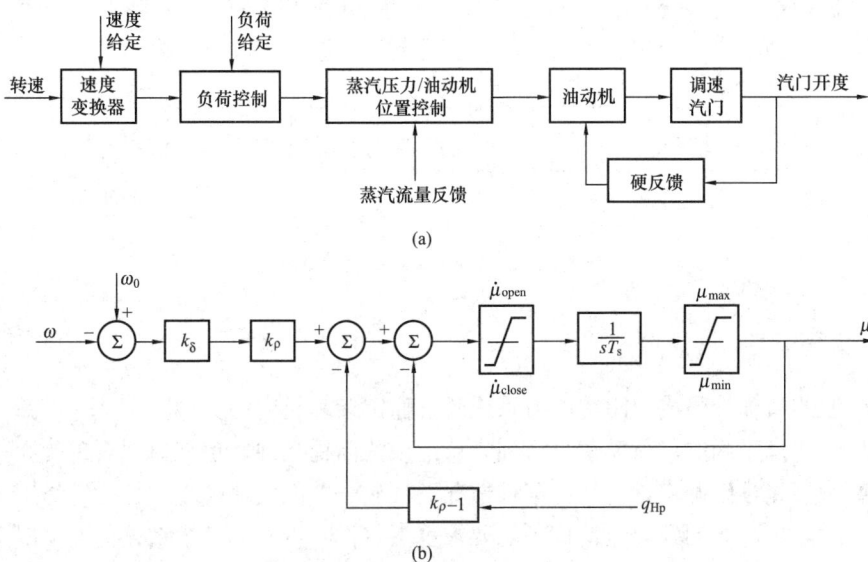

(a)

(b)

图 4-21　汽轮机电气液压式调速系统结构原理和数学模型

（a）结构原理图；（b）传递函数框图

功率—频率电气液压调速器的原理框图和传递函数框图如图 4-22 所示。将发电机的频率和功率与给定的参考值进行比较，得到的误差信号经过综合放大后由 PID 校正，再通过

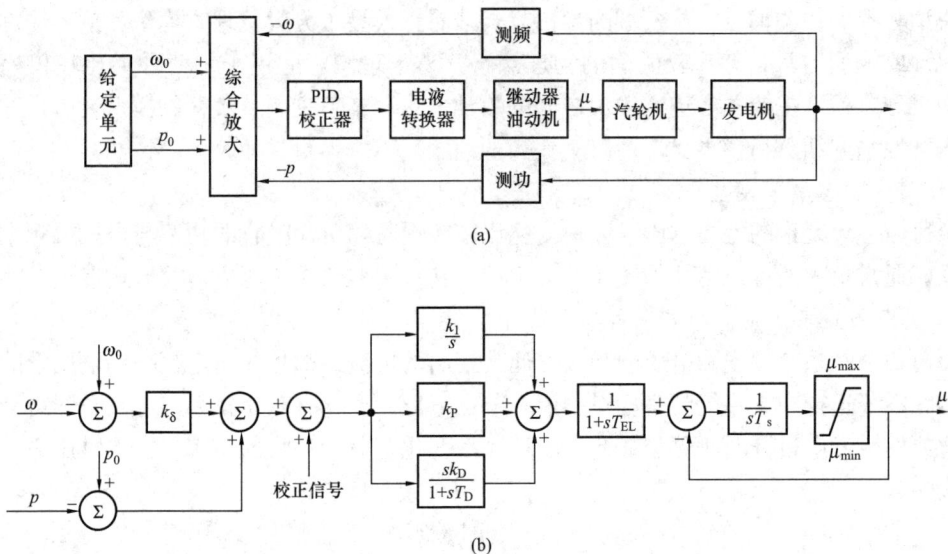

(a)

(b)

图 4-22　功频电液调速系统结构原理和数学模型

（a）结构原理图；（b）传递函数框图

电液转换器将电信号转换成液压信号去驱动继动器和油动机，从而调节汽轮机的气门。图中 k_P、k_I 和 k_D 分别为比例、积分和微分环节的增益；T_{EL} 为电液转换器的时间常数；T_s 为接力器时间常数（其值甚小，可以忽略不计）。

调速系统模型对电力系统暂态稳定计算结果精度影响不大。这是因为对于电力系统暂态稳定来说，其响应和动作时间为秒级；而调速系统响应时间长，通常多是 10s 以后。调速系统模型通常运用在电力系统中长期稳定仿真中。在 BPA 和 PSASP 软件中，中国电力科学研究院给出了一种水轮机和汽轮机通用的 GG 模型，如图 4-23 所示。

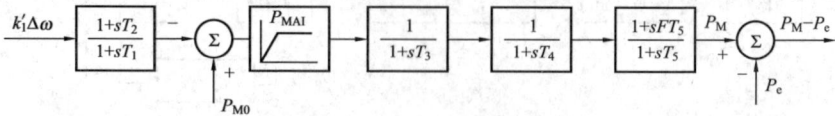

图 4-23　GG 调速系统模型

4.5　负荷模型

负荷模型的精确性已成了制约电力系统暂态稳定计算精度的关键因素之一。针对所研究问题的特点，选择正确的负荷模型是得到满意结果的前提条件。负荷模型对现代大型电力系统的总体影响事先难以确定，而且在某种情况下"乐观"的负荷模型在另一种情况下却可能是"悲观"的，且不同问题对负荷模型的要求也不一样。没有哪种模型在任何情况下都是保守的，负荷模型的影响与系统结构、负荷的位置等有着密切的关系，必须根据应用目的及其相应要求，选定电力系统中的重要负荷，确定其负荷特性和模型。

负荷模型的分类方法有多种。从能否反映负荷的动态特性来看，负荷模型可以分为静态模型和动态模型。静态模型通常用代数方程表示，动态模型用微分方程表示。从是否线性来看，模型可以分为线性模型和非线性模型。从模型是否与系统频率相关来看，模型分为电压相关模型和频率相关模型。从模型的导出方式来看，模型可分为机理式模型和输入输出式模型。机理式模型通常具有比较明确的物理意义，易于理解，适用于负荷种类比较单一的情况；非机理式模型主要关心输入输出之间的数学关系。本节主要从负荷的模型能否反映负荷的动态特性来介绍负荷模型。

4.5.1　静态负荷模型

负荷静态模型指的是当电压或频率变化比较缓慢时，负荷吸收的功率与电压或频率之间的关系。通常负荷的静态特性如图 4-24 所示，其常用多项式表达或指数形式表达。

1. 用多项式表达负荷的电压和频率特性

负荷功率是系统频率和电压的函数，通常给出的负荷值都是在一定频率和电压下的功率值。实际系统运行中，系统频率相对稳定，节点电压的变化有时比较大，尤其是网络结构发生变化或发生发电机开断时更是如此。不计频率变化，负荷吸收的功率与节点电压之间的关系可表达为

$$\begin{cases} P_{L^*} = a_p U_{L^*}^2 + b_p U_{L^*} + c_p \\ Q_{L^*} = a_Q U_{L^*}^2 + b_Q U_{L^*} + c_Q \end{cases} \tag{4-55}$$

式中：P_{L^*}、Q_{L^*}、U_{L^*} 的基准值取扰动前稳态运行情况下负载本身所吸收的有功、无功和

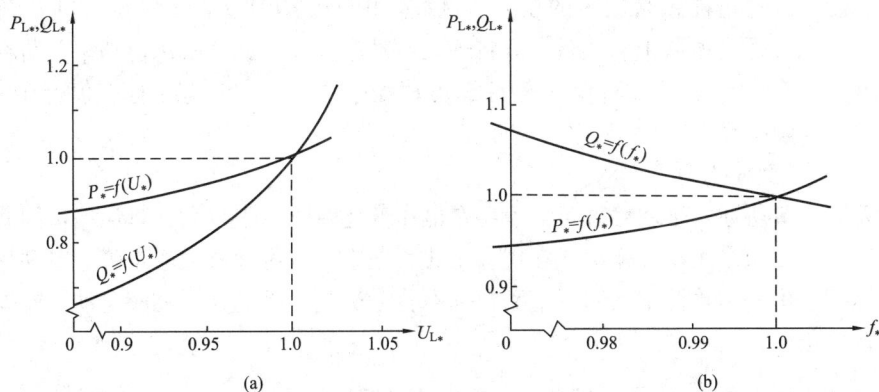

图 4-24 负荷的静态特性

(a) 电压静特性；(b) 频率静特性

负荷的节点电压。显然式（4-55）的各个系数满足下述关系式

$$a_P + b_P + c_P = 1, \quad a_Q + b_Q + c_Q = 1 \tag{4-56}$$

这种数学模型实际上是将负荷分为恒阻抗、恒电流和恒功率 3 部分。a，b，c 分别表示恒阻抗（Z）、恒电流（I）和恒功率负荷（P）在节点负荷中所占的比例。这种模型也称为负荷的 ZIP 模型。

由于系统在暂态过程中频率变化一般不大，通常可采用切线形式来模拟，可表示为

$$
\begin{cases}
P_{L*} = 1 + \left(\dfrac{\mathrm{d}P_{L*}}{\mathrm{d}f_*}\right)_{f_*=1} \Delta f_* \\
Q_{L*} = 1 + \left(\dfrac{\mathrm{d}Q_{L*}}{\mathrm{d}f_*}\right)_{f_*=1} \Delta f_*
\end{cases}
\tag{4-57}
$$

式中：f_* 表示基准值为系统的额定频率；Δf_* 为频率偏移。

同时考虑电压和频率变化时，负荷的数学模型可表示为

$$
\begin{cases}
P_{L*} = (a_p U_{L*}^2 + b_p U_{L*} + c_p)\left[1 + \left(\dfrac{\mathrm{d}P_{L*}}{\mathrm{d}f_*}\right)_{f_*=1} \Delta f_*\right] \\
Q_{L*} = (a_Q U_{L*}^2 + b_Q U_{L*}^2 + c_Q)\left[1 + \left(\dfrac{\mathrm{d}Q_{L*}}{\mathrm{d}f_*}\right)_{f_*=1} \Delta f_*\right]
\end{cases}
\tag{4-58}
$$

2. 指数形式

将负荷的电压特性和频率特性分别在稳态运行点负荷表示成指数形式，即

$$
\begin{cases}
P_{L*} = U_{L*}^{pu}, \quad P_{L*} = f_{L*}^{pf} \\
Q_{L*} = U_{L*}^{qu}, \quad Q_{L*} = f_{L*}^{qf}
\end{cases}
\tag{4-59}
$$

同时，考虑电压和频率特性的数学模型可表示为

$$P_{L*} = U_{L*}^{pu} \cdot f_{L*}^{pf} \tag{4-60}$$

$$Q_{L*} = U_{L*}^{qu} \cdot f_{L*}^{qf} \tag{4-61}$$

需要说明的是，虽然负荷的静态模型在电力系统稳定计算中获得广泛的应用，但质疑声也不少，原因如下：一是因为负荷建模工作的难度很大，表现为不同时间，不同地点的负荷其负荷特性不同；同一节点不同时间的负荷特性不同；同一节点在不同严重故障下表现的负荷特性也不同。二是采用静态负荷特性比较简单。但当负荷节点的电压变化范围过大时，采

用负荷静态模型计算可能带来较大的误差。例如，由于放电性照明负荷在商业负荷中约占20％左右，当电压标幺值低于 0.7 时，灯将熄灭，功率为零。此时采用恒功率负荷将带来较大的计算差别。在 BPA 和 FASTEST 等计算仿真程序中，通常使电压标幺值低于 0.7，将其自动转化为恒阻抗负荷。

4.5.2　动态负荷模型

由 4.5.1 小节所述，采用静态负荷模型在电压变化时将带来较大计算误差，因此对负荷模型敏感的节点必须采用动态模型。在现代工业负荷中，占份额最大的是感应电动机，因此负荷的动态特性主要由负荷中的感应电动机动态行为决定。下面介绍感应电动机的模型。

1. 5 阶模型

同样选择以同步旋转的轴，即将 a，b，c 转换到 d，q，0 坐标下，令 $\dfrac{\mathrm{d}\theta_r}{\mathrm{d}t}=\dot{\theta}_r=s\omega_s$，可得

$$\begin{bmatrix} u_{ds} \\ u_{qs} \\ u_{dr} \\ u_{qr} \end{bmatrix} = \begin{bmatrix} R_s & & & \\ & R_s & & \\ & & R_r & \\ & & & R_r \end{bmatrix} \begin{bmatrix} i_{ds} \\ i_{qs} \\ i_{dr} \\ i_{qr} \end{bmatrix} + \begin{bmatrix} \dot{\psi}_{ds} \\ \dot{\psi}_{qs} \\ \dot{\psi}_{dr} \\ \dot{\psi}_{qr} \end{bmatrix} + \begin{bmatrix} -\omega_s\psi_{qs} \\ \omega_s\psi_{ds} \\ -\theta\psi_{qr} \\ \theta\psi_{dr} \end{bmatrix} \tag{4-62}$$

由式（4-62）可见，对应于定子绕组的第 3 项是定子绕组——同步旋转的磁通波在静止绕组中产生的电动势，类似后两项为以相对于同步旋转的磁通波的滑差速度在转子绕组中产生的电动势。对于电动机而言，$\dot{\theta}_r$，ω_s 为正值，对于发电机来说，$\dot{\theta}_r$，ω_s 为负。

转子运动方程为

$$M\frac{\mathrm{d}\omega}{\mathrm{d}t} = T_e - T_m \tag{4-63}$$

上述为异步电动机的 5 阶模型。

异步电动机的磁链和电流的关系

$$\psi_{ds} = X_{s\sigma}i_{ds} + X_m(i_{ds}+i_{dr}) \tag{4-64}$$

$$\psi_{qs} = X_{s\sigma}i_{qs} + X_m(i_{qs}+i_{qr}) \tag{4-65}$$

$$\psi_{dr} = X_{r\sigma}i_{dr} + X_m(i_{ds}+i_{dr}) \tag{4-66}$$

$$\psi_{qr} = X_{r\sigma}i_{qr} + X_m(i_{qs}+i_{qr}) \tag{4-67}$$

当不考虑凸极效应时，并定义

$$X = X_d = X_q = X_s = X_s\sigma + X_m \tag{4-68}$$

$$X_r = X_{r\sigma} + X_m \tag{4-69}$$

$$X' = X'_d = X'_q = X_s - \frac{X_m^2}{X_r} \tag{4-70}$$

暂态开路时间常数为

$$T'_0 = T'_{d0} = T'_{q0} = \frac{X_r}{\omega_r R_r} \tag{4-71}$$

交直轴转子电动势为

$$E'_d = -\frac{X_m}{X_r}\psi_{qr}, \quad E'_q = \frac{X_m}{X_r}\psi'_{dr} \tag{4-72}$$

联立式（4-64）和式（4-66），得

$$i_{ds} = \frac{X_r \psi_{ds} - X_m \psi_{dr}}{XX_r - X_m^2} = \frac{\psi_{ds} - E_q'}{X'} \tag{4-73}$$

$$i_{dr} = \frac{X\psi_{dr} - X_m \psi_{ds}}{XX_r - X_m^2} = \frac{\frac{X}{X_r}\psi_{dr} - \frac{X_m}{X_r}\psi_{ds}}{X'} \tag{4-74}$$

联立式 (4-65) 和式 (4-67)，得

$$i_{qs} = \frac{X_r \psi_{qs} - X_m \psi_{qr}}{XX_r - X_m^2} = \frac{\psi_{qs} + E_d'}{X'} \tag{4-75}$$

$$i_{qr} = \frac{\frac{X}{X_r}\psi_{qr} - \frac{X_m}{X_r}\psi_{qs}}{X'} \tag{4-76}$$

由式 (4-73)、式 (4-75) 和式 (4-62) 可得

$$\frac{1}{\omega_s} \cdot \frac{d\psi_{ds}}{dt} = -R_s i_{ds} + \psi_{qs} + u_{ds} = -\frac{R_s}{X'}\psi_{ds} + \psi_{qs} + \frac{R_s}{X'}E_q' + u_{ds} \tag{4-77}$$

$$\frac{1}{\omega_s} \cdot \frac{d\psi_{qs}}{dt} = -R_s i_{qs} + \psi_{ds} + u_{qs} = -\frac{R_s}{X'}\psi_{qs} + \psi_{ds} + \frac{R_s}{X'}E_d' + u_{qs} \tag{4-78}$$

由式 (4-74)、式 (4-76)、式 (4-71)、式 (4-72) 得

$$T_0' \frac{dE_q'}{dt} = \frac{X_r}{\omega_s R_r} \cdot \frac{X_m}{X_r} \frac{d\psi_{dr}}{dt} = -\frac{X}{X'}E_q' + \frac{X-X'}{X'}\psi_{ds} - (\omega_s - \omega)T_0'E_d' \tag{4-79}$$

$$T_0' \frac{dE_d'}{dt} = -\frac{X}{X'}E_d' + \frac{X-X'}{X'}\psi_{qs} - (\omega_s - \omega)T_0'E_q' \tag{4-80}$$

由式 (4-63)、式 (4-73) 和式 (4-75) 得

$$M\frac{d\omega}{dt} = T_e - T_m = (\psi_{ds}i_{qs} - \psi_{qs}i_{ds}) - T_m = \frac{\psi_{ds}E_d' + \psi_{qs}E_q'}{X'} - T_m \tag{4-81}$$

上述式 (4-77)~式 (4-81) 即为发电机的 5 阶模型，即以 ψ_{ds}、ψ_{qs}、E_q'、E_d'、ω 为状态变量。

2. 3 阶模型

计及了电动机转子的动态过程，定子绕组和转子绕组暂态过程衰减很迅速。一般地，电动机定子绕组暂态过程衰减迅速，在实际情况中不考虑，因此常用的为电动机的 3 阶模型。此时式 (4-77)、式 (4-78) 为 0，并令 q 轴与机端电压轴重合，忽略定子电阻 r，这样可得直角坐标下的电动机的 3 阶模型

$$\begin{cases} T_0' \dfrac{dE_q'}{dt} = -\dfrac{X}{X'} + \dfrac{X-X'}{X'}V - (\omega_s - \omega)T_0'E_d' \\[2mm] T_0' \dfrac{dE_d'}{dt} = -\dfrac{X}{X'}E_d' + (\omega_s - \omega)T_0'E_q' \\[2mm] M\dfrac{d\omega}{dt} = \dfrac{VE_d'}{X'} - T_m \end{cases} \tag{4-82}$$

当采用极坐标时，可将直流坐标形式的模型转进行转化，令

$$E' = \sqrt{E_d'^2 + E_q'^2} \tag{4-83}$$

$$\delta = \cot\left(-\frac{E_d'}{E_q'}\right) \tag{4-84}$$

则对式（4-82）进行变换后整理后可得

$$\begin{cases} T'_0\dfrac{dE'_q}{dt} = -\dfrac{X}{X'}E' + \dfrac{X-X'}{X'}V\cos\delta \\[2mm] \dfrac{d\delta}{dt} = (\omega-\omega_s) - \dfrac{X-X'}{X'}\cdot\dfrac{V\sin\delta}{T'_0E'} \\[2mm] M\dfrac{d\omega}{dt} = -\dfrac{VE'\sin\delta}{X'} - T_m \end{cases} \quad (4-85)$$

再令 $T' = \dfrac{X'}{X}T'_0$，$C = \dfrac{X-X'}{X}$，可得

$$\begin{cases} T'\dfrac{dE'}{dt} = -E' + CV\cos\delta \\[2mm] \dfrac{d\delta}{dt} = (\omega-\omega_s) - \dfrac{CV}{T'E'}\sin\delta \\[2mm] M\dfrac{d\omega}{dt} = -\dfrac{VE'}{X'}\sin\delta - T_m \end{cases} \quad (4-86)$$

其中，$T' = \dfrac{X'}{X}T'_0$，$C = \dfrac{X-X'}{X}$。

将式（4-86）左边取 0 得到稳态方程，再将式（4-62）代入式（4-64），得功率平衡方程

$$T_e = -\frac{CV^2\sin\delta\cos\delta}{X'} = \frac{CV^2\sin(-2\delta)}{2X'} = T_m \quad (4-87)$$

由式（4-87）可见，异步电动机功角稳态运行范围是 [-45°~0°]。

3. 1 阶模型

进一步忽略转子绕组的电磁暂态，并且认为激磁电抗 $X_m \to \infty$，由式（4-86）可得

$$M\frac{d\omega}{dt} = -\frac{VE'}{X'}\sin\delta - T_m = -\frac{CV^2}{X'}\cdot\frac{T'(\omega-\omega_s)}{1+[T'(\omega-\omega_s)]^2} - T_m \quad (4-88)$$

感应电动机的等值电路图如图 4-25 所示。

4. 感应电动机的电压暂态模型

在极坐标表示的感应电动机 3 阶模型表达式（4-85）中，忽略 δ 和 ω 的动态过程，则可以得到一种电压模型。可令式（4-85）中的第 3 式为零，可以得到

$$V\sin\delta = -T_mX'/E' \quad (4-89)$$

将式（4-89）代入式（4-85）中的第 1 式，可得

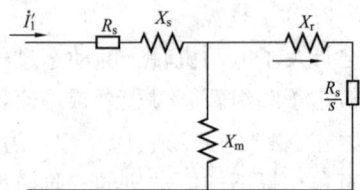

图 4-25 感应电动机等值电路图

$$T'_0\frac{dE'}{dt} = -\frac{X}{X'}E' + \frac{X-X'}{X'}\sqrt{V^2-(T_mX'/E')^2} \quad (4-90)$$

当出现下列情况时该模型实效

$$V < |-T_mX'/E'| \quad (4-91)$$

若假定机械转矩恒定，由式（4-89）可知有功功率恒定。因此，该模型只能描述电压和无功功率的动态变化，可用于电压稳定分析计算的一些场合。

4.5.3 综合负荷模型

在电网实际稳定计算仿真中，负荷通常不能用静态特性和动态特性完全模拟，因此采用

了综合负荷模型，它分为动态部分和静态部分。其中，动态部分采用 II 型 3 阶感应电动机数学模型，静态部分采用负荷静特性 ZIP 模型结构。其表示形式如图 4 - 26 所示。

其中，感应电动机模型与上面的相同，静特性部分采用扩展的 ZIP 模型，如式（4 - 92）所示

$$\begin{cases} P = P''_0 \cdot \left[k_{PZ} \cdot \left(\dfrac{U}{U_0} \right)^2 + k_{PI} \cdot \left(\dfrac{U}{U_0} \right) + k_{PP} \right] \\ Q = Q''_0 \cdot \left[k_{QZ} \cdot \left(\dfrac{U}{U_0} \right)^2 + k_{QI} \cdot \left(\dfrac{U}{U_0} \right) + k_{QP} \right] \end{cases}$$

$$(4 - 92)$$

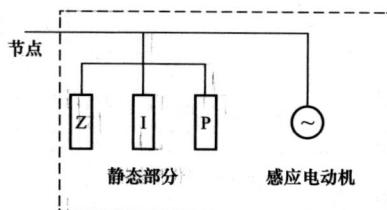

图 4 - 26 综合负荷模型结构

式中：k_{PZ}、k_{PI}、k_{PP} 的取值区间为 $[0，1]$；k_{QZ}、k_{QI}、k_{QP} 的取值区间为 $[-10，10]$；等式约束条件为 $k_{PZ} + k_{PI} + k_{PP} = 1$；$k_{QZ} + k_{QI} + k_{QP} = 1$。注意 k_{QZ}、k_{QI}、k_{QP} 的取值区间为 $[-10，10]$，这与经典的 ZIP 模型不同，所以又称之为扩展的 ZIP 模型。

TVA 负荷模型共有 14 个独立参数，它包括三阶感应电动机部分 8 个参数，即：$[R_s，X_s，X_m，R_r，X_r，H，A，B]^T$ 和扩展 ZIP 部分的 4 个参数，即：$[k_{PP}，k_{PZ}，k_{QP}，k_{QZ}]^T$，以及新定义的两个 K_{pm} 和 M_{lf}。其中，K_{pm} 用来分配初始有功功率；M_{lf} 为额定初始负荷率系数。设负荷总的初始有功功率为 P_0，总的无功为 Q_0，感应电动机的初始有功为 P'_0，则定义 K_{pm} 为

$$K_{pm} = P'_0 / P_0 \tag{4 - 93}$$

定义 M_{lf} 为

$$M_{lf} = \left(\frac{P'_0}{S_{MB}} \right) \Big/ \left(\frac{U_0}{U_B} \right) \tag{4 - 94}$$

将式（4 - 93）进行变换，可得

$$P'_0 = K_{pm} \cdot P_0 \tag{4 - 95}$$

将式（4 - 95）代入式（4 - 94），并重新整理可得

$$S_{MB} = \left(\frac{P'_0}{M_{lf}} \right) \Big/ \left(\frac{U_0}{U_B} \right) = \left(\frac{P_0 \cdot K_{pm}}{M_{lf}} \right) \Big/ \left(\frac{U_0}{U_B} \right) \tag{4 - 96}$$

式中：S_{MB} 为感应电动机的额定容量。

式（4 - 96）模型结构中感应电动机的容量能够自动跟踪负荷的总的有功功率初值 P_0 的变化，所以是一种容量自适应的模型结构。

4.6 电力网络的数学模型

电力网络的节点电压方程可用相量表示为

$$\boldsymbol{YU} = \boldsymbol{I} \tag{4 - 97}$$

式中：$\boldsymbol{I}$，$\boldsymbol{U}$ 分别为电力网络节点注入电流和节点电压组成的列相量；$\boldsymbol{Y}$ 为节点导纳矩阵。

在电力系统计算中，通常把电力网络方程写成实数形式

$$
\begin{bmatrix}
\begin{bmatrix} G_{11} & -B_{11} \\ B_{11} & G_{11} \end{bmatrix} & \cdots & \begin{bmatrix} G_{1i} & -B_{1i} \\ B_{1i} & G_{1i} \end{bmatrix} & \cdots & \begin{bmatrix} G_{1n} & -B_{1n} \\ B_{1n} & G_{1n} \end{bmatrix} \\
\vdots & \vdots & \vdots & \vdots & \vdots \\
\begin{bmatrix} G_{i1} & -B_{i1} \\ B_{i1} & G_{i1} \end{bmatrix} & \cdots & \begin{bmatrix} G_{ii} & -B_{ii} \\ B_{ii} & G_{ii} \end{bmatrix} & \vdots & \begin{bmatrix} G_{in} & -B_{in} \\ B_{in} & G_{in} \end{bmatrix} \\
\vdots & \vdots & \vdots & \vdots & \vdots \\
\begin{bmatrix} G_{n1} & -B_{n1} \\ B_{n1} & G_{n1} \end{bmatrix} & \cdots & \begin{bmatrix} G_{ni} & -B_{ni} \\ B_{ni} & G_{ni} \end{bmatrix} & \cdots & \begin{bmatrix} G_{nn} & -B_{nn} \\ B_{nn} & G_{nn} \end{bmatrix}
\end{bmatrix}
\begin{bmatrix} \begin{bmatrix} U_{x1} \\ U_{y1} \end{bmatrix} \\ \vdots \\ \begin{bmatrix} U_{xi} \\ U_{yi} \end{bmatrix} \\ \vdots \\ \begin{bmatrix} U_{xn} \\ U_{yn} \end{bmatrix} \end{bmatrix}
=
\begin{bmatrix} \begin{bmatrix} I_{x1} \\ I_{y1} \end{bmatrix} \\ \vdots \\ \begin{bmatrix} I_{xi} \\ I_{yi} \end{bmatrix} \\ \vdots \\ \begin{bmatrix} I_{xn} \\ I_{yn} \end{bmatrix} \end{bmatrix}
\tag{4-98}
$$

式中：n 表示电力网络的节点数；G_{ij}、B_{ij} 分别表示网络导纳矩阵元素 Y_{ij} 的实部和虚部；I_{xi}、I_{yi} 分别表示节点注入电流的实部和虚部；U_{xi}、U_{yi} 分别表示节点注入电流的实部和虚部。

在电力系统中，电力网络将系统中所有相互独立的动态元件联系在一起。在暂态过程中的任一时刻，各动态元件注入网络的电流不但由其自身特性决定，而且整个电力网络必须满足基尔霍夫定律。其中前者由各动态元件的自身代数方程式描述，后者反映在电力网络方程中。因此，为了求解网络方程，需要列出各种动态元件的代数方程，对其进行处理后同网络方程联立求解。

参考文献

1　王锡凡. 现代电力系统分析. 北京：科学出版社，2003.

2　周鹗. 电机学. 北京：中国电力出版社，1998.

3　陈珩. 同步电机运行基本理论与计算机算法. 北京：水利电力出版社，1992.

4　高景得，王祥珩，李发海. 交流电机及其系统的分析. 北京：清华大学出版社，1993.

5　韩祯祥. 电力系统稳定. 北京：中国电力出版社，1995.

6　李光琦. 电力系统暂态分析. 北京：中国水利水电出版社，2002.

7　夏道止. 电力系统分析. 北京：中国电力出版社，2002.

8　薛禹胜. 运动稳定性量化理论. 南京：江苏科学技术出版社，1999.

9　王正风，王厚文. 同步发电机暂态分析中模型的合理选择. 华东电力，2003，27（8）：4-8.

10　Prabha Kundur. Power System Stability and Control. 北京：中国电力出版社，2002.

11　倪以信，陈寿孙，张宝霖. 动态电力系统的理论和分析. 北京：清华大学出版社，2002.

12　朱振青. 励磁控制与电力系统稳定. 北京：中国电力出版社，1997.

13　鞠平. 电力系统非线性辨识. 南京：河海大学出版社，1999.

14　余贻鑫，王成山. 电力系统稳定性理论与方法. 北京：科学出版社，1999.

15　王正风，许勇，鲍伟. 智能电网安全经济运行实用技术. 北京：中国水利水电出版社，2011.

无功功率与静态电压稳定性

5.1 概述

根据电力系统本身特性，其稳定问题可分为 3 类，即功角稳定、电压稳定和频率稳定。长期以来，功角稳定得到了人们的普遍关注，也建立了一套比较完备的功角稳定分析理论和方法。世界上各国根据各自的电网情况制定了不同的稳定标准，我国在《电力系统稳定导则》中对功角稳定也制定了相应的标准。但与此同时，电压稳定的研究进展却相当缓慢，究其原因有：由于电压失稳或电压崩溃造成的大停电事故发生得比较晚，因此人们对电压稳定的研究较晚；人们对电压稳定的机理认识还不够，有许多难题制约着电压稳定的研究，如负荷模型的建立、各种元件的动态过程及其相互影响等。

电力系统电压稳定性问题最早在 20 世纪 40 年代由马尔柯维奇提出，但国际电工学术界对电压稳定的研究一直不够重视。随着电网规模的扩大，系统的电压稳定问题日趋严重，20 世纪 70 年代后世界上许多国家发生了电压崩溃事故，造成了巨大的经济损失和社会影响，电压稳定问题才引起了人们的注意。如：1978 年 12 月 19 日法国大停电事故；1987 年 7 月 23 日日本大停电事故；1996 年 7 月 2 日，美国西部电力系统电压崩溃事故；2003 年 8 月 14 日美加大停电事故和 2003 年 9 月 28 日意大利大停电事故等。

伴随着国内外电网的互联，直流输电、FACTS 技术的应用和电力市场的实行，电力系统又呈现了一些新的特点：受经济、环境条件的影响，远离负荷中心的坑口电站的新建，出现长距离重负荷的输电网络，使系统正常运行的电压难以满足，同时稳定问题突出；发电机的单机容量逐渐增大，功率因数逐步提高，同步发电机的标幺电抗增大，惯性时间常数减小，无功功率出力的相对降低，不利于系统稳定；超高压直流输电系统的并网运行在整个系统占的比例越来越大，从而交流系统变得相对较弱，与超高压直流输电相连的弱交流系统电压稳定性问题变得日益严重；随着输电线路容量的增大，当线路因事故断开时，增加了对系统稳定性的影响；电力市场的实行削弱了系统统一调度的权力，使系统不稳定性增加。这些因素很大程度上增加了维持电力系统电压稳定的难度，容易造成电压不稳定。现代电力系统电压不安全问题已成为限制电力传输的主要因素之一，因此对电压稳定的分析研究及其控制研究迫在眉睫。

5.1.1 电力系统电压稳定定义及分类

电力系统电压稳定研究虽然已有 30 多年，但迄今为止，学术界对电压稳定还没有公认的定义，几种典型的定义如下。

Charles Concordia 将电压稳定定义为"电力系统在合适的无功支持下维持负荷点电压在规

定范围内的能力。它使得负荷导纳增加时，负荷功率也增加，功率和电压都是可控的"，电压不稳定表示为"负荷导纳增加时，负荷电压降低很多以至负荷功率降低或至少不增加"。

C. W. Taylor 将电压稳定定义为"电力系统在给定的稳定运行点遭受一定的扰动后，负荷节点的电压能够达到扰动后平衡点的电压值"，电压失稳定义为"电压稳定的丧失，导致电压逐步衰减的过程"，而电压崩溃是"故障或扰动后的平衡点电压值已超出了可接受的范围"。

P. Kundur 将电压稳定定义为"电力系统在正常运行或经受扰动后维持所有节点电压为可接受的能力"，电压失稳定义为"扰动引起的持续且不可控制的电压下降过程"，电压崩溃定义为"伴随着系统事故导致电力系统大范围不能接受的低电压分布的过程"。

IEEE 将电压稳定性定义为"系统维持电压的能力，它使得负荷增加时，负荷功率也增加，即功率和电压都是可控的"，电压崩溃定义为"电压不稳定导致系统相当一部分电压很低的过程"，电压安全性定义为"系统不仅能稳定地运行，而且在任何合理可信的事故或有害的系统变化后，能维持系统电压的能力"。

CIGRE 将电压稳定定义为"如果系统受到一定的扰动后，负荷附近的电压达到扰动后平衡状态的值，并且该受扰状态处于扰动后的稳定平衡点的吸引域内，那么就认为系统是电压稳定的"，对电压崩溃的定义为"如果扰动后平衡状态下负荷附近的节点电压低于可接受的极限值，称为系统电压崩溃"。

我国电力系统稳定导则对电压稳定的定义为"电力系统受到小的或大的扰动后，系统电压能够保持或恢复到允许的范围之内，不发生电压崩溃的能力"。

电压稳定根据其分析方法可分为静态电压稳定分析和动态电压稳定分析。静态电压稳定分析方法主要是通过代数方程来计算分析，而动态电压稳定分析主要是通过微分-代数方程来计算分析。动态电压稳定根据扰动的大小可分为小扰动电压稳定和大扰动电压稳定。根据持续时间的长短可分为暂态稳定（十秒以内）、中期稳定（十几秒到几分钟左右）和长期稳定（几分钟之后）。目前，对电压稳定的研究已有了多种分析方法和手段，包括各种静态稳定分析方法和动态稳定分析方法。本章主要研究静态电压稳定的分析方法及其控制方法。

5.1.2 静态电压稳定分析方法

虽然电力系统电压稳定的研究涉及电力系统的动态特性，并且采用电力系统的动态特性来研究电压稳定更加合适，但目前对电压稳定研究比较深入的仍是静态电压稳定方法。

静态电压稳定一般都是建立在系统潮流方程或改进的潮流方程的基础上来进行研究的。这主要是因为建立在潮流方程基础上的分析相对比较容易。静态电压稳定分析方法包括 P-U 曲线法、Q-U 曲线法、潮流多解法、连续潮流法、潮流雅克比矩阵法和灵敏度分析法等。

（1）P-U 曲线法。P-U 分析是一种静态电压稳定分析的工具，它通过建立节点电压和一个区域负荷或传输界面潮流之间的关系曲线，指示区域负荷水平或传输界面功率水平导致整个系统临近电压崩溃的程度。

（2）Q-U 曲线法。Q-U 分析也是普遍使用的一种静态电压稳定分析的工具，它通过建立节点电压和一个区域无功功率或节点无功功率负荷之间的关系曲线，指示由于无功功率的传输而导致的整个系统临近电压崩溃的程度。

（3）潮流多解法。电力系统的潮流方程是一组非线性的方程组，故其解存在多值。对于一个 n 节点系统的解最多可能有 2^n-1 个，并随着负荷水平增加，潮流解的个数将减少。当系统由于负荷过重而接近静态电压稳定运行极限时，潮流只剩下一对解，即一个高值解和一个低值解。此时出现扰动，高值解向低值解转化，系统将发生电压崩溃。

（4）连续潮流法。连续潮流法是目前普遍应用的一种静态电压稳定方法。由于潮流方程组的多解和系统电压不稳定现象密切相关，当系统接近电压崩溃点时，潮流计算将不收敛。连续潮流法正是通过增加一个方程改善了潮流的不收敛性，连续潮流不仅能求出静态电压稳定的临界点，而且还能描述电压随负荷增加的变化过程，绘制出 P-V 曲线，同时还能考虑各种元件的动态响应。连续潮流法具有很强的鲁棒性，能够考虑各种非线性控制及一定的不等式条件约束；其缺点是算法对 P-V 曲线上的许多点都作潮流计算，算法速度比较缓慢，且一般不能精确计算出临界点。

（5）潮流雅克比矩阵奇异法。潮流雅克比矩阵奇异法是利用潮流方程的雅克比矩阵的奇异性来分析系统静态电压稳定，当系统到达临界点时，潮流雅克比矩阵奇异。其物理解释为当潮流雅克比矩阵有一个非常小的特征根时，变换后的节点注入功率微小变化可能引起变换后状态变量的很大漂移，特别是当雅克比矩阵存在零特征根时，状态变量将无限大偏移，这样将引起电压不稳定。

（6）灵敏度分析。灵敏度分析法根据潮流方程求解出的灵敏度矩阵的性质来判断系统的电压稳定性。它利用系统状态变量或系统输出变量对控制变量之间的关系来进行研究。用以反映静态电压稳定的灵敏度指标主要有反映节点电压随负荷变化的指标 dV_L/dP_L、dV_L/dPQ_L；反映发电机无功功率随负荷功率变化的指标 dQ_{gi}/dP_{Li} 和 dQ_{gi}/dQ_{Li}；反映负荷节点电压同发电机节点电压变化的指标 dV_{Li}/D_{gi} 等。灵敏度分析方法计算简单、结果清晰明了，因而在静态电压稳定分析中得到较广泛的应用。但灵敏度分析方法同样与发电机节点类型的设置有关系，若某一发电机开始时当作 PV 节点处理，但随着负荷水平的加重，当发电机的无功功率出力达到上限而使机端节点由 PV 节点转化为 PQ 节点，则各物理量的灵敏度将发生突变，给出的薄弱区也将发生突变。

（7）基于电压相量的电压稳定分析。利用 PMU 技术，通过同步测量节点电压幅值和相位来分析判断电压稳定性是新的研究方向之一，它不需要求解系统的微分、代数方程，而直接通过观测系统各节点的电压相量来判断系统电压的稳定性。在国内近年来新建的广域测量系统中，对电压稳定的判别多数是在基于 PMU 的混合状态估计基础上进行的，关于该方面的内容，将在本书第 10 章详细介绍。

5.2　电力系统静态电压稳定

5.2.1　单负荷无穷大系统的电压稳定

图 5-1 给出一单负荷无穷大的供电系统的供电接线图。其系统受端电压功率特性可由系统电源电动势 $\dot{E}$ 经输电阻抗 jX 向一受端负荷供电时的系统运行电压特性来表示。

根据功率输送方程，可得出

$$\frac{PX}{E^2}=\frac{U}{E}\sin\delta \qquad (5-1)$$

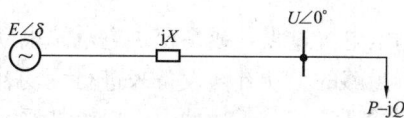

图 5-1　单负荷无穷大的供电系统的供电接线图

$$\frac{QX}{E^2} = \frac{U}{E}\cos\delta - \left(\frac{U}{E}\right)^2 \tag{5-2}$$

这样可得到

$$\left(\frac{PX}{E}\right)^2 + \left[\frac{QX}{E^2} + \left(\frac{U}{E}\right)^2\right]^2 = \left(\frac{U}{E}\right)^2 \tag{5-3}$$

根据式（5-3）求解电压与受端负荷功率的关系为

$$\left(\frac{U}{E}\right)^2 = \frac{1}{2}\left[1 - 2\frac{QX}{E^2} \pm \sqrt{1 - 4\frac{QX}{E^2} - 4\left(\frac{PX}{E^2}\right)^2}\right] \tag{5-4}$$

上述式中，各量均以某一电压（kV）和某一容量（Mvar）为基准的标幺值。有两点内容需要说明如下。

（1）当负荷为感性无功功率时，即负荷从系统吸收无功功率时，Q 为正值；当负荷为容性无功功率时，即负荷向系统送去无功功率时，Q 为负值；

（2）所有的 P 及 Q 都是对应于相应电压 U 值下的标幺值。

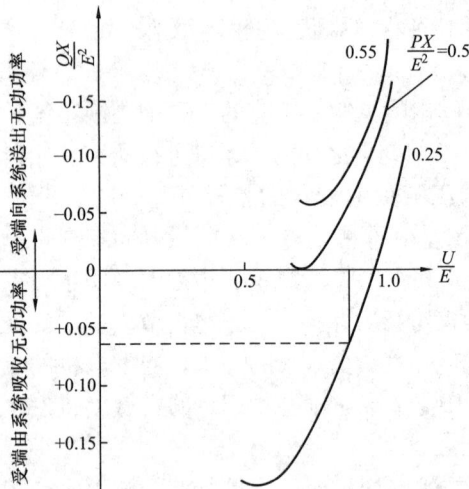

图 5-2 系统受端电压—无功功率特性

当取 $\frac{PX}{E^2}$ 为定值时，可以得到一系列的 $\frac{U}{E} = f\left(\frac{PX}{E^2}\right)$ 曲线，如图 5-2 所示。

由图 5-2 可得到如下结论。

（1）一般来说，当 $\frac{PX}{E^2}$ 为定值时的 $\frac{U}{E} = f\left(\frac{PX}{E^2}\right)$ 曲线上，同一 $\frac{QX}{E^2}$ 值可以有 2 个满足要求的 $\frac{U}{E}$ 值，在曲线右侧交点才是系统稳定运行点，左侧交点不是系统稳定运行点。

（2）当 $\sqrt{1 - 4\frac{QX}{E^2} - 4\left(\frac{PX}{E^2}\right)^2} = 0$ 时存在最低点的电压，即稳定运行的临界电压是

$$\left(\frac{U}{E}\right)_{min} = \sqrt{0.25 + \left(\frac{PX}{E^2}\right)^2}$$

当 $\frac{PX}{E^2} = 0.25$ 时，最低运行点电压值为 $\frac{U}{E} = 0.56$；当 $\frac{PX}{E^2} = 0.5$ 时，最低运行点电压值为 $\frac{U}{E} = 0.707$。有功功率负荷越大，要求系统稳定运行的电压越高。

（3）当 $\frac{PX}{E^2} > 0.5$ 时，$\left(\frac{U}{E}\right)_{min}$ 在曲线横轴上方，表明：如果受端有功功率过大，或系统输电电抗过大，或系统供电电源电动势过低，为了保持系统负荷的稳定运行，受端地区必须有足够的无功补偿设备来进行无功补偿，用来满足本地区消耗的无功功率，同时还用来向系统输送一部分无功功率，以维持受端母线电压有足够高的运行电压水平才能满足系统的稳定运行和功率传输。当 $\frac{PX}{E^2} < 0.5$ 时，受端系统可以由系统吸收或向系统送出一定的无功功率。

无论什么情况，受端母线电压必须高于 $\dfrac{U}{E}$ 的允许最低值，以应付系统与受端负荷的波动，从而稳定地运行。

（4）当系统电源电动势 E 下降时，受端母线电压通常也随之下降，这将引起受端负荷有功功率 P、无功功率 Q 的变化。如果负荷有功功率 P 对电压变化不敏感，当 E 下降时，$\dfrac{PX}{E^2}$ 将增大，原先运行的 $\dfrac{U}{E}=f\left(\dfrac{PX}{E^2}\right)$ 曲线将随之上移。此时如果保持原来的受端母线电压，需要增大受端的无功补偿功率；若不能随 E 的下降而相应增大此无功功率补偿量，则受端电压必将下降，并稳定在既满足负荷自身特性又同时满足图 5-2 的受端电压功率特性的某一合适点上。如果 E 下降过多，或 P 增加过多，而地区无功功率补偿水平不能相应增加，则受端电压将下降到同时满足负荷自身特性，又同时满足图 5-2 的受端电压功率特性的另一新点上。当下降的新电压值滑过此种方式下如图 5-2 中曲线的最低点时，受端电压崩溃现象产生。

（5）如果出现故障，使 E 突然下降或 X 突然增大，则运行曲线 $\dfrac{U}{E}=f\left(\dfrac{PX}{E^2}\right)$ 将突然上移。此时为了保证系统稳定运行，必须在系统受端立即投入紧急的无功补偿设备，以提高受端电压稳定水平。解决电压崩溃的最直接、最有效的措施是切除地区负荷的部分有功功率和相应的无功功率负荷。这样，不仅使 $\dfrac{U}{E}=f\left(\dfrac{PX}{E^2}\right)$ 曲线下移，而且负荷消耗无功功率 Q 也减少，进一步使图 5-2 中的运行电压交点增高，从而避免电压崩溃事件的发生。

5.2.2 异步电动机电压稳定性

由于电力系统的负荷有 $50\%\sim80\%$ 为异步电动机，而电压稳定主要是负荷稳定，故要分析异步电动机的特性。为简化分析，忽略激磁电抗后，异步电动机采用如图 5-3 所示的等值电路图。

由图 5-3 的等值电路图可知，异步电动机的电磁转矩 T_e 可用式（5-5）表达

$$T=\frac{P}{w_0}=\frac{U^2 r'_2 s}{w_0(r'^2_2+x^2_2)} \qquad (5-5)$$

图 5-3 异步电动机等值电路图

这样，s 可用式（5-6）表达

$$s=\frac{U^2 r'_2 \pm \sqrt{U^4 r'^2_2-4P^2 r'^2_2 x^2_s}}{2PR'_2} \qquad (5-6)$$

式（5-6）中对应同一个电压有两个 s，但只有一个滑差 s 为稳定的，只有在 $\dfrac{\mathrm{d}s}{\mathrm{d}U}<0$ 为稳定点，如图 5-4 所示。图 5-4（a）中 A 点为稳定点，图（b）则为不稳定点。同时由式（5-6）可见，滑差 s 是电压 U 的函数，可用 $s=f(U)$ 来表示，其关系曲线图可用图 5-5 表示。图 5-5 中 ab 段为稳定的，Q_μ 为励磁无功功率曲线。

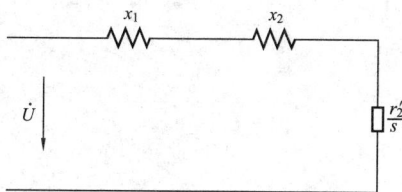

图 5-4 异步电动机临界条件的确定

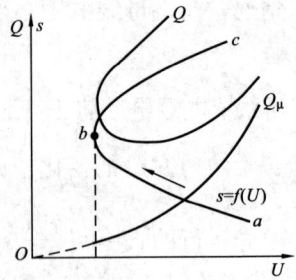

图 5-5 电压与转差和无功功率的关系

电动机所吸收的漏磁无功功率可用式（5-7）表达

$$Q_s = I^2 x_s = I_2 \frac{r'_2}{s} \times \frac{s}{r_2} \times x_s = P \frac{s}{r_2} \times x_s = P \frac{s}{s_{max}} \tag{5-7}$$

由式（5-7）可见，无功功率与实际的转差成正比，而转差又是电压的函数。由式（5-6）、式（5-7）和图 5-5 可见，当电压下降时，其吸收无功功率将增大；与此同时，电动机的励磁无功功率 Q_μ 将减少（如图 5-5 所示）。当电压低于临界值时，电机将制动直至停转，通常称之为电动机的电压不稳定。

5.3 静态电压稳定分析方法（$P-U$ 曲线分析）

对于电压问题，电网规划和电网调度运行人员通常关心的是从送端到受端增加多少功率

图 5-6 $P-U$ 曲线示意图

而系统仍然是安全的，$P-U$ 分析正是人们常用的一种静态电压稳定分析的工具。它通过建立节点电压和一个区域负荷或传输界面潮流之的关系曲线，以指示区域负荷水平或传输界面功率水平导致整个系统临近电压崩溃的程度。节点电压 U 和功率 P 的关系曲线如图 5-6 所示。图中绝对传输极限为临界状况时的潮流；相对传输极限是基本工况下区域或传输界面可以安全达到的最大功率。

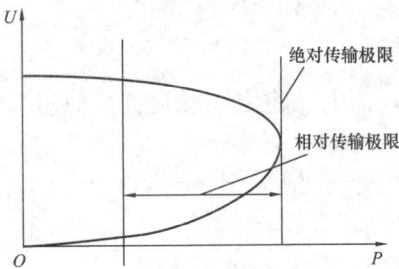

电压崩溃的特征是：随着传输到一个区域功率的增加，这个区域的电压分布将变得越来越低，区域中特定节点电压可能显著变化，某些节点电压可能显示不可接受，然后区域中所有节点将在同一功率水平下到达电压崩溃点。

系统中容易遭受电压崩溃的区域可以通过事故潮流分析来识别。不能收敛到潮流解或呈现大的暂态后电压偏移的情况就是典型的处在或接近电压不可接受的运行点。如果潮流程序可以同时监视 dP/dU，那么这个量可以提供关于节点是否将开始电压崩溃的信息。电压崩溃前 dP/dU 变化速率最大的节点就是最弱的节点。

$P-U$ 曲线对于稳定性概念分析和放射系统研究非常有用。该方法也可用于复杂的耦合网络，在这种网络中，P 是一个区域的总负荷或穿越传输界而传送的功率；U 是关键节点或代表性节点的电压。对各节点都可以画出 $P=f(U)$ 的曲线。

$P-U$ 曲线分析的优点是可以提供整个负荷水平或传输界面潮流范围内系统临近电压

崩溃的指示。它所采用的模型、研究工具和理论方面的专门知识比较容易为电气工程师掌握。

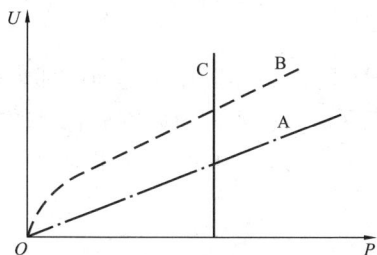

图 5-7　不同负荷特性的 $P\text{-}U$
特性曲线

$P\text{-}U$ 曲线分析的缺点是在曲线的"鼻端"或者最大功率点潮流是发散的。另一个缺点是发电量必须随着区域负荷增加逼真地重新安排调度。

$P\text{-}U$ 曲线分析中，负荷表示有 3 种类型，即恒电流特性负荷、恒阻抗负荷和恒功率负荷。图 5-7 所示为 $P\text{-}U$ 曲线，曲线 A 是恒电流特性负荷，B 是恒阻抗负荷，C 是恒功率负荷。

在 $P\text{-}U$ 分析中，3 种负荷模型（恒定功率 MVA、恒定电流 I 和恒定阻抗 Z）中，恒定功率 MVA 模型一般产生最悲观的崩溃点。恒定功率负荷模型近似表示了配电系统电压调节设备的作用，因此应当采用，除非可得到更准确地负荷表示。如果采用更准确地负荷表示，则它们应当模拟在供电变压器的低压侧，并且把详细的变压器电压调节模型考虑进去，还可考虑详细的低压配电系统模拟。

对于阻抗负荷，基本网络理论告诉我们，最大功率传输发生在负荷阻抗幅值等于电源阻抗幅值的时候。对于较高的负荷阻抗（较低的导纳），它处在高电压、低电流运行点；对于较高的导纳，它处在低电压、高电流运行点。电源的阻抗等于负荷的阻抗时的最大功率称为极限功率，最大功率点处的电压称为临界电压。

完整的 $P\text{-}U$ 曲线可以通过两种方法产生。第一种是通过研究的区域中不断增加负荷并不断增加外部的发电量。第二种方法是不断增加传输界的潮流，即把发电量从受电区域移到外部区域。外部区域电源有限时，可以单独为了建立功率裕度而采用虚拟发电机，这台发电机不提供无功功率。这两种方法都可以使一个区域逐步紧张起来，即从低负荷或轻的低界面潮流到高负荷或重的界面潮流，从而建立起完整的 $P\text{-}U$ 曲线。下面是通过不断增加负荷的方法建立完整的 $P\text{-}U$ 曲线的基本步骤。

（1）选择一个研究区域，这个区域中负荷将逐步地增加，它是容易遭受或认为可能遭受电压崩溃的区域，区域的大小根据实际需要确定。要变化的量是区域内负荷（功率因数不变）和外部发电量。

（2）研究的区域中负荷模拟起始大约在预期峰荷的 20% 左右，这将有利于提供完整的 $P\text{-}U$ 分析，因为这预料了在低于运行点水平下建立 $P\text{-}U$ 曲线的问题。在低于运行点时，外部送入区域的发电量应当减少，以便和研究区域中按比例下降的负荷相匹配。当研究区域中负荷成比例上升时，将可捕捉到增加的负荷需求与研究区域中的电压分布。

（3）调整研究区域内部发电量。在 $P\text{-}U$ 分析期间，内部发电机的有功输出应当维持不变。每一台发电机的无功容量应当表示成机组的容量，其输出的无功功率应当允许随着 $P\text{-}U$ 分析过程进行调整。电压崩溃将在研究区域的无功容量被耗尽的时候发生。

（4）选择研究区域的节点或节点组，其电压将随传送到研究区域的功率的增加得到监视和记录。作为电压不稳定初始的研究，需要选择几个严重节点进行监视。监视记录的电压就是 $P\text{-}U$ 曲线 Y 轴的数据。

（5）确定 X 轴数据是否为负荷或界面潮流，机组功率是否为 MW 或 MVA。若采用界面功率，应确定受电区域所有出口的量测方法。如只确定了部分界面，则有一部分输出到受电区的去路未受监视，这是不完全的。选择 X 轴为研究区域的 MW 负荷是一个好的出发点。

（6）选择要仿真的系统条件。系统条件应当在为建立 P-U 曲数据成比例增加内部负荷和外部发电量之间阐明。系统事故前的 P-U 分析提供研究区域可得到的最大负荷容量的指示。应根据性能等级对事故进行仿真以保证和电压稳定裕度相一致，并提供关于事故后可能发生的静态运行点的信息。

（7）对要研究的性能等级，求解扰动后负荷区域较低负荷时的起始潮流。

（8）记录监视节点处的电压和负荷水平或界面传输水平，在这些情况下潮流是有解的。

（9）外部发电量随负荷成比例增加，以便和负荷增加相匹配。在轻负荷水平下负荷增加可比重负荷水平（接近崩溃点）下增加多一些。起初的负荷增加等于研究区域中的起始负荷水平。如果负荷增加后潮流不能收敛，则返回到上次解的情况，然后采用二分法进行按比例增加负荷或减少负荷。

（10）P-U 分析的结果将指示在崩溃点处区域中明显低于可接受的运行条件的电压分布。在这种境况下，系统应设计成离崩溃点，有一定稳定裕度。

5.4　电压稳定性（U-Q 曲线分析）

在规定的节点上配置可变的无功电源，通过控制节点电压在一定范围，可获得节点电压对无功注入的 U-Q 曲线，如图 5-8 所示。

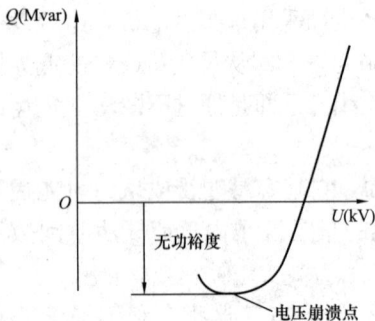

图 5-8　U-Q 曲线示意图

对于大系统，U-Q 曲线是通过一系列潮流仿真得到的。U-Q 曲线画出了在某一个节点上的电压与同一节点上的无功功率注入的关系。在该节点上表示有虚拟的同步调相机。在计算机程序中，该接点可以转化成没有无功限制的"PV"。潮流是对一系列同步调相机设定电压进行仿真的，画出调相机的无功输出与预定电压的关系曲线。需要强调的是，这些曲线常常叫作 Q-U 而不是 U-Q 曲线。术语 U-Q 曲线强调的是电压而不是无功负荷作为独立变量。Q-U 曲线则强调无功功率负荷是独立变量而不是电压。

U-Q 曲线底部 $dQ/dU=0$，是电压稳定的极限点（电压崩溃点）；右侧 $dQ/dU>0$ 是电压稳定的；左侧 $dQ/dU<0$，是不稳定的；运行点到底部的距离可理解为无功功率裕度；曲线斜率表示了节点的刚性，dQ/dU 大，刚性好；底部的无功值为最小的无功需求。

图 5-7 规格化的 P-U 曲线可以转换成 U-Q 曲线，对于恒定 P 值，我们记录下 Q 和 U 值（对于每一个功率因数有两对），然后重新绘制 U-Q 曲线，如图 5-9 所示。图 5-9 中给出了不同负荷功率 P 时的 U-Q 曲线。可以看到，负荷越重，其临界点电压越高，无功裕度小，电压稳定性差；而负荷越轻，临界电压越低，无功裕度大，电压稳定性好。

U-Q 曲线具有以下几个优点：可以比较深入了解电压稳定性和无功补偿的要求；计算收敛性好，即使在曲线的左边不稳定区域也能收敛；计算快速，一系列工况可以自动地计算，对于小的电压变化，只要几次迭代就可以收敛；可以提供并联无功补偿需求的信息，无功补偿特性可以加在 U-Q 特性上；U-Q 特性曲线的斜率可以指示电压的"刚性"；发电机和 SVC 无功功率曲线可以加在 U-Q 曲线图上；从运行点到临界点的无功裕度可以直接得到，因为电压稳定性和无功功率密切相关，这个裕度可以作为电压稳定性指标和判据。如果曲线底部在节点并联电容器特性上部，则表明是负的裕度和没有工作点。

图 5-9 电源固定（无穷大）、电抗网络、恒定功率负荷时的 U-Q 曲线簇

U-Q 曲线的缺点如下：对于给定运行工况，U-Q 曲线只是局部补偿的需要，而不是全局最优补偿的要求，不能获得允许的功率增加量或界面潮流，因此若要对许多节点，每个功率水平和每个事故计算 U-Q 曲线，计算量大。

电压安全与无功功率紧密相关，通过 U-Q 曲线可给出检测点的无功功率裕度。无功功率裕度用 Mvar 表示，它是从运行点到曲线底部或所加电容器的电压平方特性与 U-Q 曲线正切点的距离。在"电压控制区"测试节点可以代表所有节点（电压控制区使电压幅值变化同调的区域）。

试验节点并联无功补偿（电容器、SVC 或同步调相机）的特性可以直接在 Q-U 曲线上画出。运行点是 U-Q 系统特性和无功补偿特性（如图 5-9 所示）的交点。这一点非常重要，因为无功补偿常常被用于解决电压稳定性问题。

对于发电机无功功率、电压敏感的负荷以及变压器分接头达到极限的影响也可以在 U-Q 曲线上显示出来。具有电压敏感的负荷（即在变压器分接头改变以前）的 U-Q 曲线将平坦而不向上拐。U-Q 曲线可以按下述步骤获得。

（1）建立一个表示系统扰动后状态的潮流工况。

（2）对该事故识别系统中的关键节点。关键节点通常指的是电压稳定薄弱点。这种节点通常是无功最不足的节点。需要说明的是，关键节点随事故的不同而不同。

（3）在关键节点上投入一台假想的调相机，如果第一步潮流无解，也可在关键节点投入假想调相机，使在考虑的事故情况下系统有解。

（4）以小的步长改变调相机输出电压，通常取 0.01 标幺或更小。

（5）求解潮流。

（6）记录节点电压（U）和调相机无功输出（Q）。

（7）重复（5）、（6）步，直到采集到足够的点。

（8）画 U-Q 曲线，确定是否有足够的裕度。

在图 5-9 中，曲线的最低点（这里 $dQ/dU=0$）是临界点，即曲线最低点左边的所有点都认为是电压不稳定的，而右边的点是电压稳定的。

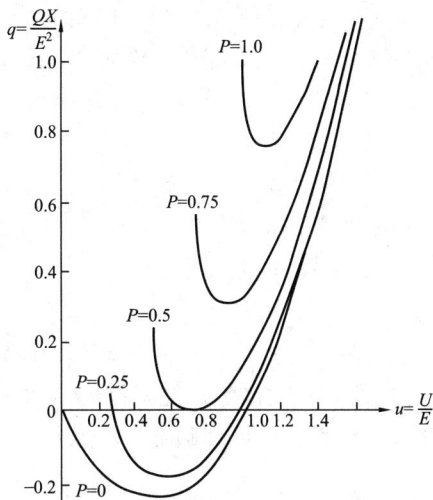

如果 $U\text{-}Q$ 曲线的最低点在横轴的上方，则表明系统是无功不足的。要避免电压崩溃，需要附加无功注入，即需要增加无功补偿设备。为了保持足够的无功裕度（可由横轴和临界点之间的距离表示的量），也要附加无功功率注入。

电压崩溃通常是从最弱节点开始，然后扩展到其他弱节点的，因此，在运用 $U\text{-}Q$ 曲线方法分析电压崩溃中最弱节点是最重要的。

最弱节点在系统发生最严重的单个故障或多重故障后会呈现下列情况：在 $U\text{-}Q$ 曲线上崩溃点电压最高；无功裕度最低；无功功率缺额最大；电压变化的幅度最大。确定一个区域中最弱节点的方法是从基本工况开始，对不同季节不同负荷水平下的合理的不利工况进行仿真，运用暂态后潮流程序对一些单一故障和多重故障进行计算，建立一些电压灵敏的节点的 $U\text{-}Q$ 曲线，从而确定最受限制的事故和区域中最弱的节点。此外，还可以通过监视来自整个系统节点雅克比矩阵确定一个区域中最弱节点，通常 $\mathrm{d}Q/\mathrm{d}U$ 变化率最大的节点是最弱的节点。

5.5 潮流多解法

由于静态电压稳定多是建立在潮流计算方法的基础上，因此首先介绍电力系统的潮流计算方法。

5.5.1 电力系统潮流计算方法

1. 常规潮流计算法

常规潮流问题要解的是代数矩阵方程

$$I = YU = \frac{S^*}{U^*} \tag{5-8}$$

式中：Y 是网络节点导纳矩阵；U 是未知的节点电压相量；I 是节点电流注入相量；要 $S=(P+\mathrm{j}Q)$ 是视在功率，表示负荷或发电机节点的注入功率相量。

方程式（5-8）还包括一些区域间功率交换控制、自动发电控制、发电机无功限制、节点电压控制、变压器分接头控制、高压直流线、静止无功补偿等附加控制方程（约束方程）。牛顿-拉夫逊方法、$P\text{-}Q$ 分解法、带有最优乘子的牛顿-拉夫逊法和带有最优乘子的快速解耦法是潮流问题的主要解法。

假定三相系统平稳运行，可以用"每相"或正序表示。节点导纳矩阵用来模拟电力网络，其对角元素 Y_{kk} 表示与节点相连的所有导纳（包括接地导纳）之和。负荷等值阻抗也包括在 Y_{kk} 中。非对角元素 Y_{km} 是节点 k 与 m 之间的导纳之和，取负值。需要注意的是，只有节点 k 与 m 之间为直接连接时，非对角元素 Y_{km} 才是非零的。在大的电力系统中，变电站母线（节点）通过传输线或变压器只和少许其他节点相连，因此，节点导纳矩阵是非常稀疏的，非对角元素大部分为零。潮流计算中基本的节点类型有 3 类，即 PQ、PV 和 $V\theta$ 节点。

PQ 节点是负荷节点，该节点的有功功率和无功功率是给定的。

PV 节点是发电机节点或具有无功电压源的节点，该节点的有功功率和电压幅值是给定的。实际上，通过发电机的控制作用，有功功率和机端电压大小都可以保持为常数。受发电机无功限制的 PV 节点，在无功到达极限时 PV 节点转化为 PQ 节点。

$V\theta$ 节点是系统平衡节点或松弛节点，是系统选定的参考节点，其电压角度为零，电压幅值不变，电压角度和幅值都是已知的。$V\theta$ 节点是"无穷大节点"具有恒定的电压幅值和无限制的有功和无功容量，通常选择大容量的发电厂作为 $V\theta$ 节点。

PQ 节点电压幅值和角度为未知，因此需要 2 个方程；PV 节点电压角度为未知，需要 1 个方程；$V\theta$ 节点不需要方程。对于 m 个 PQ 节点，n 个 PV 节点，1 个 $V\theta$ 节点的系统，需求 $2m+n$ 个未知量，需要 $2m+n$ 个方程。

2. 牛顿-拉夫逊方法

牛顿-拉夫逊法是求解潮流问题最通用和可靠的算法。牛顿-拉夫逊法的主要特点是把非线性方程式的求解过程反复地对相应的线性方程进行求解。

对于非线性方程组

$$f(x) = 0 \tag{5-9}$$

即

$$f_i(x_1, x_2, \cdots, x_n) = 0 \tag{5-10}$$

在待求量 x 的某一个初始估计值 $x^{(0)}$ 附近，将式（5-10）展开成泰勒级数并略去二阶及以上的高阶项，可得到线性化方程组

$$f[x^{(0)}] + f'(x^{(0)})\Delta x^{(0)} = 0 \tag{5-11}$$

这样，可以得到第一次迭代的修正量

$$\Delta x^{(0)} = -[f'(x^{(0)})]f(x^{(0)}) \tag{5-12}$$

将 $\Delta x^{(0)}$ 和 $x^{(0)}$ 相加，可以得到经过第一次修正后的改进值 $x^{(1)}$。接着从 $x^{(1)}$ 出发，重复上述计算工作。这样，牛顿法的迭代公式可以写为

$$f'(x^{(k)})\Delta x^{(k)} = -f(x^{(k)}) \tag{5-13}$$

$$x^{(k+1)} = x^{(k)} + \Delta x^{(k)} \tag{5-14}$$

式中：$f'(x)$ 是函数 $f(x)$ 对于变量 x 的一阶偏导数矩阵，即潮流雅克比矩阵 $\boldsymbol{J}$；k 为迭代次数。

在将牛顿法用于求解电力系统潮流计算时，通常有极坐标和直角坐标两种形式。

（1）极坐标形式。

电力系统中网络的节点电压和节点电流之间的关系表示式（5-8）可用节点电压和节点功率可表达为

$$\frac{P_i - \mathrm{j}Q_i}{U_i^*} = \sum_{j=1}^{n} Y_{ij}\dot{U}_j \tag{5-15}$$

式（5-15）为潮流方程的基本方程式，是一个以节点电压 $\dot{U}$ 为变量的非线性代数方程组。潮流方程组之所以是非线性方程组，是由于采用了节点注入功率作为节点注入量。

潮流方程的极坐标形式有

$$\begin{cases} P_i = U_i \sum_{j \in i} U_j (G_{ij}\cos\theta + B_{ij}\sin\theta_{ij}) \\ Q_i = U_i \sum_{j \in i} U_j (G_{ij}\sin\theta - B_{ij}\cos\theta_{ij}) \end{cases} \tag{5-16}$$

写成迭代形式，可以表示为

$$\begin{cases} \Delta P_i = P_i^s - U_i \sum_{j\in i} U_j (G_{ij}\cos\theta + B_{ij}\sin\theta_{ij}) \\ \Delta Q_i = Q_i^s - U_i \sum_{j\in i} U_j (G_{ij}\sin\theta - B_{ij}\cos\theta_{ij}) \end{cases} \tag{5-17}$$

式中：P_i^s、Q_i^s 为节点给定的有功功率和无功功率；ΔP_i、ΔQ_i 分别为节点有功功率和无功功率的不平衡量；θ_{ij} 为 i，j 节点电压的相角差；G_{ij} 和 B_{ij} 为 i，j 为支路电导和电纳；U_i 和 U_j 为节点电压。

上述方程在某个近似解附近用泰勒级数展开，并略去二阶及以上的高阶项，可写成用矩阵形式的修正方程式

$$\begin{bmatrix} \Delta P \\ \Delta Q \end{bmatrix} = -\begin{bmatrix} H & N \\ M & L \end{bmatrix} \begin{bmatrix} \Delta\theta \\ \Delta U/U \end{bmatrix} \tag{5-18}$$

式中：$\Delta\theta$ 为相角差；ΔU 为节点电压偏差；N 为节点总数；M 为 PV 节点总数。

（2）直角坐标形式。

潮流方程的直角坐标形式有

$$\begin{cases} P_i = e_i \sum_{j\in i} (G_{ij}e_j - B_{ij}f_i) + f_i \sum_{j\in i} (G_{ij}f_j + B_{ij}e_j) \\ Q_i = f_i \sum_{j\in i} (G_{ij}e_j - B_{ij}f_i) - e_i \sum_{j\in i} (G_{ij}f_i + B_{ij}e_j) \end{cases} \tag{5-19}$$

其中，$U_i^2 = e_i^2 + f_i^2$。

写成迭代形式，可以表示为

$$\begin{cases} \Delta P_i = P_i^s - \sum_{j\in i} \left[e_i(G_{ij}e_j - B_{ij}f_j) + f_i(G_{ij}f_j + B_{ij}e_j) \right] \\ \Delta Q_i = Q_i^s - \sum_{j\in i} \left[f_i(G_{ij}e_j - B_{ij}f_j) - e_i(G_{ij}f_j + B_{ij}e_j) \right] \end{cases} \tag{5-20}$$

采用直角坐标形式形成的修正方程式为

$$\begin{bmatrix} \Delta P \\ \Delta Q \\ \Delta U^2 \end{bmatrix} = -\begin{bmatrix} H & N \\ M & L \\ R & S \end{bmatrix} \begin{bmatrix} \Delta e \\ \Delta f \end{bmatrix} \tag{5-21}$$

牛顿-拉夫逊法的突出优点是收敛速度快，且迭代次数与所计算网络的规模无关，但牛顿法的收敛可靠性取决于有一个良好的启动值。

3. P-Q 分解法

快速分解法派生于极坐标的牛顿-拉夫逊法，它是在考虑了电力系统一些特性的基础上对潮流方程和迭代方程进行简化所得的方法。

由于电力网络中各元件的电抗一般远远大于电阻，以致各节点电压相位角的改变主要影响各元件的有功功率，各节点电压大小的改变主要影响各元件的无功功率，因此式（5-18）可简化成

$$\begin{bmatrix} \Delta P \\ \Delta Q \end{bmatrix} = -\begin{bmatrix} H & 0 \\ 0 & L \end{bmatrix} \begin{bmatrix} \Delta\theta \\ \Delta U/U \end{bmatrix} \tag{5-22}$$

由于线路两端的相角差不大，而且$|G_{ij}| \ll |B_{ij}|$，即认为$\cos\theta_{ij} = 1$，$G_{ij}\sin\theta_{ij} \ll B_{ij}$，式（5-22）表示的 H 及 L 各元素的表达式为

$$H_{ij} = U_i U_j B_{ij} \tag{5-23}$$

$$L_{ij} = U_i U_j B_{ij} \tag{5-24}$$

与节点无功功率相对应的导纳元素 Q_i/U_i^2 通常远小于节点的自导纳 B_{ii}，于是式（5-23）、式（5-24）的 H 及 L 各元素的表达式为

$$H_{ii} = U_i^2 B_{ii} \tag{5-25}$$

$$L_{ii} = U_i^2 B_{ii} \tag{5-26}$$

这样，雅克比矩阵中两个子阵 H、L 的元素将具有相同的表达式，但它们的阶数不同，前者为（$n-1$）阶，后者为（$m-1$）阶。

这样，式（5-22）可以简化为

$$\Delta P/U = -B'(U\Delta\delta) \tag{5-27}$$

$$\Delta Q/U = -B''\Delta U \tag{5-28}$$

式（5-27）和式（5-28）即为 $P-Q$ 分解法的修正方程式。其利用了电力网路网络的特点，即有功功率与功角相关、无功功率与电压相关等特性，对潮流雅克比矩阵进行了简化，提高了计算速度。其较牛顿-拉夫逊方法计算程序的设计简单。

4. 带有最优乘子的牛顿-拉夫逊法

最优乘子潮流算法是为了求解病态电力系统的潮流问题而提出来的，其算法如下。将潮流计算问题的非线性代数方程组式（5-9）构造标量函数，可得

$$F(\boldsymbol{x}) = [\boldsymbol{f}(\boldsymbol{x})]^{\mathrm{T}}\boldsymbol{f}(\boldsymbol{x}) = \sum_{i=1}^n f_i(\boldsymbol{x})^2 \tag{5-29}$$

若以式（5-9）表示的非线性代数方程组的解存在，则以平方和形式出现的以式（5-29）表示的标量函数 $F(\boldsymbol{x})$ 的最小值应该为零，从而将潮流计算问题归为如下的非线性规划问题

$$\min F(\boldsymbol{x}) \tag{5-30}$$

采用直角坐标的潮流方程的泰勒展开式可以精确地表示为

$$\boldsymbol{f}(\boldsymbol{x}) = \boldsymbol{y} - \boldsymbol{y}(\boldsymbol{x}) = \boldsymbol{y}^\mathrm{s} - \boldsymbol{y}(\boldsymbol{x}^{(0)}) - \boldsymbol{J}(\boldsymbol{x}^{(0)})\Delta\boldsymbol{x} - \boldsymbol{y}(\Delta\boldsymbol{x}) = 0 \tag{5-31}$$

引入一个标量乘子 μ 以调节变量 $\boldsymbol{x}$ 的修正步长，于是式（5-31）可写为

$$\boldsymbol{f}(\boldsymbol{x}) = \boldsymbol{y}^\mathrm{s} - \boldsymbol{y}(\boldsymbol{x}^{(0)}) - \boldsymbol{J}(\boldsymbol{x}^{(0)})(\mu\Delta\boldsymbol{x}) - \boldsymbol{y}(\mu\Delta\boldsymbol{x})$$

$$= \boldsymbol{y}^\mathrm{s} - \boldsymbol{y}(\boldsymbol{x}^{(0)}) - \mu\boldsymbol{J}(\boldsymbol{x}^{(0)})\Delta\boldsymbol{x} - \mu^2\boldsymbol{y}(\Delta\boldsymbol{x}) = 0 \tag{5-32}$$

其中：$\boldsymbol{f}(\boldsymbol{x}) = [f_1(\boldsymbol{x}), f_2(\boldsymbol{x}), \cdots, f_n(\boldsymbol{x})]^{\mathrm{T}}$。

为使表达式简明起见，分别定义如下 3 个相量

$$\boldsymbol{a} = [a_1, a_2, \cdots, a_n]^{\mathrm{T}} = \boldsymbol{y}^\mathrm{s} - \boldsymbol{y}(\boldsymbol{x}^{(0)}) \tag{5-33}$$

$$\boldsymbol{b} = [b_1, b_2, \cdots, b_n]^{\mathrm{T}} = -\boldsymbol{J}(\boldsymbol{x}^{(0)})\Delta\boldsymbol{x} \tag{5-34}$$

$$\boldsymbol{c} = [c_1, c_2, \cdots, c_n]^{\mathrm{T}} = -\boldsymbol{y}(\Delta\boldsymbol{x}) \tag{5-35}$$

于是式（5-32）可简写成

$$\boldsymbol{f}(\boldsymbol{x}) = \boldsymbol{a} + \mu\boldsymbol{b} + \mu^2\boldsymbol{c} = 0 \tag{5-36}$$

原来的目标函数可写为

$$F(\boldsymbol{x}) = \sum_{i=1}^{n} (a_i + \mu b_i + \mu^2 c_i)^2 = \boldsymbol{\Psi}(\mu) \tag{5-37}$$

将 $F(\boldsymbol{x})$ 也即 $\boldsymbol{\Psi}(\mu)$ 对 μ 求导，并令其等于零。

$$\partial F / \partial \mu = 0 \tag{5-38}$$

展开后，可得

$$g_0 + g_1 \mu + g_2 \mu^2 + g_3 \mu^3 = 0 \tag{5-39}$$

其中

$$g_0 = \sum_{i=1}^{n} (a_i b_i) \tag{5-40}$$

$$g_1 = \sum_{i=1}^{n} (b_i^2 + 2a_i c_i) \tag{5-41}$$

$$g_2 = 3 \sum_{i=1}^{n} (b_i c_i) \tag{5-42}$$

$$g_3 = 2 \sum_{i=1}^{n} c_i^2 \tag{5-43}$$

最优乘子法的迭代公式为

$$\Delta \boldsymbol{x}^{(k)} = - \boldsymbol{J}(\boldsymbol{x}^{(k)})^{-1} \boldsymbol{f}(\boldsymbol{x}^{(k)}) \tag{5-44}$$

$$\boldsymbol{x}^{(k+1)} = \boldsymbol{x}^{(k)} + \mu^{(k)} \Delta \boldsymbol{x}^{(k)} \tag{5-45}$$

式中：$\Delta \boldsymbol{x}^{(k)}$ 为常规牛顿潮流算法每次迭代所求出的修正量相量；$\mu^{(k)}$ 为最优乘子，可从式 (5-30) 求取。

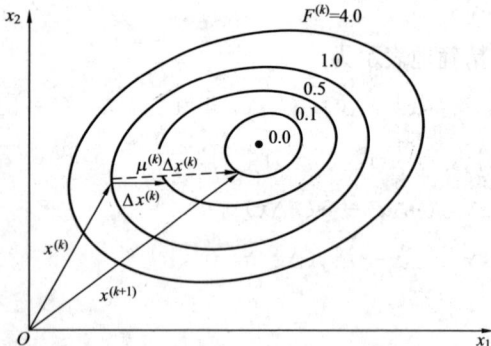

图 5-10　最优乘子法原理图

最优乘子法原理图如图 5-10 所示。

当使用以上算法计算潮流时，最优乘子 μ 通常有如下两种表现形式。一是从一定的一次出发，原来的潮流问题有解。此时，目标函数 $F(\boldsymbol{x})$ 将下降为零，$\mu^{(k)}$ 在经过几次迭代以后，稳定在 1.0 附近。二是从一定的初值出发，原来的潮流问题无解。此时，目标函数开始时也能逐渐减小，但迭代到一定的次数以后即停滞在某一个不为零的正值上，不能继续下降。$\mu^{(k)}$ 逐渐减小，最后趋近于零。$\mu^{(k)}$ 趋近于零是所给的潮流问题无解的一个标志，这说明了雅克比矩阵此时正趋向于奇异点。也就是说，该点正处于电压崩溃点附近，但使用这种方法判断是否临界点并不充分。为了获得更加精确的临界点，将以最优乘子法作为基本工具，同时结合了连续潮流法的预测－校正思想来求取电力系统 P-V 曲线。

5. 带有最优乘子的快速解耦法

带有最优乘子的快速解耦法的推导过程类似带有最优乘子的牛顿-拉夫逊法,仅仅是迭代采取的形式不一样。

同样对节点极坐标功率误差方程式(5-22)进行泰勒级数展开,舍去二次项中有 $\Delta\theta_{ij}^2$ 的项,并在余下项中近似地取 $\Delta\theta_{ij}=\theta_{ij}$,这样可得

$$\begin{bmatrix} \dfrac{P_s-P(U,\theta)}{U} \\[2mm] \dfrac{Q_s-Q(U,\theta)}{U} \end{bmatrix} - \begin{bmatrix} B' & \\ & B'' \end{bmatrix}\begin{bmatrix} \Delta\theta U_0 \\ \Delta U \end{bmatrix} - \begin{bmatrix} \dfrac{P(\Delta U,\Delta\theta)}{U} \\[2mm] \dfrac{Q(\Delta U,\Delta\theta)}{U} \end{bmatrix} = 0 \tag{5-46}$$

根据式(5-46),对于 $P\text{-}\theta$ 迭代有

$$\begin{cases} a' = \dfrac{P_s-P(U,\theta)}{U} \\[2mm] b' = -B'\Delta\theta U_0 \\[2mm] c' = \dfrac{-P(\Delta U,\Delta\theta)}{U} \end{cases} \tag{5-47}$$

类似地对 $Q\text{-}V$ 迭代有

$$\begin{cases} a'' = \dfrac{Q_s-Q(U,\theta)}{U} \\[2mm] b'' = -B''\Delta U \\[2mm] c' = \dfrac{-Q(\Delta U,\Delta\theta)}{U} \end{cases} \tag{5-48}$$

由于 a,b,c 3 个相量均已求出,套用前述式(5-39)可以求得 μ,同样可按式(5-44)和式(5-55)迭代求解潮流方程。

带有最优乘子的快速解耦法同带有最优乘子的牛顿-拉夫逊法一样,$\mu^{(k)}$ 趋近于零是所给的潮流问题无解的一个标志,说明雅克比矩阵此时正趋向于奇异点,表明该点正处于电压崩溃点附近。

5.5.2 潮流多解法

潮流方程的解不是唯一的。对 N 个节点系统,选定一个平衡节点,理论上有 2^n-1 个解。在连续潮流求取 $P\text{-}U$ 曲线时,对于同一个负荷水平,容易得到其中的两个电压解。通常 $P\text{-}U$ 曲线的上半支被称为可行解(Operable Solution)或高电压解(High Voltage Solution),对应于电力系统稳定的平衡点,下半支为不可行解或低电压解(Low Voltage Solution),相当于电力系统不稳定的平衡点。

1. 潮流基本方程的变换

以直角坐标形式的 PQ 节点有功功率、无功功率平衡方程和 PU 节点的有功功率、电压方程建立了潮流基本方程式(5-19),令

$$A_i = \sum_{\substack{j=1 \\ j\neq i}}^{n}(G_{ij}e_j - B_{ij}f_j) \tag{5-49}$$

$$B_i = \sum_{\substack{j=1 \\ j\neq i}}^{n}(G_{ij}f_j + B_{ij}e_j) \tag{5-50}$$

则式（5-19）节点 i 有功功率方程可换写成

$$P_i = G_{ii}e_i^2 + A_ie_i + G_{ii}f_i^2 + B_if_i \tag{5-51}$$

即有

$$\left(e_i + \frac{A_i}{2G_{ii}}\right)^2 + \left(f_i + \frac{B_i}{2G_{ii}}\right)^2 = \frac{P_i}{G_{ii}} + \frac{A_i^2 + B_i^2}{4G_{ii}^2} \tag{5-52}$$

所以式（5-19）节点 i 有功功率方程是一个圆，其圆心为 $\left(\dfrac{-A_i}{2G_{ii}}, \dfrac{-B_i}{2G_{ii}}\right)$，圆半径为 $\left(\dfrac{P_i}{G_{ii}} + \dfrac{A_i^2 + B_i^2}{4G_{ii}^2}\right)^{1/2}$。

同理式（5-19）节点 i 无功功率方程式可换写成

$$Q_i = -B_{ii}e_i^2 - B_ie_i - B_{ii}f_i^2 + A_if_i \tag{5-53}$$

即有

$$\left(e_i + \frac{B_i}{2B_{ii}}\right)^2 + \left(f_i - \frac{A_i}{2B_{ii}}\right)^2 = -\frac{Q_i}{B_{ii}} + \frac{A_i^2 + B_i^2}{4B_{ii}^2} \tag{5-54}$$

所以式（5-19）节点 i 无功功率方程是一个圆，其圆心为 $\left(\dfrac{-B_i}{2B_{ii}}, \dfrac{A_i}{2B_{ii}}\right)$，圆半径为 $\left(-\dfrac{Q_{ii}}{B_i} + \dfrac{A_i^2 + B_i^2}{4B_{ii}^2}\right)^{1/2}$。

PU 节点 i 电压方程式 $U_i^2 = e_i^2 + f_i^2$ 也是一个圆方程，其圆心为坐标原点，半径为电压幅值。

不失一般性，可设节点 i 为平衡节点，则根据常规潮流方程组可得一组节点电压幅值标幺值在 1.0 附近的潮流状态解，用 U^0 表示

$$U^0 \overset{\text{def}}{=} (e_2^0, f_2^0; e_3^0, f_3^0; \cdots e_n^0, f_n^0) \overset{\text{def}}{=} (U_2^0; U_3^0; \cdots; U_n^0) \tag{5-55}$$

即

$$U^0 \overset{\text{def}}{=} (e_i^0, f_i^0) \tag{5-56}$$

根据方程式 $U_i^2 = e_i^2 + f_i^2$、式（5-52）和式（5-54），潮流基本方程解可用图 5-11 表示。

由于电力系统中，支路的电抗远大于电阻，导致自电导 $|G_{ii}|$ 小于自电纳 $|B_{ii}|$，所以在 PQ 圆图中一般来说 P 圆的半径比 Q 圆的半径大。

以第 i 节点为例，其他节点的电压 $U_j^0 = e_j^0 + \mathrm{j}f_j^0 (j \neq i)$ 都求出以后，则能够据其节点功率方

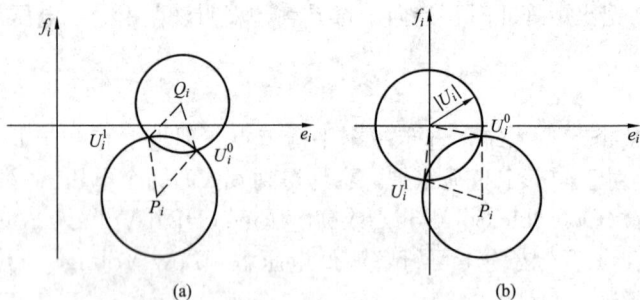

图 5-11 给定条件和 U_i^0、U_i^1 的关系
(a) PQ 节点；(b) PU 节点

程或节点电压方程求出 $U_j^0 = e_j^0 + \mathrm{j}f_j^0 (j \neq i)$。但根据图 5-11 给定条件 U_i^0，U_i^1 的关系，此联立二次方程应该在 U_i^0 和 U_i^1 处各有 1 个交点，即有 2 个解。U_i^0 即为电压标幺值在 1.0 附近的解（即高电压解），而 U_i^1 为另一组解（即低电压解）。在两圆圆心、圆半径及其交点 U_i^0 已知的情况下，能通过解析几何的一些定理求得图 5-12 中 U_i^1 的坐标。

将所有 U_i^1 合在一起可得

$$U^1 \overset{\text{def}}{=} (e_2^1, f_2^1; e_3^1, f_3^1; \cdots e_n^1, f_n^1)$$
$$\overset{\text{def}}{=} (U_2^1; U_3^1; \cdots; U_n^1) \tag{5-57}$$

即
$$U^1 \overset{\text{def}}{=} (e_i^1, f_i^1) \tag{5-58}$$

2. 潮流多解法及其初值

整个潮流方程多重根的解算方法关键在于采用一组合理的初值，这是由于潮流方程组在给定不同的初始条件和选取不同的初值时会出现诸如发散、同解、重解等不同的结果（如图 5-12 所示）。

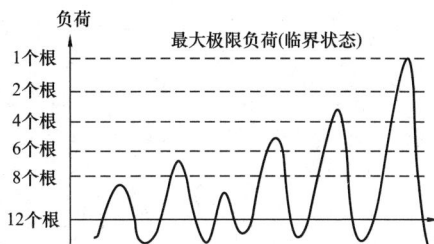

图 5-12 负荷状态和潮流方程多重解的概念图

在多重解算法中除采用常规潮流计算程序外，其初值的选取成为解算的关键。对初始值的选取选用表 5-1 和表 5-2 两种组合方式。详细多根探索法在同一负荷水平时为了计算多重解需要完成 $2^{n-1}-1$ 次潮流计算，而简略多根探索法在同一负荷水平时只需完成 $n-1$ 次潮流计算。

表 5-1　　　　　　　　　详细多根探索法初值解的组合方式

序号	初始值模型 2345⋯n	初始值	序号	初始值模型 2345⋯n	初始值
1	1000⋯0	$U_{lt}^1=(U_2^1; U_3^0; U_4^0; U_5^0; \cdots; U_n^0)$	6	0110⋯0	$U_{lt}^6=(U_2^0; U_3^1; U_4^1; U_5^0; \cdots; U_n^0)$
2	0100⋯0	$U_{lt}^2=(U_2^0; U_3^1; U_4^0; U_5^0; \cdots; U_n^0)$	7	1110⋯0	$U_{lt}^7=(U_2^1; U_3^1; U_4^1; U_5^0; \cdots; U_n^0)$
3	1100⋯0	$U_{lt}^3=(U_2^1; U_3^1; U_4^0; U_5^0; \cdots; U_n^0)$	8	0001⋯0	$U_{lt}^8=(U_2^0; U_3^0; U_4^0; U_5^1; \cdots; U_n^0)$
4	0010⋯0	$U_{lt}^4=(U_2^0; U_3^0; U_4^1; U_5^0; \cdots; U_n^0)$	⋮	⋮	⋮
5	1010⋯0	$U_{lt}^5=(U_2^1; U_3^0; U_4^1; U_5^0; \cdots; U_n^0)$	$n-1$	0000⋯1	$U_{lt}^{n-1}=(U_2^0; U_3^0; U_4^0; U_5^0; \cdots; U_n^1)$

表 5-2　　　　　　　　　简略多根探索法的初始值组合方式

序号	初始值模型 2345⋯n	初始值	序号	初始值模型 2345⋯n	初始值
1	1000⋯0	$U_{lt}^1=(U_2^1; U_3^0; U_4^0; U_5^0; \cdots; U_n^0)$	4	0010⋯0	$U_{lt}^4=(U_2^0; U_3^0; U_4^0; U_5^1; \cdots; U_n^0)$
2	0100⋯0	$U_{lt}^2=(U_2^0; U_3^1; U_4^0; U_5^0; \cdots; U_n^0)$	⋮	⋮	⋮
3	1100⋯0	$U_{lt}^3=(U_2^0; U_3^0; U_4^1; U_5^0; \cdots; U_n^0)$	$n-1$	0000⋯1	$U_{lt}^{n-1}=(U_2^0; U_3^0; U_4^0; U_5^0; \cdots; U_n^1)$

表 5-3 和表 5-4 给出了 IEEE30 节点及 IEEE57 节点的潮流收敛解个数、同解的个数及其实际重根的个数。

表 5-3　　　　　　IEEE30 节点系统潮流方程重解个数与负荷度 k 的关系

k	0.1	0.2	0.3	0.4	0.5	0.6	0.7	0.8	0.9	1.0	1.1	1.2	1.3	1.4	1.5
实际解个数	20	20	20	19	18	16	16	16	16	16	14	14	12	11	9
k	1.6	1.7	1.8	1.9	2.0	2.1	2.2	2.3	2.4	2.5	2.6	2.7	2.8	2.9	3.0
实际解个数	9	8	8	7	6	5	2	2	2	2	2	2	2	2	0

表 5-4 IEEE57 节点系统潮流方程重解个数与负荷度 k 的关系

k	0.1	0.2	0.3	0.4	0.5	0.6	0.7	0.8	0.9	1.0	1.1	1.2	1.3	1.4	1.5
实际解个数	47	44	40	25	31	25	22	21	21	16	13	14	14	13	9
同解个数	0	0	0	0	0	0	0	0	0	0	0	0	0	0	0

注 负荷度 k 表示所有负荷节点的有功功率、无功功率负荷和当前负荷的比例，因此各节点的负荷随负荷度 k 的变化而改变。

从表 5-3 可知：在详细多根探索法中，潮流方程多根的个数随着负荷的加重而成对减少。

5.6 连续潮流法

电压稳定研究的一个重要方面就是寻找恰当的安全指标和尽量快速而又有足够精度的计算方法。裕度指标能较好地反映系统的电压稳定水平，因而受到了电力界的广泛重视。为计算裕度指标，首先要计算电压崩溃临界点。为计算临界点，人们在开始的时候用常规潮流程序计算，并逐渐地增加负荷，对每一步重复进行潮流计算。由于在临界点附近，雅克比矩阵奇异，潮流计算难以收敛，人们就把他们所能计算到的最大功率点作为临界点。由于不能计算到临界点，计算结果是相当不可靠的，不同的潮流程序的计算结果是不同的，从而造成了很大的混乱，事实上很难用于实际情况。为了可靠、快速地计算出临界点，人们研究了不少方法。其中连续潮流法通过选择一定的连续化参数以保证临界点及其附近潮流计算的收敛性，并引入预测、校正及步长调整等机制，以尽可能地减少计算过程所需的迭代次数，减小计算量。它在 $P\text{-}U$ 曲线的每一点均反复迭代，计算出准确的潮流，所以能得到准确的 $P\text{-}U$ 曲线等信息，并能考虑一定的非线性控制及不等式约束条件，具有较强的鲁棒性。

现有的连续潮流法一般是在连续潮流基本方程基础上增加一个方程，同时将负荷变化因子 λ 当作变量，从而使雅克比矩阵的右下方增加一行一列，扩展后的雅克比矩阵即使在临界点处仍然是良态的。但是，其左上角部分在临界点处却仍是奇异的，故连续潮流计算在临界点附近的收敛性难以得到有效的保证，算法可靠性受到较大影响。尽管引入了预测、校正及步长调整等机制减少了计算过程中的迭代次数，连续潮流法仍需要比传统潮流计算多得多的附加计算，而且在轻负荷情况下仍可能存在数值问题。为了解决这些问题，联想到直角坐标下的最优乘子潮流计算方法在解决病态潮流问题时具有特有的优势，同时还能隐含给出潮流计算过程中雅克比矩阵奇异的信息。要是能将上述两种方法进行有效的结合，优势互补，则在在线预测电压稳定性方面有一定的应用前景。

5.6.1 连续潮流法原理

目前，确定性地求取 $P\text{-}U$ 曲线的方法主要有负荷增长法以及连续潮流方法。负荷增长法采用常规潮流计算方法，通过不断增加负荷节点的负荷功率来达到 $P\text{-}U$ 曲线的追踪目的，其缺点是在功率极限点附近潮流雅克比矩阵接近奇异，常引起潮流方程病态。连续潮流法是近几年才提出的用于追踪 $P\text{-}U$ 曲线的非线性方法。它通过参数变化并引入一维校正方程，巧妙地解决了潮流雅克比矩阵奇异的难题，正是这一特点使连续潮流法在 $P\text{-}U$ 曲线的求取中得到了广泛应用。

连续潮流法作为一种用于跟踪电力系统由于负荷、发电量、交易、和输入、输出大的或小的改变引起的系统稳定状态动作的工具，在潮流反复求解方面具有优势，在获得潮流解曲线的方面有更好的可靠性,特别是用于病态潮流方程上。通过使用有效的预测、适当的步长选取和有效的输入输出操作能够快速地计算。最后,连续潮流具有更好的通用性。采用参数化的设计能够让使用者灵活地轻松分析有功和(或)无功负荷的改变,以及 P-U 节点上发电机有功的改变。它能够通过改变以下的参数来生成 P-U 曲线。

(1) 单负荷节点的有功和(或)无功功率增加。

(2) 某一个区域或几个区域有功和(或)无功功率变化。

(3) 全网负荷节点的有功和(或)无功功率同时按比例增加。

(4) 功率交换。

(5) 功率注入或输出。

连续潮流有各种应用,比如:

(1) 监控由于负荷和发电改变引起的电压动作来发现如电压下降和电压崩溃类型的问题;

(2) 计算最大交换能力和最大可用传输能力;

(3) 跟踪由于负荷和(或)发电改变引起的有功或无功控制装置的系统动作;

(4) 对用于提高稳定状态安全的控制装置的研究;

(5) 估计电压稳定、传输容量分析中不同负荷模型的影响。

连续法的理论已被广泛研究,它来源于代数拓扑和微分拓扑。它是为带有可变参数的一般非线性代数方程产生解曲线的有效工具。连续法的 4 个基本要素为:参数化、预测、校正和步长控制,下面将逐一介绍。

1. 参数连续化

连续潮流法的关键在于选择合理的连续化参数以保证临界点及其附近的收敛性。目前,参数连续化方法主要有弧长连续法、同伦连续法和局部参数连续法,本文主要介绍弧长连续法。

连续潮流法采用延拓算法,从初始稳定工作点开始,随着负荷缓慢变化,沿相应 P-U 曲线对下一工作点进行预估、校正,直到勾画出完整的 P-U 曲线。在这过程中需要解决 3 个问题:一是如何规定负荷的变化方式,即各负荷节点如何改变才能比较接近于电力系统实际;二是在负荷临界点(拐点)使用常规潮流计算方法(对应采用恒功率负荷的牛顿-拉夫逊法)不收敛;三是在系统负荷小于临界值时,存在潮流多解,但真正具有实际应用价值的 P-U 曲线,要求其上半段对应于常规潮流解,而不是在各解组之间跳动。

设初始状态时系统节点净负荷功率(节点负荷功率-节点发电功率)为

$$\boldsymbol{Y}_{\mathrm{S}}(0) = \left[P_{10}, Q_{10}, P_{20}, |V_{20}|^2, \cdots \right]^{\mathrm{T}} \tag{5-59}$$

对于常规的潮流计算,系统方程可以描述为:

$$\boldsymbol{Y}(\boldsymbol{x}) = \boldsymbol{Y}_{\mathrm{S}}(0) \tag{5-60}$$

式中:$\boldsymbol{x}$ 为系统状态变量,如电压的实部、虚部。

为了研究负荷缓慢变化时系统状态的变化,引入一个负荷变化方式相量 $\boldsymbol{Y}_d$ 和变化因子 λ(一个标量),设

$$\boldsymbol{Y}_d = \left[P_{1d}, Q_{1d}, P_{2d}, \cdots \right]^{\mathrm{T}} \tag{5-61}$$

为各节点负荷净增长方式(发电增长按负的负荷增长处理),则任一状态时系统节点净负荷功率为

$$Y_S(\lambda) = Y_S(0) + \lambda Y_d \tag{5-62}$$

变化因子 λ 从物理的角度来说，它实际上在一定程度上代表着系统的负荷水平。

为了简化计算，假设负荷功率以下列 3 种方式增长：

（1）单负荷节点的有功和（或）无功功率增加，而其他节点负荷保持不变；

（2）某一个区域或几个区域有功、无功功率变化；

（3）全部负荷节点的有功和（或）无功功率同时按比例增加。

将常规潮流方程式（5-60）与负荷变化方程式（5-62）结合，得到函数 $H(x, \lambda)$ 如式（5-63）所示。

$$H(x, \lambda) = Y(x) - Y_S(0) - \lambda Y_d \tag{5-63}$$

方程（5-63）的解是对应于节点净负荷为 $Y_S(\lambda)$ 时常规潮流方程（5-60）的一组潮流解。将方程（5-63）在 (x_0, λ_0) 处线性展开，可得

$$H(x_0 + \Delta x, \lambda_0 + \Delta \lambda) = H(x_0, \lambda_0) + \frac{\partial H}{\partial x}\Delta x + \frac{\partial H}{\partial \lambda}\Delta \lambda = 0 \tag{5-64}$$

$$\frac{\partial H}{\partial x}\Delta x + \frac{\partial H}{\partial \lambda}\Delta \lambda = 0 \tag{5-65}$$

即有

$$J\Delta x - Y_d\Delta \lambda = 0 \tag{5-66}$$

式（5-66）中 J 为常规潮流计算中的雅克比矩阵。

由于常规潮流计算中存在雅克比矩阵奇异点，接近崩溃点时，会发生收敛困难。因此还必须利用弧长公式对雅克比矩阵进行改造，如式（5-67）所示。

$$\begin{cases} H(x, \lambda) = 0 \\ G(x, \lambda) = 0 \end{cases} \tag{5-67}$$

式中弧长公式

$$G(x, \lambda) = \sum_{i=1}^{n}(x_i - x_0)^2 + (\lambda - \lambda_0)^2 - \Delta S^2 \tag{5-68}$$

其中，x_0 和 λ_0 分别为 P-V 曲线中上一个潮流解的电压值和负荷增长率，ΔS 为弧长。

新方程组对应的雅克比矩阵如下

$$J_{new} = \begin{bmatrix} J(x) & Y_d \\ G'_x & G'_\lambda \end{bmatrix} \tag{5-69}$$

式中：$J(x)$ 为原来的雅克比矩阵；Y_d 为负荷变化方式相量；G'_x，G'_λ 分别为 $G(x, \lambda)$ 对 x，λ 的偏导数。

新的雅克比矩阵充分利用了增广的第 $N+1$ 维空间，在功率极限点（简单奇点）处不再奇异。利用新的潮流方程组可以求出整支 P-U 曲线，而不会遇到电压稳定临界点附近潮流发散的问题。

2. 预测机制

连续潮流计算一般采用牛顿-拉夫逊法解扩展潮流方程。在每一次潮流计算后，对下一次的潮流解进行预测，并以此作为下一次潮流计算的初值，显然这可以大大减少潮流计算的迭代次数，加快计算速度。目前常用的预测机制主要有两种：线性预测法和切线预测法。

线性预测法是根据当前点及上一点的信息来线性的预测下一点。设当前潮流解及上一潮流解分别为 (x^i, λ^i) 及 (x^{i-1}, λ^{i-1})，则取预测方向为 $y = \begin{pmatrix} x^i - x^{i-1} \\ \lambda^i - \lambda^{i-1} \end{pmatrix}$，下一解最初猜测为

$$(\hat{\boldsymbol{x}}^{i+1}, \hat{\lambda}^{i+1}) = (\boldsymbol{x}^i, \lambda^i) + h(\boldsymbol{x}^i - \boldsymbol{x}^{i-1}, \lambda^i - \lambda^{i-1}) \tag{5-70}$$

式中：h 为一合适步长；$(\hat{\boldsymbol{x}}^{i+1}, \hat{\lambda}^{i+1})$ 为下一个解的校正迭代的最初猜测，这些校正迭代有望在指定界限内收敛到准确解。

线性预测法算法简单，预测速度快，但需要有两个运行点的信息，预测效果相对于切线预测法也要略差一些。对于连续潮流计算，由常规潮流计算求出初始点时，由于只有当前点信息，故不能采用线性预测法。

切线预测法的实质是利用当前解的微分来预测下一潮流解。由式（5-66）得

$$\Delta \boldsymbol{x} = \boldsymbol{J}^{-1} \boldsymbol{Y}_d \Delta \lambda \tag{5-71}$$

再由弧长公式（5-68）得

$$\Delta \lambda^2 + \sum_{i=1}^{n} \Delta x_i^2 = \Delta S^2 \tag{5-72}$$

令 $K = \Delta S^2$，$\Delta z = \boldsymbol{J}^{-1} \boldsymbol{Y}_d$ 则有

$$\Delta \lambda = \sqrt{\dfrac{K}{1 + \sum_{i=1}^{n} \Delta z_i^2}} \tag{5-73}$$

实际计算中，首先设 $\Delta \lambda = 1$，得到的 $\Delta \boldsymbol{x}$ 作为 Δz，则取预测方向为

$$\boldsymbol{y} = \begin{pmatrix} \Delta \boldsymbol{x}^i \\ \Delta \lambda^i \end{pmatrix}$$

下一解最初猜测为

$$(\hat{\boldsymbol{x}}^{i+1}, \hat{\lambda}^{i+1}) = (\boldsymbol{x}^i, \lambda^i) + h(\Delta \boldsymbol{x}^i, \Delta \lambda^i) \tag{5-74}$$

式中：h 为一合适步长；$(\hat{\boldsymbol{x}}^{i+1}, \hat{\lambda}^{i+1})$ 为下一个解的校正迭代的最初猜测，这些校正迭代有望在指定界限内收敛到准确解。

3. 校正

由上述预测获得的最初猜测必须进行校正才能得到精确的下一解，由于好的预测给出了下一个解 $(\boldsymbol{x}^{i+1}, \lambda^{i+1})$ 附近的近似值，一个合适的校正得到需要的精确度只需几次迭代就够了。原则上，任一有效的解非线性代数方程组的计算过程都能用作校正，但为了方便起见，采用牛顿法作为校正，对现存的基于牛顿法的潮流软件包稍加修改，就可进行校正了。

连续潮流法中预测—校正示意图如图 5-13 所示。

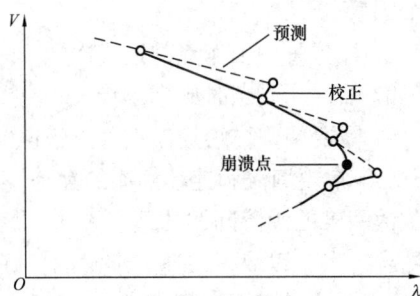

图 5-13　连续潮流法中预测—校正示意图

4. 步长控制

步长控制对连续潮流法的性能有着重要的影响。步长取得太小，每一次潮流计算都能快速收敛，但是要计算很多次才能计算到临界点附近。步长取得太大，预测点与所求点的距离可能较远，每一次潮流计算所需的迭代次数较多，结果反而可能花费更多的计算时间，甚至可能导致连续潮流计算不收敛。

采用了弧长公式作为负荷增长率 λ 的控制方程，使其对于 λ 的变化采取了自动变步长的方法。在负荷较低时，电压变化率 Δx 较小，相应的负荷增长率 $\Delta\lambda$ 就比较大；而当接近于功率极限点时电压变化率突然增大，对应的负荷增长率变小，曲线上的点就比较密，从而有效解决了步长控制问题，加快了程序运行速度，同时增强了程序的收敛性。同时应注意对步长估计时由于使用了雅克比逆矩阵（求取 Δz）而存在奇异点，这可以在临界点附近选取固定小步长加以解决。

连续潮流法的主要优点在于鲁棒性好，能考虑较多的非线性因素，计算后得到的信息也比较多。但是连续潮流法计算速度比较慢，同时雅克比矩阵的性质并非决定算法收敛速度的唯一因素，采用牛顿-拉夫逊法进行非线性方程组的数值求解，算法的收敛性能还与初值关系密切。在迭代的最后阶段，常常会出现数值振荡现象，而且不能准确地计算出临界点。连续潮流计算的收敛性无法得到有效保证。

5.6.2 连续潮流计算中的一些问题

(1) 连续参数的选择。合适的连续参数的选择对于校正来说是特别重要的。参数选择不好可能引起解的发散。例如，一方面负荷参数作为连续参数使用时，如果预估超过最大负荷，在临界点区域可能解不收敛。另一方面，当电压幅值作为连续参数时，如果电压变化采取大的步长，也可能引起解的发散。

(2) 灵敏度信息。在连续潮流分析中，切线相量的元素表示状态变量对于系统负荷的不同变化的不同响应，因此，在给定切相量中的元素 dV 在识别"弱节点"时是很有用的，即这种弱节点在响应负荷变化中会经受大的电压波动。

(3) 临界点的识别。连续潮流计算的目的之一是获取临界点，临界点指示负荷到达最大值，在连续潮流计算中对应参数 $t=t_{cr}$，在该点 $dt=0$。连续潮流分析可以延拓临界点之外，在 $P\text{-}U$ 曲线的上半支，t 的切相量分量是正的；经过临界点后，t 开始减小，$dt<0$，因此可检验 dt 的符号改变来识别是否到达临界点。

(4) 步长的确定。步长的确定对于连续潮流计算具有重要意义。步长过大，则曲线不够准确甚至潮流不能收敛；过小，又会浪费许多计算时间。一般来说，步长的选取应考虑以下几个因素：

1) 计算每一工作点的迭代次数，一般 3～4 次；

2) 临近崩溃点时应减小步长；

3) 需要精确描绘崩溃点附近情况时应使用小步长。

(5) 常规潮流和连续潮流的互补应用。连续潮流分析方法具有鲁棒性和灵活性，它是解决收敛困难的潮流问题的理想方法，然而，这种方法计算非常耗时。把常规潮流和连续潮流法结合起来，以取得快速和准确的良好效果。从基本工况开始逐步增加负荷，用常规的牛顿-拉夫逊方法或快速解耦算法解潮流，直至不能获得潮流解。从这点之后，用连续潮流法求解潮流。连续潮流方法只是在需要求临界点和临界点后的准确时才是必要的。

(6) 负荷变化方式。连续潮流计算中增加负荷和发电，使系统紧张的过渡方式可采用以下条件之一：

1) 一个节点的有功（或无功）变化，而其他节点有功、无功不变；

2) 一个节点的有功和无功同时变化（可以单一参数化）。

在实际应用中，可采取下面不同的增长方式。

① 负荷节点的 P、Q 保持初始工作点时的功率因数和各节点间的比例不变，同步增长，多余的负荷由各发电机根据当前出力多少按比例分配，平衡机不限制。在求取高电压解的迭代中，检查发电机的无功输出，若越界，则将 PV 节点转化为 PQ 节点，继续迭代至收敛。由于在开始迭代的几次，电压波动大，有可能当时并不越界的发电机，此时按越界处理了。因此，无功限制应在迭代的最后几次加入。在 P-U 曲线的下半支不再进行发电机无功越界判断，但保持已做过 PV 到 PQ 转化的节点不变。按照以往的惯例，高电压解与低电压解应对于相同的条件。因此从严格意义上来说，只有最后一次发生 PV 到 PQ 转化的工作点到顶点的区域内，高电压解才是对应的。在其他区域，低电压解只能提供一个参考。由于相对应的区域在临界点附近，所以，这对于实际应用已经足够。

② 已知当前轻负荷和未来重负荷系统稳定运行状态，这两个状态可以通过普通潮流计算确定，其发电机出力与负荷平衡得很好，平衡机出力也是合理的。这样就相当于获得了 P-U 曲线上的两点。而这个运行状态之间，负荷（PQ 节点的有功和无功）与发电机出力（PQ、PV 节点的有功和 PQ 节点的无功）按线性变化，于是可形象地勾画出 P-U 曲线在这两点间的变化过程；对 PV 接点的无功出力，采用与方式（1）相同的限制。由于采用线性变化，在这两点间任一工作状态，其潮流分布都基本是合理的。这种方式可以为调度人员提供这两个状态间的过渡信息。

③ 已知当前系统稳定运行状态和未来发电机极限，发电机出力按线性增长至极限值。负荷节点保持初始工作点时的功率因数和各节点间的比例不变，同步增长。到发电机满发，记录相应的负荷值，可以估算这种增长方式下的最大负荷，为充分利用系统发电能力提供依据。

5.7 奇异值分析

最小奇异值状态指标法是将潮流方程的雅克比矩阵进行奇异值分解，其中最小奇异值 δ_{min} 是衡量系统电压静稳裕度的状态指标。当系统运行工作点向电压静稳临界点趋近时，δ_{min} 趋向零值；当系统运行工作点到达极限工作点时，即 $\delta_{min}=0$，表示临界稳定，对应于雅克比矩阵奇异，而最小奇异值对应的奇异相量则反映了系统各节点参与失稳的模式。如上所述，研究给定系统运行点电压静态稳定裕度的问题就可转化为研究确定相应的雅克比矩阵 J_r 接近奇异的程度问题。

潮流雅克比矩阵 J 的最小奇异值被视为接近静态电压稳定极限的一个指标，最小奇异值大小用来表示所研究的运行点和静态电压稳定极限之间的距离。最小奇异值的右奇异相量指示出灵敏电压，由此可找到系统中的薄弱节点。最小奇异值的左奇异相量指示有功和无功功率注入最灵敏的方向，当功率摄动的方向与之一致时，所引起的状态量的变化最大。在最小模式下，发电机所发出无功功率变化较大的机组定义为关键发电机组。同时，根据对节点电压灵敏度的贡献程度，可找出与最小奇异模式强相关的负荷节点，定义为关键节点，关键节点构成系统稳定程度较差的区域，即为弱区域，往往也作为无功补偿的最佳位置。运行人员在正常的调度和监控中，应注意关键线路，在系统发生大的扰动时，减轻该线路上的负荷，对潮流方式作合理的调整。同样关键机组对于系统的稳定起关键作用，运行中应该考虑安排足够的无功储备，避免系统以最小奇异值对应模式失去电压稳定。

5.7.1 基本原理

奇异值分析法的基本原理如下：在正常运行条件下，非线性潮流方程的线性化形式为

$$\begin{bmatrix} \Delta \boldsymbol{P} \\ \Delta \boldsymbol{Q} \end{bmatrix} = \boldsymbol{J} \begin{bmatrix} \Delta \boldsymbol{\theta} \\ \Delta \boldsymbol{U} \end{bmatrix} \tag{5-75}$$

式中：$\Delta \boldsymbol{P}$ 为节点有功微增量变化；$\Delta \boldsymbol{Q}$ 为节点无功微增量变化；$\Delta \boldsymbol{\theta}$ 为节点电压角度微增量变化；$\Delta \boldsymbol{U}$ 为节点电压幅值微增量变化。

对 $\boldsymbol{J}$ 进行奇异值分析，可得到

$$\boldsymbol{J} = \boldsymbol{V} \sum \boldsymbol{U}^{\mathrm{T}} = \sum_{i=1}^{2n-m} \boldsymbol{V}_i \delta_i \boldsymbol{U}_i^{\mathrm{T}} \tag{5-76}$$

这里奇异值相量 $\boldsymbol{V}$ 和 $\boldsymbol{U}$ 是规格化矩阵 $\boldsymbol{V}$ 和 $\boldsymbol{U}$ 的第 i 列，$\sum$ 是正的实奇异值 δ_i 的对角矩阵，如 $\delta_1 \geqslant \delta_2 \geqslant \cdots \geqslant \delta_{2n-m}$。

如果 $\boldsymbol{J}$ 非奇异，则有功和无功注入的微变化对 $[\Delta \boldsymbol{\theta}, \Delta \boldsymbol{U}]^{\mathrm{T}}$ 的影响可以写成为

$$\begin{bmatrix} \Delta \boldsymbol{\theta} \\ \Delta \boldsymbol{U} \end{bmatrix} = \boldsymbol{J}^{-1} \begin{bmatrix} \Delta \boldsymbol{P} \\ \Delta \boldsymbol{Q} \end{bmatrix} = \sum \delta_i^{-1} \boldsymbol{U}_i \boldsymbol{V}_i^{\mathrm{T}} \begin{bmatrix} \Delta \boldsymbol{P} \\ \Delta \boldsymbol{Q} \end{bmatrix} \tag{5-77}$$

当一个奇异值几乎为零时，系统接近于电压崩溃点，系统响应完全由最小奇异值 δ_{2n-m} 和它相应的奇异相量 $\boldsymbol{V}_{2n-m}$ 和 $\boldsymbol{U}_{2n-m}$ 所决定。因此有

$$\begin{bmatrix} \Delta \boldsymbol{\theta} \\ \Delta \boldsymbol{U} \end{bmatrix} = \delta_{2n-m}^{-1} \boldsymbol{U}_{2n-m} \boldsymbol{V}_{2n-m}^{\mathrm{T}} \begin{bmatrix} \Delta \boldsymbol{P} \\ \Delta \boldsymbol{Q} \end{bmatrix} \tag{5-78}$$

其中，$\boldsymbol{U}_{2n-m} = [\theta_1 \cdots \theta_n, \ U_1 \cdots U_{n-m}]^{\mathrm{T}}$，$\boldsymbol{V}_{2n-m} = [P_1 \cdots P_n, \ Q_1 \cdots Q_{n-m}]^{\mathrm{T}}$。

这里，$\boldsymbol{U}_{2n-m}$ 和 $\boldsymbol{V}_{2n-m}$ 规格化为

$$\sum_{i=1}^{n} \theta_i^2 + \sum_{i=1}^{n-m} U_i^2 = 1 \tag{5-79}$$

$$\sum_{i=1}^{n} P_i^2 + \sum_{i=1}^{n-m} Q_i^2 = 1 \tag{5-80}$$

令

$$\begin{bmatrix} \Delta \boldsymbol{P} \\ \Delta \boldsymbol{Q} \end{bmatrix} = \boldsymbol{V}_{2n-m} \tag{5-81}$$

$$\begin{bmatrix} \Delta \boldsymbol{\theta} \\ \Delta \boldsymbol{V} \end{bmatrix} = \frac{\boldsymbol{U}_{2n-m}}{\delta_{2n-m}} \tag{5-82}$$

由以上两式可以得出结论，因为最小奇异值充分小，所以功率注入的小的变化可以引起电压大的变化。因此，有关左、右奇异值相量 $\boldsymbol{V}_{2n-m}$ 和 $\boldsymbol{U}_{2n-m}$ 可以说明如下：

（1）在 $\boldsymbol{U}_{2n-m}$ 中最大的表列值（元素）指示最灵敏的节点电压（临界电压），因此，弱节点可以通过右奇异相量来识别；

（2）在 $\boldsymbol{V}_{2n-m}$ 中最大的表列值相当于有功和无功功率注入变化最灵敏的方向，因此，从左奇异相量可以获得最危险的负荷和发电量的变化模式；

（3）在式（5-81）中，$\boldsymbol{V}_{2n-m}$ 提供了节点处功率注入变化的典型模式；

（4）在式（5-82）中，$\boldsymbol{U}_{2n-m}$ 提供了节点电压和角度改变的典型模式；

（5）左奇异相量还可以提供关于通过不同运行区域的传输功率（界面功率）对电压稳定性的影响。借助左奇异相量分析可以选择出弱传输线。

5.7.2　最小奇异值及其左、右奇异相量的求取

由 5.7.1 小节分析可知，电力系统电压静态稳定裕度的计算可转化为雅克比矩阵最小奇异值 $\delta_{\min}$ 的求取。而最小奇异值 $\delta_{\min}$ 为对称半正定矩阵 $\boldsymbol{J}_{\mathrm{r}}^{\mathrm{T}} \boldsymbol{J}_{\mathrm{r}}$ 的最小特征值的平方根，由于雅

克比矩阵是非常稀疏的，所以采用稀疏存储技术并对节点编号进行优化，应用潮流程序迭代收敛时所对应的 J_r 的因子表，根据逆迭代原理快速算出 δ_{min}。具体迭代步骤如下。

（1）采用改进的平方根法对 $(J_r^T J_r - qE)$ 进行三角分解

$$(J_r^T J_r - qE) = LDL^T \tag{5-83}$$

式中：L 为单位下三角阵；D 为对角阵。

（2）迭代求解 δ_{min} 及其右奇异相量 u_{min}。

$$\begin{cases} LY^{(k)} = Z^{(k)} & \text{取 } Z^{(0)} = (1,1,\cdots,1)^T \\ DL^T W^{(k+1)}/Y^{(k)} \\ Z^{(k+1)} = W^{(k+1)}/\max[W^{(k+1)}] \\ |\max[W^{(k+1)}] - \max[W^{(k)}]| < \varepsilon & \text{迭代终止} \end{cases} \tag{5-84}$$

$$\delta_{min} = [q + 1/\max(W^*)]^{\frac{1}{2}} \tag{5-85}$$

$$u_{min} = Z^* \tag{5-86}$$

（3）求解左奇异相量 ν_{min}。

$$\nu_{min} = J_r u_{min}/\delta_{min} \tag{5-87}$$

5.8 灵敏度分析法

灵敏度分析方法以潮流方程为基础，利用系统中某些物理量的变化关系来研究系统的电压稳定性。

在电力系统分析中，电力系统的潮流方程可表示为

$$f(x, u, p) = 0 \tag{5-88}$$

式中：x 是状态变量，如节点电压幅值和角度；u 是控制变量，如电源节点电压、有功发电量、无功补偿量；p 为参数，如有功负荷和无功负荷。

在潮流可行解线性化得到关系式为

$$\Delta f = \frac{\partial f}{\partial x}\Delta x + \frac{\partial f}{\partial u}\Delta u + \frac{\partial f}{\partial p} + \Delta p \tag{5-89}$$

这样，Δx 可以表示为

$$\Delta x = -\left[\frac{\partial f}{\partial x}\right]^{-1}\frac{\partial f}{\partial u}\Delta u - \left[\frac{\partial f}{\partial x}\right]^{-1}\frac{\partial f}{\partial p}\Delta p = S_{xu}\Delta u + S_{xp}\Delta p \tag{5-90}$$

式中：S_{xu} 是状态变量 x 对控制变量 u 变化的灵敏度；S_{xp} 是状态变量 x 对控制变量 p 变化的灵敏度。

电压稳定分析中常用的灵敏度有无功和有功发电量对电压的灵敏度、无功发电量对有功或无功负荷的灵敏度。

发电机节点无功发电量是状态变量 x、控制变量 u 和参数 p 的函数，相应的方程可以表示为

$$q = q(x, u, p) \tag{5-91}$$

对式（5-91）线性化，可得

$$\Delta q = \frac{\partial f}{\partial x}\Delta x + \frac{\partial f}{\partial u}\Delta u + \frac{\partial f}{\partial p}\Delta p \tag{5-92}$$

把式（5-91）代入式（5-92），可得到式（5-93）

$$\Delta q = \left(\frac{\partial q}{\partial x}\left[\frac{\partial f}{\partial x}\right]^{-1}\frac{\partial f}{\partial u} + \frac{\partial q}{\partial u}\right)\Delta u - \frac{\partial q}{\partial x}\left[\frac{\partial f}{\partial x}\right]^{-1}\frac{\partial f}{\partial p}\Delta p = S_{qu}\Delta u + S_{qp}\Delta p \qquad (5\text{-}93)$$

式中：S_{qu} 是状态变量 q 对控制变量 u 变化的灵敏度；S_{qp} 是状态变量 q 对控制变量 p 变化的灵敏度。

由节点 i 负荷的变化引起的发电机 j 的无功发电量的变化为

$$\Delta Q_{ji} = \frac{\partial Q_{ji}}{\partial Q_i}\Delta Q_i + \frac{\partial Q_{ji}}{\partial P_i}\Delta P_i = S_{qp}(j, i_q)\Delta Q_i + S_{qp}(j, i_p)\Delta P_i \qquad (5\text{-}94)$$

对应于节点 i 负荷的变化引起的整个网络无功发电量的变化为

$$\Delta Q_{G\Sigma} = \sum_{j=1}^{n_G}\left[S_{qp}(j, i_q)\Delta Q_i + S_{qp}(j, i_p)\Delta P_i\right] = S_{Qli}\Delta u_i + S_{Qpi}\Delta p_i \qquad (5\text{-}95)$$

式中：n_G 表示无功电源点总数；S_{Qli} 是总的无功发电对节点 i 无功负荷变化的灵敏度；S_{Qpi} 是总的无功发电对节点 i 有功负荷变化的灵敏度。

节点 i 发生电压不稳定，可以通过节点 i 电压对同一节点无功注入量的灵敏度，可以表示为

$$S_{vqi} = \frac{\partial U_i}{\partial Q_i} = -\left[\frac{\partial f}{\partial x}\right]^{-1}_{U_i, Q_i} \qquad (5\text{-}96)$$

灵敏度 S_{vqi} 是节点 i 的电压对无功负荷变化的灵敏度，在 $U\text{-}Q$ 曲线上表示 $U\text{-}Q$ 的斜率，当电压发生不稳定时，S_{vqi} 为无穷大。

与 S_{vqi} 类似，节点 i 的电压对有功负荷变化的灵敏度可表示为

$$S_{vpi} = \frac{\partial U_i}{\partial P_i} = -\left[\frac{\partial f}{\partial x}\right]^{-1}_{U_i, P_i} \qquad (5\text{-}97)$$

由于线性化静态系统功率电压的表示式为

$$\begin{bmatrix} \Delta P \\ \Delta Q \end{bmatrix} = \begin{bmatrix} J_{P\theta} & J_{PU} \\ J_{Q\theta} & J_{QU} \end{bmatrix}\begin{bmatrix} \Delta\theta \\ \Delta U \end{bmatrix} = [J]\begin{bmatrix} \Delta\theta \\ \Delta U \end{bmatrix} \qquad (5\text{-}98)$$

式中：P 为有功功率相量；Q 为无功功率相量；θ 为节点电压相角相量；U 为节点幅值相量。

若采用常规潮流进行电压稳定分析，则式（5-98）的雅克比矩阵 $[J]$ 和牛顿-拉夫逊方法解潮流方程时的雅克比矩阵是相同的。

由式（5-98）可知，系统电压稳定性受负荷节点的有功功率和无功功率的影响。若在每一个运行点，保持有功功率不变，则有：

$$\Delta Q = \left[J_{QU} - J_{Q\theta}J_{P\theta}^{-1}J_{PU}\right]\Delta U = J_R\Delta U \qquad (5\text{-}99)$$

$$\Delta U = J_{RQ}^{-1}\Delta Q \qquad (5\text{-}100)$$

式中：J_{RQ} 为简化的 $U\text{-}Q$ 雅克比矩阵。

这样就可以得到估算电压稳定性的无功和电压微增变化的关系。它的第 i 个对角元素是节点 $U\text{-}Q$ 的灵敏度。正值表示系统稳定运行，灵敏度越小，系统越稳定；当系统稳定性降低时，灵敏度增加；在稳定极限时，灵敏度值为无穷大。相反，负的 $U\text{-}Q$ 灵敏度表示不稳定，小的负灵敏度表示系统很不稳定。

同样可以求出当节点无功功率保持不变时的有功功率灵敏度，表达式为

$$\Delta Q = \left[J_{PU} - J_{PQ}J_{P\theta}^{-1}J_{PU}\right]\Delta U = J_R\Delta U \qquad (5\text{-}101)$$

$$\Delta U = J_{RP}^{-1}\Delta P \qquad (5\text{-}102)$$

J_{RP} 为简化的 U-P 雅克比矩阵。

需要说明的是，灵敏度分析是建立在线性化模型基础上，只是对小的变化有用。由于 U-Q 关系的非线性，不同系统的状况的灵敏度大小并不提供稳定性相对程度的直接量度。

以上的灵敏度指标的物理本质都是把系统向负荷节点输送的无功功率和有功功率极限作为系统电压稳定的临界点。通过灵敏度指标可以判断系统的电压的薄弱点。

（1）排序法：利用某种灵敏度指标的大小来判断电压稳定薄弱点。把各节点某种灵敏度指标的绝对值大小排序，最大值（最小值）所对应的就是系统最薄弱的点。

（2）综合法：利用灵敏度指标的综合判别式来判定薄弱点。

（3）利用灵敏度的变化率来判定薄弱点，那些灵敏度值变化最快的母线就是薄弱点。

此外，灵敏度还可以用来确定无功补偿点的安装位置，在系统薄弱点安装无功补偿装置可以提高系统的电压稳定性。

灵敏度分析方法是最早应用的静态稳定分析指标之一，目前也获得了广泛应用。但灵敏度分析只能对电压稳定进行定性分析，而不能进行定量分析，因而无法用裕度指标来有效衡量系统的电压稳定性，而且灵敏度分析也没有考虑到系统的一些运行约束问题，如发电机的功率极限等因素的影响，故其精度还有待提高，因此灵敏度分析一般只用于设计规划领域。另外，各节点的灵敏度与发电机机端节点的节点类型关系密切。对于某一台发电机，将其端点当作 PV 节点或 PQ 节点处理，给出的灵敏度分析结果可能差别较大。若某一发电机在初始潮流计算时当作 PV 节点处理，但随着负荷水平的加重，当发电机的无功功率出力达到上限而使机端节点由 PV 节点转化为 PQ 节点，则各物理量的灵敏度将发生突变，给出的薄弱区也将发生突变。

以下采用灵敏度分析方法分析发电机无功功率与系统电压稳定性。

发电机在实际运行时，一般认为功率因数越高，系统运行越经济（由于无功出力的减少，减少了无功功率传输引起的有功功率损耗和无功功率损耗）。但从系统安全运行角度来说并非如此。首先，从定子电流约束来看，发电机发出的无功功率可用式（5-103）表达。

$$Q = \sqrt{I_m^2 U^2 - P^2} \tag{5-103}$$

式中：I_m 为电枢电流。

根据电压稳定的判别方法——灵敏度因子法，对其求静态电压稳定指标。

$$\frac{\partial Q}{\partial U} = \frac{I_m^2 U}{\sqrt{(I_m U)^2 - P^2}} \tag{5-104}$$

若发电机全相运行，即 $Q=0$，当 $I_m U = P$ 时，$\dfrac{\partial Q}{\partial U} = \infty$，这表明发电机对电压不稳定由主动控制变为被动响应，使系统电压不稳定性增加，因此发电机不适宜做全相运行。

从励磁电流约束角度来说，发电机的无功功率可用式（5-105）表达。

$$Q = \sqrt{\left(\frac{E_q}{X_d} U\right)^2 - P^2} - \frac{U^2}{X_d} \tag{5-105}$$

仍然利用灵敏度因子法，同样对式（5-105）求导。

$$\frac{\partial Q}{\partial U} = \frac{U}{X_d^2}\left[\frac{E_q^2}{\sqrt{(E_q U/X_d)^2 - P^2}} - 2X_d\right] \tag{5-106}$$

令

$$U_s = \sqrt{\left(\frac{X_d P}{E_q}\right)^2 + \frac{E_q^2}{4}} \qquad (5-107)$$

式中：U_s 表示临界稳定电压。

当 $U=U_s$，$\frac{\partial Q}{\partial U}=0$，此时发电机对系统电压稳定性由主动控制变为被动响应，使系统电压不稳定性增加。此时，发电机的无功出力为 $Q=\frac{E_q^2}{4X_d} - \frac{X_d P^2}{E_q^2}$。

当 $U>U_s$，$\frac{\partial Q}{\partial U}<0$ 时，有助于系统稳定性。

当 $U<U_s$，$\frac{\partial Q}{\partial U}>0$ 时，此时系统电压不稳定性增加，当 $U=\frac{X_d P}{E_q}$ 时，此时系统电压不稳定最严重。

5.9 静态电压稳定控制

由于静态电压稳定分析方法是建立在潮流基础上的，因此静态电压稳定控制的基础就是控制潮流有高值解。通常，无功功率 Q 的传输与电压幅值 U 紧密相关，并且无功功率的传输总是从高压节点流向低压节点，因此从传输系统来看，引起系统电压不稳定的主要原因有：线路上传输的功率重，电源离负荷中心远，系统无功功率电源不足等。因此在给定系统和给定运行状态下，电压稳定控制的手段也应该从提高系统的功率传输能力和无功储备着手。电压稳定与发电系统、传输系统和负荷系统的特性有关，因此应从这 3 个方面寻找增强电压稳定的控制措施。

从发电系统看，应提高发电机的有功和无功输出能力以及运行备用。在发电系统侧增加无功补偿，使发电机正常工作在高功率因数状态，这样就提高了发电机的动态无功储备，在系统无功紧张时，发电机可以提供更多的动态无功/电压支持。

从输电系统来考虑，电压崩溃常常发生在线路重负荷的情况下。增加输电线路是最可靠的办法，但这种方法费用很高，而且受到输电走廊的限制，因此只有在增加输电线路后，每条线路仍有比较重的负荷和负荷率，而线路损耗可获得降低时才予以考虑。

负荷（配电）系统的控制目的应该是维持负荷的电压水平和满足负荷的需求。负荷种类繁多，具有不同的电压/频率特性，因此对电压稳定的影响不同。负荷系统对电压稳定影响较大的是负荷并联无功补偿和带负荷调节变压器分接头（OLTC）。预防控制时调节并联补偿可以保持最大的"动态无功裕度"，校正控制时投入并联无功补偿可以提高电压水平。并联无功补偿可以减少负荷对系统的无功需求，从而提高负荷侧的电压，但其最大补偿量受电压水平的限制。

电压崩溃的根本原因是负荷的功率需求超出了系统的供电能力，因此切负荷是电压稳定控制的最根本的方法，也是最有效的方法。切负荷在恢复系统的同时也给系统和用户带来了经济损失和社会影响，因此应该尽可能减少所需切负荷的负荷量。预防性控制和校正性控制都可以应用切负荷的方法。在紧急情况下，断开优先权低的负荷是避免电压崩溃最常用且有效的方法。

5.9.1 发电机和 SVC 控制

发电机和 SVC 是电力系统最重要的无功电源。发电机和 SVC 发出的无功功率的消耗在电压不稳定中起着重要的作用。在一种运行工况下，对电压稳定性最灵敏的发电机或 SVC 提供最多的无功输出以响应系统无功负荷增加的变化，当无功功率输出达到极限后，发电机和 SVC 不再具有电压调节作用。因此，从电压稳定性看，发电机和 SVC 应当具有足够的无功功率储备。为了保证系统的经济运行，正常情况下发电机往往被要求工作在高功率因数状态，然而发电机又需要发出足够的无功维持系统的无功需求。一种方案是在发电机机端引入并联电容补偿，这样正常运行时发电机所需发出的无功一部分由并联电容承担，发电机本身可以运行在比较高的功率因数下；在系统无功需求增加的情况下，发电机可以增加自身的无功出力。这种方法实际上增加了发电机的动态无功储备。

负荷功率的持续增长是造成系统电压不稳定的重要原因。当负荷增长时，发电机需要增加其有功和无功出力来满足负荷的需求。此时应该由哪些发电机来承担负荷的增长，这些发电机承担的负荷应该如何分配，也是电压稳定控制的一个重要内容。不合理的功率分配方式会导致系统传输效率的降低，网络损耗的增加会对系统的电压稳定性造成负面影响。一般来说，一个地区的功率增长应该尽量由其附近的电源来承担，这样可以使功率传输的距离缩短，从而减少传输中的网络损耗。在偶然事故期间或当新线路（或变压器）被推迟投入的时候，应运行不经济的发电机以改变潮流或提供电压支持。在新增的发电很靠近无功短缺地区或靠近偶尔需要大的无功储备的地区的情况下，采用功率因数为 0.85 或 0.8 的发电机为宜。然而，采用具有无功过负荷能力的高功率因数发电机加并联电容器组，可能更灵活、更经济。

5.9.2 传输系统的控制

采用串并联补偿可以提高系统的静态电压稳定性。

使用串联电容器可有效地减少线路电抗，从而降低净无功网损。基于这一措施，这条线路可以从在其一端的强系统向在其另一端的无功短缺的系统传送更多的无功功率。

人们通常把并联补偿进行无功功率支持作为控制电压稳定性的一种经济而有效的方法。实际上，并联补偿的地点和数量对电压稳定性是十分重要的。不正确的补偿将给运行人员关于电压稳定性的错误感觉。按照电压稳定控制的要求，最大电压稳定性的增强和合理的电压分布应当通过最小量的并联补偿获得，因此，有必要去辨认需要补偿的弱节点/区域，可以通过灵敏度分析方法的结果，确定需要补偿的电压稳定薄弱区。

虽然并联电容器的过分使用可能是电压不稳定问题的部分原因，但是有时附加的电容器也能解决电压不稳定问题，因为此时可以在发电机中预留出"旋转无功储备"。通常所要求的无功功率大多是就地提供的，而发电机主要提供有功功率。

5.9.3 负荷系统控制

引起系统电压崩溃的根本原因是系统中的有功和无功生产不能满足负荷的需求，因此控制负荷的功率消耗是维持系统电压稳定的也是最有效的控制方法。负荷控制的方法主要有以下两种。第一种是通过控制电容器组的投切、变压器分接头的调整等手段改善负荷电压水平，以减少负荷的无功功率消耗，从而改善系统电压稳定性。在较高电压下运行可能并不增大无功储备，但却减少了无功需求。因为它使发电机运行在远离无功极限的地方，帮助运行人员预留了对电压的控制。第二种是在紧急情况下低电压甩负荷。甩负荷的类型选择原则为恒定功率负荷，如电动机负荷是最不利于电压稳定的，因此是最好的要切的候选负荷。因为无功功率支持系统电压比有功功率大得多，所以切低功率因数的负荷减少无功消耗在维持系统电压方面通常更为有效。即使负荷减少不多，哪怕 5％～10％也可能避免电压崩溃。为此目的，当今已采用了手动甩负荷（某些电业部门经由 SCADA 使用按配电电压甩负荷），尽管对严重无功短缺情况下的有效性来说它可能太慢。反时限低电压继电器尚未广泛使用，但可能很有效。在辐射状负荷的场合下，甩负荷应该基于一次侧电压。在静态稳定问题中，甩掉受端系统中的负荷将是最有效的，尽管在电气中心附近的电压可能是最低的（虽然在最低电压附近的甩负荷更易于实现，并且也是有益的）。

从电力工业的发展过程来看，电压稳定性由局部性的地区问题发展为全网性的问题，是在电网得到了相当的发展，受端系统集中了很大比重和容量的负荷，并主要由外部电源供电的条件下产生的。这时，受端系统所需要的大量无功功率，只能由受端系统本身的无功电源就地补偿，而不能依靠提供了大部分有功功率的外部电源提供。如果负荷预测出现较大误差，负荷上涨所需的无功功率不能由受端系统就地充分补偿，或者发生了某些未能预计到的严重事故而出现严重无功功率缺额的情况，就很可能发展为电压崩溃，或者因受端系统电压下降引起外部电源对受端系统失步转而促使电压崩溃发生。由于受端系统不单集中了大量负荷，还联系着全网的主要电源，它发生电压崩溃，必然发展为严重的大面积停电事故。

对于一个发展中的电力系统和超高压电网，初期由于电网结构薄弱，输电网络比较分散，大受端系统也还处于形成的过程中，此时电网安全的突出问题主要是同步运行稳定性，特别是因短路故障引出的暂态稳定性问题，它也是历来研究电网安全问题的中心所在。对于暂态稳定问题，无论中外电网，多少年来一直受到规划设计人员和调度运行人员以及科研人员的高度重视，并在实际运行电网中，采取了各种各样的安全措施。在各国制定的电力系统可靠性准则中，在安全性方面，主要也是对电力系统的同步运行稳定性做了比较明确地规定，并以此作为对电网安全的要求。在一些按规划发展的电网，无论在电源接入系统还是受端系统网络建设，以及运行系统的安全自动监控方面，都着重考虑了同步运行稳定性问题，并作出了精心而妥善的安排。对于那些结构未尽合理的电网，为防止同步运行稳定性破坏，更是研究和采用了许多特殊的办法，而对于电压稳定性问题，情况却不是这样。由于对电压崩溃发展为全网性问题的认识不足，又缺少深入的研究分析，也没有认真地为此在事先安排相应的预防措施和临时的应急措施，以致近十余年来，在国外电力系统中多次发生了这种性质的大事故。只是到了 20 世纪 80 年代，这个问题才逐渐引起了国际电力界的重视，一些国外电力系统在作规划设计时，也开始把防止电压崩溃纳入议题，并为此而作出了安排。

参考文献

1　И. M. 马尔柯维奇. 动力系统运行方式. 第三版. 张钟俊译. 北京：中国工业出版社, 1965：152 - 198.

2　A. Chemanoff, C. Corroyer. The Power System Failure on Dec. 19, 1978. RGE. 1980, 89 (4)：101 - 109.

3　K. Takahashi, K. Nomura. The Power System Failure on July 23, 1987 in Tokyo. CIGRE. SC—37. 1987：1 - 8.

4　何大愚. 关于美国西部电力系统：1996 年 7 月 2 日大停电事故的初步认识. 电网技术, 1996, v20 (9)：35 - 39.

5　薛禹胜. 综合防御由偶然故障演化为电力灾难——北美"8·14"大停电警示. 电力系统自动化, 2003. 27 (18)：1 - 5.

6　Charles Cncordia. Voltage Instability：Definition and Concepts. Venice, Florida, 1987.

7　Caron W. TayLor. Power System Voltage Stability. 北京：中国电力出版社, 2001.

8 Prabha Kundur. Power System Stability and Control. 北京：中国电力出版社，2002.

9 Y. Mansour. Voltage Stability of Power Systems：Concepts，Analytical，Tools and Industry Experience. IEEE Publication 90th035 - 2 - PWR，1990.

10 CIGRE Task Force 38. 02. 10. Modeling of Voltage Collapse including Dynamic phenomena. ELECTRA，1993，4：147.

11 陈珩. 电力系统稳态分析. 北京：中国电力出版社，2007.

12 王正风，徐先勇. 电力系统潮流计算的一种新算法. 华东电力，2001，29（3）：37 - 38.

13 王锡凡. 现代电力系统分析. 北京：科学出版社，2003.

14 李天然，王正风，司云峰. 发电机无功功率与系统稳定运行. 现代电力，2005，22（1）：37 - 41.

15 周双喜，朱凌志，郭锡玖，等. 电力系统电压稳定性及其控制. 北京：中国电力出版社，2004.

16 程浩忠. 电力系统无功与电压稳定性. 北京：中国电力出版社，2004.

17 王正风，胡晓飞. 发电机无功功率与电力系统稳定运行. 东北电力技术，2008，29（4）：15 - 18.

18 王正风，胡晓飞. 静态功角稳定和电压稳定的判据比较分析. 电力自动化设备，2008，28（2）：61 - 64.

19 刘天琪. 现代电力系统分析理论与方法. 北京：中国电力出版社，2007.

20 王正风. 电力系统电压稳定的综述. 电气时代，2007，28（1）：102 - 104.

无功功率与系统静态功角稳定性

6.1 电力系统静态功角稳定性

电力系统静态功角稳定指的是电力系统受到小扰动后，不发生自发振荡或非周期性失步，自动恢复到初始运行状态的能力。电力系统在实际运行中随时都会受到小的干扰，如负荷的增加和减少、发电机的投入和退出、线路的检修和投运等。

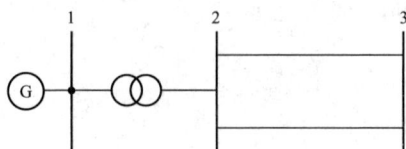

为了分析简单起见，首先对 IEEE3 节点系统（单机无穷大系统）进行分析，如图 6-1 所示。简单系统由一台发电机经变压器和两条线路与无穷大系统并联运行。假设同步发电机为隐极机，运行在某种稳定的运行状态下，其相量图和功率特性图如图 6-2 所示。

图 6-1 简单电力系统

发电机的输出电磁功率为

$$P = UI\cos\varphi = \frac{E_q U}{X_{d\Sigma}}\sin\delta \qquad (6-1)$$

其中

$$X_{d\Sigma} = X_d + X_T + X_L \qquad (6-2)$$

式中：P 表示发电机的有功功率；E_q、U 和 I 分别表示发电机的内电势、机端电压和机端电流；δ 表示发电机的功角；X_d 表示发电机的同步电抗；X_T 表示变压器的电抗；X_L 表示输电线路的电抗。

如果不考虑发电机的励磁调节作用和原动机调速器的作用，可认为发电机的空载电势 E_q 和原动机的机械功率 P_T 保持不变。假定同步发电机向无穷大系统输送有功功率 P_0，再忽略电阻损耗以及机组的摩擦、风阻等损耗，P_0 等于原动机输出的机械功率。

如图 6-2 所示，当发电机的汽轮机输出功率为 P_0 时，与发电机的电磁功率曲线 P_E 有 2 个交点，即运行点 a 和 b。只有 a 点是能保持静态稳定的实际运

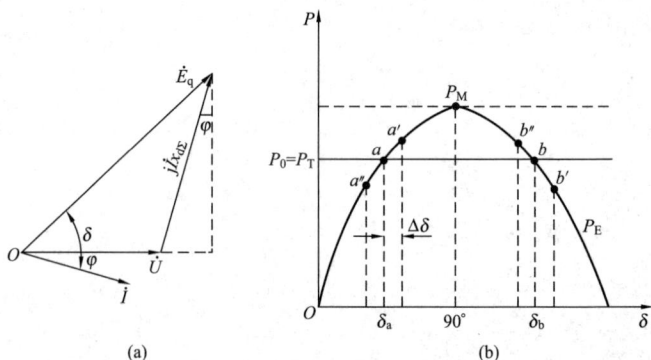

图 6-2 简单系统的功率特性
（a）相量图；（b）功率特性

行点，而 b 点是静态功角不稳定的运行点。

　　先分析 a 点的运行情况。如果系统中出现某种瞬时的微小扰动，使功角 δ 增加了一个微小增量 $\Delta\delta$，则发电机输出的电磁功率达到与图中 a' 相对应的值。由于原动机的机械功率 P_T 保持不变，此时的发电机输出的电磁功率大于原动机的机械功率，发电机转子将减速，δ 将减小。由于在运动过程中存在阻尼作用，经过一系列微小振荡后运行点又回到 a 点。同样，如果小扰动使 δ 减小了 $\Delta\delta$，则发电机输出的电磁功率为点 a'' 的对应值，这时输出的电磁功率小于输入的机械功率，转子过剩转矩为正，转子将加速，δ 将增加。同样经过一系列振荡后又回到运行点 a。由上可见，在运行点 a 是静态稳定的。图 6 - 3 (a) 给出了功角 δ 变化的情形。

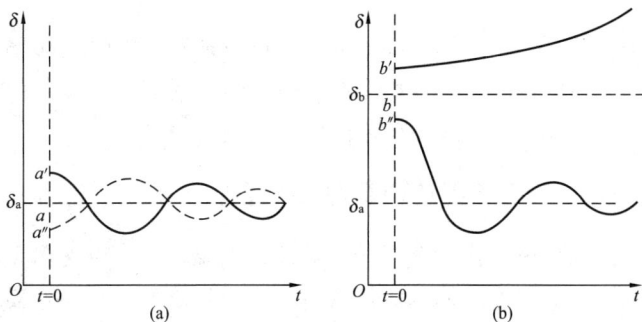

图 6 - 3　受小扰动后功角变化特性
(a) 运行点 a；(b) 运行点 b

　　b 点的情况则不同。如果小扰动使 δ_b 有个增量 $\Delta\delta$，则发电机输出的电磁功率将减少到与 b' 点对应的值，小于机械功率。此时过剩的转矩为正，功角 δ 将进一步增大。而功角增大时，与之相应的电磁功率又将进一步减小。这样继续下去，功角不断增大，运行点不再回到 b 点，图 6 - 3 (b) 中画出 δ 随时间不断增大的情形。δ 的不断增大标志着发电机与无限大系统非周期性地失去同步，系统无法正常运行，最终将导致系统瓦解。同样，如果小扰动有一个负的增量 $\Delta\delta$，电磁功率将增加到与 b'' 点相对应的值，大于机械功率，因而转子减速，δ 将减小，一直减小到小于 δ_a，转子又获得加速，然后又经过一系列振荡，在 a 点抵达新的平衡。运行点也不再回到 b 点。因此，对于 b 点而言，在受到小扰动后，不是转移到运行点 a，就是与系统失去同步，故 b 点是不稳定的。

　　由图 6 - 3 可见，a 点对应的功角 δ_a 小于 $90°$。在 a 点运行时，随着功角 δ 的增大电磁功率也增大，随功角 δ 的减小电磁功率也减少。而 b 点对应的功角 δ 大于 $90°$。在 b 点运行时，随功角 δ 的增大电磁功率反而减少，随功角 δ 的减小电磁功率反而增大。因此可以通过观察 ΔP_E 与 $\Delta\delta$ 的符号来判断系统静态功角稳定性，即 $\Delta P_E/\Delta\delta>0$，此时系统静态功角稳定，也可用微分表示为 $\mathrm{d}P_E/\mathrm{d}\delta>0$；而 ΔP_E 与 $\Delta\delta$ 的符号不同时，即 $\Delta P_E/\Delta\delta<0$，此时系统静态功角不稳定，如图 6 - 2 所示的 b 点，用微分可以表示为 $\mathrm{d}P_E/\mathrm{d}\delta<0$。因此，系统的静态稳定的判据可表示为

$$\frac{\mathrm{d}P_E}{\mathrm{d}\delta}>0 \qquad (6-3)$$

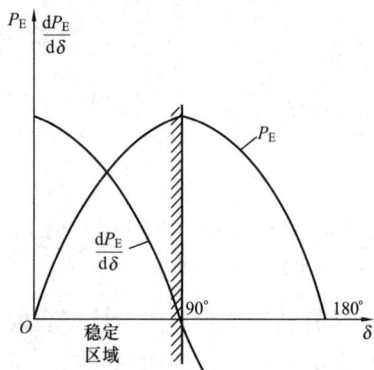

图 6 - 4　$\mathrm{d}P_E/\mathrm{d}\delta$ 的变化特性

　　导数 $\mathrm{d}P_E/\mathrm{d}\delta$ 称为整步功率系数，其大小表明发电机维持同步运行的能力。

　　图 6 - 4 给出了 $\mathrm{d}P_E/\mathrm{d}\delta$ 和 P_E 的特性曲线。当 δ 小于 $90°$ 时，$\mathrm{d}P_E/\mathrm{d}\delta$ 为正值，发电机的运行是稳定的；随着 δ 的增大，$\mathrm{d}P_E/\mathrm{d}\delta$ 将减小，系统的静态功角稳定的程度降低。当 δ 等于 $90°$ 时，系统处于临界稳定，称为静态稳定

极限。

为了提高电力系统运行的稳定性，通常电力系统不应经常在接近稳定极限的情况下运行，而应保持一定的储备，其储备系数为

$$K_P = \frac{P_M - P_o}{P_M} \times 100\% \tag{6-4}$$

式中：P_M 为最大功率；P_o 为某一运行情况下的输送功率。

我国现行的《电力系统安全稳导则》规定，系统在正常运行方式下 K_P 应不小于 $15\% \sim 20\%$；在事故后的运行方式下 K_P 应不小于 10%。

6.2 发电机无功功率对系统静态功角稳定性的影响分析

同步发电机作为重要的无功功率电源，既可以发出无功功率，也可以吸收无功功率，因此同步发电机在不同的运行状态下，对系统的静态功角稳定性的影响也不一样。下面分析发电机不同运行状态时对系统静态功角稳定的影响。

6.2.1 发电机稳态运行的无功功率

滞相运行和进相运行是同步发电机的两种运行状态。同步发电机的滞相运行指的是机端电压超前机端电流，发电机发出无功功率，处于过励磁运行状态；进相运行是相对于发电机滞相运行而言的，此时定子电流超前于机端电压，发电机吸收无功功率，处于欠励磁运行状态。发电机直接与无限大容量电网并联运行时，在有功功率保持不变的情况下，调节励磁电流可以实现发电机滞相运行状态和进相运行状态的相互转换。

发电机的滞相运行和进相运行的相量图如图 6-5 所示。

实际上，并入电网的发电机是通过变压器、线路与电网相连的。考虑发电机与电网的联系电抗时，发电机进相运行的相量关系如图 6-6 所示。此时发电机的功角为 δ，发电机电势与电网电压相量之间的夹角为 δ_S。

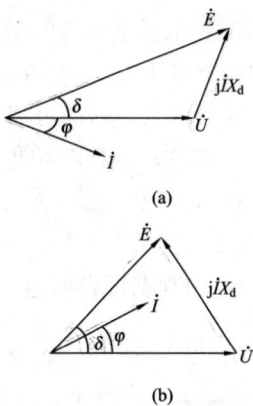

图 6-5　发电机滞相运行和进相运行相量图
（a）滞相运行；（b）进相运行

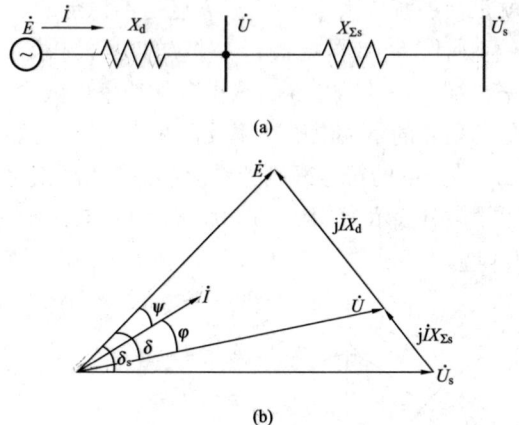

图 6-6　考虑联系电抗时的发电机进相运行相量图
（a）等值电路；（b）相量图

发电机滞相运行时，供给系统有功功率和感性无功功率，其有功功率表和无功功率表的指示均为正值；发电机进相运行时供给系统有功功率和容性无功功率，其有功功率表指示正值，无功功率表为负值，故可以说此时发电机从系统吸收感性无功功率，这通常可作为在系

统低谷运行期间，控制电网运行电压偏高的一种常见手段。

如第 1 章所述，发电机发出的视在功率可用式（6-5）表达。

$$S = P + jQ = E_q \hat{I} = E_q \left(\frac{E_q \cos\delta + jE_q \sin\delta - U}{jX_d} \right)$$

$$= \frac{E_q U}{X_d} \sin\delta + j \left(\frac{-E_q^2 + E_q U \cos\delta}{X_d} \right) \tag{6-5}$$

其有功功率和无功功率表达式分别如下

$$P = \frac{E_q U}{X_d} \sin\delta \tag{6-6}$$

$$Q = \frac{E_q U \cos\delta}{X_d} - \frac{U^2}{X_d} \tag{6-7}$$

式中：S、P 和 Q 分别表示发电机的视在功率、有功功率和无功功率；E_q、U 和 I 分别表示发电机的内电势、机端电压和机端电流；δ 表示发电机的功角；X_d 表示发电机的同步电抗。

由式（6-5）、式（6-7）可知：当发电机滞相运行时（发电机处于过励磁状态），此时 $E_q \cos\delta$ 大于 U，因此发电机输出无功功率；当发电机进相运行时（发电机处于欠励磁状态），此时 $E_q \cos\delta$ 小于 U，因此发电机吸收无功功率。

同步发电机无功功率的调节主要通过励磁电流来控制。在发电机有功出力不变的情况下调节励磁电流，此时同步发电机相量图如图 6-7 所示，发电机全相运行时的相量图如图 6-8 所示。

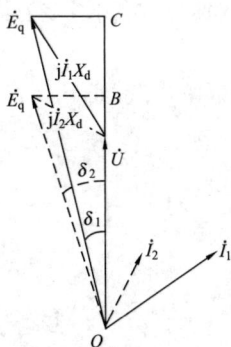

图 6-7 发电机励磁电流减少时矢量图

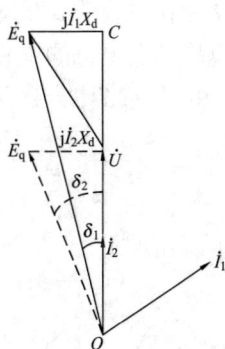

图 6-8 发电机进相运行的临界矢量图

当降低同步发电机励磁电流时，同步发电机的电磁转矩下降，由于原动机转矩恒定，发电机加速，发电机功角 δ 增大，由式（6-6）可见此时发电机无功功率下降；同时由于同步发电机励磁电流减少，其在定子绕组中的感应电动势 E_q 减小，由图 6-7 可知。由式（6-6）可见，功角 δ 增大和感应电动势 E_q 减小都将使发电机的无功出力减少。反之亦然。

进一步改写式（6-6）可得

$$Q = \frac{E_q U \cos\delta - U^2}{X_d} \tag{6-8}$$

由式（6-8）可见，$E_q = \dfrac{U}{\cos\delta}$时，发电机全相运行，如图6-8所示，此时为发电机临界进相运行的E_q。当发电机$E_q < \dfrac{U}{\cos\delta}$时，发电机处于欠励磁运行。

6.2.2 发电机无功功率与电力系统静态稳定运行

1. 发电机运行与系统静态功角稳定的关系

（1）发电机滞相运行。根据6.1节所述，系统静态功角稳定的判据是

$$\frac{\mathrm{d}P}{\mathrm{d}\delta} = \frac{E_q U}{X}\cos\delta \geqslant 0 \tag{6-9}$$

由6.1.1小节所述，发电机滞相运行时，E_q和δ均为正值，并且同步发电机的功角随着发电机无功出力的增加，其δ减小，因此同步发电机的静态功角稳定性增加；同步发电机的无功出力减少时，其δ增大，因此同步发电机的静态功角稳定性减小。

（2）发电机进相运行。由6.1.1小节分析可知，发电机进相运行时，E_q将减少，δ将增大。这两者均使整步功率系数$\mathrm{d}P/\mathrm{d}\delta$降低。若发电机进相很深时，式（6-9）的值很小，易引起静态功角不稳定。因此系统联系薄弱时，同步发电机不宜经常进相运行。

由上述分析可见，发电机发出无功时有利于系统的静态稳定，发电机吸收无功时不利于系统的静态稳定，特别是随着发电机进相的深度加深，系统的静态稳定程度显著降低。

2. 发电机静态功角稳定的提高

上述讨论的是不计励磁调节系统的发电机静态功角稳定情况，在现代化大电力系统中，励磁调节器的调节性能进一步提高，其对电力系统的静态稳定程度也将提高。

如果近似认为在系统受到扰动后，由于励磁调节器的快速作用，使次暂态电动势E'_q保持不变，则可以提高发电机的电磁功率。

（1）隐极发电机。此时发电机的电动势、电压和电流之间的关系如下

$$\begin{cases} E'_q = U_q + I_d X'_{d\Sigma} \\ 0 = U_d - I_q X_{d\Sigma} \end{cases} \tag{6-10}$$

发电机的电磁功率为

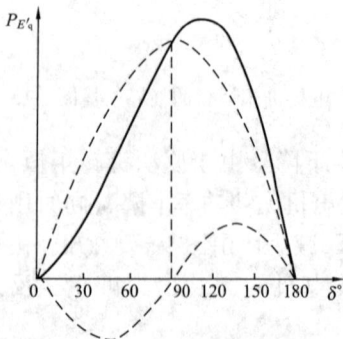

$$P_E = U_d I_d + U_q I_q = \left(\frac{E'_q - U_q}{X'_{d\Sigma}}\right)U_d + \frac{U_d}{X_{d\Sigma}}U_q$$

$$= \frac{E'_q U}{X'_{d\Sigma}}\sin\delta - \frac{U^2}{2}\times\frac{X_{d\Sigma} - x'_{d\Sigma}}{x_{d\Sigma}x'_{d\Sigma}}\sin 2\delta \tag{6-11}$$

将式（6-9）代入式（6-10）时，有

$$E_q = \frac{X_{d\Sigma}}{X'_{d\Sigma}}E'_q - \frac{X_{d\Sigma} - X'_{d\Sigma}}{X_{d\Sigma}X'_{d\Sigma}}U\cos\delta \tag{6-12}$$

由于励磁调节器的快速作用，使次暂态电动势E'_q保持不变，则发电机的电磁功率仅是δ的函数。此时功角特性图如图6-9所示。

图6-9　E'_q为常数时隐极发电机的有功功率的功角特性

由于暂态电抗和同步电抗不相等，因此出现了一个按

2 倍功角正弦变化的功率分量，它和凸极发电机的磁阻功率相似。由于此 2 倍正弦变化量的存在，发电机的功角特性曲线发生畸变，使功率极限略有增加，并且极限值出现在大于 90°处。

由于暂态电动势 E'_q 必须通过 q、d 轴的分别计算才能得到，在工程上可进一步简化，用 X'_d 后的电动势 $\dot{E}'$ 代替 $\dot{E}'_\mathrm{q}$，这样可得

$$P'_\mathrm{E} = \frac{E'U}{X'_{\mathrm{d}\Sigma}} \sin\delta' \tag{6-13}$$

式中：δ' 为 $\dot{E}'$ 和 $\dot{U}$ 之间的夹角。

若同步发电机的励磁调节器性能很完善，假定能使机端电压为常数，此时发电机的功率为

$$P_\mathrm{UG} = \frac{U_\mathrm{G}U}{X_\mathrm{e}} \sin\delta_\mathrm{G} \tag{6-14}$$

$$X_\mathrm{e} = X_\mathrm{T} + X_\mathrm{L} \tag{6-15}$$

式中：X_e 为发电机端与无穷大母线间的电抗；δ_G 为 $\dot{U}_\mathrm{G}$ 和 $\dot{U}$ 之间的夹角。

（2）凸极发电机。凸极发电机的相量图如图 6-10 所示。

以空载电动势和同步电抗表示的发电机满足下述方程

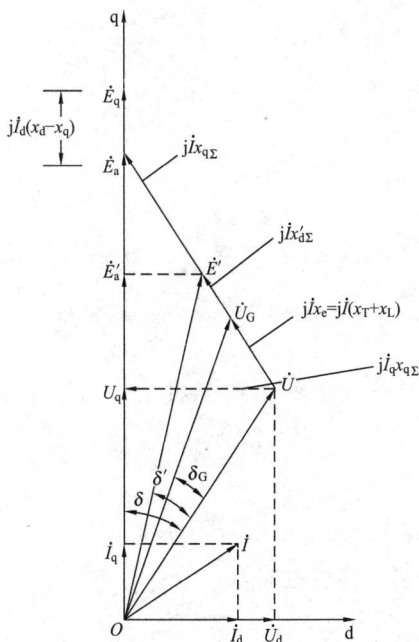

$$\begin{cases} E_\mathrm{q} = U_\mathrm{q} + I_\mathrm{d}X_{\mathrm{d}\Sigma} \\ 0 = U_\mathrm{d} - I_\mathrm{q}X_{\mathrm{d}\Sigma} \end{cases} \tag{6-16}$$

发电机的电磁功率为

$$\begin{aligned} P_\mathrm{E} &= U_\mathrm{d}I_\mathrm{d} + U_\mathrm{q}I_\mathrm{q} = \left(\frac{E_\mathrm{q} - U_\mathrm{q}}{X_{\mathrm{d}\Sigma}}\right)U_\mathrm{d} + \frac{U_\mathrm{d}}{X_{\mathrm{q}\Sigma}}U_\mathrm{q} \\ &= \frac{E_\mathrm{q}U}{X_{\mathrm{d}\Sigma}}\sin\delta - \frac{U^2}{2} \times \frac{X_{\mathrm{d}\Sigma} - X'_{\mathrm{q}\Sigma}}{X_{\mathrm{d}\Sigma}X_{\mathrm{q}\Sigma}}\sin2\delta \end{aligned} \tag{6-17}$$

绘制功角曲线如图 6-11 所示。

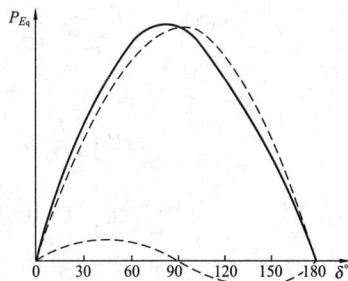

图 6-10 凸极发电机的相量图

图 6-11 E_q 为常数时凸极发电机的有功功率的功角特性

由于凸极发电机直轴和交轴的磁阻不等，即直轴和交轴同步电抗不相等，功率中出现了一个按 2 倍功角的正弦变化的分量，即磁阻功率。它使得同步发电机的功角特性曲线畸变，功率极限略有增加，并且极限值出现在功角小于 90°的地方。

同样以暂态电动势和暂态电抗表示发电机，可得

$$E'_q = U_q + I_d X'_{d\Sigma}$$

$$0 = U_d - I_q X_{q\Sigma} \tag{6-18}$$

发电机的电磁功率为

$$P_{E'q} = \frac{E'_q U}{X'_{d\Sigma}} \sin\delta - \frac{U^2}{2} \times \frac{X_{q\Sigma} - X'_{d\Sigma}}{X_{q\Sigma} X'_{d\Sigma}} \sin 2\delta \tag{6-19}$$

式（6-19）的功角特性图与图6-9类似。由于凸极机的交轴同步电抗 X_q 小于直轴同步电抗 X_d，故其暂态磁阻功率往往小于隐极机的相应分量。

同样也可以用 X'_d 后的电动势 $\dot{E}'$ 代替 $\dot{E}'_q$，这样可得

$$P'_E = \frac{E'U}{X'_{d\Sigma}} \sin\delta' \tag{6-20}$$

当发电机端电压为常数时，发电机的电磁功率表达式同式（6-14）。

6.3 无功补偿设备对系统静态功角稳定性的影响分析

6.3.1 并联电容器对系统静态功角稳定性的提高

并联电容器可以提高系统静态功角稳定性，从而提高稳态输送极限。

图6-12给出了一短距离对称线路，在中性点加上并联电抗器使并联电纳增加 ΔB_c。

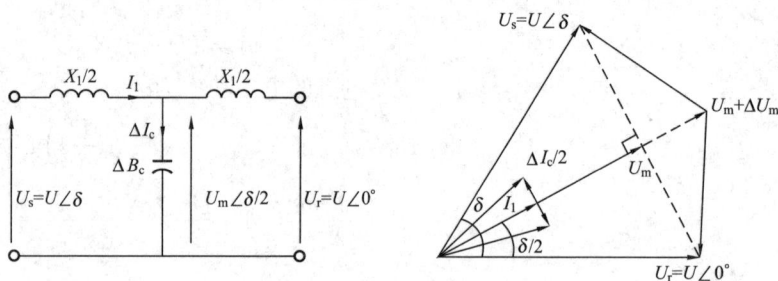

图 6-12 中点电容补偿的短距离对称线路

在中性点无无功补偿时，令 $U_s = U_r = U$ 时，此时系统的输送功率可用式（6-21）表达。

$$P = \frac{U^2}{X_1} \sin\delta = \frac{U^2}{X_1} 2\sin\frac{\delta}{2}\cos\frac{\delta}{2} \tag{6-21}$$

增加无功补偿后，如用线路中点电压来描述输送功率，其表达式为

$$P = \frac{UU_m}{X_1/2} \sin\frac{\delta}{2} \tag{6-22}$$

因此，由电压增量 ΔU_m 引起的功率增量 ΔP 为

$$\Delta P = \frac{2U}{X_1} \sin\frac{\delta}{2} \Delta U_m \tag{6-23}$$

由图6-12可知

$$\Delta I_c = U_m \Delta B_c$$

在线路中点的并联电容器中的电流 ΔI_c 改变了线路送端和受段的电流值为

$$I_{1s} = I_1 - \frac{\Delta I_c}{2}, \; I_{1r} = I_1 + \frac{\Delta I_c}{2}$$

由 $U_m = U_r + j\frac{1}{2}I_{1r}X_1$，有

$$\Delta U_m = \frac{1}{4}\Delta I_c X_1 = \frac{1}{4}U_m X_1 \Delta B_c \qquad (6-24)$$

将式（6-23）代入式（6-22），可以得到

$$\Delta P = \frac{U U_m}{2}\sin\frac{\delta}{2}\Delta B_c$$

如果线路的中点电压近似的等于 $V\cos(\delta/2)$，由于并联电容器补偿的无功功率增量为 $\Delta Q_{sh} = U_m^2 \Delta B_c$，因此有

$$\frac{\Delta P}{\Delta Q_{sh}} = \frac{1}{2}\tan\frac{\delta}{2} \qquad (6-25)$$

6.3.2 串联电容器对系统静态功角稳定性的提高

串联电容器可以提高系统的静态功角稳定性，从而可以提高系统的输送能力。图 6-13 给出了一短距离对称的输电线路。

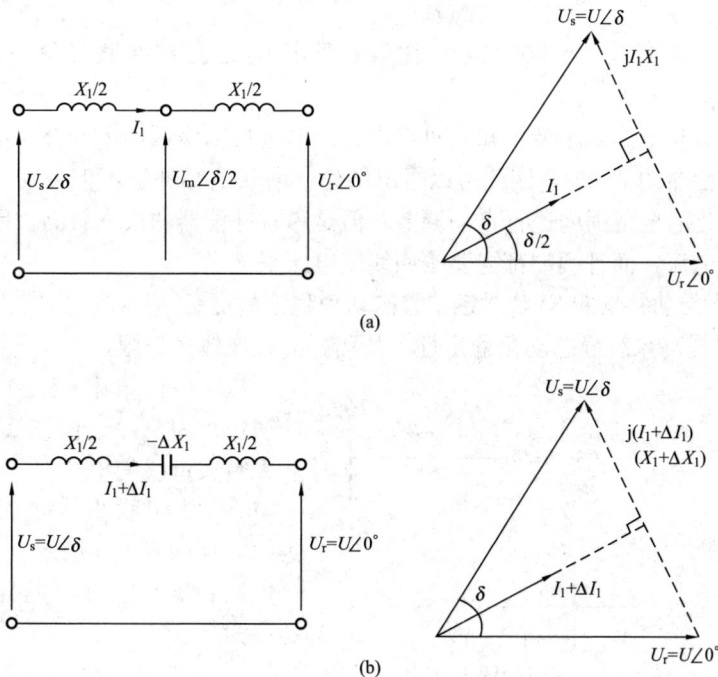

图 6-13 短距离对称线路的串联补偿

如果通过插入一个串联电容器来控制线路的等效电抗，并使线路的端电压保持不变，那么，线路电抗 ΔX_1 的变化就会导致线路电流 ΔI_1 的变化，即

$$\Delta I_1 = -\frac{2U}{X_1^2}\sin\frac{\delta}{2}\Delta X_1 = -I_1\frac{\Delta X_1}{X_1} \qquad (6-26)$$

因此，根据式（6-21）可得，输送功率的相应变化为

$$\Delta P = -\frac{U^2}{X_1}2\sin\frac{\delta}{2}\cos\frac{\delta}{2}\Delta X_1 \qquad (6-27)$$

无串联补偿时，由图6-13有

$$I = \frac{2U}{X_1}\sin\frac{\delta}{2} \qquad (6-28)$$

由式（6-26）和式（6-28），式（6-27）可以写成

$$\Delta P = \frac{1}{2\tan\dfrac{\delta}{2}}(-\Delta X_1 I_1^2) \qquad (6-29)$$

由于$-\Delta X_1$是由串联电容器加入的电抗，因此$-\Delta X_1 I_1^2 = \Delta Q_{se}$就表示串联电容器发出的无功功率值，故有

$$\frac{\Delta P}{\Delta Q_{se}} = \frac{1}{2\tan\dfrac{\delta}{2}} \qquad (6-30)$$

比较式（6-25）和式（6-26），可得到对应短线路上输送相同的功率增量存在的关系。

$$\frac{\Delta Q_{se}}{\Delta Q_{sh}} = \left(\tan\frac{\delta}{2}\right)^2 \qquad (6-31)$$

假设运行的功率角为$\delta = 30°$，可以比较串联补偿ΔQ_{se}和并联补偿ΔQ_{sh}的容量比为0.074，即7.4%。

由6.3.1小节和6.3.2小节可知，对于同样的输送功率增量，串联补偿器所需要的无功增量只是并联补偿器的7.4%。因此可以得出结论：串联电容补偿不但补偿容量小，而且可以在线路负载变化的全范围内进行自动调节。但是串联补偿器的成本较高，因为串联电容器上通过线路的全电流，而且两端都需要按照线路电压来绝缘。

6.3.3 静止无功补偿器SVC对系统静态功角稳定的提高

SVC也可以提高系统静态功角稳定性，从而提高稳态输送极限。

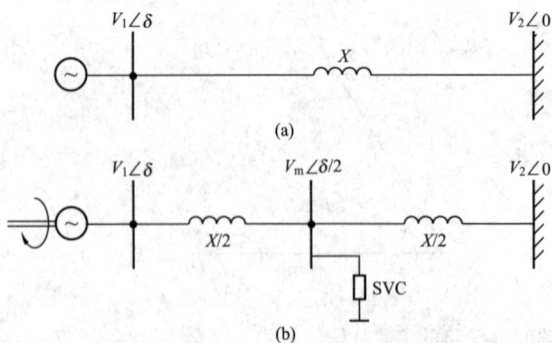

以一个单机无穷大母线系统（SMIB）为例，设同步发电机的端电压和无穷大母线的电压分别为$V_1\angle\delta$和$V_2\angle0°$，并假定联络线是无损的，其电抗为X，如图6-14所示。

从同步发电机到无穷大母线的输送功率为

$$P = \frac{V_1 V_2}{X}\sin\delta \qquad (6-32)$$

为简单起见，设$V_1 = V_2 = V$，则

$$P = \frac{V^2}{X}\sin\delta \qquad (6-33)$$

图6-14 单机无穷大母线系统（SMIB）
(a) 无补偿系统 (b) SVC补偿的系统

这样，输送功率就成为同步发电机电压与无穷大母线电压之间相位的正弦函数，如图 6-2 所示。因此，在无补偿的输电线路上，稳态最大输送功率对应于 $\delta = 90°$，即

$$P_{\max} = \frac{V^2}{X} \tag{6-34}$$

设在输电线路的中点采用一个理想的 SVC 来补偿，这里所谓的"理想"指的是 SVC 的无功容量为无限制，因而能够维持中点电压幅值恒定，而不管线路中的有功潮流有多大。因此，SVC 的母线电压为 $P_m \angle \delta/2$。

流过同步发电机与 SVC 母线之间半条线路上的有功功率为

$$P = \frac{V_1 V_m}{X/2} \sin \frac{\delta}{2} \tag{6-35}$$

SVC 与无穷大母线之间另外半条线路上的功率可以用相似的式子来描述。进一步假设 $V_m = V_1 = V_2 = V$，则式（6-35）可重写为

$$P = \frac{2V^2}{X} \sin \frac{\delta}{2} \tag{6-36}$$

式（6-36）的图形表示为如图 6-15 所示。

因此输电线路上的最大输送功率为

$$P_{Cmax} = \frac{2V^2}{X} \tag{6-37}$$

由式（6-37）可见，采用静止无功补偿器 SVC 后的最大输送功率是无补偿情况下最大输送功率的 2 倍，并在 $\delta/2 = 90°$ 时达到。换句话说，装于线路中点的理想 SVC 可使稳态功率极限加倍，并使同步电机与无穷大母线之间的稳定相角度由 90° 增大到 180°。

如果将输电线路等分为 n 段，在每段的连接点上都装设一个理想的 SVC，以维持电压幅值（V）稳定，则理论上该线路的输送功率（P'_C）可表达为

$$P'_C = \frac{V^2}{X/n} \sin \frac{\delta}{n} \tag{6-38}$$

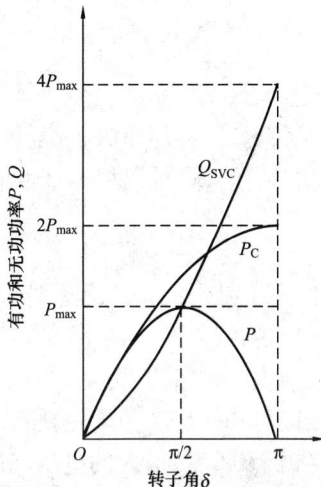

图 6-15　SMIB 系统中线路有功和 SVC 无功的变化曲线

这样，该线路所能输送的最大功率 P'_{Cmax} 为 nV^2/X。换句话说，线路被等分为 n 段后，输送功率极限被提高到了无补偿时的 n 倍。但这应该理解为只是理论上的极限，因为实际的最大输送功率不仅受暂态稳定控制，还要受输电线路热稳定极限的限制。

可以证明，为了维持电压恒定，中点 SVC 所需要的无功功率 Q_{SVC} 可由式（6-39）给出

$$Q_{SVC} = \frac{4V^2}{X}\left(1 - \cos \frac{\delta}{2}\right) \tag{6-39}$$

图 6-14 也给出了 Q_{SVC} 随 δ 的变化曲线。可以看到，将输送功率加倍到 $2P_{\max}$，所需要的 SVC 的无功容量为无补偿情况下最大输送功率的 4 倍，即 $4P_{\max}$。虽然 SVC 提高了传输功率，但需要的投资也很大，经济上未必是可行的。

采用有限容量的实际 SVC 可实现输送功率的增加，如图 6-16 所示。曲线（a）是无补偿时的转子角特性；曲线（b）是装设超过 $4P_{\max}$ 无功容量的理想 SVC 时的转子角的特性；曲线（c）是中点装设固定电容时的转子角特性，这条曲线是基于同步发电机与无穷大母线

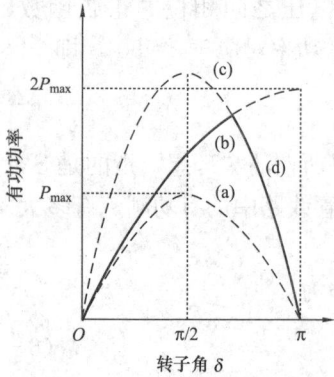

图 6-16　SMIB 系统的转子角曲线

(a)—无补偿时的情况；(b)—中点装设容量无限（$Q_{SVC} > 4P_{max}$）的理想 SVC；(c)—中点装设固定电容器；(d)—中点装设容量有限的 SVC（$Q_{SVC} \approx 2P_{max}$）

之间的等效电抗画出的。如果在线路中点装设的 SVC 所包含的电容器的容量有限，设 $Q_{SVC} \approx 2P_{max}$，则它能在其极限容量之内进行电压调节，一旦系统电压进一步下降，SVC 就不再能提供电压支持，其行为就像一个固定电容器。图 6-16 中的曲线（d）表示的是装设这种固定电容器时的转子角特性，该曲线表明如果 SVC 的无功容量有限，实际的最大输送功率要比理论极限 $2P_{max}$ 小得多。

6.3.4　TCSC 提高系统静态功角稳定性

TCSC 可用以改善电力系统的静态功角稳定性，从而提高系统的稳态输送能力。TCSC 的有效性和其安装的位置密切相关。

在一个紧密连接的电力系统中，当一条关键的线路跳闸时，大量的功率将在并联的输电通道中流动，可能造成另外一条线路严重地过负荷。此时，在关键的输电通道上安装 TCSC，利用 TCSC 根据潮流的瞬时需要调整其串联补偿度可以提高输电能力。

TCSC 提供的串联补偿可以快速调节，以保证指定输电线路上潮流为定值。根据 TCSC 的功能，TCSC 可以根据容性电抗的设定值来改变潮流。

$$P_{12} = \frac{V_1 V_2}{X_L - X_C} \sin\delta \qquad (6-40)$$

式中：P_{12} 是母线 1 流向母线 2 的功率；V_1、V_2 分别是母线 1 和母线 2 的电压幅值；X_L 是线路电抗；X_C 是包括串联电容在内的 TCSC 电抗；δ 是母线 1 和母线 2 之间的电压相角差。

由式（6-40）可见，由于 TCSC 提供了容性电抗，降低了线路等效电抗，从而提高了输电能力和静态功角稳定性。

由于 TCSC 引入的电压与母线电压正好正交，因此输送功率的改变可以基本不对互联母线的电压产生影响。而 SVC 是通过改变互联母线的电压来提高输送功率的，这样就可能改变相的其他无功负荷的功率。此外，TCSC 可以安装在线路上的任何地方。

6.4　静态电压稳定与静态功角稳定的判据比较分析

静态电压稳定性和静态功角稳定性之间存在一定的内在联系，通常情况下，两者是很难从机理上完全区分开的。然而有许多情况是某种不稳定形式起主导作用。如以下几种极端情况：

（1）远方的同步发电机通过传输线与一个大的电力系统连接（纯角度稳定性-单机对无穷大母线问题）；

（2）同步发电机或大的系统通过传输线与一个大的负荷连接（纯电压稳定性）。

（3）图 6-17 给出了这些极端情况。

静态功角稳定性以及静态电压稳定性都受无功功率控制的影响。特别是，在可获得发电机自动电压调

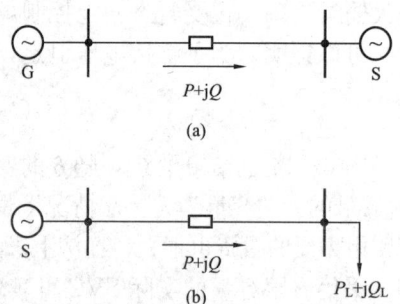

图 6-17　极端情况的简单系统

(a) 纯功角稳定性；(b) 纯电压稳定性

节器连续作用之前，包含有非周期角度增大的小扰动（静态）不稳定是一个主要问题。静态电压稳定性和负荷区域及负荷特性有关。静态功角稳定性通常集中在远方电厂通过传输线连接所连接的大的系统。静态功角稳定性基本上是发电机稳定性，而电压稳定性基本上是负荷稳定性。在大的互联系统中，有可能产生负荷区域的电压崩溃而没有任何发电机失去同步。可以这样认为，如果在传输系统中远离负荷的一点电压崩溃，这是静态功角不稳定问题；电压崩溃发生在一个负荷区域，则可能主要是静态电压不稳定问题。

6.4.1 潮流雅克比矩阵法鉴别静态电压还是静态功角不稳定

经典的电力系统静态稳定性理论一般均假设系统中发电机的调节控制系统参数得到了很好的协调，且因尚未形成超高压长距离的输电系统和受到研究工具的限制，总认为系统具有足够的阻尼，不会发生周期性的振荡失步，即动态稳定破坏，而只能出现爬行失步。在上述假设下，系统的爬行失步（角度稳定）也会引起系统雅克比矩阵的奇异，即雅克比矩阵的奇异有可能对应的是静态角度稳定的爬行失步，也有可能对应的是系统负荷电压的不稳定。应用状态变量与最小模特征值之间参与系数的概念，可以给出一种非常简洁的鉴别判据。

由极坐标下潮流方程可得到线性关系式为

$$\Delta Y_S = J_r \Delta X \tag{6-41}$$

定义参数矩阵

$$\{P_{ki}\} = \{V_{ki} U_{ki}\} \quad k,\, i = 1,\, 2,\, 3,\, \cdots,\, l \tag{6-42}$$

式中：V_{ki} 和 U_{ki} 分别为系统潮流雅克比矩阵 J_r 的第 i 个特征值 λ_i 相对应的左、右特征相量第 k 个分量；P_{ki} 是无量纲的纯数，称为参与系数（参与因子）。对极坐标下的雅克比矩阵 J_r 进行特征谱分解，可得

$$\Delta X = \sum_{i=1}^{l} \lambda_i^{-1} U_i V_i^{\mathrm{T}} \Delta Y_S \tag{6-43}$$

若取 $\Delta Y_S = \bar{e}_k = [0 \cdots 1 \cdots]^{\mathrm{T}}$，则

$$\Delta X = \sum_{i=1}^{l} \lambda_i^{-1} U_i V_i^{\mathrm{T}} \tag{6-44}$$

仅考察第 k 个分量有

$$\Delta x_k = \sum_{i=1}^{l} \lambda_i^{-1} U_{ki} V_{ki}^{\mathrm{T}} = \sum_{i=1}^{l} P_{ki} \tag{6-45}$$

可见参与矩阵的行元素表示不同特征值对同一状态变量摄动的参与程度。同样若取 $\Delta Y_S = \bar{e}_h$，则

$$\Delta x_h = \sum_{i=1}^{l} p_{hi} \tag{6-46}$$

比较式（6-43）和式（6-44）可知，参与矩阵的列元素表示同一特征值对不同状态变量摄动的参与程度，因此参与系数反映了状态变量和特征值之间的相互依赖关系。

对式（6-41）作线性变换，使新变量下的特征值解耦为

$$\begin{cases} \Delta X = M \Delta X^* \\ \Delta Y_S = M \Delta Y_S^* \end{cases} \tag{6-47}$$

M 为 J_r 右模态矩阵，"$*$"表示新变量，将式（6-47）代入式（6-41）并展开可得

$$
\begin{bmatrix} \Delta x_1^* \\ \Delta x_2^* \\ \vdots \\ \Delta x_1^* \end{bmatrix} = \begin{bmatrix} \lambda_1^{-1} & & & \\ & \lambda_2^{-1} & & \\ & & \ddots & \\ & & & \lambda_1^{-1} \end{bmatrix} \begin{bmatrix} \Delta y_{s1}^* \\ \Delta y_{s2}^* \\ \vdots \\ \Delta y_{s1}^* \end{bmatrix}
\tag{6-48}
$$

设 $\lambda_i = \lambda_{\min}$，则

$$
\Delta x_i = \lambda_{\min}^{-1} \Delta y_{si}^*
\tag{6-49}
$$

当 $\lambda_{\min}$ 趋于零时，Δy_{si}^* 的任何微小的变化都会引起 Δx_i^* 的无限漂移，这是静态稳定的极限情况。若要研究是由什么原因引起雅克比矩阵的奇异，只要研究与最小模特征值角度强相关的状态变量和控制变量的摄动即可。如果 $\lambda_{\min}$ 与电压的角度强相关，那么雅克比矩阵的奇异一定对应的是静态功角稳定的爬行失步；如果 $\lambda_{\min}$ 与电压幅值强相关，则对应电压不稳定。同理，如果与 $\lambda_{\min}$ 强相关的是有功功率，那么不稳定是由有功功率太大引起的；如果与 $\lambda_{\min}$ 强相关的是无功功率，则不稳定是由无功功率缺额引起的。按照上述参与系数的概念，可得出下列静态稳定爬行失步与电压不稳定的鉴别判据。

定义相关比

$$
\rho = \frac{\sum\limits_{k \in \Delta P} P_{ki}}{\sum\limits_{k \in \Delta Q} P_{ki}}
\tag{6-50}
$$

（1）$\rho \gg 1$，$\Delta P - \Delta\theta$ 型，有功功率引起的静态功角不稳定；

（2）$\rho \ll 1$，$\Delta P - \Delta V$ 型，无功功率引起的电压静态稳定不稳定；

（3）$\rho = 1$，静态电压稳定和静态功角稳定相互交叉，复杂形式的系统静态稳定破坏。

相关比 ρ 的计算很简单，只要求取 J_r 的最小模特征值 $\lambda_{\min}$ 相对应的左右特征相量即可获得，因此在几乎不增加计算量的情况下就可确定系统的静态失稳方式。应该指出，在多机系统中，当电压接近或达到静态稳定极限时，角度也可能接近或达到静态稳定极限，即相关比接近于1，此时，电压稳定和角度稳定问题相互联系，相互影响。可以利用上述判据进行电压静态稳定性和静态角度非周期失步的鉴别。

6.4.2 利用线路传输功率鉴别静态电压还是静态功角不稳定

从第5章和本章可知，静态功角稳定和电压稳定的极限均是求取系统潮流的极限值，但静态功角稳定的推导是建立在单机无穷大系统基础上的，静态电压稳定的推导则是建立在电源电压恒定的基础上的。由于二者建立的基础不同，得出的结论也有区别。本节从电能物理传输原理上对静态功角稳定判据和静态电压稳定判据进行了推导，鉴别系统的静态电压稳定和静态功角稳定，并修正了人们对静态功角稳定判据在认识上的误区。

1. 静态功角稳定判矩容易引起的误区

如6.2节所示，系统的静态功角稳定判据采用整步功率系数判别，即采用 $\dfrac{\mathrm{d}P}{\mathrm{d}\delta} = \dfrac{EU}{X}\cos\delta \geqslant 0$ 来表明发电机维持同步运行的能力，即表明系统静态稳定程度。我国现行的《电力系统安全稳定导则》规定：系统在正常运行情况下系统的静态储备系数应不小于 $15\% \sim 20\%$；在事故

后，系统的静态储备系数应不小于 10%。而参考文献 [14] 指出，系统的静态稳定储备系数应该在 30%～35% 之间。

由整步功率系数判别式可见，易引起系统静态功角不稳定的情况是 δ 接近 90°，否则系统一定满足静态功角稳定。这种情况是建立在单机无穷大系统上推导出的结论，而如果实际系统用此判断功角稳定可能产生"误导"。因为若要系统静态不稳定，则必须使发电机的内电势和端电压的夹角为 90°，此种情况发生的概率很小，此时电流必为系统向发电机注入电流或为容性电流，即发电机处于进相运行状态，其相量图如图 6 - 18 所示。

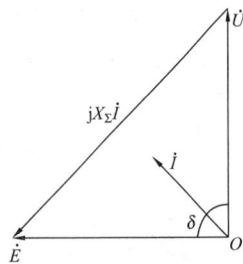

图 6 - 18　发电机矢量图

单机无穷大系统是建立在无穷大系统的基础上，而无穷大系统的一个重要假设条件是母线电压保持恒定，但实际系统线路传输功率时，必定引起电压的降落，其端电压很难保持在恒定值；特别是系统存在重负荷时更是如此。因此实际系统发生静态功角失稳要比这种理论情况严重得多。

2. 静态电压稳定

静态电压稳定的机理可用简单戴维南系统来解释（假定系统为无损系统），如图 6 - 19 所示。

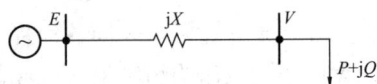

发电机的无功功率如式（6 - 51）表示

$$Q = \frac{EU\cos\delta}{X} - \frac{U^2}{X} \tag{6-51}$$

图 6 - 19　简单系统接线图

将发电机的有功功率表达式和无功功率表示（6 - 50）相结合，可得

$$P = \sqrt{\left(\frac{EU}{X}\right)^2 - \left(Q + \frac{U^2}{X}\right)^2} \tag{6-52}$$

若负荷仅为有功功率负荷，而无功功率为 0，对 U 求导，可得

$$\frac{\partial P}{\partial U} = \frac{2\dfrac{E^2 U}{X^2} - 4\dfrac{U^3}{X^2}}{2\sqrt{\left(\dfrac{EU}{X}\right)^2 + \dfrac{U^4}{X^4}}} = 0 \tag{6-53}$$

此时有

$$U_{\text{crit}} = \frac{1}{\sqrt{2}} = 0.707 \tag{6-54}$$

最大有功功率为

$$P_{\max} = \sqrt{\frac{1}{2} - \frac{1}{4}} = 0.5 \tag{6-55}$$

因此由式（6 - 55）可见，当电阻等于电抗时，系统有功功率达到最大值。

此时对应的发电机功角为

$$\delta = 45° \tag{6-56}$$

由于负荷的增大，电压的降落，迫使原先的很稳定状况（$\delta = 45°$）移至 $\delta = 90°$，此时达到了静态功角稳定临界点，如图 6 - 20 所示；同时也达到了系统静态电压稳定的临

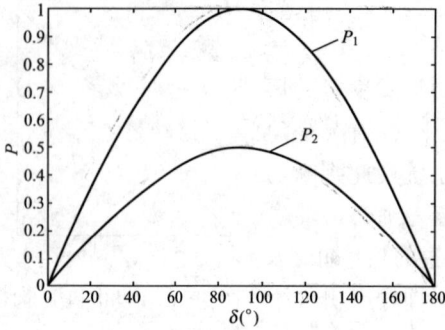

图 6-20　发电机功角图

界点。

　　由图 6-20 分析的结果可见，分别用单机无穷大系统和简单戴维南系统推导出的结论不同，故参考文献［14］指出电力系统静态功角稳定的 δ 应该控制在 44°范围之内。

　　将发电机的有功功率表达式和无功功率表达式（6-51）相结合，可得到式（6-57）

$$Q = \sqrt{\left(\frac{E_\mathrm{m}}{X_\mathrm{s}}U\right)^2 - P^2} - \frac{U^2}{X_\mathrm{s}} \qquad (6-57)$$

对式（6-57）求导

$$\frac{\partial Q}{\partial V} = \frac{U}{X_\mathrm{s}^2}\left[\frac{E_\mathrm{m}^2}{\sqrt{(E_\mathrm{m}U/X_\mathrm{s})^2 - P^2}} - 2X_\mathrm{s}\right] \qquad (6-58)$$

若负荷为纯感性负荷，令式（6-58）右边为 0，可得 $U_\mathrm{cir} = \dfrac{E_\mathrm{m}}{2}$，此即为到静态电压临界点。此时对应的起初功角为 0°。由于仅传输无功功率，因此系统不存在功角稳定问题，由此可见静态电压不稳定的系统功角应该在 0°~45°之间。

　　3. 上述理论的统一证明

　　上述讨论的静态功角稳定性问题和静态电压稳定性问题是分别建立在两个不同的前提下得出的，即单机无穷大系统，在静态功角稳定中，认为无穷大母线的电压为恒定值；但在静态电压稳定研究中，认为电源为恒定值。为了统一二者，可以用统一的输电线路传输功率来推导静态功角稳定和静态电压稳定，并且使分析结果更趋于实际。

　　输电线路首末端的电压满足式（6-59）或式（6-60）。

$$\dot{U}_2 = \left(U_1 - \frac{P_1R + Q_1X}{U_1}\right) - \mathrm{j}\frac{P_1X - Q_1R}{U_1} \qquad (6-59)$$

$$U_1^2 = \left(U_2 + \frac{P_2R + Q_2X}{U_2}\right)^2 + \left(\frac{P_2X - Q_2R}{U_2}\right)^2 \qquad (6-60)$$

式中：U_1 为线路首端电压；U_2 为线路末端电压；P_1 为线路首端注入功率；P_2 为线路末端注入功率。

　　对式（6-59）和式（6-60）进行统一，得

$$U_1^2U_2^2 = U_2^4 + 2U_2^2(P_2R + Q_2X) + (P_2R + Q_2X)^2 + (P_2X - Q_2R)^2 \qquad (6-61)$$

进一步化简得

$$U_2^4 + U_2^2[2(P_2R + Q_2X) - U_1^2] + S^2Z^2 = 0 \qquad (6-62)$$

其中

$$Z = \sqrt{R^2 + X^2}$$

　　(1) 仅传输有功功率。线路仅传输有功功率，并令传输线路的电阻为 0 时，令 $U_1 = 1.0$，式（6-62）可写为

$$U_2^4 - U_2^2 + P^2X^2 = 0 \qquad (6-63)$$

　　令 $y = PX$，有

$$y = \sqrt{U_2^2 - U_2^4} \qquad (6-64)$$

曲线构成如图 6-21 所示。

由图 6-20 可见，最大功率出现在 $PX=0.5$ 时，此时线路末端电压和两端的相角差为

$$U_2 = \frac{\sqrt{2}}{2} = 0.707 \tag{6-65}$$

$$\delta = 45° \tag{6-66}$$

这与式（6-54）和式（6-55）求取的结果相同。式（6-65）和式（6-66）也表明：当线路两端的相角为 45°时，系统发生静态功角失稳，同时也发生静态电压失稳，该点是静态功角不稳定和静态电压不稳定的交叉点。

（2）线路仅传输无功功率。当线路仅传输无功功率时，式（6-62）可写为

$$U_2^4 + U_2^2(2Q_2X - U_1^2) + Q^2X^2 = 0 \tag{6-67}$$

令 $y=QX$，有

$$U_2^4 + U_2^2(2y-1) + y^2 = 0 \tag{6-68}$$

此时

$$y = U_2 - U_2^2 \tag{6-69}$$

曲线构成如图 6-22 所示。

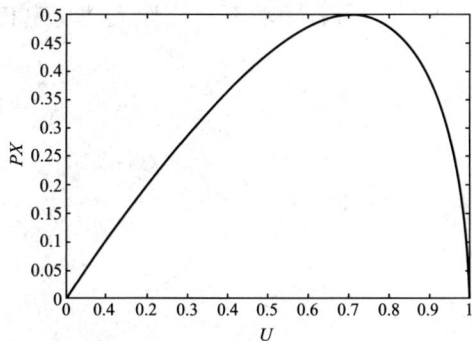

图 6-21 受端功率和电压图（一）　　　图 6-22 受端功率和电压图（二）

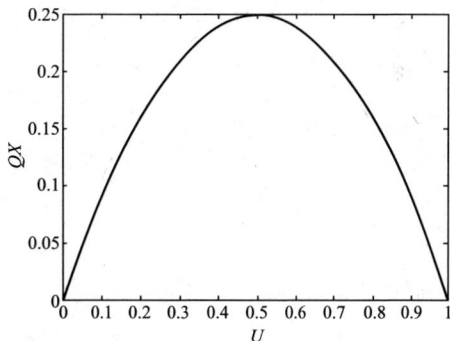

此时最大传输功率 $QX=0.25$，此时

$$U = 0.5 \tag{6-70}$$

两端的相角差为

$$\delta = 0° \tag{6-71}$$

由上述分析可见：

1）当线路仅传输无功功率时，功率极限的传输点为 $U=E/2$，因此无功功率的传输更容易引起电压的降落，当超过此点时，发生静态电压失稳；

2）由于仅传送无功功率，因此不会出现静态功角稳定失稳；

3）仅传输无功功率时，传输功率极限仅为有功功率传输极限的 1/2，因此无功功率相对于有功功率来说不能大量传输，这主要是由于线路的电抗远大于电阻的原因造成的；

4）静态功角稳定和静态电压稳定的交点是线路两端相位差为 45°，在线路两端相位差为 45°以内时属于静态电压稳定失稳区，在线路两端相位差为 45°以上时属于静态功角稳定失稳区。

（3）线路传输的有功功率和无功功率（感性）相等。当有功功率等于感性无功功率时，式（6-62）可写为

$$U_2^4 + U_2^2(2Q_2X - U_1^2) + S^2X^2 = 0 \tag{6-72}$$

令 $y = PX$，有

$$U_2^4 + U_2^2(2y - 1) + 2y^2 = 0 \tag{6-73}$$

$$y = \frac{1}{2}(-U_2^2 + \sqrt{2U^2 - U^4}) \tag{6-74}$$

这样曲线构成如图 6-23 所示。

此时线路的传输有功功率极限为 0.21，传输视在功率极限为 0.30。

对应的线路末端电压和线路两端的相角差为

$$U = 0.541 \tag{6-75}$$

$$\delta = 55° \tag{6-76}$$

由此可见，随着无功功率的传输，系统的有功传输极限下降，其静态稳定性下降，故无功功率的传输影响系统的静态有功稳定极限，因此无功功率不适宜大量传输。

（4）线路传输的有功功率和无功功率（容性）相等。当有功功率和容性无功功率相等时，式（6-62）可写为

$$U_2^4 + U_2^2(-2y - 1) + 2y^2 = 0 \tag{6-77}$$

此时有

$$y = \frac{1}{2}(U_2^2 \pm \sqrt{2U^2 - U^4}) \tag{6-78}$$

曲线构成如图 6-24 所示。

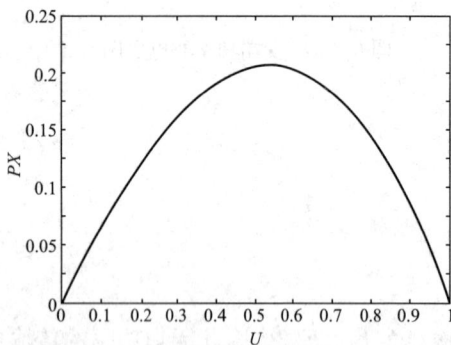

图 6-23 受端功率和电压图（一）   图 6-24 受端功率和电压图（二）

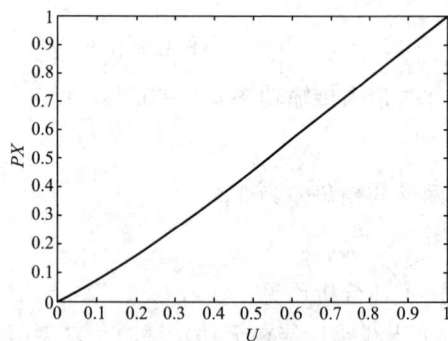

由图 6-24 可见，当为容性无功功率时，系统不存在功率极限值，因此也就不存在静态功角稳定问题，同样也不存在静态电压稳定问题，因此容性无功功率有助于系统静态功角稳定和静态电压稳定的提高。

（5）线路传输的仅为容性无功功率。当仅传输无功功率时，式（6-62）可写为

$$U_2^4 + U_2^2(-2Q_2X - U_1^2) + Q^2X^2 = 0 \tag{6-79}$$

令 $y=QX$，有

$$U_2^4 + U_2^2(-2y-1) + y^2 = 0 \qquad (6-80)$$

此时

$$y = U_2 + U_2^2 \qquad (6-81)$$

曲线构成如图 6-25 所示。

由图 6-25 可见，仅传输容性无功功率时，系统不会发生静态电压失稳和静态功角失稳。

（6）小结。

通过以上的分析，可有如下结论。

1）从线路输电功率理论对二者进行了推导，指出通常当线路两端相位差在 45°以内时失稳是静态电压稳定失稳；而超过 45°是静态功角稳定失稳，这和 6.4.1 小节的结论完全相同。

2）指出了传统的静态功角稳定的静态稳定储备系数来评估静态功角稳定的不足，容易引起人们认识上的误区。

图 6-25 受端功率和电压图（三）

3）传输感性无功功率影响系统的静态功角稳定，将造成系统静态功角稳定的下降和传输功率的下降，而传输容性无功功率正好相反。

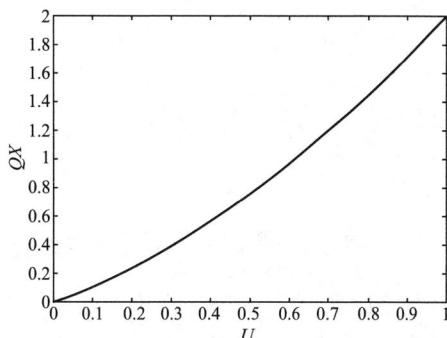

参考文献

1 王锡凡. 现代电力系统分析. 北京：科学出版社，2003.

2 陈珩. 电力系统稳态分析. 北京：水利电力出版社，1995.

3 洪佩孙. 关于电力系统稳定. 江苏电机工程，2002，21（1）：44-47.

4 夏道止. 电力系统分析. 北京：中国电力出版社，1998.

5 李光琦. 电力系统暂态分析. 北京：水利电力出版社，1995.

6 Prabha Kundur. Power System Stability and Control. 北京：中国电力出版社，2002.

7 Caron W. TayLor. Power System Voltage Stability. 北京：中国电力出版社，2001.

8 周双喜，朱凌志，郭锡玖，等. 电力系统电压稳定性及其控制. 北京：中国电力出版社，2004.

9 Begovic M M. Control of voltage stability using sensitivity analysis. IEEE Trans on Power Systems，1992，7（1）：54-63.

10 Crisan O，Liu M. Voltage collapse prediction using an improved sensitivity approach. Electric Power Systems Research，1994，28（3）：181-190.

11 段献忠，袁骏，何仰赞，等. 电力系统电压稳定灵敏度分析方法. 电力系统自动化，1997，21（4）：9-12.

12 程浩忠. 电力系统无功与电压稳定性. 北京：中国电力出版社，2004.

13 R. D. Dunlop，R. Gutman，P. P. Marchenko. Analytical development of loadability characteristics for EHV and UHV transmission lines. IEEE Trans on Power Apparatus and System，1979，PAS98（2）：606-613.

14 李天然，王正风，司云峰. 发电机无功功率与系统稳定运行. 现代电力，2005，22（1）：37-41.

15 E Efthymiadis，Y H Guo. Generator Reactive Limits and Voltage Stability. London UK，Conf. Publication. Power System Control and Management，the Fourth Conference，April 1996，196-198.

16 王正风，胡晓飞. 静态功角稳定和电压稳定的判据比较分析. 电力自动化设备，2008，28（2）：61-64.

17 周鹗. 电机学. 北京：中国电力出版社，1998.

18 王正风，胡晓飞. 发电机无功功率与电力系统稳定运行. 东北电力技术，2008（29）：15-18.

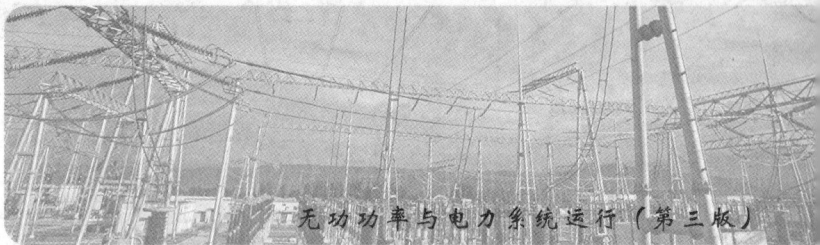

第7章

无功功率与系统暂态功角稳定性

7.1　电力系统暂态功角稳定性

在电网正常运行时，电力系统中各发电机组输出的电磁转矩和原动机输入的机械转矩平衡，因此系统中所有发电机的转子速度保持同步且恒定。但当电力系统遭受大扰动后，如各种短路故障、大容量发电机组、大的负荷、重要的输电设备的投入或切除等，系统除了经历电磁暂态过程以外，还要经历机电暂态过程。由于系统的结构或参数发生了较大变化，系统的潮流及各发电机的输出功率也随之发生变化，从而破坏了原动机和发电机之间的功率平衡，在发电机转子轴上将产生不平衡转矩，导致发电机转子加速或减速。通常扰动地点的不同，对系统内的各发电机的电磁功率或机械功率影响也不同，因此各发电机的功率不平衡状况并不相同，同时发电机的转动惯量也不相同，使得各发电机的功率不平衡状况也不相同。这样，发电机转子之间将产生相对运动，使得转子之间的相对角度发生变化，而转子之间相对角度的变化又影响各发电机的输出功率，从而使各个发电机的功率、转速和转子之间的相对角度发生变化。与此同时，发电机机端电压和定子电流的变化将引起励磁调节系统的调节过程；机组转速的变化将引起系统调速系统的调节过程；电力网络中母线电压的变化，将引起负荷功率的变化；网络潮流的变化将引起其他一些控制装置（如 SVC、AGC、TCSC 等）的调节过程等。所以这些变化都将直接或间接地影响发电机转轴上的功率平衡。

以上各种变化过程相互影响，形成了一个发电机转子机械运动和电磁功率变化为主体的机电暂态过程。

电力系统遭受大扰动后所发生的机电暂态过程可能有两种不同的结局。一种是发电机转子之间的相对角度随时间的变化呈摇摆或振荡状态，且振荡幅值逐渐衰减，各发电机之间的相对运动将逐渐减小，从而使系统过渡到一个新的稳态运行状况，各发电机仍然保持同步运行，通常认为此时电力系统是暂态稳定的。另一种结局是在暂态过程中某些发电机组转子之间始终存在着相对运动，使得转子间的相对角度随时间不断增大，最终导致这些发电机失去同步，这时称电力系统是暂态不稳定的。当一台发电机相对于电力系统中其他发电机失去同步时，其转子将以高于或低于需要产生系统频率下电势的速度运行，旋转的定子磁场与转子磁场之间的滑动将导致发电机输出功率、电流和电压发生大幅度摇摆，使得一些发电机组或负荷被迫切除，严重情况下可能导致系统解列或瓦解。

电力系统正常运行的必要条件是要求所有发电机组保持同步。因此，电力系统大扰动下的暂态功角稳定问题是系统在某一正常运行状态下受到大扰动后，各发电机保持同步运行并过渡到新的或恢复到原来稳态运行方式的能力。

通常电力系统暂态稳定分析指的是仅涉及系统在短期内（约 10s 之内）的动态行为，之后的行为通常称之为电力系统的中期（10s 至几分钟）和长期（几分钟至几十分钟）稳定性分析。

通常电力系统在实际运行中遭受大扰动和大干扰是不可避免的，系统在遭受大扰动后失去稳定的后果是非常严重的。事实上电力系统遭受到的各种大干扰，诸如短路故障、大容量发电机组、大的负荷、重要的输电设备的投入或切除等都有一定的概率随机发生，因此电力系统的设计、规划、运行方式安排通常要满足在 $N-1$ 故障下能够保持稳定。

判断电力系统在大扰动情况下能否稳定运行，需要进行暂态稳定计算分析。当系统不稳定时，需要研究提高系统暂态功角稳定的各种有效措施；当系统发生重大稳定破坏时，需要进行事故分析，找出系统薄弱环节，并提出相对应的措施。

分析电力系统暂态稳定时要采用一定的假设，几个基本的假设如下。

(1) 由于发电机组惯性较大，在所研究的短暂时间里各机组的电角速度相对于同步角速度的偏离是不大的，即在分析系统的暂态稳定时，假定系统在故障后的暂态过程中，网络中的频率仍为 50Hz。

(2) 忽略突然发生故障后网络中的非周期分量电流。这是因为一方面它衰减的较快；另一方面是由于非周期性分量电流产生的磁场在空间不动，它和转子电流产生的磁场相互作用将产生以同步频率交变、平均值接近于零的制动转矩。此转矩对发电机的机电暂态过程影响不大，可以忽略不计。

(3) 当故障为不对称短路时，发电机定子回路中将流过负序电流。负序电流产生的磁场和转子绕组电流的磁场形成的转矩，主要是以 2 倍同步频率交变、平均值接近零的制动转矩。它对发电机的机电暂态过程也没有明显的影响，也可以忽略不计。同样有零序电流流过发电机，由于零序电流在转子空间的合成磁场为零，不产生转矩，也可以忽略不计。

在进行电力系统暂态稳定计算时，通常应考虑的计算条件如下：

(1) 应考虑在最不利地点发生金属性短路故障。

(2) 发电机模型在可能的条件下，应考虑采用暂态电势变化（3 阶模型），甚至次暂态电势变化（5 阶模型）的详细模型；在电网规划阶段可以采用暂态电势恒定的模型（2 阶模型）。

(3) 继电保护、重合闸和有关自动装置的动作时间，应结合实际情况考虑。

(4) 考虑励磁系统特性。

(5) 考虑负荷特性。

作为电力系统暂态功角稳定分析的理论基石是等面积法则，该理论通过单机无穷大系统获得证明，基于其提出的各种控制策略如快速切除故障、快速励磁和电气制动等获得了广泛应用。这是因为单机无穷大系统获得的暂态功角稳定理论和各种控制策略具有严格的理论证明；并且在实际系统中，人们的惯性思维是研究临界群中的同步发电机及其控制策略，这和单机无穷大系统的研究思路是一致的——单机无穷大系统的暂态不稳定表现为单机对无穷大系统的失稳，单机为临界机组。但从电力系统暂态稳定的定义可以得出，暂态稳定是系统中所有发电机保持同步运行的能力，此外在实际运行的系统中，也不存在所谓的无穷大系统，而比较合适的方法是将电力系统的暂态稳定看作两个机群之间保持同步稳定运行，此时不仅可以得到临界群机组的控制策略，还能得到余下群机组（系统中非临界群机组）的控制策略，这样可以极大地丰富控制电网运行的手段，更好地保证电力系统暂态安全稳定运行。本章在介绍电力系统暂态稳定仿真计算的基础上，采用了等面积法则和扩展等面积法分析了无功功率对电力系统暂态稳定的影响，为电力系统的稳定运行提供灵活的策略。

7.2 暂态功角稳定分析方法

电力系统稳定分析中，通常采用全系统数学模型仿真。整个系统的模型在数学上可以统一描述成一组微分-代数方程组：

$$\frac{\mathrm{d}x}{\mathrm{d}t} = f(x, y) \tag{7-1}$$

$$0 = g(x, y) \tag{7-2}$$

式中：x 表示微分方程组中描述系统动态特性的状态变量；y 表示代数方程组中系统的运行参量。

微分方程组式（7-1）主要包括：

（1）描述各同步发电机暂态和次暂态电势变化规律的微分方程；

（2）描述各同步发电机转子运动的摇摆方程；

（3）描述同步发电机组中励磁调节系统动态特性的微分方程；

（4）描述同步发电机组原动机及其调速系统动态特性的微分方程；

（5）描述感应电动机和同步电动机动态特性的微分方程；

（6）描述直流系统整流器和逆变器控制行为的微分方程；

（7）描述其他动态装置动态特性的微分方程。

而代数方程式（7-2）主要包括：

（1）电力网络方程，即描述在公共参考坐标系 $x\text{-}y$ 下节点电压与节点电流之间的关系；

（2）各同步发电机定子电压方程及 $\mathrm{d}\text{-}q$ 坐标轴系与 $x\text{-}y$ 坐标轴系间联系的坐标变化方程；

（3）各直流线路方程；

（4）负荷的电压特性方程等。

电力系统暂态仿真的稳定判据是电网遭受大扰动后，引起电力系统各机组之间功角相对增大，在经过第一或第二个振荡周期不失步，作同步的衰减振荡，系统中枢点电压逐渐恢复。

目前电力系统暂态稳定分析数字仿真算法基本上可以分为数值积分法、直接法和扩展等面积准则（Extended Equal-Area Criterion，记为 EEAC）3 类。

数值积分法通过全程数字积分来复现系统动态过程，可以处理任何非线性因素和复杂场景，并得到系统的精确轨迹；但其计算量大，紧密依赖于专家经验，只能给出该算例是否稳定的定性信息；数值积分方法的基本思想是用数值积分技术求出描述受扰运动微分方程组的时间解，再根据各发电机转子之间相对角度的变化判断系统的稳定性。利用该方法开发的一些商业软件已相继问世，如根据美国 WSCC 标准开发的 BPA、PTI 开发的 PSS/E，德国西门子公司开发的 NETOMAC 软件，加拿大不列颠哥伦比亚大学 H. W. Dommel 教授开发的电力系统电磁暂态计算程序（EMTP），中国电力科学院开发的"交直流电力系统综合计算程序"等。这些程序已成为电力规划和运行人员进行暂态稳定计算分析、安全备用配置、输电功率极限计算的有力工具。

针对数值积分法计算量大、计算速度慢的不足，国内外学者提出了直接法求解电力系统暂态稳定性。直接法采用数值积分得到最后一个故障清除时刻的系统状态，并按系统最终结构计算系统在故障清除后的受扰程度函数（或能量函数）；然后在故障清除后该值保持不变的假设下，与能量壁垒值进行比较得出结论。其中，基于李雅普诺夫函数的直接法需要积分到扰动消失，其不能提供系统稳定的充要条件，并且找不到系统的李雅普诺夫函数，并不能说明系统是不稳定的；基于暂态能量函数（Transient Energy Function，记为 TEF）的直接法需要针对持久故障全程积分。因此直接法的分析结果目前不能取得令人满意的结果。

EEAC 是研究电力系统暂态稳定问题的一种定量方法。它对包括故障后时段在内的全部实际受扰过程进行积分，得到系统在高维空间中的运动轨迹，并通过互补群惯量中心相对运动（Complementary-Cluster Center Of Inertia-Relative Motion，记为 CCCOI-RM）变换，将其聚合为一系列单自由度运动系统的数值映象，并在其扩展相平面上进行量化分析，然后按最小值准则对所有映象的稳定信息进行聚合，就可得到原高维系统的严格的量化稳定信息。由于采用全程积分，EEAC 并不需要任何假设就可考虑所有的非线性、非自治因素，并能考虑任意复杂的场景，这保证其不仅能够严格地量化分析电力系统暂态稳定问题，而且具有和数值积分法相同的模型适应能力。根据 EEAC 理论开发的 FASTEST 已经在国内外电力公司成功应用。

7.3　暂态功角稳定理论证明——等面积法则

电力系统的暂态功角稳定从本质上说是电磁力矩和机械力矩的平衡问题。当系统出现扰动时，发电机的电磁功率遭受到破坏，此时同步发电机在汽轮机机械功率的作用下，发电机转子将加速，由于各发电机离扰动地点距离的不一样，所获得的加速力矩也不同，在短暂的时间内不能保持同步运行，但随着电力系统各种快速元件的响应，如励磁控制系统、快速调节器等元件的动作，将增加发电机的电磁功率，而电力系统暂态功角稳定即转化为经过各种电力系统元件动作后的系统等值发电机电磁功率和机械功率能否达到新的平衡点问题。因此可以根据其物理意义进行分析，而等面积法则很好地说明了电力系统暂态功角稳定性包含的物理意义。

7.3.1　等面积法则理论

等面积法是分析电力系统暂态稳定的理论基石，其对电力系统暂态功角稳定的物理意义证明如下。

单机无穷大系统如图7-1所示。

初始情况下的发电机的有功出力可用式（7-3）表达

$$P_{\mathrm{I}} = \frac{E'U}{X_{\mathrm{I}\Sigma}}\sin\delta \qquad (7-3)$$

式中：P_{I}表示事故前发电机有功功率；$X_{\mathrm{I}\Sigma}$为发生故障前对应的系统阻抗，包括发电机的同步电抗、变压器电抗和连接线路的电抗。

当发生事故时，发电机的有功表达式为

$$P_{\mathrm{II}} = \frac{E'U}{X_{\mathrm{II}\Sigma}}\sin\delta \qquad (7-4)$$

式中：P_{II}表示事故时发电机有功功率；$X_{\mathrm{II}\Sigma}$为发生故障时对应的系统阻抗。

当切除故障时，有功表达式为

$$P_{\mathrm{III}} = \frac{E'U}{X_{\mathrm{III}\Sigma}}\sin\delta \qquad (7-5)$$

式中：P_{III}表示切除事故时的发电机有功功率；$X_{\mathrm{III}\Sigma}$为系统切除故障时对应的系统阻抗，显然$X_{\mathrm{I}\Sigma} < X_{\mathrm{III}\Sigma} < X_{\mathrm{II}\Sigma}$。

图7-2给出了发电机在正常运行（Ⅰ）、故障（Ⅱ）和切除故障后（Ⅲ）3种情况下的功率特性曲线。

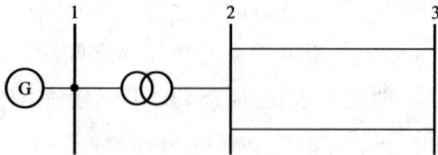

图7-1　单机无穷大系统

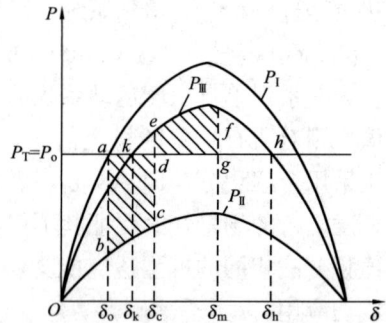

图7-2　简单系统正常运行、故障和故障切除后的功率特性曲线

故障后转子运动方程为

$$\frac{T_{\mathrm{J}}}{\omega_0} \times \frac{\mathrm{d}^2\delta}{\mathrm{d}t^2} = P_{\mathrm{T}} - P_{\mathrm{II}} \qquad (7-6)$$

由于

$$\frac{\mathrm{d}^2\delta}{\mathrm{d}t^2} = \frac{\mathrm{d}}{\mathrm{d}t}\left(\frac{\mathrm{d}\delta}{\mathrm{d}t}\right) = \frac{\mathrm{d}\dot{\delta}}{\mathrm{d}t} = \frac{\mathrm{d}\delta}{\mathrm{d}t} \times \frac{\mathrm{d}\dot{\delta}}{\mathrm{d}\delta} = \dot{\delta}\frac{\mathrm{d}\dot{\delta}}{\mathrm{d}\delta} \qquad (7-7)$$

代入转子运动方程（7-6）得

$$\frac{T_{\mathrm{J}}}{\omega_0} \cdot \dot{\delta} \cdot \mathrm{d}\dot{\delta} = (P_{\mathrm{T}} - P_{\mathrm{II}})\mathrm{d}\delta \qquad (7-8)$$

将式（7-8）两边同时积分

$$\int_{\delta_0}^{\delta_c} \frac{T_J}{\omega_0} \cdot \dot{\delta} \mathrm{d} \dot{\delta} = \int_{\delta_0}^{\delta_c} (P_T - P_{\mathrm{II}}) \mathrm{d} \delta$$

得

$$\frac{1}{2} \times \frac{T_J}{\omega_0}(\dot{\delta}_c^2 - \dot{\delta}_0^2) = \frac{1}{2} \times \frac{T_J}{\omega_0} \dot{\delta}_c^2 = \int_{\delta_0}^{\delta_c} (P_T - P_{\mathrm{II}}) \mathrm{d} \delta \tag{7-9}$$

式中：$\dot{\delta}_c$ 表示角度为 δ_c 时转子的相对角速度；$\dot{\delta}_0$ 表示角度为 δ_0 时转子的相对角速度，为零。

式（7-9）左端表示转子在相对运动中动能的增加，右端对应于过剩转矩对相对角位移所做的功。

同样，当故障切除后，转子在制动过程中动能的减少就等于制动转矩所做的功，有

$$\frac{1}{2} \times \frac{T_J}{\omega_0}(\dot{\delta}^2 - \dot{\delta}_c^2) = \int_{\delta_c}^{\delta} (P_T - P_{\mathrm{III}}) \mathrm{d} \delta \tag{7-10}$$

式中：δ 为减速过程中任意的角度；$\dot{\delta}$ 为对应于 δ 的相对角速度。当 δ 等于 δ_m 时角速度又恢复到同步角速度，即 $\dot{\delta}_m = 0$，这样式（7-10）可变为

$$\frac{1}{2} \times \frac{T_J}{\omega_0}(-\dot{\delta}_c^2) = \int_{\delta_c}^{\delta_m} (P_T - P_{\mathrm{III}}) \mathrm{d} \delta$$

或为

$$\frac{1}{2} \times \frac{T_J}{\omega_0} \dot{\delta}_c^2 = \int_{\delta_c}^{\delta_m} (P_{\mathrm{III}} - P_T) \mathrm{d} \delta \tag{7-11}$$

式（7-11）左端表示转子减速到 δ_m 时动能的减少，右端表示制动转矩所做的功，该部分与图 7-2 对应，称为减速面积。比较式（7-9）和式（7-11）可以看出，转子在减速过程中动能的减少正好等于加速时动能的增加。可表示为

$$\int_{\delta_0}^{\delta_c} (P_T - P_{\mathrm{II}}) \mathrm{d} \delta = \int_{\delta_c}^{\delta_m} (P_{\mathrm{III}} - P_T) \mathrm{d} \delta \tag{7-12}$$

式（7-12）即为著名的等面积法则，它表示的物理意义是当加速面积等于减速面积时，转子角速度恢复到同步速度，δ 达到 δ_m 时开始减小，此时系统是临界暂态功角稳定。

利用上述的等面积法则，可以推算出极限切除角度，即最大可能的 δ_{cm}，满足关系式（7-13）。

$$\int_{\delta_0}^{\delta_{cm}} (P_T - P_{\mathrm{II}}) \mathrm{d} \delta = \int_{\delta_{cm}}^{\delta_h} (P_{\mathrm{III}} - P_T) \mathrm{d} \delta \tag{7-13}$$

式中：δ_h 是为了保证系统稳定，必须在到达 h 点以前使转子恢复同步速度对应的转子角。

将式（7-13）改写为

$$\int_{\delta_0}^{\delta_{cm}} (P_T - P_{\mathrm{IIM}} \sin\delta) \mathrm{d} \delta = \int_{\delta_{cm}}^{\delta_h} (P_{\mathrm{IIIM}} \sin\delta - P_T) \mathrm{d} \delta \tag{7-14}$$

这样推算出的极限切除角可表达为

$$\cos\delta_{cm} = \frac{P_T(\delta_h - \delta_0) + P_{\mathrm{IIIM}} \cos\delta_h - P_{\mathrm{IIM}} \cos\delta_0}{P_{\mathrm{IIIM}} - P_{\mathrm{IIM}}} \tag{7-15}$$

对应于临界切除角的切除时间称之为临界切除时间（Critical Cut Time，CCT），临界切除时间是电力工程实际人员最为关注的因素之一。

7.3.2　发电机转子方程的求解

上述简单系统中，发生故障后的故障期间转子的运动方程为

$$\begin{cases} \dfrac{\mathrm{d}\delta}{\mathrm{d}t} = (\omega - 1)\omega_0 \\[2mm] \dfrac{\mathrm{d}\omega}{\mathrm{d}t} = \dfrac{1}{T_J}\left(P_T - \dfrac{E'U}{x_{\mathrm{II}}}\sin\delta\right) \end{cases} \tag{7-16}$$

这是两个 1 阶的非线性微分方程，因此简单系统的暂态功角稳定就需要求解该微分方程组。它们的起始条件是已知的，即

$$t = 0;\ \omega = 1;\ \delta = \delta_0 = \arcsin\dfrac{P_T}{P_{IM}}$$

通常采用数值积分法求解微分方程。

当应用数值积分计算出故障期间的 $\delta\text{-}t$ 曲线后，就可以从曲线上直接找到极限切除角相应的临界故障切除时间。

在电力系统计算分析中，一般是已知切除时间，需要求出 $\delta\text{-}t$ 曲线来判断系统稳定性，则当 $\delta\text{-}t$ 曲线计算到故障切除时，由于系统参数改变，以致发电机功率特性发生变化，必须求解另外一组微分方程。

$$\begin{cases} \dfrac{\mathrm{d}\delta}{\mathrm{d}t} = (\omega - 1)\omega_0 \\[2mm] \dfrac{\mathrm{d}\omega}{\mathrm{d}t} = \dfrac{1}{T_J}\left(P_T - \dfrac{E'U}{x_{\mathrm{III}}}\sin\delta\right) \end{cases} \tag{7-17}$$

这组方程的起始条件为

$$t = t_c;\ \omega = \omega_c;\ \delta = \delta_c$$

式中：t_c 为给定的切除时间；ω_c、δ_c 为与 t_c 时刻相对应的 ω 和 δ。

这样由式（7-17）可以计算获得 δ 和 ω 变化的曲线。

在电力系统暂态稳定计算中，通常采用改进的欧拉法进行求解。

针对 1 阶的微分方程式

$$\dot{x} = \dfrac{\mathrm{d}x}{\mathrm{d}t} = f(x) \tag{7-18}$$

对于函数 $x(t)$，其在 $t_n + h$ 处的值可以用泰勒级数表示

$$x(t_n + h) = x(t_n) + h\dot{x}(t_n) + \dfrac{h^2}{2!}\ddot{x}(t_n) + \cdots$$

$$= x(t_n) + hf[\dot{x}(t_n)] + \dfrac{h^2}{2!}f'[x(t_n)] + \cdots \tag{7-19}$$

将式（7-19）各项写成为 $x(t)$ 的近似值

$$x_{n+1} = x_n + hf(x_n) + \dfrac{h^2}{2!}f'(x_n) + \cdots \tag{7-20}$$

若忽略 h^3 及以上的各项，可得

$$x_{n+1} = x_n + hf(x_n) + \dfrac{h^2}{2!}f'(x_n) + \cdots$$

$$= x(t_n) + hf(x_n) + \dfrac{h^2}{2!}\left[\dfrac{f(x_{n+1}) - f(x_n)}{h}\right]$$

$$= x(t_n) + \dfrac{h}{2}[f(x_n) + f(x_{n+1})] \tag{7-21}$$

这就是梯形积分法。由于式（7-21）中等号右边含有未知量 x_{n+1}，因此式（7-21）是个隐式方程，一般用迭代法求解。由 x_n 求解 x_{n+1} 的递推计算公式可以归纳为以下两式。

x_{n+1} 的估计值为

$$x_{n+1} = x_n + hf(x_n) \tag{7-22}$$

x_{n+1} 的校正值

$$x_{n+1} = x(t_n) + \frac{h}{2}\big[f(x_n) + f(x_{n+1}^0)\big] \tag{7-23}$$

改进的欧拉法和梯形积分法相当。由于忽略了 h^3 及以后的项，每计算一步都会引起误差，通常称之为局部截断误差。积分步长 h 越小，则截断误差越小。但与此同时由于计算机有效位数的限制而引起的舍入误差却随着 h 的减小带来的计算次数增多而增大，故积分步长的选择应该适当，通常在电力系统仿真计算中选取 $5\sim10\mathrm{ms}$ 作为计算步长。

7.4 暂态功角稳定分析方法——扩展等面积法则

基于单机无穷大系统提出的等面积法为电力系统暂态稳定分析提供了理论依据。然而在现代大电力系统中，求解电力系统暂态稳定问题必须依靠电力系统数字仿真。电力系统数字仿真在电网规划设计、系统计算和事故分析、系统动态特性研究、辅助决策和人员培训中都具有不可替代的地位。依据数字仿真结果，可以直接对设计方案、控制系统性能、运行方式等给出有益的指导并进行合理的判断。电力系统数字仿真日益成为电力系统分析不可或缺的工具。目前的数值仿真法只能给出稳定的定性指标，而 EEAC 理论基于等面积法则可以给出稳定的量化指标。

7.4.1 EEAC 基本原理

EEAC 理论是互补群群际能量壁垒准则（CCEBC）理论在电力系统中的具体体现。EEAC 理论完全不同于李雅普诺夫方法，它从电力系统实际受扰轨迹中直接提取系统稳定性的定性信息及定量信息，其要点是：建立在互补群相对运动和同群转子角加权均值概念上的 CCCOI-RM 映射保存了原多机系统的稳定性；将等面积法则拓展到各个映象平面上具有时变特性的映象 OMIB 系统，求得后者的稳定极限条件；最危险的映象子系统的临界条件就是原多机系统的稳定极限条件。在从受扰轨迹中提取信息的过程中，EEAC 理论并没有对数学模型的复杂程度、动态过程的多群特性和多摆失稳模式提出任何限制，因此普遍适用于任何非自治非线性多刚体运动稳定性问题。

EEAC 是目前世界上唯一能够定量化分析电力系统暂态稳定性的理论，其对多机空间中具有任意复杂模型和场景的动态方程进行全程积分，然后将角度轨迹通过 CCCOI-RM 变换逐点映射到一系列聚合单机平面上，形成时变 OMIB 系统的 P-δ 轨迹，该线性变换不仅完整地保持了多刚体运动空间的稳定信息，而且是一种保稳变换。对变换得到的一系列 OMIB 系统进行量化分析，再由最小值原则反聚合，得到原多机系统的稳定性量化指标。

EEAC 通过一系列 OMIB 映象的稳定性量化评估来求取原系统稳定性；EEAC 通过分群算法来减小待评估映象，对轨迹从时域和频域两个方面进行信息提取。

EEAC 研究的多机电力系统的数学模型可以表示为

$$\begin{cases} \dot{\delta}_i = \omega_i \\ M_i \dot{\omega}_i = P_{mi} - P_{ei} - K_{Di}\omega_i \end{cases} \tag{7-24}$$

对于经典模型，P_{mi} 和 E_i 恒定。但是实际电力系统的情况要复杂得多，许多参数都会受到复杂模型、控制器、操作措施以及外部扰动的影响而具有时变特性，具体的动态过程由对应的微分代数方程组描述。虽然每台发电机的方程都可能非常复杂，但总是可以表示为下述具有时变参量的基本形式。

$$P_{ei} = E_i^2(t)Y_{ii}(t)\cos[\theta_{ii}(t)] + \sum_{j=1, j\neq i}^{n} E_i(t)E_j(t)Y_{ij}(t)\cos[\delta_i - \delta_j - \theta_{ij}(t)] \tag{7-25}$$

按实际的复杂模型和扰动场景对多机运动方程完成数值仿真后，将得到的 $E(t)$ 和 $Y(t)$ 作为离散的数值函数的形式代入到式（7-25）中，在每个时刻修正有关的参数。这样，复杂因素对转子运动稳定性的全部影响都反映在上面的运动方程中，系统方程表示为

$$\begin{cases} \dot{\delta}_i = \omega_i \\ M_i \dot{\omega}_i = P_{mi}[X(t), Z(t), Y(t), \tau, t] - P_{ei}[X(t), Z(t), Y(t), \tau, t] \end{cases} \tag{7-26}$$

其中，$Z(t)$ 和 $Y(t)$ 为已知的时间函数。

对式（7-26）进行数值积分，得到系统轨迹。在得到系统轨迹之后，则运用 CCCOI-RM 进行轨迹凝聚，以便进行稳定量化分析。CCCOI-RM：$R^n \to E(R^2) \to E(R^1)$ 变换是一种全新的大系统分解方法。多刚体系统运动轨迹的 CCCOI 映象是互补轨迹群的惯量中心的相对运动轨迹，RM 变换则进一步将非自治的两刚体系统的相对运动变换为非自治单刚体的绝对运动，这样多刚体的稳定性的评估问题由此被严格转换为对 CCCOI-RM 映象的评估问题。

任意的一个 N 机电力系统的运动方程可以被抽象地描述为

$$M_k \ddot{\delta}_k = P_{mk} - P_{ek} \tag{7-27}$$

对一给定的互补群（临界群记为 S 群，余下群记为 A 群）划分方式，其将 n 台机的运动方程分为两个子集，将每个子集内的所有方程的两端分别相加，得到互相独立的两自由度空间上的轨迹。

$$M_s \ddot{\delta}_s = P_{ms} - P_{es} \tag{7-28}$$

$$M_a \ddot{\delta}_a = P_{ma} - P_{ea} \tag{7-29}$$

其中：

$$\delta_s = \sum_{i\in S} M_i\delta_i \Big/ \sum_{i\in S} M_i \tag{7-30}$$

$$\delta_a = \sum_{j\in A} M_j\delta_j \Big/ \sum_{j\in A} M_j \tag{7-31}$$

$$M_s = \sum_{i\in S} M_i \tag{7-32}$$

$$M_a = \sum_{j\in A} M_j \tag{7-33}$$

$$P_{ms} = \sum_{i\in S} P_{mi} \tag{7-34}$$

$$P_{es} = \sum_{i\in S} P_{ei} \tag{7-35}$$

$$P_{ma} = \sum_{i \in A} P_{mi} \tag{7-36}$$

$$P_{ea} = \sum_{i \in A} P_{ei} \tag{7-37}$$

定义各机转子角相对于所属群惯量中心角的偏移量为

$$\begin{cases} \xi_i = \delta_i - \delta_s, & \forall i \in S \\ \xi_j = \delta_j - \delta_a, & \forall j \in A \end{cases} \tag{7-38}$$

则各机的输出电磁功率可表示为

$$\begin{cases} P_{ei} = E_i^2 Y_{ii} \cos\theta_{ii} + E_i \sum_{k \in S, k \neq i} E_k Y_{ik} \cos(\xi_i - \xi_k - \theta_{ik}) \\ \qquad + E_i \sum_{k \in A} E_j Y_{ij} \cos(\delta_s - \delta_a + \xi_i - \xi_j - \theta_{ij}) \quad \forall i \in S \\ P_{ej} = E_j^2 Y_{jj} \cos\theta_{jj} + E_j \sum_{l \in A, l \neq i} E_l Y_{jl} \cos(\xi_j - \xi_i - \theta_{jl}) \\ \qquad + E_j \sum_{i \in S} E_i Y_{ij} \cos(\delta_s - \delta_a + \xi_i - \xi_j + \theta_{ij}) \quad \forall j \in A \end{cases} \tag{7-39}$$

其中，导纳矩阵 $\boldsymbol{Y}$ 的各元素在故障前、故障各阶段和故障后均可能突变，或者连续地变化。

RM 变换将两机观察子空间映射到相应的单机空间，其变换函数为

$$\delta = \delta_s - \delta_a \tag{7-40}$$

将两机系统严格变换为等值的 OMIB 系统

$$M\ddot{\delta} = P_m - [P_e + P_{max} \sin(\delta - \upsilon)] \tag{7-41}$$

其中：

$$\begin{cases} M = M_s M_a M_T^{-1} \\ M_T = \sum_{i=1}^n M_i \\ P_m = \left(M_a \sum_{i \in S} P_{mi} - M_s \sum_{j \in A} P_{mj} \right) M_T^{-1} \\ P_c = \left[M_a \sum_{i,k \in S} g_{ik} \cos(\xi_i - \xi_k) - M_s \sum_{j,l \in A} g_{jl} \cos(\xi_j - \xi_l) \right] M_T^{-1} \\ g_{ij} = E_i E_j Y_{ij} \cos\theta_{ij} \\ b_{ij} = E_i E_j Y_{ij} \sin\theta_{ij} \end{cases} \tag{7-42}$$

而时变参数

$$\begin{cases} C = \sum_{i \in S} \sum_{j \in A} b_{ij} \sin(\xi_i - \xi_j) + (M_a - M_s) M_T^{-1} \sum_{i \in S} \sum_{j \in A} g_{ij} \cos(\xi_i - \xi_j) \\ D = \sum_{i \in S} \sum_{j \in A} b_{ij} \cos(\xi_i - \xi_j) + (M_a - M_s) M_T^{-1} \sum_{i \in S} \sum_{j \in A} g_{ij} \sin(\xi_i - \xi_j) \\ g_{ij} = E_i E_j Y_{ij} \cos\theta_{ij} \\ b_{ij} = E_i E_j Y_{ij} \sin\theta_{ij} \end{cases} \tag{7-43}$$

δ_i，δ_k $\forall_i$，$k \in S$ 和 δ_j，δ_l $\forall j$，$l \in A$ 均是对原多机系统数学模型积分的结果，对于任何非理想的两群模式，$\xi_i - \xi_k$，$\xi_j - \xi_l$ 和 $\xi_i - \xi_j$ 均随时间而变。

对等值得到的 OMIB 系统数值映象，在其扩展相平面上进行量化分析，求取每摆稳定裕度。稳定裕度求取公式根据该摆次的性质而定，当轨迹遇到最远点（FEP）时公式为（7-44），遇到动态鞍点（DSP）时公式为（7-45）。

$$\eta = \frac{A_{\text{dec. pot}}}{A_{\text{inc}} + A_{\text{dec. pot}}} \times 100\% \qquad (7-44)$$

$$\eta = \frac{A_{\text{dec}} - A_{\text{inc}}}{A_{\text{inc}}} \times 100\% \qquad (7-45)$$

式中：A_{inc} 为当前摆的动能增加面积，A_{dec} 为当前摆的动能减小面积，$A_{\text{dec, pot}}$ 为稳定摆次的虚拟减速面积。将各摆稳定裕度取最小值得到该分群模式下的轨迹稳定裕度；对所有候选分群下轨迹稳定裕度取最小值，就可得到原高维系统稳定裕度。

7.4.2　EEAC 的稳定裕度的特点

EEAC 理论通过其扩展相平面进行量化分析，即是求取每摆稳定裕度。其稳定裕度的定义满足下列要求。

（1）严格反映系统稳定的充要条件。通过稳定裕度的符号反映系统是否稳定。临界稳定裕度对应于稳定裕度 0^+（或 0^-）的条件。

（2）唯一性。虽然非线性方程具有多解的本质，但在搜索稳定裕度取零值时，其解不应该随搜索策略和步长等数值计算参数的微小变化而收敛到不同的结果。

（3）随系统的稳定程度单调变化。稳定裕度应该反映动态条件与临界条件之间的距离，即可按稳定裕度从小到大的次序来排列不同算例的严重性。如果某参数的正向摄动使稳定裕度减小，那就表明参数的增加不利于系统稳定，绝不能由于稳定裕度的非单调性而得到相反的结论。

（4）可观性。将电力系统各种元件的模型、参数、非线性、非自治性和扰动的映象完整地反映在受扰轨迹上。但在实际仿真计算中，由于受到各种条件的限制，无法全部获取整个扰动过程中的细节，这就需要稳定裕度值能由广义位置变量的受扰轨迹来唯一确定，稳定裕度所在的评估空间中的信息可以反映原轨迹的全部信息。

（5）可控性。通过对系统参数的控制来改变受扰轨迹，改变系统的稳定裕度。

（6）随系统参数连续地变化。用灵敏度技术求取参数极限时，必须保证稳定裕度的不间断性。需要强调的是：不要求稳定裕度随系统的参数单调的变化。

（7）随系统参数尽量光滑地变化。从理论上说，灵敏度技术要求稳定裕度对于对象参数具有可微性。

（8）清晰的物理意义及明确的数学表达式。一个未经严格推导，具有许多经验因素的量化指标难以可靠地反映如此复杂的问题。清晰的物理意义和明确的数学表达式不但有利于问题的快速求解，并且对于揭示问题机理和支持控制决策都是十分有效的。

7.4.3　EEAC 理论揭示的物理意义

EEAC 理论认为，失稳的轨迹一定经过动态鞍点 DSP，因此可取该点的动能加上负号作为稳定裕度，其值为非正数；稳定的轨迹一定经过 FEP，其值为正数，若假定映象轨迹在 FEP 后具有理想的自治性，可得到注入自治系统的潜在动能减少面积。

EEAC 将失稳轨迹的轨迹模式称为失稳模式 UM：$\{S_u，N_u\}$，其中 S_u 是失稳轨迹的主导群，由于只有失稳的那一摆的稳定裕度为负数，故 N_u 为映象轨迹在失稳前改变摆动方向的次数。如果是稳定的多机受扰轨迹，称该轨迹模式为稳定模式 SM：$\{S_t，N_t\}$，其中 S_t 是稳定轨迹的主导群，而 N_t 是稳定裕度最小的那个摆次。

当研究多刚体受扰运动的轨迹稳定性时，需要在其全部映象摆次的轨迹稳定裕度之中按最小准则来定义最危险的映象和最危险的摆次。最危险的映象摆次即最早到达动态鞍点（DSP）的映象摆次为轨迹主导模式或简称为轨迹模式（TM），并记为 TM：$\{$主导群，主导摆次$\}$。其中主导群 S_t 是最容易失稳的映象（主导映象）上的领先群，而主导摆次 N_t 是主导映象中所有映象摆次中，轨迹稳定裕度最小者。TM 反映受扰轨迹最容易失稳的方式和时间段，每组多刚体受扰轨迹中有且仅有 1 个主导映象和 1 个 TM。

7.5　发电机无功功率对暂态功角稳定性的影响分析——基于等面积法则证明

电力系统的预防控制是在系统发生故障前采取的措施，一般通过调节网络参数、控制变量，使系统从预想事故的不稳定调整至稳定。暂态功角稳定的预防控制措施一般是通过调节系统潮流，减少不稳定机组的有功出力，或者是通过压负荷的方法以保证系统稳定，此种预防控制被广泛运用在电力系统的稳定运行计算中。事实上人们在研究暂态功角稳定时，也主要通过各种措施调节有功功率来满足系统的功角稳定要求。在发电机无功出力方面，人们更多的侧重是研究发电机无功功率对电力系统电压稳定性的影响。相对而言，人们对无功功率影响系统功角稳定性的研究较少。若能满足系统经济运行的条件和发电机的运行限制，可不调节机组的有功功率，而仅通过调节机组的无功功率来满足系统的暂态功角稳定性，这一方面可以充分发掘发电商的潜力，另一方面也为电力系统提供了一种灵活的运行方式。

7.5.1　增加无功功率对提高电力系统暂态稳定性和输电能力的机理

为了分析当发电机的有功出力不增加而只增加发电机的无功时对系统暂态功角稳定性和输电能力的提高，假定无穷大系统的母线电压保持不变，这样可以得出改变无功功率前后的发电机电势矢量图，如图 7-3、图 7-4 所示。初始状态的发电机各种矢量均用下标 1 表示，而增加发电机无功出力后的发电机各种矢量均用下标 2 表示。

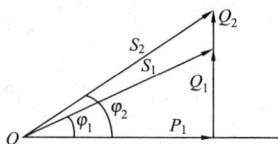

图 7-3　功率矢量图

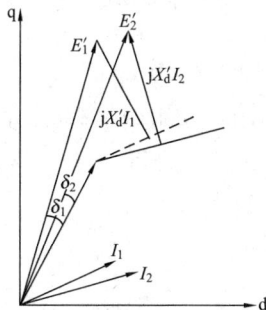

图 7-4　发电机电势 E 矢量图

由图 7-3 和图 7-4 可知：由于发电机注入（发出）无功功率的增大，发电机的电动势增大，同时发电机的功角将由 δ_1 减小到 δ_2，这主要是保证发电机的有功功率不变的缘故。发电机的有功出力可用式（7-46）表达

$$P = \frac{E'U}{X_\Sigma}\sin\delta \tag{7-46}$$

当有功功率不变，而改变有功功率后的有功功率可表示为

$$P_1 = \frac{E_1'U}{X_{1\Sigma}}\sin\delta_1 = P_2 = \frac{E_2'U}{X_{1\Sigma}}\sin\delta_2 \tag{7-47}$$

由式（7-47）可见，随着发电机无功功率的增加，发电机的电势增加后，为了保持有功的不变，其初始功角将减小。

当发生事故时，有功表达式可用式（7-48）表达

$$P_{\text{II}1} = \frac{E_1'U}{X_{2\Sigma}}\sin\delta_1 = P_{\text{II}2} = \frac{E_2'U}{X_{2\Sigma}}\sin\delta_2 \tag{7-48}$$

当切除故障时，有功表达式可用式（7-49）表示

$$P_{\text{III}1} = \frac{E_1'U}{X_{3\Sigma}}\sin\delta_1 = P_{\text{III}2} = \frac{E_2'U}{X_{3\Sigma}}\sin\delta_2 \tag{7-49}$$

式中：$X_{2\Sigma}$ 为发生故障时对应的系统阻抗，$X_{3\Sigma}$ 为系统切除故障时对应的系统阻抗，显然 $X_{1\Sigma} < X_{3\Sigma} < X_{2\Sigma}$。

由式（7-47）~式（7-49）可见，虽然初始有功功率值一样，但初始工作点确实发生了变化，即增加无功功率后的 $P\text{-}\delta$ 曲线发生变化，故其构成的加速面积和减速面积发生变化，参见图 7-5 所示。

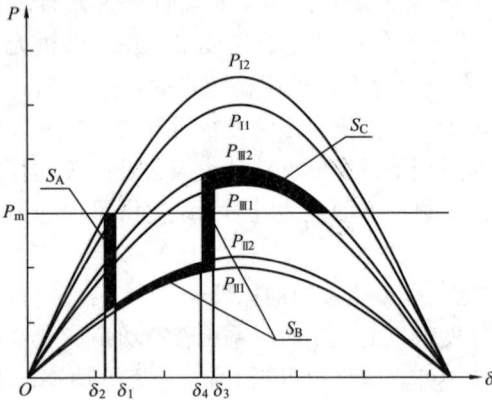

图 7-5 中 $P_{\text{I}1}$，$P_{\text{II}1}$，$P_{\text{III}1}$ 为系统初始状态的故障前、故障中和故障后的功角曲线；$P_{\text{I}2}$，$P_{\text{II}2}$，$P_{\text{III}2}$ 为增加无功功率后的故障前、故障中和故障后的功角线图；阴影面积 S_A 为不利于系统稳定的加速面积，阴影面积 S_B 为有助于系统稳定的面积。由图可见 $S_B > S_A$，因此有助于系统的功角稳定。当系统初始状态的有功功率不变的情况下增加无功功率，只要 $S_B > S_A$，则可认为其加速面积减

图 7-5 改变无功功率前后的 $P\text{-}\delta$ 曲线

小；同时减速面积增大（S_C），主要表现在故障切除后的功角曲线比初始的要高。这两方面的共同作用将原初始状态的功角不稳定变为功角稳定，因此这比在发生暂态功角稳定的进行强励的作用还要显著，这是因为强励只相当于增加 S_C，而没有增加 $S_B - S_A$ 的面积。下面分析 $S_B - S_A$

$$S_B - S_A = \int_{\delta_1}^{\delta_4}(P_{\text{II}2} - P_{\text{II}1})\mathrm{d}\delta + \int_{\delta_4}^{\delta_3}(P_{\text{III}2} - P_{\text{III}1})\mathrm{d}\delta - \int_{\delta_2}^{\delta_1}(P_\text{m} - P_{\text{II}2})\mathrm{d}\delta \tag{7-50}$$

其中，$\delta_3 = \omega t_\text{c} + \delta_1$，$t_\text{c}$ 为故障切除时间。

$$S_B - S_A = \frac{U(E_2' - E_1')}{X_{2\Sigma}}(\cos\delta_1 - \cos\delta_4)$$

$$+ \int_{\delta_2}^{\delta_1}\left[\frac{E_2'U}{X_{3\Sigma}}\sin(\omega t_\text{c} + \delta) - P_\text{m} + \frac{UE_2'}{X_{2\Sigma}}\sin\delta - \frac{UE_1'}{X_{2\Sigma}}\sin(\omega t_\text{c} + \delta)\right]\mathrm{d}\delta \tag{7-51}$$

式（7-51）中第一项 $\dfrac{U(E_2' - E_1')}{X_{2\Sigma}}(\cos\delta_1 - \cos\delta_4) > 0$，下面来分析第 2 项。

（1）若 $\dfrac{E'U}{X_{3\Sigma}}\sin(\omega t_{\mathrm{c}}+\delta)-P_{\mathrm{m}}>0$，即在功率恢复曲线在机械功率 P_{m} 之上时，此时一般为故障切除时间不是十分短。

1）$\dfrac{U}{X_{2\Sigma}}[E'_1\sin(\omega t_{\mathrm{c}}+\delta)-E'_2\sin\delta]>0$，增加有助于功角稳定的面积显著提高；

2）$\dfrac{U}{X_{2\Sigma}}[E'_1\sin(\omega t_{\mathrm{c}}+\delta)-E'_2\sin\delta]<0$ 时，只要 $\dfrac{E'_2 U}{X_{3\Sigma}}\sin(\omega t_{\mathrm{c}}+\delta)-P_{\mathrm{m}}>\dfrac{UE'_1}{X_{2\Sigma}}\sin(\omega t_{\mathrm{c}}+\delta)$ $-\dfrac{UE'_2}{X_{2\Sigma}}\sin\delta$，也增加了有助于系统功角稳定的面积，提高了系统的功角稳定裕度，但相比情况 a 来说，其提高的功角稳定裕度有所下降。

（2）若 $\dfrac{E'_2 U}{X_{3\Sigma}}\sin(\omega t_{\mathrm{c}}+\delta)-P_{\mathrm{m}}<0$，即功率恢复曲线在机械功率 P_{m} 之下时，其一般为故障切除时间极其短。此时 $\dfrac{E'_2 U}{X_{3\Sigma}}\sin(\omega t_{\mathrm{c}}+\delta)-P_{\mathrm{m}}+\dfrac{UE'_1}{X_{2\Sigma}}\sin(\omega t_{\mathrm{c}}+\delta)-\dfrac{UE'_2}{X_{2\Sigma}}\sin\delta<0$ 的可能性大大增大，$S_{\mathrm{B}}-S_{\mathrm{A}}$ 的值大大减小，其对功角稳定裕度的提高显著下降。

综上分析可知，增加发电机的无功出力对系统功角稳定的影响是伴随着故障切除时间的改变而改变，当在故障后的恢复曲线高于初始机械功率时，其对功角稳定的影响效果明显，并随着故障切除时间的延迟将逐渐增大（注意这是相对于紧急控制情况下强励的情况），而切除时间很短时，增加发电机无功的初始出力对系统的功角稳定影响并不大。

参考文献［14］指出发电机的端电压对系统的稳定影响较大，特别是故障近侧发电机的端电压，并认为故障前仅考虑发电机转子上的有功功率而不考虑发电机的端电压是片面的。事实上，这种现象很好解释：当系统处于正向失稳时，离故障近的机组将获得加速功率而失去同步处于领先群，在发电机有功出力不变的情况下提高领先群机组的机端电压，发电机的初始功角 δ 将减小，这样由上述的分析即可知这种措施提高了系统的暂态功角稳定性。因此在系统运行中，可在不违反系统经济运行的前提下通过合理调节发电机的无功功率来提高系统的暂态功角稳定性，为实际电网的运行提供灵活的运行方式（可以不必减少发电机组的有功功率或者切除负荷），具有重要的实践价值和指导意义。

7.5.2　算题

1. 单机无穷大系统仿真现象

为了分析简单起见，首先对 IEEE3 节点系统（单机无穷大系统）进行仿真，单机无穷大系统接线图如图 7-1 所示。节点 3 为无穷大系统母线，三相永久性故障发生在双回线 2-3 的一条上，并发生在 2 端。

当 1 号发电机发出的有功为 295MW、无功为 127.2Mvar 时，此时系统暂态功角不稳定，暂态功角不稳定裕度为 -11.37，其功角摇摆曲线和 P-δ 曲线如图 7-6、图 7-7 所示。

在图 7-6 中，上面的曲线为 1 号发电机的功角摇摆曲线，可见，在此种情况下系统发生失稳。由图 7-7 可见，由于加速面积远大于减速面积，系统发生暂态功角失稳。1 号发电机的有功出力不变，仅增加发电机的无功出力时，即当发电机的无功功率调整到 147Mvar 时，此时系统稳定，稳定裕度为 100%。其功角摇摆曲线和 P-δ 曲线如图 7-8、图 7-9 所示。

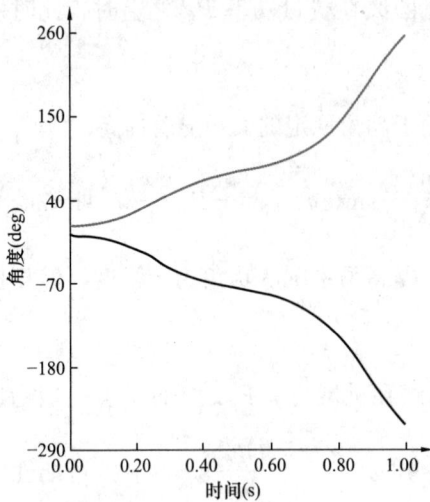

图 7-6　功角摇摆曲线（一）

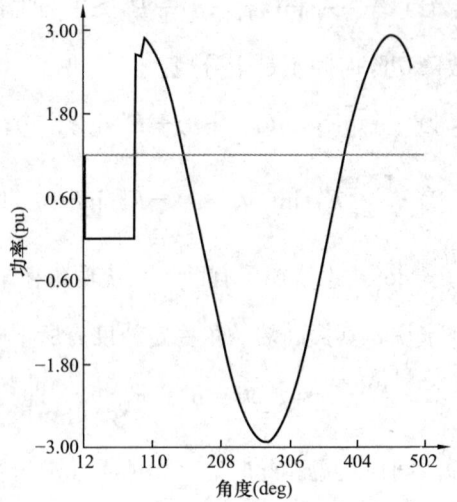

图 7-7　P-δ 曲线（一）

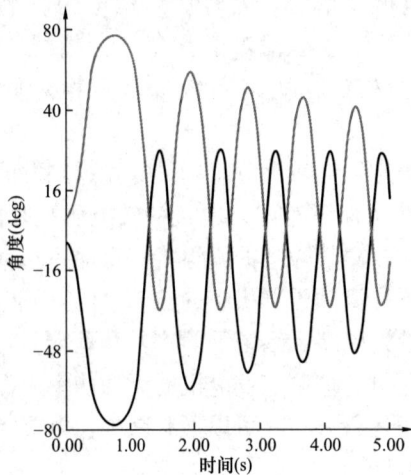

图 7-8　功角摇摆曲线（二）

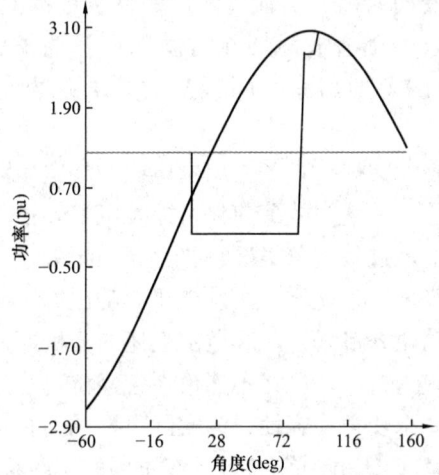

图 7-9　P-δ 曲线（二）

由图 7-8 的功角摇摆曲线和图 7-9 的 P-δ 曲线可见，在发电机有功出力不变的情况下，只增加发电机的无功出力时，系统的暂态功角稳定性将显著提高，由初始状态的不稳定改变为稳定。

2. 安徽电网的实例仿真

对安徽电网某高峰期进行实例仿真，当在淮北至五里营发生三相永久性故障，0.15s 切除故障时，其功角摇摆曲线和 P-δ 曲线如图 7-10 和图 7-11 所示。

在图 7-10 中，转子角飞出的机组功角曲线为宿东电厂机组功角摇摆曲线，可见此种情况下，系统发生失稳。此时宿东电厂无功出力为 39.7Mvar，功角不稳定裕度为－43.90。当调节宿东机组的无功出力，即调节到 54Mvar 时，其功角摇摆曲线和 P-δ 曲线如图 7-12 和图 7-13 所示。

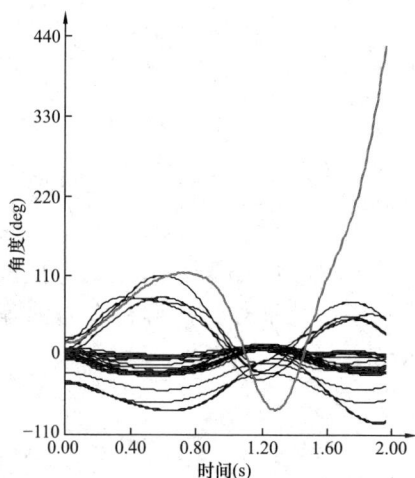

图 7 - 10　功角摇摆曲线（三）

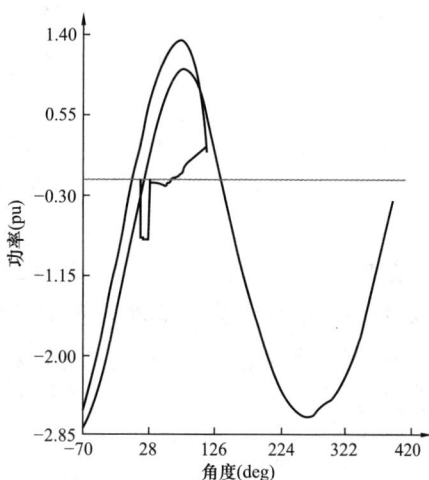

图 7 - 11　P-δ 曲线（三）

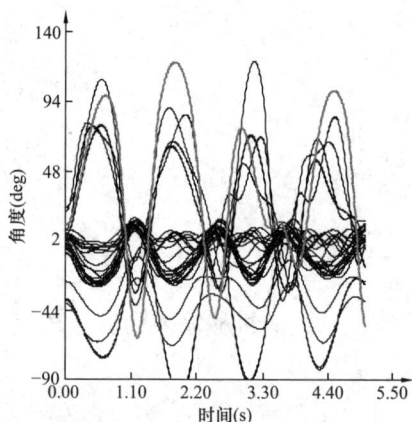

图 7 - 12　功角摇摆曲线（四）

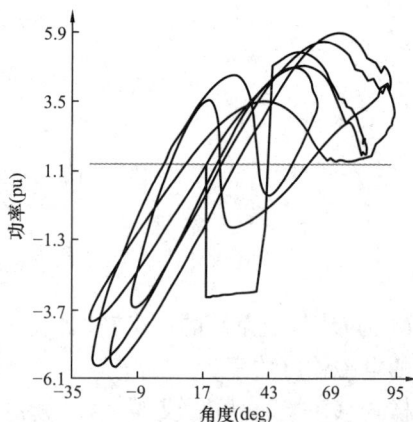

图 7 - 13　P-δ 曲线（四）

由图 7 - 12 的功角摇摆曲线和图 7 - 13 的 P-δ 曲线可见，在发电机有功出力不变的情况下，只增加发电机的无功出力时，系统的暂态功角稳定性将显著提高，由初始状态的不稳定改变为稳定。因此提高失稳机组的无功出力可改善系统的暂态功角稳定性。

7.6　发电机无功功率对暂态功角稳定性的影响分析——基于 EEAC 理论证明

7.6.1　EEAC 与等面积法则

EEAC 通过对多机空间中具有任意复杂模型和场景的动态方程进行全程积分，然后将角度轨迹通过 CCCOI - RM 变换逐点映射到一系列聚合单机平面上，形成时变 OMIB 系统的 P-δ 轨迹，该线性变换不仅完整地保持了多刚体运动空间的稳定信息，而且是一种保稳变换。对变换得到的一系列 OMIB 系统进行量化分析，再由最小值原则反聚合，得到原多机系统的稳定性量化指标。

EEAC 的主导映象可用一等值的两机系统来表示

$$M_s\ddot{\delta}_s = P_{ms} - P_{es} \tag{7-52}$$

$$M_a\ddot{\delta}_a = P_{ma} - P_{ea} \tag{7-53}$$

其中

$$M_s = \sum_{i \in S} M_i \tag{7-54}$$

$$M_a = \sum_{i \in A} M_i \tag{7-55}$$

式中：M_s 和 M_a 分别为 S 群和 A 群的转动惯量；P_{ms} 和 P_{ma} 分别为 S 群和 A 群的等值机械输入功率；P_{es} 和 P_{ea} 分别为 S 群和 A 群的等值电磁输出功率；δ_s 和 δ_a 为 S 群和 A 群的等值惯量中心的广义加速度；M_i 为系统中各台发电机的转动惯量。

定义

$$\delta = \delta_s - \delta_a \tag{7-56}$$

将式（7-52）和式（7-53）代入式（7-56），得

$$M\ddot{\delta} = P_m - P_e \tag{7-57}$$

其中

$$M = \frac{M_s M_a}{M_s + M_a} \tag{7-58}$$

$$P_m = \frac{M_a P_{ms} - M_s P_{ma}}{M_s + M_a} \tag{7-59}$$

$$P_e = \frac{M_a P_{es} - M_s P_{ea}}{M_s + M_a} \tag{7-60}$$

式中：M 为 R^1 等值系统的广义转动惯量；P_m 为 R^1 等值系统的机械输入功率；P_e 为 R^1 等值系统的电磁输出功率。

这样式（7-57）可写成

$$\ddot{\delta} = (P_{ms}/M_s - P_{ma}/M_a) - (P_{es}/M_s - P_{ea}/M_a) = P_m - P_e \tag{7-61}$$

由式（7-61）可见，暂态功角稳定问题可以用两群之间的机械功率和电磁功率表示。式（7-61）即为 EEAC 的主导映象轨迹表达式，其物理意义是系统的暂态稳定可以用一个时变的两机系统来表示，即认为系统的功角不稳定可理解为两群机组功角的相对摆开，即领先群机组和余下群机组。若将余下群机组构成的系统看作为无穷大系统，此时 $M_a \rightarrow \infty$，则式（7-61）可简化为

$$\ddot{\delta} = P_{ms}/M_s - P_{es}/M_s \tag{7-62}$$

再令领先群机组为单机或等值的单机，则

$$\ddot{\delta} = P_m/M - P_e/M \tag{7-63}$$

这和单机无穷大理论推导的表达式完全一样，可见 EEAC 理论包含了单机无穷大理论，但其对余下群机组提出的控制策略是单机无穷大系统所不能及的。

7.6.2 领先群机组无功出力对暂态功角稳定影响的机理分析

由 7.5 节可知，发电机在有功出力不变，仅增加无功出力的情况下，发电机内电势 E 增加，其初始功角将减小。若在领先群的机组增加无功出力时，该机组的 δ_i 减小，即该机

组的功角 δ_i 将减小到 δ_i'，这样领先群机组的等值惯量中心由

$$\delta_s = \sum_{i \in S} M_i \delta_i \Big/ \sum_{i \in S} M_i \tag{7-64}$$

改变至

$$\delta_s' = \sum_{i \in S} M_i \delta_i' \Big/ \sum_{i \in S} M_i \tag{7-65}$$

由式（7-65）可见，δ_s' 的减小程度不仅取决于该领先群机组无功出力的多少，而且取决于领先群机组的转动惯量，若等值转动惯量小，δ_s' 减小的大。

将两机系统等值为等值单机系统时，等值后的机械功率仍为

$$P_{\mathrm{m}} = \frac{M_a P_{ms} - M_s P_{ma}}{M_s + M_a} \tag{7-66}$$

电磁功率仍为

$$P_{\mathrm{e}} = \frac{M_a P_{es} - M_s P_{ea}}{M_s + M_a} \tag{7-67}$$

等值单机系统的主导映象为

$$M\ddot{\delta}' = P_{\mathrm{m}} - P_{\mathrm{e}} \tag{7-68}$$

系统的首摆功角稳定裕度公式为

$$\eta = \int_{\delta}^{\delta_{\mathrm{dsp}}} (P_{\mathrm{e}} - P_{\mathrm{m}}) \mathrm{d}\delta \tag{7-69}$$

由式（7-65）可见，由于领先群 δ_s' 的减小，系统的等值初始功角 δ 将减小到 δ'，则式（7-69）可写为

$$\eta = \int_{\delta'}^{\delta_{\mathrm{dsp}}} (P_{\mathrm{e}} - P_{\mathrm{m}}) \mathrm{d}\delta \tag{7-70}$$

由式（7-69）可见，由于初始功角减小，系统的功角稳定裕度提高，因此系统的暂态功角稳定性提高。

7.6.3 领先群机组机端电压水平对暂态功角稳定性影响的机理分析

在机组有功出力保持不变的情况下，提高领先群机组机端电压水平前后的表达式如下所示。

$$P_1 = \frac{E_1 U_1}{X_{1\Sigma}} \sin\delta_1 \quad P_2 = \frac{E_2 U_2}{X_{1\Sigma}} \sin\delta_2 \tag{7-71}$$

式中：P_1，P_2 分别表示改变机组机端电压前后的发电机有功功率；$X_{1\Sigma}$ 为对应的系统阻抗；E_1 和 U_1 分别表示的发电机内电势和电压；E_2 和 U_2 分别表示改变机组机端电压后的发电机内电势和电压。

由于机端电压的增加，机端内电势也将增大，同时为了保证发电机有功功率保持不变，发电机的功角将由 δ_1 减小到 δ_2，则由式（7-65）可见，等效的领先群机组初始功角 δ_s 将减小到 δ_s'，因此证明同前 7.6.2 小节。

由此可见，在发电机有功出力不变的情况下，无论是增加领先群机组无功出力还是提高领先群发电机机端电压水平，均能提高电力系统的暂态功角稳定性，其对暂态功角稳定的影响均是通过发电机的初始功角的改变实现的；此外由于故障近侧发电机通常属于

领先群，因此提高故障近端的发电机机端无功功率和电压水平，可以提高系统的暂态功角稳定水平。

7.6.4 余下群机组无功出力对暂态功角稳定性影响的机理分析

在余下群机组有功出力保持不变的情况下，增加余下群机组的无功出力，余下群机组的初始功角同样减小，这样余下群机组的等值惯量中心由

$$\delta_a = \sum_{i \in A} M_i \delta_i \Big/ \sum_{i \in A} M_i \tag{7-72}$$

改变至

$$\delta'_a = \sum_{i \in A} M_i \delta'_i \Big/ \sum_{i \in A} M_i \tag{7-73}$$

同样，由系统的首摆功角稳定裕度将由

$$\eta = \int_{\delta}^{\delta_{dsp}} (P_e - P_m) d\delta \tag{7-74}$$

改变至

$$\eta' = \int_{\delta'}^{\delta_{dsp}} (P_e - P_m) d\delta \tag{7-75}$$

由式（7-73）可见，由于余下群 δ'_a 的减小，系统等值初始功角 δ 增加至 δ'，因此由式（7-75）可见，系统的暂态功角稳定裕度将减小，系统的暂态稳定性将降低。

7.6.5 余下群机组机端电压对暂态功角稳定性影响的机理分析

增加余下群机组机端电压水平，同样余下群机组的功角将减小，等效的余下群机组初始功角由 δ_a 减小到 δ'_a，因此证明同 7.6.4 小节，不再详述。

7.6.6 算例

以安徽电网 2007 年某典型高峰方式为基准（以华东电网稳定计算文件为基础计算文件），濉溪变 220kV Ⅰ 母线三永故障，0.15s 切除故障，此时安徽电网失稳，其暂态功角稳定裕度为 −2.15，淮北电厂机组、淮北二厂机组、宿州电厂机组属于领先群机组，其 EEAC 仿真曲线如图 7-14 所示。

增加淮北电厂 1~8 号机组无功出力，由初始状态的 177Mvar 提高至 248Mvar，此时安徽电网暂态功角稳定，其 EEAC 仿真曲线如图 7-15 所示；增加余下群机组安庆电厂和马二厂机组的无功出力，此时系统不稳定趋于严重，结果如表 7-1 所示。

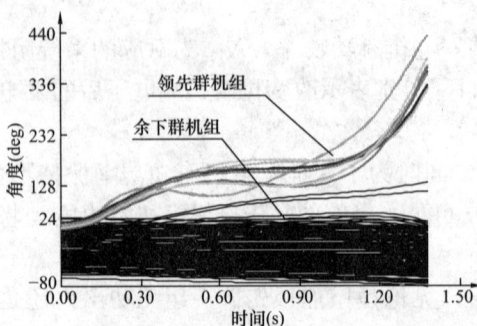

图 7-14 初始状态下的 EEAC 曲线

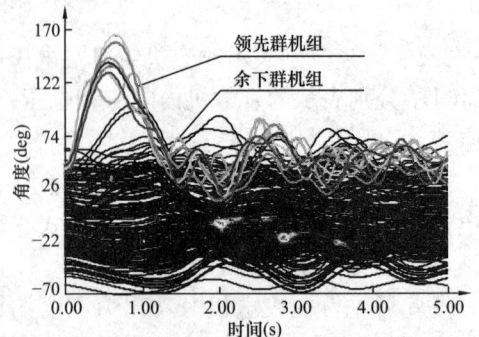

图 7-15 增加领先群机组无功出力的 EEAC 曲线

表 7 - 1   发电机无功出力改变后对系统暂态功角稳定的影响

发电机组		无功出力		暂态功角稳定裕度	
		初始（Mvar）	调整后（Mvar）	初始	调整后
S 群	淮北电厂机组 1～8 号	177	248	−2.15	8.46
A 群	安庆电厂机组 1～2 号	94	114	−2.15	−2.22
	马二厂机组 1～4 号	162	236		

同样提高淮北电厂 8 台机组的机端电压，由初始状态情况下的标幺值 0.96 提高至 0.97，此时暂态功角稳态裕度提高至 2.64，系统稳定；提高余下群机组安庆电厂和马二厂机组的机端电压水平，此时系统不稳定趋于严重，结果如表 7 - 2 所示。

表 7 - 2   发电机机端电压改变后的暂态功角稳定表

发电机组		机端电压（标幺值）		暂态功角稳定裕度	
		初始（Mvar）	调整后（Mvar）	初始	调整后
S 群	淮北电厂机组 1～8 号	0.96	0.97	−2.15	2.64
A 群	安庆电厂机组 1～2 号	0.96	0.97	−2.15	−2.21
	马二厂机组 1～4 号	0.96	0.97		

由于余下群机组众多，因此改变余下群机组无功出力和机端电压对暂态功角稳定性的影响没有领先群机组无功出力和机端电压对暂态功角稳定性的影响显著，这是因为余下群等值机组的转动惯量大。

由此可见，增加领先群机组无功出力和提高领先群机端电压水平有助于系统的暂态功角稳定性的提高，提高余下群机组无功出力和机端电压水平不利于系统的暂态功角稳定性。因此在电网实际运行过程中，可通过灵活地改变发电机组无功出力，提高电力系统暂态稳定性水平，为电力系统的运行和控制提供有效的手段。

7.7　无功补偿设备对暂态功角稳定性的影响分析

7.7.1　SVC 提高系统暂态稳定性

当系统遭受突然的大扰动时，SVC 可提高系统暂态功角稳定性和输电能力。SVC 对系统暂态稳定性的提高主要是通过 SVC 对所连母线的电压控制来实现的，其原理可通过对无补偿的 SMIB 系统与中点装设 SVC 补偿的 SMIB 系统的转子角曲线的对比来理解。

图 7 - 16 给出了无补偿系统与中点装设 SVC 的补偿系统。假设两个系统输送同样大的功率并在发电机端遭受同样的故障且故障切除时间相同，则两个系统的转子角曲线如图 7 - 17 所示。无补偿和有补偿系统的初始运行点分别用转子角 δ_1 和 δ_{c1} 来表示，这两个点是相应的转子角曲线与输入机械功率

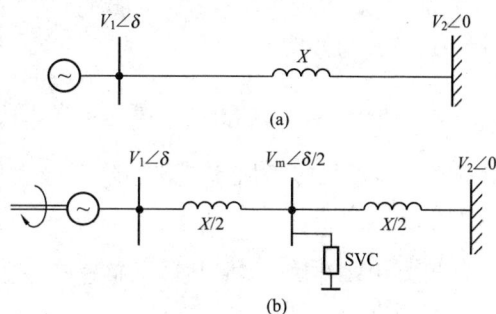

图 7 - 16　单机无穷大母线系统（SMIB）
（a）无补偿系统；（b）SVC 补偿的系统

线 P_M 交点，用机械功率线 P_M 在两个图中是相同的。

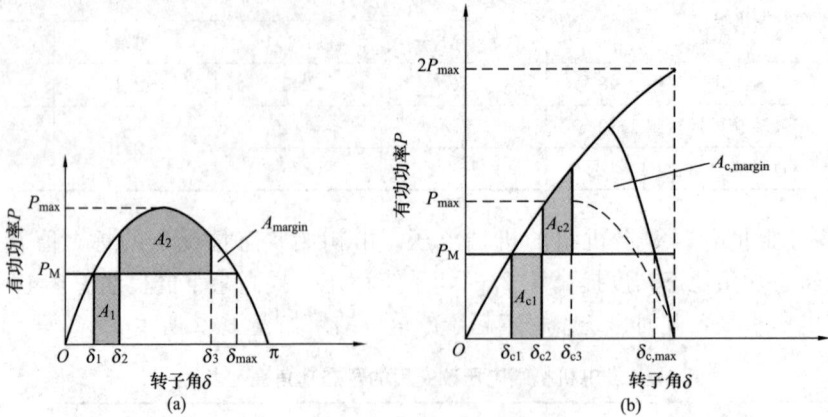

图 7 - 17　SMIB 系统中描述暂态稳定裕度的转子角曲线
(a) 无补偿系统；(b) SVC 补偿系统

当在发电机端发生三相接地短路故障时，尽管短路电流很大，但发电机的有功输出降低至零。由于输入的机械功率保持不变，因此发电机就开始加速直到故障被切除，此时，转子角已分别到达 δ_2 和 δ_{c2}，而两个系统中，积聚的加速能量分别为 A_1 和 A_{c1}。当故障被切除之后，电磁功率大于机械功率，发电机开始减速。但是，由于转子中存储的动能的作用，转子角继续增大直到 δ_3 和 δ_{c3}。只有当系统的减速能量（分别用 A_1 和 A_{c1} 表示）与加速能量 A_1 和 A_{c1} 相等时，转子角才开始减小。

如果故障后的转子角摆幅（用 δ_3 和 δ_{c3} 表示）不超出最大极限 δ_{max} 和 δ_{cmax}，系统可以恢复稳定运行。如果超出了最大极限，转子将不会减速。转子角的摆幅离最大极限越远，系统的暂态稳定性就越好。描述暂态稳定性的一个指标是可得到的减速能量，称为暂态稳定速度，本例中，分别用面积 $A_{cmargin}$ 和 A_{margin}，因此装设 SVC 后，系统的暂态稳定性得到了极大的提高。

7.7.2　TCSC 提高系统暂态稳定性

TCSC 可用以改善电力系统的暂态稳定性。TCSC 的有效性和其安装的位置密切相关。

对于含有可控串补的线路，其功角关系为

$$P = \frac{EU}{(1-K)X}\sin\delta \tag{7-76}$$

式中：$K = \dfrac{X_C}{X}$ 为补偿度；X_C 为容抗。

在系统发生短路故障时，送受端电压会降低，从 $P = \dfrac{EU}{X}\sin\delta$ 可知，由于电压降低使输送功率下降，发电机转子加速，若故障不能很快切除，使切除故障后的减速功率小于加速功率，发电机将失去稳定。

如果有串联补偿，切除故障后输送功率 $P = \dfrac{EU}{(1-K)X}\sin\delta$ 大于 $P = \dfrac{EU}{X}\sin\delta$ 输送的功率，在切除故障后瞬时加大补偿度，使输送功率成倍增加，减速能量更快聚积，在 δ 更小时达到平衡，进入减幅摇摆，渐趋平衡，系统并不需要长时间过大的输电功率。因此，可控串补在预计将达到稳定化的目的后迅速减小补偿度，也就是使等值容抗下降，回到正常运行的补偿水平。

TCSC 提高系统暂态功角稳定性的原理示意图如图 7-18 所示。

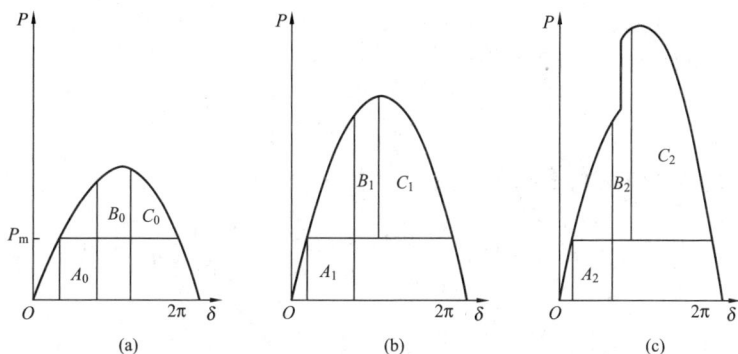

图 7-18   不同补偿方式的暂态稳定功角示意图
(a) 无串补；(b) 有固定串补；(c) 有可控串补

图 7-18 中，P_m 表示故障前的输送功率；A_0，A_1，A_2 表示加速能量（下标 0，1，2 分别表示没有串补、有固定串补和有可控串补的情况，下同）；B_0，B_1，B_2 表示故障切除后的减速面积；C_0，C_1，C_2 表示稳定裕度。由图 7-18 可见，可控串补的稳定裕度明显大于固定串补和无串补的稳定裕度。图 7-18 是定性讨论，事实上暂态过程中，原动机的功率输入会逐渐下降，而负荷平衡更有大幅度的变化，但本质上可控串补对暂态稳定的作用是明显的。

7.7.3   SSSC 提高系统暂态稳定性

SSSC 是基于可关断器件的新型串联补偿装置。SSSC 注入电压大小不受线路电流或系统阻抗影响，其注入可控电压与线路电抗压降相位相反（容性补偿方式）或相同（感性补偿方式），可以起到类似串联电容或串联电感的作用。容性补偿时，在保持相同输送功率前提下，减小输电线路两端的压降和相角差，可提高系统的输送能力和稳定裕度。

SSSC 注入电压对线路有功功率及无功功率有明显的控制作用，使功角特性曲线提高，有功功率最大值发生偏移，在相同功角差情况下提高了线路功率；或者在较小功角差的情况下保持相同的线路输送功率。暂态情况下，SSSC 注入电压的暂态控制和瞬间响应可以向系统提供阻尼力矩，改善系统稳定性。

图 7-19 为安装 SSSC 装置的系统等效电路图，图中同时给出了整个系统的相量图。

由图 7-19 可知，若将 SSSC 装置等效为可控的电压源，则

$$\dot{U}_q = -\mathrm{j}K\dot{I} \qquad (7-77)$$

由式（7-77）可见，SSSC 装置等效为一个可控的电抗，K 为正时，SSSC 装置相当于电容；K 为负时，SSSC 装置相当于电感。

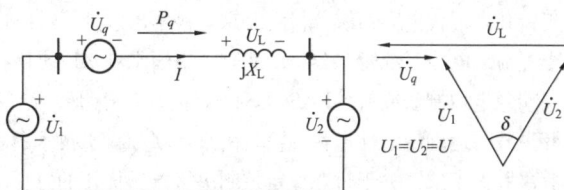

图 7-19   中间串联接入 SSSC 装置的双端（发端与受端）系统的等效电路及相量图

线路上的电抗压降为

$$\dot{U}_L = -jX_L \dot{I} \tag{7-78}$$

令

$$\dot{U}_2 = 0, \quad \dot{U}_1 = U\angle\delta \tag{7-79}$$

根据图 7-19 的相量图，可以得到

$$U_L = U_q + 2U\sin\frac{\delta}{2} \tag{7-80}$$

这样可以得到线路输送的有功功率为

$$P_q = \frac{U^2}{X_L - K}\sin\delta = \frac{U^2}{X_L - \dfrac{U_q}{I}}\sin\delta = \frac{U^2}{X_L\left(1 - \dfrac{U_q}{U_L}\right)}\sin\delta$$

$$= \frac{U^2}{X_L}\sin\delta + \frac{U}{X_L}U_q\cos\frac{\delta}{2} \tag{7-81}$$

令 $U_q = 0$ 时，系统侧电压有效值为电压基值，系统由送端输送到受端的有功功率最大值为功率基值，即有

$$S_B = P_B = \frac{U^2}{X_L} \tag{7-82}$$

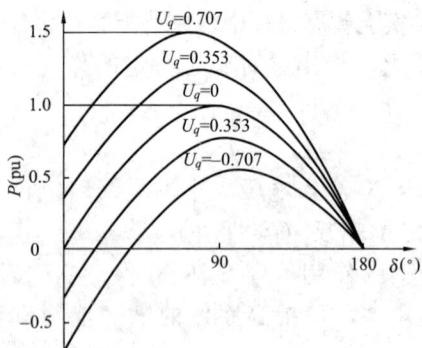

图 7-20　接 SSSC 装置的双端系统的功角特性曲线

这样可以绘制串联接入 SSSC 装置的双端系统在补偿电压 U_q 取不同标幺值时的功角特性曲线，如图 7-20 所示。

由图 7-20 可以看到，当 $U_q > 0$ 时，功角特性比没有 SSSC 装置时的功角特性上升了，这表明通过 SSSC 装置的正向调解可以提高线路输送功率的能力。这种情况下，在暂态过程中，使加速面积减小、减速面积增加，从而提高了系统的暂态功角稳定性。反之，若 $U_q < 0$ 时，功角特性比没有 SSSC 装置时的功角特性下降了，这表明通过 SSSC 装置的反向调解降低了线路输送功率的能力。这种情况下，在暂态过程中，使加速面积增大、减速面积减小，从而系统的暂态功角稳定性降低。

参考文献

1　王锡凡. 现代电力系统分析. 北京：科学出版社，2003，3.

2　李光琦. 电力系统暂态分析. 北京：中国水利水电出版社，2002.

3　南瑞稳定控制研究所. FASTEST 软件包用户手册. 南京：南瑞稳定控制研究所，2005.

4　薛禹胜. 运动稳定性量化理论. 南京：江苏科学技术出版社，1999.

5　薛禹胜，李威. 关于暂态稳定控制决策方法优化的思考. 电力系统自动化，2003.27（10）：15-20.

6　王正风，吴迪. 无功调控对暂态功角稳定性的影响. 电力自动化设备，2007，27（6）：63-65.

7　谢小荣，姜齐荣. 柔性交流交流输电系统的原理与应用. 北京：清华大学出版社，2006.

8　Prabha Kundur. Power System Stability and Control. 北京：中国电力出版社，2002.

9　倪以信，陈寿孙，张宝霖. 动态电力系统的理论和分析. 北京：清华大学出版社，2002.

10　王正风，胡晓飞. 发电机无功功率与电力系统稳定运行. 东北电力技术，2008（29）：15 - 18.

11　A E Efthymiadis，Y H Guo. Generator Reactive Limits and Voltage Stability. Power System Control and Management，April 1996，196 - 198.

12　王正风，黄太贵. 发电机无功功率与机端电压对系统暂态功角稳定性的影响分析. 电网与清洁能源，2009，v25.

13　R. Mohan Mathur，Rajiv K. Varma. 基于晶闸管的柔性交流输电控制装置. 徐政译. 北京：机械工业出版社，2005.

14　孙元章，杨新林. 电力系统动态灵敏度计算的伴随方程方法. 电力系统自动化，2003，27（3）：6 - 12.

15　王正风. 电力系统稳定分析的若干问题研究. 东南大学，2006.

16　韩祯祥. 电力系统稳定. 北京：中国电力出版社，1995.

17　洪佩孙. 关于电力系统稳定. 江苏电机工程，2002（21）1：44 - 47.

18　倪以信，陈寿孙，张宝霖. 动态电力系统的理论和分析. 北京：清华大学出版社，2002.

19　夏道止. 电力系统分析. 北京：中国电力出版社，1998.

无功功率与动态电压稳定性

8.1　概述

由第 5 章分析可知，电力系统的静态电压稳定分析方法都是建立在潮流基础上的，用潮流平衡点的存在与否来判断电力系统是否电压稳定。但系统在扰动后是否能过渡到这个平衡点，则与系统中各元件的动态特性以及电力网络的结构和参数紧密相关。从本质上说，电压不稳定的发生过程是一个动态过程，与发电机的特性、励磁系统的特性、有载变压器的特性、负荷的特性以及无功补偿设备的动态特性密切相关；同时，从目前国内外发生的电压不稳定事件来说，电压不稳定是随着时间逐渐发生的，发生电压崩溃需要一段时间。因此静态电压稳定已不能满足工程实践要求，必须深入地研究电压不稳定发生的缘由、机理及变化过程，这就需要用动态的研究方法去考虑电力系统各种元件的动作特性来分析电压稳定性。

动态电压稳定可用一组微分方程、差分方程和代数方程组（Difference-Differential-Algebraic Equations，DDAE）来描述，即考虑了系统的动态特性，如发电机、励磁系统、有载调压变压器、各种负荷等元件的动态特性。动态电压稳定根据扰动的大小分为小扰动稳定和大扰动稳定；根据响应时间的长短，分为暂态稳定、中期稳定和长期稳定。

1. 小扰动稳定分析

小扰动电压稳定分析方法是基于系统的微分-代数方程

$$\begin{cases} \dot{x} = f(x, y, u) \\ 0 = g(x, y, u) \end{cases} \tag{8-1}$$

将式（8-1）在运行点处线性化，得

$$\begin{bmatrix} \Delta \dot{x} \\ 0 \end{bmatrix} = \begin{bmatrix} \boldsymbol{A} & \boldsymbol{B} \\ \boldsymbol{C} & \boldsymbol{D} \end{bmatrix} \begin{bmatrix} \Delta x \\ \Delta y \end{bmatrix} \tag{8-2}$$

消去代数变量 Δy，得到系统状态代数方程系数矩阵

$$\boldsymbol{H}_x = \boldsymbol{A} - \boldsymbol{B} \boldsymbol{D}^{-1} \boldsymbol{C} \tag{8-3}$$

可以通过研究系统的状态方程系数 $\boldsymbol{H}_x$ 的特征值来判断系统的电压稳定性。小扰动分析是严格意义上的 Lyapunov 稳定分析。由于电力系统中各种动态元件的时间常数或动作整定时间大小不同，且动态元件对不同分析对象的电气距离也应不同，因此各种动态元件对电压稳定的影响也不同。故针对不同扰动，如何建立快速精确的小扰动电压稳定分析模型和如何简化计算系统的线性化状态方程系数矩阵的全部特征值是小扰动电压稳定研究的重点。参考

文献［2］提出利用 *S* 矩阵计算来分析大型电力系统的小扰动电压稳定性。参考文献［3］提出利用重新因子化的双迭代法来计算分析电力系统的小扰动电压稳定性。参考文献［4］通过比较两种雅克比矩阵行列式符号判断电压小扰动稳定。

此外，采用非线性动力学方法的分叉理论对小扰动电压稳定进行研究也取得了一定的研究成果。

影响系统动态特性的元件较多，难以用一个完整的特征矩阵来表示，故用特征矩阵来分析系统电压稳定存在一定的不足。

2. 大扰动电压稳定

电力系统始终处于发电和用电的动态平衡，当系统遭受大扰动时就必须采用时域仿真法对电压稳定性进行研究。时域仿真法采用数值积分，得到电压及一些变量的时间响应曲线。该方法具有较高的建模精度和分析结果，并且其分析结果具有较高的可解释性，可以清晰地发现导致电压失稳或电压崩溃的时间序列，从而为找到正确的控制措施提供依据。

(1) 暂态电压稳定。

暂态电压稳定的物理意义是系统是否有能力抑制因各种扰动而出现的各种电压偏移，维持系统的负荷电压水平。暂态电压稳定涉及一些快速元件的动作响应，如同步发电机及其自动电压调节器 AVR 的响应、调速器的响应、高压直流元件和静态无功补偿 SVC 等相关元件的响应等。参考文献［11，12］提出了电压安全性包括暂态电压稳定极限和暂态电压跌落可接受性，并将两者构成统一的框架，使计算量大大减小。目前《电力系统安全稳定导则》采用的暂态电压失稳判据是母线电压下降，平均值持续低于限定值，与参考文献［11，12］提出的暂态电压跌落可接受性判据标准基本相同。

在本章中采用参考文献［11，12］的暂态电压安全的概念来评估电力系统暂态电压稳定性。暂态电压安全性包括暂态电压稳定和暂态电压跌落可接受性，并分别用暂态电压稳定裕度和暂态电压跌落可接受裕度来表示。

(2) 中长期电压稳定。

暂态电压稳定（安全）是反映几秒内的电压稳定性。电压失稳的过程可能持续很长时间时，因此必须进行中长期的电压稳定研究。中长期电力系统动态仿真可用来研究电压崩溃发生和发展的机理，检验静态分析结果的正确性，从中长期电压稳定仿真结果可以看到很多的系统动态特性。在中长期电压稳定分析时考虑了一些响应慢的动态元件的动作特性，如有载调压变压器分接头的持续动作、发电机励磁限制、负荷的恢复特性、AGC、SVC、继电保护、自动重合闸以及各种预防校正控制的动作等因素。

由于电压稳定通常是一个缓慢的过程，因此电压稳定不同于暂态功角稳定，故若采用数值积分法，需要大量的机时；同时电力系统的模型通常是"刚性"的，考虑到分步积分法数值稳定性和迭代收敛性方面的要求，其步长不能太大，又增加了计算机时；积分步长选择的不合理，分步积分的累积误差也会使结果不可靠。这些问题通常都会影响中长期电压稳定的仿真结果。此外，在中长期电压稳定仿真计算中，调度员的操作、各种元件在长期过程中的动作特性都存在不确定性，因此中长期电压稳定的机理及发展应用还需继续研究。

目前，利用时域仿真进行中长期电压稳定分析一般都基于"准稳态"假设，采用较大积分步长求解中长期电压问题以解决电压动态微分方程的"刚性"。参考文献［13～16］都是围绕改进计算步长、提高收敛性和精确性展开研究的。

在中长期电压稳定仿真过程中结合一些静态电压稳定分析方法也是一些研究的出发点。如参考文献［17］将模式分析法和中长期电压稳定仿真相结合。参考文献［18］将特征分析法和中长期电压稳定分析相结合，分析了系统的中长期电压稳定性。参考文献［19］在此基础上，考虑了原动机和调速器的效应来判断系统的中长期电压稳定性。参考文献［20］运用了中长期电压稳定仿真软件对美国西部电力系统进行了仿真，指出以 V-Q 曲线为代表的静态电压稳定分析法存在着不足，必须采用时域仿真方法进行校核。

8.2 电力系统暂态电压稳定的时域仿真

由于电力系统的动态电压稳定本质上是一个动态过程，因此可以采用一组微分——代数方程组来描述，故而可采用时域仿真分析方法。时域仿真分析方法具有如下优点：具有较高的建模精度和分析结果；除可用来研究静态电压稳定分析中的鞍节点分岔失去电压稳定的机理外，还可以用来研究其他失稳机理，如目前 BPA 软件、FASTEST 软件等暂态电压稳定和暂态功角稳定都是采用同一套积分程序；分析结果具有较高的可解释性，可以清晰地发现导致电压失稳或崩溃的时间序列，并可能得到一些有效的校正措施。

电力系统电压稳定的动态过程一般采用一组多时标的代数——微分、连续——离散方程来描述，其方程组可用下述一组方程表示

$$\dot{x} = f(x, y, z_c, z_d) \tag{8-4}$$

$$0 = g(x, y, z_c, z_d) \tag{8-5}$$

$$\dot{z}_c = h_c(x, y, z_c, z_d) \tag{8-6}$$

$$z_d(k+1) = h_d[x, y, z_c, z_d(k)] \tag{8-7}$$

暂态电压稳定时域仿真采用的是方程（8-4）和方程（8-5），将变量 z_c 和 z_d 处理为常量；而中期电压稳定采用的是方程（8-4）～方程（8-7）。

若忽略系统的快过程，将描述系统快过程的方程（8-4）用代数方程式（8-8）来代替，就变成了求解中长期电压稳定的常用准稳态方法，即 QSS（Quasi Steady State）方法。

$$0 = f(x, y, z_c, z_d) \tag{8-8}$$

不同于暂态功角稳定采用固定步长进行计算仿真，动态电压的稳定仿真由于既包括了暂态电压稳定仿真，也包含了中长期时域仿真，因此不能采用固定步长进行仿真。这是因为暂态电压稳定仿真时，可以采用如同暂态功角稳定计算的步长，如 10ms；但若在中长期电压稳定仿真时，由于其时间跨度通常在 10min 以上，这就至少需要仿真 60 000 步，会耗费大量的机时。这就需要"准稳态"假设，即采用 QSS 方法中的近似模型来进行计算仿真，此时可以采用较大的计算步长，如 1～10s。

描述暂态电压稳定性问题的数学模型和描述中长期电压稳定性问题的 QSS 近似模型均为一组微分/差分——代数方程组，包括描述系统元件动态特性的微分/差分方程组和描述平衡约束的代数方程组两部分。故在动态电压稳定仿真计算时，需要处理两者之间的交接问

题。常用的方法是分割求解法和联立求解法。

分割求解法是对微分方程组和代数方程组分别进行求解。对微分方程进行数值积分求得状态变量，在求解过程中，代数变量当作已知量；求解代数方程获得代数变量，将状态变量作为已知量。由于采用分割求解法进行求解，微分方程和代数方程可以各自采用合适的算法，因此具有一定的灵活性。但由于在每一段时间对微分方程的求解过程中认为代数量恒定，故代数微分方程的求解存在一定的交接误差，为此通常采用迭代法求解以消除误差，因此计算量较大。

联立求解法通常采用积分公式将微分方程化为差分方程，然后采用牛顿-拉夫逊法对差分方程和代数方程联立求解。联立求解法在求解过程中对微分方程和代数方程以相同频率求解，没有交接误差。由于电力系统暂态电压稳定仿真模型可能为刚性，故一般求解刚性的微分方程数值方法采用隐式梯形法。

近些年出现了中长期电压稳定和暂态稳定的复合仿真分析方法。复合仿真的一种途径是采用变步长、变阶的数值积分方法，它根据暂态过程中和暂态基本平息后系统的动态特性，自动调整积分步长或采用不同的积分步长提高计算效率。

中长期的电压稳定和暂态电压稳定的机理还需要进一步研究，本章主要介绍到目前为止的研究成果。

8.3　电力系统暂态电压稳定

如 8.1 节所述，电力系统暂态电压稳定为电网经受大扰动后几秒以内的电压变化情况。CIGRE 在工作文献中指出，暂态电压不稳定的主要机理是在扰动后感应电动机不能再加速，或者由于输电系统变弱而引起感应电动机堵转；另一个机理与高压直流输电相关，特别是当逆变端处于短路容量小的负荷区域时，逆变端的无功消耗特性及其电容无功补偿可能引起暂态电压不稳定。

目前，感应电动机和暂态电压跌落是国内外暂态电压稳定研究的主要内容。高压直流输电作为影响暂态电压稳定性的另一个主要原因，也取得了一些研究成果，比如有些文章探讨了 HVDC 的落点位于弱交流系统时对交流系统的影响。在本节主要介绍参考文献［11，12］对暂态电压安全的研究成果，根据参考文献［11，12］的研究成果，认为暂态电压安全包含暂态电压稳定和暂态电压跌落可接受性。

暂态电压稳定采用的方法仍然是数值积分法，其基本原理同 8.2 节所述。

8.3.1　暂态电压稳定

由于感应电动机在电力系统负荷中占有很大份额，因此用感应电动机模型作为负荷动态模型具有代表性，并采用感应电动机得出的暂态电压稳定判据作为电力系统暂态电压稳定的判据。

暂态过程中，发电机转子角的相互摇摆强迫各节点的电压值做周期的摆动。在此期间，电压值越高，感应电动机的加速度越大，因此可通过观察感应电动机节点电压达到极值时感应电动机的运动特性来判断其稳定性。如果感应电动机在其节点电压达到最小值时仍然加速，则认为滑差在这以后将继续减小，此时感应电动机将保持稳定；如果感应电动机在其节点电压达到最大值时仍然减速，则认为滑差在这以后将继续增大，此时感应电动机将失去稳定。

感应电动机的电磁功率和机械功率的差值不仅决定了它是否加速，而且给出了滑差导数的负值（$-\mathrm{d}S/\mathrm{d}t$）。利用上面所提出的判据来终止积分，把该时刻 $-\mathrm{d}S/\mathrm{d}t$ 的值对机械功率的比值定义为暂态电压稳定的裕度。

$$\eta_{vs} = -\frac{H}{M_m}\frac{\mathrm{d}S}{\mathrm{d}t} \times 100\% \tag{8-9}$$

式中：H，S 分别为感应电动机的惯性时间常数和转差；M_m 为感应电动机的机械功率；当 η_{vs} 为正表示感应电动机暂态电压稳定。

8.3.2 暂态电压跌落

暂态电压可接受性问题可以用一组二元表 $[(V_{cr.1}, T_{cr.1}), \cdots, (V_{cr.i}, T_{cr.i})]$ 来表示。若对于所有节点 i，节点电压低于 $V_{cr.i}$ 的时间都小于 $T_{cr.i}$，则认为电压跌落是安全的，如图 8-1 所示；若节点 i 的电压最小值 $V_{min.i} < V_{cr.i}$，并且 $V_{min.i} \leqslant V_{cr.i}$ 的持续时间为 T_i，把 $T_{cr.i} - T_i$ 作为可接受裕度；若 $V_{min.i} > V_{cr.i}$，把 $V_{min.i} - V_{cr.i}$ 作为暂态电压可接受裕度。

为了统一这两种可接受裕度的量纲，改善裕度-参数曲线的线性度和光滑性，用折算因子 k 把临界电压偏移持续时间换算成电压的折算因子 $\Delta V_{cr.i}$，即以

$$V'_{cr.i} = V_{cr.i} - kT_{cr.i} \tag{8-10}$$

作为新的暂态电压的门限值。

折算因子 k 是根据曲线的形状进行拟合计算所得，并且是变化的数值。若曲线陡，则 k 值大；曲线缓，则 k 值小，如图 8-2 所示。

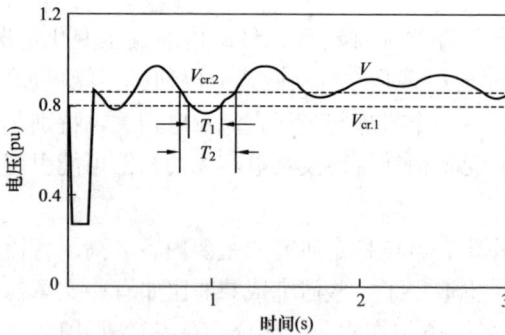

图 8-1 暂态电压跌落示意图

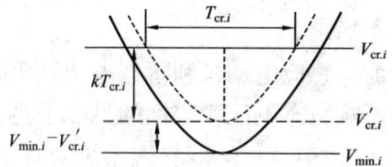

图 8-2 k 的计算图

对于暂态电压处于临界可接受状态下的轨迹，可定义为

$$V_{min.i}^{crit.\,traj} - (V_{cr.i} - kT_{cr,i}) = 0 \tag{8-11}$$

由式（8-11）可得

$$V'_{cr.i} = V_{min.i}^{crit.\,traj} \tag{8-12}$$

式中：$V_{min.i}^{crit.\,traj}$ 对应于临界电压跌落安全轨迹。因此，$V_{min.i} - V'_{cr,i}$ 即可以作为 $V_{min.i} \leqslant V_{cr.i}$ 情况下的可接受裕度，也可以作为 $V_{min.i} > V_{cr.i}$ 的可接受裕度。这样，二维不等式约束问题转变为一维的相应问题，因此暂态电压跌落可接受裕度可用式（8-13）表达为

$$\eta_{vd} = [V_{min.i} - (V_{cr.i} - kT_{cr.i})] \times 100\% \tag{8-13}$$

式中：$V_{cr.i}$ 为母线 i 的电压偏移门槛值；$T_{cr,i}$ 为母线 i 允许的持续时间；$V_{min.i}$ 为暂态过程中母线 i 电压的极小值；k 为把临界电压偏移持续时间换算成电压的折算因子；η_{vd} 为电压偏移

可接受裕度；零值对应于临界状态。

式（8-13）也可表达为

$$\eta_{\mathrm{vd}} = \left[V_{\mathrm{ext}} - (V_{\mathrm{cr}} - k_{\mathrm{v}} T_{\mathrm{cr,v}}) \right] \times 100\% \qquad (8-14)$$

式中：V_{cr} 为母线的电压偏移门槛值；$T_{\mathrm{cr,v}}$ 为母线允许的持续时间；V_{ext} 为暂态过程中母线电压的极值；k_{v} 为把临界电压偏移持续时间换算成电压的折算因子。

利用曲线拟合技术可以精确估计 $V_{\min.i}^{\mathrm{crit.traj}}$。如果初始轨迹的 $V_{\min.i} \leqslant V_{\mathrm{cr}.i}$，计算 T_i；否则，先将电压门限值提高到比 $V_{\min.i} > V_{\mathrm{cr}.i}$ 大，再计算相应的 T_i。第 1 次估计 $V'_{\mathrm{cr},i.}$ 时，利用 $(V_{\min.i} - V_{\mathrm{cr}.i.}, \ T_i)$ 和 $(0, 0)$ 两点的线性拟合来推算与 $T_{\mathrm{cr}.i}$ 值相对应的 $V_{\min.i}^{\mathrm{crit.traj}}$ 值。这相当于假设临界轨迹的下部为三角波形，因此处在某电压值以下的时间长度与该电压偏离 $V_{\min.i}^{\mathrm{crit.traj}}$ 的值成正比。第 2 次及以后的估计就可以采用二次曲线拟合。

8.3.3　暂态电压稳定的负荷模型分类

在电力系统暂态功角稳定计算中，虽然负荷对暂态稳定有影响，但由于负荷模型很难精确模拟，因此在实际暂态功角稳定仿真计算中，通常采用的是静态综合负荷模型，即负荷由百分之多少的恒功率负荷、百分之多少恒电压负荷和百分之多少恒电流负荷组成。虽然这样简化后可能给暂态功角稳定仿真计算的精确性带来影响，但在目前的国内电网的仿真计算中，均认为结果是可信的。而电压稳定通常指的就是负荷稳定，因此对负荷模型的要求更高，根据负荷模型的差别，可将电压稳定的数学模型分为如下 3 类。

（1）模型采用静态负荷模型，系统其他元件仍以功角稳定模型或潮流模型来描述。用功角稳定模型描述系统其他元件时，其分析方法与考虑负荷静特性的功角稳定分析方法相一致。潮流模型可视为发电机励磁增益无穷大时功角稳定模型的简化形式，故而这类模型描述的问题可视为功角稳定问题的扩展，通常采用暂态电压跌落可接受性评估暂态电压安全。

（2）模型采用响应速度较快的动态负荷模型，系统其他部分仍用功角稳定模型的方法描述，其研究方法仍然属于功角稳定研究方法的范畴，不同之处是将电压稳定问题与负荷 稳定问题相等同。绝大部分做法是将一部分负荷用感应电动机描述，采用感应电动机的暂态电压稳定判据来判断系统是否暂态电压稳定。

（3）根据电压稳定具有中长期动态的特点，其负荷模型描述了负荷在系统扰动后较长时间内的自恢复特性，如热控负荷等。在研究方法上，采用奇异扰动理论或时间框架分解，将系统动态分解成快动态和慢动态，以及包含快、慢动态的混合模型或者忽略快动态、保留慢动态的微分-代数方程模型来研究电压稳定性。这类模型描述了一些电压稳定问题独有的特点，但如果不以电压安全性来终止系统动态过程的分析，则系统的不稳定将最终以快动态的形式表现出来，从而需用第二类或第一类模型来描述该过程。

由暂态电压稳定仿真负荷模型（1）和（2）可见，暂态电压稳定模型和功角稳定模型之间的界线不是很明确，其原因是在定义上电压稳定问题和功角稳定问题就密切相关；同时在暂态电压稳定仿真中，可以采用同暂态功角稳定仿真同样的仿真计算方法，因此在参考文献［12］和参考文献［21］中，均认为暂态电压稳定和暂态功角稳定是密不可分的，是相互关联的。也有的文献认为暂态电压稳定和暂态功角稳定是可分的，笔者认为暂态电压稳定和暂态功角稳定是密不可分的，是相互关联的。这是因为在电力系统暂态功角稳定过程中，对电压必造成影响，而电压反过来又对发电机的电磁功率造成影响，从而对发电机的功角稳定造成影响，因此很难定性地将暂态功角稳定和暂态电压稳定严格地区分开。

8.4　中长期电压稳定

长期稳定性分析的前提是假定机组间的同步功率振荡已被恰当地阻尼并消失，系统具有一致的频率。其研究的重点是系统大扰动后，系统有功功率和无功功率的生产和消耗持续不平衡时所导致的缓慢的和较长的动态过程。中期电压分析研究的重点是机组间的同步功率振荡，以及较大电压和频率偏差的较慢现象对系统的影响。

由上述分析可见，长期稳定性和中期稳定性的界限不明显，此外它们的数学模型一致。唯一的较大差别是长期稳定性分析中假设了系统具有一致频率且认为快速动态不重要，以利于数值仿真计算，这在目前的计算机性能和现代数值方法分析中，已经不太重要，因此本节将中期稳定性分析和长期稳定性分析相结合，称为中长期稳定性分析。中长期稳定性分析的对象是暂态时间框架以后的所有现象，研究的是系统在扰动后到达一个可接受运行平衡点状态的能力。

中长期电压稳定分析是电力系统中长期稳定性分析的一个应用。在电力系统运行实践中，在暂态稳定性得以保证时，可以集中研究电力系统慢动态元件（如 OLTC、负荷自恢复特性、发电机过励限制等）和电力系统慢动态过程（如负荷的变化、AGC、优化调度等）之间的相互关系，这就是中长期电压稳定分析的对象。

QSS 方法仿真中长期电压稳定是目前比较通用的方法，因此本节主要介绍基于 QSS 近似的中长期电压稳定仿真分析方法及其应用情况。

8.4.1　QSS 仿真计算原理

QSS 仿真计算的过程如图 8-3 所示。

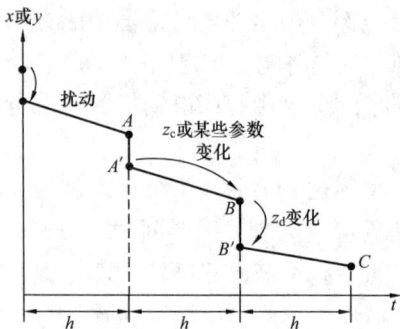

图 8-3　QSS 仿真原理

采用 QSS 仿真计算时，仿真计算步长 h 一般取 $1\sim10\text{s}$。图中曲线的每个点表示一个暂态平衡点，即 z_c 和 z_d 固定在当前值下方程（8-5）和方程（8-8）的解。

点 A 至 A' 以及 B 至 B' 等处，x 和 y 状态的瞬间跳转源于方程（8-7）描述的 OLTC、发电机过励限制器等离散动作设备的动作。在时域仿真的每一步检测设备的状态，当满足设备动作条件（包括设备动作前可能存在的实际延迟）时，就改变其状态。需要说明的是，由于一些设备的实际动作时间不一定都是仿真步长 h 的整数倍，但在实际计算中，忽略这一细微差别。点 A' 和点 B' 为 z_c 和 z_d 固定在当前值下方程（8-5）和方程（8-8）的解，其表示的意义是设备动作后系统的暂态平衡点。

点 A' 至 B 以及 B' 至 C 等处的状态变化对应于微分方程（8-6）所描述的系统慢动态变化或系统某些参数的变化。由于在每个仿真时间步上都可能出现离散的状态转移，因此需要采用单步积分方法。此外，在积分和处理不连续跳跃时，都需要求解方程（8-5）和方程（8-8），可以采用微分-代数方程的分割求解法，以减少软件开发工作量。

QSS 仿真计算的前提假设为系统暂态稳定，因此其方法存在由此假定带来的一些弊端，如：不能处理中长期动态导致的暂态不稳定；不能发现由于中长期状态变化导致暂态稳定吸引域缩小而导致的暂态失稳；此外，在给定的 z_c 和 z_d 值下方程（8-5）和方程（8-8）无解时，QSS 仿真算法将失败，表明中长期状态变化导致系统失去了暂态稳定平衡点。

8.4.2　负载极限的计算

负载极限指的就是静态分析方法中系统所能承受的最大负荷功率，即 $N-1$ 故障后的负载极限，它刻画了故障后系统的安全裕度。

从图 8-4 的 P-U 曲线可以清晰地理解这个概念。图中假设了中长期负荷特性为恒功率类型，点 O 为故障前系统运行点，点 A 为故障后运行点。故障后运行点 A 处已经包含了故障后系统的控制。同样，在计算故障后负载极限时，随系统负荷的增长，这些控制将继续起作用。

用 QSS 时域仿真方法计算负载极限时，通常需要对系统施加故障，然后再沿某方向随时间的增加而缓慢地增长设定点的负荷，并采用 QSS 仿真求取系统的响应，监视系统是否到达负载极限。由于通常采用监视实际增长的总负荷来判断是否到达负载极限，因此对大系统，这一方法可能失效，因为电压失稳可能局限在一个较小的地区，此时其他地区的负荷增长可能会掩盖该地区负荷的减少。这种情况下，可以在 QSS 仿真中嵌入小扰动分析方法来解决。

图 8-4　故障前后系统的 P-U 曲线

嵌入的小扰动分析法分析方程（8-4）～方程（8-6）构成的微分-代数方程组，其中式（8-4）和式（8-5）构成了代数约束方程，式（8-6）为微分方程。当系统状态雅克比矩阵出现零特征值时，表明系统已经到达负载极限，此外还可以根据零特征值对应的左、右特征相量得到各节点参与电压崩溃的程度，以及采取有效控制措施所对应的地点。

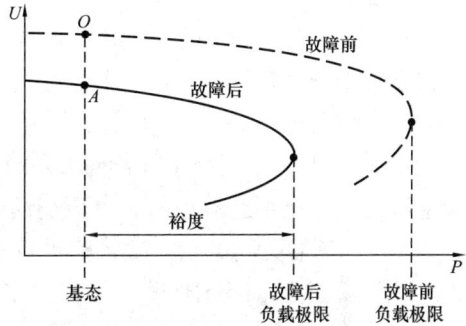

8.5　暂态电压稳定控制

8.5.1　概述

从电力系统电压稳定的角度来看，电力系统运行状态空间可以分为 3 个区域，如图 8-5 所示。

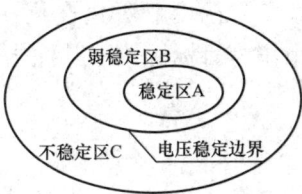

图 8-5　以电压稳定性表示的运行区域

（1）稳定区域 A，系统没有电压稳定问题，具有大的负载能力 S_A。

（2）弱稳定区域 B，系统无功储备不足，一些控制设备达到各自的运行极限，只有很小的负载能力 S_B。

（3）不稳定区域 C，系统电压不稳定或发生电压崩溃。

为了保证电力系统的电压稳定性，必须采取必要的预防控制和紧急控制措施。从时间和空间的角度来说，电力系统电压控制可分为 3 个等级：一级控制、二级控制和三级控制。一级控制是具有快速反应的闭环控制，一般在几秒以内，通常指的是就地控制；二级控制指的是响应速度在几分钟以内，一般设置在系统的枢纽点；三级控制的时间跨度为几十分钟，通常指的是全网的控制，主要是协调各个二级控制系统。

电压稳定的控制措施可从发电系统、输电系统和负荷 3 个方面进行控制，这些措施主要有如下几种。

（1）提高发电机的无功输出能力。发电机的励磁系统响应速度快，不论在正常运行时保持电压水平还是在暂态过程中或中长期电压过程中，发电机的励磁系统对防止系统电压崩溃都起着重要的作用，是电力系统进行电压控制的重要手段。

（2）提高发电机的机端电压水平。这相当于缩短电源和负荷之间的电气距离，因此有利于增强系统电压稳定性。

（3）装设无功补偿设备，特别是一些响应快的无功补偿设备。如静止无功补偿器 SVC、无功发生器 SVG、新型静止补偿器 STATCOM 以及可控串联补偿器 TCSC，这些元件的快速响应和协调控制可有效地防止电压崩溃。

（4）线路串联无功补偿。对线路进行串联无功补偿可减少线路的无功传输损耗，提高线路无功的传输能力，因此有助于提高系统的电压稳定性。在枢纽节点装设并联电容器或用 FACTS 设备进行合理的无功和电压调节，改善系统的潮流分布和无功流向来减少网络无功损耗。

（5）切负荷。直接切负荷是保证系统电压稳定控制的最根本办法，当系统发生故障将造成系统电压失稳时，切负荷可有效防止系统电压失稳。但随着电力市场的实行，用户的地位日益提高，应尽可能少地切除负荷量。

8.5.2　暂态电压安全预防控制

相对于研究较成熟的暂态功角稳定分析及控制来说，电力系统暂态电压安全问题的研究还不够充分，而针对大扰动的电压稳定预防控制还鲜有文献提及。本节根据参考文献［11，12］对暂态电压安全进行了量化，从而为找到对暂态电压安全起主导作用的因素提供了可能，提出了暂态电压预防控制的优化方法，该方法针对整个故障表来考虑暂态电压安全的预防控制措施。

1. 优化模型的建立

进行暂态电压安全稳定的预防控制，一方面要满足系统暂态电压稳定的要求，另一方面要求采取的控制措施所消耗的费用最小化。因此暂态电压安全预防控制优化的目的是在保持系统暂态电压安全的前提下使无功功率的调节量最小。在本节所建优化模型中，采用无功发电及无功补偿设备提供的无功功率增量之和最小作为目标函数。其优化数学模型为

$$\text{Min} \quad F = \sum_{i \in N_G} \Delta Q_{Gi} + \sum_{i \in N_G} \Delta Q_{Ci} \tag{8-15}$$

$$\text{s. t.} \quad P_{Gi} - P_{Li} - U_i \sum_{j \in N} U_j (G_{ij} \cos\theta_{ij} + B_{ij} \sin\theta_{ij}) = 0 \quad i \in N \tag{8-16}$$

$$Q_{Gi} - Q_{Li} - U_i \sum_{j \in N} U_j (G_{ij} \sin\theta_{ij} - B_{ij} \cos\theta_{ij}) = 0 \quad i \in N \tag{8-17}$$

$$Q_{Gi,\min} \leqslant Q_{Gi} \leqslant Q_{Gi,\max} \quad i \in N_G \tag{8-18}$$

$$U_{i,\min} \leqslant U_i \leqslant U_{i,\max} \quad i \in N \tag{8-19}$$

$$Q_{Ci,\min} \leqslant Q_{Ci} \leqslant Q_{Ci,\max} \quad i \in N_C \tag{8-20}$$

$$\eta_{vd,k} \geqslant 0 \quad k \in N_f \tag{8-21}$$

式中：N_G 表示无功电源节点集合；N_C 表示增设无功补偿设备的节点集合；N 表示系统节点集合；N_f 为预想事故集合；ΔQ_{Gi} 表示节点 i 的无功发电增量；ΔQ_{Ci} 表示在节点 i 增设无功补偿设备所提供的无功功率增量；P_{Gi}，Q_{Gi} 分别为节点 i 的有功和无功发电功率；P_{Li}，Q_{Li} 分别为节点 i 的有功和无功负荷功率；U_i，U_j 分别为节点 i，j 的电压幅值；G_{ij}，B_{ij} 分别为节点 i 和 j 之间的转移电导和电纳；θ_{ij} 为节点 i 和 j 的电压相角差；Q_{Ci} 为无功补偿设备的无功补偿量；$\eta_{vd,k}$ 为发生故障 k 的电压偏移可接受裕度。

2. 优化模型的求解

(1) 优化策略。暂态电压安全预防控制的优化是在满足所有假想故障下系统都能保证暂态电压安全，并且通常是在已有无功电源无法满足时，才考虑增设新的无功补偿设备。

如果同时针对不同故障下的全部暂态电压不安全现象，在整个系统范围内优化控制，则计算量大且收敛困难。由于无功功率不易远距离大量传输，因此电压稳定的可控性呈现较强的就地性，系统只有部分节点的无功注入功率对系统中特定的暂态电压不安全节点起主导作用。

通过暂态电压安全性的量化分析，考虑无功控制的区域性和母线的同调性，就可找出对系统暂态电压不安全点起主导作用的无功电源和无功功率负荷点，将大系统暂态电压安全优化问题近似地解耦。基于轨迹的保稳降维变换（TSPDR）方法的量化能力为这种转化提供了可能。

(2) 对暂态电压不安全点和无功注入点的关联分区。针对预想事故集进行动态仿真，找出暂态电压不安全的事故集。根据 TSPDR 给出的量化指标，可通过数值摄动法计算各暂态电压不安全点的安全裕度对各节点注入无功功率的灵敏度。

$$S_{ki} = \frac{\Delta \eta_{vd,k}}{\Delta Q_i} \tag{8-22}$$

式中：S_{ki} 定义为暂态电压灵敏度，表示故障 k 下的节点 i 无功功率变化引起的暂态电压安全裕度变化；ΔQ_i 表示节点 i 的无功增量；$\Delta \eta_{vd,k}$ 为故障 k 下与 ΔQ_i 相对应的暂态电压不安全点的安全裕度变化量。

根据 S_{ki}，不难识别出对系统稳定性起主导作用的参数，并按暂态电压不安全点的安全裕度对于各注入无功功率的灵敏度 S_{ki} 的大小进行无功关联分区，从而将整个系统暂态电压安全的优化问题解耦为若干分区的同类问题，调节各分区内无功功率来保证系统暂态电压安全。

(3) 各区域的优化次序。按各区域暂态电压不安全的严重程度大小，即

$$\chi_h = \sum_{k \in N_{fh}} Q_k \sigma_k \eta_{vd,k} \tag{8-23}$$

依次进行优化。式中：Q_k 为故障 k 下暂态电压不安全点的无功负荷量；σ_k 为故障 k 下暂态电压不安全点的权重，由母线所带负荷的重要性和故障的概率决定；N_{th} 表示区域 h 内的暂态电压不安全故障集合；χ_h 表明区域 h 的暂态电压不安全严重程度。

（4）关联区域内的优化调节。如果关联区域内只有单个故障会引起暂态电压不安全，各节点的无功电源和所增设无功补偿设备提供的无功功率可按暂态灵敏度 S_{ki} 的大小比例调节或按 S_{ki} 的大小依次调节。

若区域内有多个故障会引起暂态电压不安全现象，构造函数：

$$\gamma_{hi} = \sum_{k \in N_{th}} Q_k \sigma_k S_{ki} \tag{8-24}$$

式中：γ_{hi} 表明节点 i 的无功增量对区域 h 内暂态电压不安全点的安全裕度改善程度，其他变量含义同前。

在优化区域内的多个故障引起暂态电压不安全时，各节点的无功电源或所增设无功补偿设备提供的无功功率可按 γ_{hi} 的大小比例调节或按 γ_{hi} 的大小依次调节。

（5）计算步骤。优化模型的计算步骤如下。

1）按照预想故障集，逐个分析暂态电压安全性，识别出不安全故障的子集。

2）计算各不安全母线的暂态电压安全裕度对各节点无功功率的灵敏度系数 S_{ki}，并根据 S_{ki} 的绝对值大小划分控制区。区域间的优化次序按 χ_h 大小依次进行优化。

3）针对区域内的不安全故障，按控制措施关联程度的比例进行控制或按关联程度的顺序调整。采用二分法进行极限搜索，首先调节本区域的无功电源；无法满足时再考虑增设无功补偿设备，并求出需要增设的临界无功量。

4）每个区域调整后，重新计算整个系统暂态电压安全裕度，若引起相邻区域新的不安全，则返回 b，直到完全满足要求。

3. 例题

【例 8 - 1】 IEEE39 节点系统的仿真计算结果。

对 IEEE39 节点系统所有母线处的三相故障分别进行暂态电压安全计算，0s 发生故障，0.15s 切除故障线路首端，0.16s 切除故障线路末端。设暂态电压跌落安全门槛值为 0.8，持续时间为 0.5s，有 6 个预想故障使系统发生暂态电压不安全（见表 8 - 1）。设各暂态电压不安全点的权重相同。

表 8 - 1　　　　　　　　初始工况下暂态电压不安全故障及其安全裕度

故障后断开的线路	暂态电压安全裕度	故障后断开的线路	暂态电压安全裕度
22★ - 21	−30.10	25★ - 2	−7.13
6★ - 7	−9.39	16★ - 17	−6.35
21★ - 22	−8.31	16★ - 15	−1.02

★　线路的故障端，下同。

摄动各发电机（或各负荷节点）的无功功率，得到的暂态电压安全裕度对各发电机（或各负荷节点）无功功率的灵敏度如表 8 - 2（或表 8 - 3）所示。

表 8 - 2 暂态电压安全裕度对各发电机无功功率的灵敏度

（粗体数字表示较大的暂态灵敏度，下同）

发电机节点	故障后断开的线路					
	22★－21	6★－7	21★－22	25★－2	16★－17	16★－15
30	0.050	0.006	0.014	－0.110	－0.020	0.010
31	0.000	0.000	0.000	0.000	0.000	0.000
32	0.050	**0.072**	0.027	0.013	0.032	**0.056**
33	0.100	0.008	0.046	0.001	**0.081**	0.006
34	0.080	0.004	0.041	0.000	**0.083**	0.006
35	**0.340**	0.007	**0.107**	0.001	**0.087**	0.005
36	**0.370**	0.007	**0.100**	0.001	0.073	0.005
37	0.030	0.012	0.017	**0.456**	－0.023	0.010
38	0.070	0.013	0.036	0.204	－0.066	0.011
39	－0.020	－0.020	0.001	－0.068	－0.021	0.020

表 8 - 3 暂态电压安全裕度对各负荷节点无功功率的灵敏度

负荷节点	故障后断开的线路					
	22★－21	6★－7	21★－22	25★－2	16★－17	16★－15
3	－0.033	－0.011	－0.018	0.031	0.050	－0.012
4	－0.082	－0.024	－0.017	0.015	－0.007	－0.028
7	－0.017	**－0.051**	－0.011	0.009	－0.008	－0.022
8	－0.016	**－0.044**	－0.010	0.009	－0.008	－0.022
12	－0.024	－0.024	－0.014	0.008	－0.004	－0.039
15	－0.079	－0.014	－0.038	－0.002	**－0.061**	**－0.091**
16	**－0.092**	－0.009	**－0.044**	－0.002	**－0.069**	－0.001
18	－0.056	－0.010	－0.029	－0.008	0.051	－0.007
20	－0.014	－0.003	－0.008	－0.000	－0.008	－0.000
21	－0.050	－0.007	**－0.052**	－0.001	－0.051	－0.001
23	**－0.159**	－0.004	**－0.052**	－0.001	－0.030	－0.010
25	－0.014	－0.006	－0.008	**－0.168**	0.013	－0.005
26	－0.030	－0.005	－0.016	**－0.097**	0.031	－0.004
27	－0.048	－0.007	－0.025	－0.047	0.046	－0.004
28	－0.014	－0.002	－0.008	－0.043	0.016	－0.002
29	－0.009	－0.002	－0.006	－0.030	0.011	－0.002

按灵敏度大小将电网划分为 4 个电压不安全区，如图 8 - 6 所示。表 8 - 4 和表 8 - 5 分别给出满足系统在所有故障下的电压安全性所需的无功出力调节量和控制后的电压安全裕度。满足暂态电压安全的发电机无功总增量为 144.9Mvar。

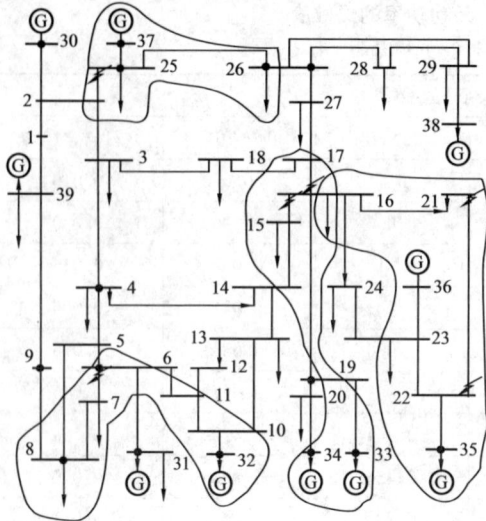

图 8-6　IEEE39 节点系统暂态电压控制区的划分

表 8-4　　　　各发电机调整无功功率

发电机 节点号	发电机初始 无功功率 （Mvar）	控制后的发电机 无功功率 （Mvar）
BUS30	140.9	80.5
BUS31	230.3	151.8
BUS32	203.9	203.9
BUS33	105.8	105.8
BUS34	163.2	163.2
BUS35	199.5	225.3
BUS36	97.7	124.9
BUS37	11.0	11.0
BUS38	−16.7	−48.0
BUS39	86.8	36.6

表 8-5　　　　　　　　优 化 后 的 安 全 裕 度

故障后断开的线路	暂态电压安全裕度	故障后断开的线路	暂态电压安全裕度
22★-21	19.96	25★-2	4.35
6★-7	0.11	16★-17	43.35
21★-22	55.77	16★-15	63.36

对于最严重的暂态电压不安全故障，分别采用本文提出的方法、全局优化调节和按静态电压灵敏度系数全局比例调节优化计算所得的结果见表 8-6。本方法的无功发电功率总增量非常接近于全局优化的结果，但比按静态灵敏度系数的全局优化的结果好得多。本文方法仅需要调节 2 个对象，而后两种方案都调节了 9 个。显然，调节所属区域内的发电机无功出力可以有效地消除暂态电压不安全问题。

表 8-6　　　　　　　　不 同 方 案 优 化 结 果

故障后断开 的线路	控制后的发电机无功功率增量之和（Mvar）		
	分区优化	全局优化	按静态灵敏度系数全局优化
22★-21	53.0	51.3	59.4

【例 8-2】　安徽电网的仿真计算结果。

对安徽 220kV 电网同样进行分析，0s 发生故障，0.14s 切除故障线路首端，0.15s 切除故障线路末端，有 20 个故障将引起暂态电压不安全（见表 8-7）。根据暂态电压灵敏度可分 2 个关联区，即皖东北区和安庆-庐江-肥西区。其中皖东北区的电网接线简图如图 8-7 所示。分别对各区进行调节优化，满足暂态电压安全的发电机无功增量与增设的无功补偿量之和为 301.8Mvar。

其中，对最严重的暂态电压安全故障采用 3 种不同方案进行了优化调节，其结果如表 8-8 所示。不难看出，本文建议的优化方案效果良好，并且在系统几十个调节对象中只动用了 6 个，有效降低了计算量。

表 8-7 安徽电网暂态电压不安全故障及其安全裕度

故障后断开的线路	暂态电压安全裕度	故障后断开的线路	暂态电压安全裕度
安庆变★—庐江	−100.00	五里营★—淮北（双回）	−100.00
庐江★—安庆变	−100.00	淮北★—涡阳（双回）	−100.00
安庆变★—肥西	−76.68	淮北二★—五里营（双回）	−100.00
肥西★—安庆变	−93.07	五里营★—淮北二（双回）	−100.00
淮北★—五里营（双回）	−100.00	淮北二★—姬村（双回）	−100.00
淮北★—南坪（双回）	−100.00	淮北二★—高湖（双回）	−100.00

表 8-8 不 同 方 案 优 化 结 果

故障后断开的线路	控制后的发电机无功功率增量与增设的无功补偿量之和（Mvar）		
	分区优化	全局优化	按静态灵敏度系数全局优化
庐江★—安庆变	111.4	106.7	159.8

由上述两个算例可见，本节建议的暂态电压安全预防控制的分区优化方法合理、有效。通过暂态电压安全裕度对于节点无功注入的灵敏度，对暂态电压不安全点和无功注入节点进行关联分区，将大系统暂态电压安全预防控制优化解耦为若干分区的同类问题，简化了求解难度，降低了计算量。

对电力系统暂态电压稳定的紧急控制可采用同样方法，仅仅是在切除负荷时，按负荷已用的功率因数起初负荷，其主导节点的判别，同样以同一功率因素负荷切除对电压的影响大小确定。

对于中长期电压稳定的控制研究，目前还需要进一步研究。

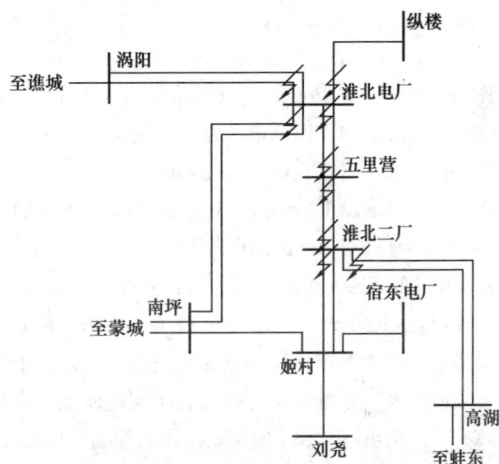

图 8-7　皖东北电网接线图及暂态电压不安全故障

参考文献

1　Nagao U N. A New Eigen-analysis Method of Steady-state Stability Studies for Large Power Systems：S Matrix Method. IEEE Trans. on Power Systems，1988，3（2）：424−429.

2　Campagnolo J M，Martins N，Falcao D M. Refactored Bi-iteration：A High Performance Eigensolution Method for a Large Power System Matrics. IEEE Trans. on Power Systems，1996，11（3）：1228−1235.

3　吴涛，王伟胜，王健全，等. 用计及机组动态时的潮流雅克比矩阵计算电压稳定极限. 电力系统自动化，1997，21（4）：13−17.

4　彭志炜. 基于分叉理论的电力系统电压稳定研究. 杭州：浙江大学，1998，5.

5　彭志炜，胡国根，韩祯祥. 基于分叉理论的电力系统电压稳定性分析. 北京：中国电力出版社，2005，4.

6　Hiskens I A. Analysis Tools for Power Systems Contending Nonlinearities. Proceeding of the IEEE，1995，83（11）：1573−1587.

7 Mello F P D，Feltes J W. Voltage Oscillatory Instability Caused by Induction Motor Loads. IEEE Trans. on Power Systems，1996，11（3）：1279－1285.

8 Lerm A A P，Canizares C A，Silverira A. Multiparameter Bifurcation Analysis of the South Brazilian Power System. IEEE Trans. on Power Systems，2003，18（2）：738－746.

9 余贻鑫，李国庆. 电力系统电压稳定的基本研究与方法. 电力系统自动化，1996，20（6）：61－65.

10 徐泰山，薛禹胜，刘兵，等. 暂态电压稳定性及电压跌落可接受性. 电力系统自动化，1999，23（14）：4－8.

11 薛禹胜. 运动稳定性量化理论. 南京：江苏科学技术出版社，1999.

12 徐泰山，鲍颜红，薛禹胜，等. 中期电压稳定的快速仿真算法研究. 电力系统自动化，2000，24（24）：9－11.

13 彭志炜，胡国根，韩祯祥. 有载调压变压器对电力系统电压稳定性影响的动态分析. 中国电机工程学报，1999，19（2）：61－65.

14 Morison G K，Gao B，Kunder P. Voltage Stability Analysis Using Static and Dynamic Approaches. IEEE Trans. on Power System. 1993，8（3）：1159－1171.

15 Cutsem T V. An Approach to Corrective Control of Voltage Instability Using Simulation and Sensitivity. IEEE Trans. on Power System. 1995，10（2）：618－622.

16 Feng Z，Ajjarapu V，Long B. Identification of Voltage Collapse through Direct Equilibrium Tracing. IEEE Trans. on Power System. 2000，15（1）：342－349.

17 Chowdhury B H，Taylor C W. Voltage Stability Analysis：V-Q Power Flow Simulation Versus Dynamic Simulation. IEEE Trans. on Power System. 2000，15（4）：1354－1359.

18 Paul J P，Leost J M. Survey of the Secondary Volatage Control in France：Present Realization and Investigations. IEEE Trans. on Power System. 1987，2（2）：505－511.

19 Sancha J L，Fernandez J L，Cartes A，et al. Secondary Voltage Control：Analysis，Solutions and Simulation Results for the Spanish Transmission System. Power System，1996，11（5）：630－638.

20 程浩忠. 电力系统无功与电压稳定性. 北京：中国电力出版社，2004.

21 王正风. 电力系统稳定分析的若干问题研究. 南京：东南大学，2006.

22 薛禹胜，王正风. 暂态电压安全预防控制的优化. 电力系统自动化，2006，30（9）：1－4.

23 王正风，薛禹胜，陈实，等. 考虑电压稳定性的无功定价. 电力系统自动化. 2006，30（15）：1－4.

24 周双喜，朱凌志，郭锡玖，等. 电力系统电压稳定性及其控制. 北京：中国电力出版社，2003.

25 王正风. 电力系统电压稳定的综述. 电气时代，2007，28（1）：102－104.

无功功率与电力系统低频振荡

9.1 概述

自 20 世纪 80 年代以来，我国电力工业得到了迅速发展，电力系统的规模也从小型电力系统发展为省（市）、地区级电力系统，进而发展为省级电网互联的大区电力系统，近几年来又形成了大区电网相连的互联电力系统。

电力系统互联的目的是为了提高发电和输电的运行经济性和运行可靠性。但是电网的互联却有可能引发省级电网或区域电网出现动态不稳定现象，即低频振荡现象。互联电网动态稳定性问题是影响互联电网稳定运行的重要因素，如果大型电力系统的稳定性遭到破坏，就可能造成一个或数个大区域停电，对人民生活及国民经济造成灾难性损失。因此，低频振荡现象的有效监测，其产生机理和抑制措施已成为电力系统重要的研究领域。虽然低频振荡现象已经引起了各方的广泛关注，2005 年，南方电网和华北电网均发生多起超长时间的低频振荡事件，送端电厂只能压出力运行，直接影响了电厂和电网的经济效益。

低频振荡的主要表现是：发电机（或发电机群）之间的增幅型振荡，振荡频率范围为 0.2～2.5Hz。这种现象在互联系统的联络线上表现得尤为突出。

低频振荡有两类表现形式：一类为区域振荡模式，它是系统的一部分机群相对于另一部分机群的振荡，其频率范围为 0.2～0.7Hz，这种振荡的危害性较大，一经发生会通过联络线向全系统传播；另一类为局部振荡模式，或称为就地机组振荡模式，它是电气距离很近的几个发电机与系统内的其余发电机之间的振荡，其频率范围为 0.7～2.5Hz 这种振荡局限于区域内，相对于前者影响范围较小。

低频振荡的机理一般认为主要是系统欠阻尼引起的。通常低频振荡发生在长距离、重负荷输电线路上和联系较弱的电力系统，在采用现代快速、高顶值倍数励磁的系统更易发生。目前全国电网正面临着互联，如何抑制各地区电网之间的联络线上的低频振荡是当前必须解决的问题。

过去由于电力系统的采样率低等因素的原因，对低频振荡缺乏有效的监测手段，从而也影响对低频振荡的监测及振荡数据的有效保存，而随着 PMU（Phasor Measurement Unit）的运用以及电网广域测量系统的建设，解决了此问题。目前作为国内电网广域测量系统（又称电网实时动态监测系统）最重要的高级应用之一，采用 Prony 方法对低频振荡监测和分析已经在国内电网广域测量系统得到了广泛应用，并发挥了重要作用。广域测量系统将在本书第 10 章介绍。

9.2 电力系统低频振荡机理

9.2.1 二阶模型的单机无穷大系统低频振荡机理

目前低频振荡机理分析通常是建立在小干扰分析基础上，因此首先从小干扰分析的理论基础进行低频振荡机理分析。

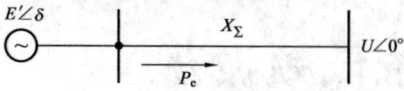

图 9-1 单机无穷大系统图

当发电机采用经典二阶模型时，对于图 9-1 的单机无穷大系统的发电机的转子方程可用下式表示

$$\begin{cases} M\dfrac{d\omega}{dt} = P_m - P_e - D(\omega - 1) \\ \dfrac{ds}{dt} = \omega - 1 \end{cases} \tag{9-1}$$

上式中，$P_e = \dfrac{E'U}{X_\Sigma}\sin\delta$，对上式写成增量形式

$$\begin{cases} M\dfrac{d\omega}{dt} = \Delta P_m - \dfrac{E'U}{X_\Sigma}\cos\delta \cdot \Delta\delta + D \cdot \Delta\omega \\ \dfrac{d\Delta\delta}{dt} = \Delta\omega \end{cases} \tag{9-2}$$

令 $K = \dfrac{E'U}{X_\Sigma}\cos\delta$，可得下式

$$M\Delta\ddot{\delta} + D\Delta\dot{\delta} + K\Delta\delta = 0 \tag{9-3}$$

这样其特征方程为 $Mp^2 + Dp + K = 0$

当不计阻尼时为，相应特征根为

$$p_{1,2} = \pm j\sqrt{\dfrac{K}{M}} \triangleq j\omega_n \tag{9-4}$$

由式（9-4）可见：

（1）当 X_Σ 较小时，K 较大，其振荡频率 ω_n 较大，这种情况一般在局部电网出现；在当 X_Σ 较大时，K 较小，其振荡频率 ω_n 较小，这种情况一般在互联系统出现。

（2）设 $EU\cos\delta \rightarrow 1$，$X_\Sigma \sim (0.2 \sim 10)$，$M \sim (6 \sim 12s)$，代入式（9-4）可计算的低频振荡范围在 $0.25 \sim 2.5\text{Hz}$ 之间。

（3）当计及阻尼绕组，$p_{1,2} = \dfrac{-D \pm \sqrt{D^2 - 4MK}}{2M} \triangleq \alpha \pm j\omega$，此时若发生低频振荡，其衰减系数为 $\dfrac{-D}{2M}$，由此可见，阻尼对防止低频振荡具有改善作用。

（4）低频振荡是系统的固有特点，即若系统没有阻尼时，只要系统出现扰动，系统就会发生低频振荡；若控制系统不发生低频振荡，则系统必须有足够的阻尼。

王铁强博士在《电力系统低频振荡机理的研究》提出了若系统存在着一种扰动，当这种扰动的频率与系统的自然谐振频率一致或接近时会引起共振的低频振荡现象，即若有扰动，此时机械功率增量不等于零时，式（9-3）可用式（9-5）表达

$$M\Delta\ddot{\delta} + D\Delta\dot{\delta} + K\Delta\delta = \Delta P_m \tag{9-5}$$

若令输入的扰动为等幅振荡，ΔP_m 可用 $r\cos\omega t$ 表示，其特解可用下式表达

$$y = \frac{rA}{A^2 + B^2}\cos\omega t + \frac{rB}{A^2 + B^2}\sin\omega t \tag{9-6}$$

其中 $\begin{cases} A = K - M\omega^2 \\ B = D\omega \end{cases}$

式（9-6）也可表示为

$$y = \frac{r}{\sqrt{A^2 + B^2}}\cos(\omega t + \varphi) \tag{9-7}$$

当 A 为 0 时，系统的自然振荡频率 $\omega = \sqrt{K/M}$，此时具有最大振幅 $A_\mathrm{m} = \dfrac{r}{|D|\sqrt{K/M}}$。

由上可见，当系统存在一种扰动，当扰动频率和系统的自然振荡频率接近时或一致时，可能由于共振而产生低频振荡，并且共振频率随阻抗的增加而减小，且随惯性时间的增大而减小。

9.2.2　三阶模型的单机无穷大系统低频振荡机理

当考虑到励磁系统在系统动态过程中的作用时，发电机三阶模型的传递函数图如图 9-2 所示。在此分析电磁转矩分解为两个分量，即同步转矩分量和阻尼转矩分量。同步转矩和 $\Delta\delta$ 同相位，阻尼转矩和 $\Delta\omega$ 同相位。当同步转矩不足时，发生滑行失步；阻尼转矩不足，将发生振荡失步。现用频域法进行分析，由图 9-2 可得 ΔT_e，用下式表达

$$\Delta T_\mathrm{e} = K_1\Delta\delta - \frac{K_2 K_5 K_\mathrm{E}}{(1 + T_\mathrm{E}S)(K_3 + T'_{d0}S) + K_6 K_\mathrm{E}}\Delta\delta \tag{9-8}$$

令 $S = j\omega$，则同步转矩表达式可用下式表达

$$\Delta T'_\mathrm{e} = K_1 - \frac{K_2 K_5 K_\mathrm{E}(K_3 + K_6 K_\mathrm{E} - \omega^2 T'_{d0} T_\mathrm{E})}{(K_3 + K_6 K_\mathrm{E} - \omega^2 T'_{d0} T_\mathrm{E})^2 + \omega^2(T'_{d0} + K_3 T_\mathrm{E})} \tag{9-9}$$

阻尼转矩为

$$\Delta T'''_\mathrm{e} = \frac{K_2 K_5 K_\mathrm{E}(K_3 T_\mathrm{E} + T'_{d0})\omega}{(K_3 + K_6 K_\mathrm{E} - \omega^2 T'_{d0} T_\mathrm{E})^2 + \omega^2(T'_{d0} + K_3 T_\mathrm{E})} \tag{9-10}$$

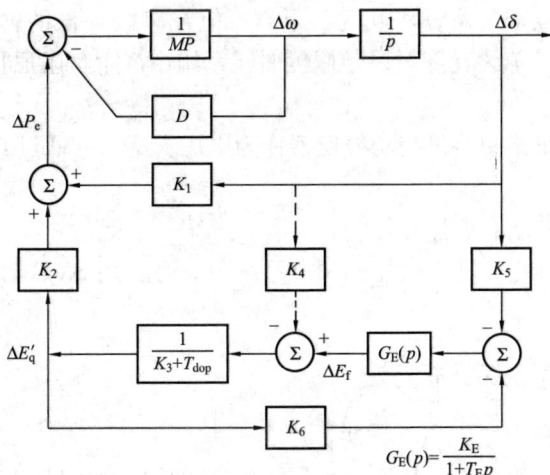

图 9-2　考虑励磁系统的传递函数图

上述式中 K_5 可用下式表达

$$K_5 = \frac{U_{d0}}{U_{t0}} \frac{X_q}{X_q + X} U_0 \cos\delta_0 - \frac{U_{q0}}{U_{t0}} \frac{X_d'}{X_d' + X} U_0 \sin\delta \qquad (9-11)$$

由式（9-8）～式（9-11）可见，通过对 δ 的影响产生低频振荡：

（1）运行方式的影响。当有功负荷较大时，且在容性负荷的情况下，阻尼转矩变为负阻尼，容易发生系统低频振荡。当联络线负荷增大，功角增大，阻尼减弱，此时低频振荡容易发生。

（2）网络结构的影响。由于网络结构的强弱对系统阻尼有很大影响。当电源与系统联系薄弱时，系统的等值电抗将增大，于是功角 δ 将增大，阻尼转矩将减小，严重时可能变为负值，这样将产生负阻尼和振荡失步。

（3）励磁机的影响。当功角 δ 较大时，K_5 为负，当励磁调节器放大倍数 K_E 在一定范围内增高时，负阻尼将会增大，特别是采用高放大倍数的励磁系统时，K_E 的增大会抵消发电机的固有阻尼。此外，励磁时间常数 T_a 及转子绕组时间常数 T_{d0}' 越小，负阻尼越大。

（4）发电机组无功出力的影响。当发电机进相运行时，发电机的功角 δ 将增大，基于同样的原因，将产生负阻尼，容易产生低频振荡。

由此可见，电网低频振荡与系统阻尼 D 和联络线的大电抗、大功率传输、励磁系统以及发电机的无功出力有关。

9.2.3　低频振荡的控制措施

低频振荡的常见控制措施如下：

（1）采用电力系统稳定期（PSS）增强阻尼。PSS 的基本机理是通过引入一个附加的转矩，使之产生阻尼转矩来抑制低频振荡。一般情况下，低频振荡一个振荡模式常和一台机或少数几台机强相关，而某一台机组只和一个或少数几个振荡模式强相关。根据上述特点，常根据相关因子矩阵把系统分为几块，对每块系统进行单独设计，最后在全系统中校验。

（2）增强网架或减少输电容量，减少重负荷输电线路。

（3）发电机不宜进相运行。为了防止系统低频振荡的发生，发电机应发出一定的无功功率。

（4）采用串联补偿电容，缩短"电气"距离，但在串联补偿的输电线路上不宜补偿过大，当电阻值和等值电抗值之比超过一定限度时，系统中产生负阻尼将引起同步发电机自发振荡。

（5）在长距离输电线路中装设无功补偿器作为电压支持，并通过其控制系统改善系统动态性能。

（6）采用最优励磁控制和调速器控制。

（7）在直流输电及静止无功补偿器的输电系统中，可利用 SVC 辅助控制 HVCD 功率调制和抑制低频振荡。

9.3　电力系统低频振荡分析方法

目前低频振荡的分析主要有以下方法：

（1）频域法。即小干扰稳定的特征值法，采用频域分析方法目前主要有 QR 法和隐式重启动的 Arnoldi 算法（IRAM）。由于 QR 算法受节点数的限制，因此目前更多的是采用隐式重启动的 Arnoldi 算法（IRAM）。

（2）时域法。即数值仿真法，来源于电力系统暂态稳定性分析方法，只作为低频振荡分析的辅助工具。

（3）传递函数辨识法。可直接利用时域仿真或实测数据通过辨识技术得到系统的等值线性模型，用于振荡模式分析和阻尼控制的研究，主要包括 prony 分析、短时傅里叶变换以及小波分析等。该类方法在低频振荡模式分析中应用最广。

下面分别介绍隐式重启动的 Arnoldi 算法、prony 分析法、短时傅里叶变换法以及小波分析法。

9.3.1　Arnoldi 算法

经典的低频振荡研究方法是 QR 算法，它通过求解特征根和机电回路相关比的办法来判断系统机组之间发生的低频振荡。但 QR 算法其本身存在固有不足，即当系统规模大时，将出现"维数灾"；只能提供 PSS 中放大倍数的信息，不能提供关于相位补偿的设计信息等原因。因此本书介绍采用隐式重启动的 Arnoldi 算法（IRAM）。

Arnoldi 方法（1951）是一种近似求解一个矩阵部分特征问题的正交投影方法。隐式重启动 Arnoldi 算法是它的一个改进算法，它能够用于大规模电力系统中所关心的部分特征值的计算分析。

Arnoldi 法由于采用基于稀疏技术的代数方程求解，因此能应用到非常大型的系统，可计算任何系统模式对应的特征值；不需要事先了解系统模式特性，正常情况下只要给定移位点就可计算靠近它的特征值集合；只需稍作修改，即能提供在整个复平面上一定频率范围内寻找特征值的能力，并且能保证计算出特定范围内的所有临界特征值。

隐式重启动 Arnoldi 方法简介如下。

对大规模矩阵特征值问题有

$$A\varphi_i = \lambda_i\varphi_i \tag{9-12}$$

式中：$A \in C^{n \times n}$；(λ_i, φ_i) 为 A 的特征对 $(i=1, 2, \cdots, n)$，并且满足 $\|\varphi_i\| = 1$。

给定由单位长度相量 v_1 和 A 产生的 m 维 Krylov 子空间 $K_m(A, v_1)$，Arnoldi 过程产生子空间 $K_m(A, v_1)$ 的一组标准正交基 V_m，其矩阵表示形式为

$$AV_m = V_mH_m + h_{m+1,m}v_{m+1}e_m^* = V_{m+1}\tilde{H}_m \tag{9-13}$$

式中：$V_m = (v_1, v_2, v_k) \in C^{n \times k}$；$H_m$，$\tilde{H}_m$ 分别为 m 阶和 $(m+1) \times m$ 阶上 Hessenberg 阵；e_m^* 表示单位阵的第 m 列相量的转置。

从 H_m 中计算 m 个 Ritz 对 $(\tilde{\lambda}_i, \tilde{\varphi}_i)$ 作为 (λ_i, φ_i) 的近似，可表示为

$$H_my_i = \tilde{\lambda}_iy_i \tag{9-14}$$

$$\tilde{\varphi}_i = V_my_i \tag{9-15}$$

显然，若 $(\tilde{\lambda}_i, y_i)$ 为 H_m 的一个特征对，则 $(\lambda_i, \varphi_i) = (\tilde{\lambda}_i, V_my_i)$ 是 A 的一个 Ritz 对。

随着子空间维数 m 的增大，Ritz 对会逼近特征对。但实际计算中，m 要非常大时，Ritz 对才满足精度，可以用隐式重启动来解决这一问题。

假设已选定 H_m 的 k 个特征值 λ_i $(i=1, 2, \cdots, k)$ 作为 Ritz 值，当 Arnoldi 分解进行到第 m 步时，有式（9-13）。将 $m-k$ 步隐式 QR 位移 u_i $[i=1, 2, \cdots, (m-k)]$ 应用于 H_m，得

$$(H_m - \mu_1 I)(H_m - \mu_2 I)\cdots(H_m - \mu_m I) = QR \tag{9-16}$$

其中 Q 为正交矩阵，R 为上三角矩阵。

令 $H_m^+ = Q^* H_m Q$，H_k^+ 是 H_m^+ 的 $k \times k$ 阶子矩阵，$V_m^+ = V_m Q = (V_k, V_{m-k})$。可得第 k 步 Arnoldi 分解

$$AV_k^+ = V_k^+ H_k^+ + f_k^+ e_k^* \tag{9-17}$$

然后从第 k 步开始进行 Arnoldi 分解。

在位移量的选取上，通常可选 H_m 不期望的 $m-k$ 个特征根 λ_i $[i=(k+1), (k+2), \cdots, m]$ 作为位移 u_i $[i=1, 2, \cdots, (m-k)]$，称 u_i 为精确位移。

小干扰稳定性分析主要关心频率在 $0.2 \sim 2.5\text{Hz}$ 且阻尼比小于某给定值的振荡模式，即在复平面上虚部为 $1.3 \sim 15.7$，靠近虚轴的特征值。可在此范围内选择位移点。

IRAM 法能够处理 BPA 暂态稳定仿真程序中的所有模型，包括：

(1) 同步发电机；

(2) 励磁调节器；

(3) 原动机调速器；

(4) 电力系统稳定器（PSS）；

(5) 感应电动机负荷；

(6) 静特性负荷；

(7) 直流输电；

(8) 可控串补。

IRAM 法能够处理的系统可达到：

(1) IRAM 法计算的最大状态变量数目：20 000；

(2) IRAM 法计算给定点附近的特征值，最大可计算的特征值个数：40；

(3) IRAM 法计算给定区域内的全部特征值，最大可计算的特征值个数：100。

以上计算规模还可根据用户的要求扩大。

IRAM 法具备的分析功能有：

(1) IRAM 法计算给定点附近的特征值；

(2) IRAM 法计算给定区域（阻尼比和频率范围）内的全部特征值；

(3) 具有特征值、阻尼比、模态、机电回路相关比、参与因子等多种分析计算功能。

9.3.2 Prony 分析法

1795 年，Prony 提出了用指数函数的一个线性组合来描述等间距采样数据的数学模型，后经过适当扩充，形成了能够直接估算给定信号的频率、衰减、幅值和初相的算法。

Prony 算法是针对等间距采样点，假设模型是一系列的具有任意振幅、相位、频率和衰减因子的指数函数的线性组合。即认为测量输入 $x(0), \cdots, x(N-1)$ 的估计值可以表示为

$$\hat{x}(n) = \sum_{k=1}^{P} b_k z_k^n \quad [n=0, 1, \cdots, (N-1)] \tag{9-18}$$

式中

$$b_k = A_k e^{j\theta_k} \tag{9-19}$$

$$z_k = e^{(\alpha_k + j2\pi f_k)\Delta t} \tag{9-20}$$

式中，A_k 为振幅；α_k 为衰减因子；f_k 为振荡频率；θ_k 为相位（单位为弧度）；Δt 为时间间隔，

P 为模型阶数。

Prony 法的主要工作就在于求解参数 $\{A_k,\ \alpha_k,\ f_k,\ \theta_k\}$。

研究式（9-18）不难发现，其正好为下列常系数线性差分方程的齐次解

$$\hat{x}(n) = -\sum_{k=1}^{P} a_k \hat{x}(n-k) \qquad (9-21)$$

其特征方程为

$$\sum_{k=0}^{P} a_k z^{P-k} = 0 \quad (a_0 = 1) \qquad (9-22)$$

如果 α_k $(k=1, 2, \cdots, P)$ 已知，通过求解该特征方程可得到特征根 z_k $(k=1, 2, \cdots, P)$。

设测量数据 $x(n)$ 与其近似值 $\hat{x}(n)$ 之间的差为 $e(n)$，即

$$e(n) = x(n) - \hat{x}(n) \quad [n=0, 1, \cdots, (N-1)] \qquad (9-23)$$

由式（9-21）、式（9-23）可得

$$x(n) = -\sum_{k=1}^{P} a_k x(n-k) + \sum_{k=0}^{P} a_k e(n-k) \qquad (9-24)$$

定义

$$u(n) = \sum_{k=0}^{P} a_k e(n-k) \quad [n=0, 1, \cdots, (N-1)] \qquad (9-25)$$

则式（9-24）变为

$$x(n) = -\sum_{k=1}^{P} a_k x(n-k) + u(n) \qquad (9-26)$$

这样，$x(n)$ 可以看作是噪声 $u(n)$ 激励一个 P 阶 AR 模型产生的输出。该 AR 模型的参数 α_k $(k=1, 2, \cdots, P)$ 正是待求差分方程的系数。

AR 模型的正则方程为

$$\begin{bmatrix} r(1,0) & r(1,1) & \cdots & r(1,P) \\ r(2,0) & r(2,1) & \cdots & r(2,P) \\ \vdots & \vdots & \cdots & \vdots \\ r(P,0) & r(P,1) & \cdots & r(P,P) \end{bmatrix} \cdot \begin{bmatrix} 1 \\ a_1 \\ \vdots \\ a_P \end{bmatrix} = \begin{bmatrix} \varepsilon_P \\ 0 \\ \vdots \\ 0 \end{bmatrix} \qquad (9-27)$$

其中

$$r(i, j) = \sum_{n=P}^{N-1} x(n-j) \cdot x^*(n-i) \qquad (9-28)$$

$$\varepsilon_P = \sum_{k=0}^{P} a_k \Big[\sum_{n=P}^{N-1} x(n-k) \cdot x^*(n) \Big] \qquad (9-29)$$

求解此方程可以得到 AR 参数 α_k $(k=1, 2, \cdots, P)$，代入式（9-22），求得 z_k $(k=1, 2, \cdots, P)$。

一旦求出 z_k $(k=1, 2, \cdots, P)$，式（9-18）就简化为未知参数 b_k $(k=1, 2, \cdots, P)$ 的线性方程，用矩阵形式表示，有

$$\boldsymbol{Zb} = \hat{\boldsymbol{x}} \qquad (9-30)$$

其中
$$\boldsymbol{Z} = \begin{bmatrix} 1 & 1 & \cdots & 1 \\ z_1 & z_2 & \cdots & z_P \\ \vdots & \vdots & \cdots & \vdots \\ z_1^{N-1} & z_2^{N-1} & \cdots & z_P^{N-1} \end{bmatrix}, \quad \boldsymbol{b} = \begin{bmatrix} b_1 \\ b_2 \\ \vdots \\ b_P \end{bmatrix}, \quad \hat{\boldsymbol{x}} = \begin{bmatrix} \hat{x}(0) \\ \hat{x}(1) \\ \vdots \\ \hat{x}(N-1) \end{bmatrix}$$

$\boldsymbol{Z}$ 为 $N \times P$ 维非奇异矩阵，方程的最小二乘解为

$$\boldsymbol{b} = (\boldsymbol{Z}^H \boldsymbol{Z})^{-1} \boldsymbol{Z}^H \hat{\boldsymbol{x}} \tag{9-31}$$

这样，根据 z_k 和 b_k 可以求出 $\{A_k, \alpha_k, f_k, \theta_k\}$。

综上分析，Prony 算法描述如下：

(1) 利用式（9-28）计算 $r(i, j)$，并构造矩阵

$$\boldsymbol{R} = \begin{bmatrix} r(1,0) & r(1,1) & \cdots & r(1,P_1) \\ r(2,0) & r(2,1) & \cdots & r(2,P_1) \\ \vdots & \vdots & \cdots & \vdots \\ r(P_1,0) & r(P_1,1) & \cdots & r(P_1,P_1) \end{bmatrix} \quad (P_1 \geqslant P) \tag{9-32}$$

(2) 利用 SVD-TLS 方法确定 $\boldsymbol{R}$ 的有效秩 P 及 AR 参数 α_k （$k=1, 2, \cdots, P$）。

(3) 求多相式

$$z^P + a_1 z^{P-1} + a_2 z^{P-2} + \cdots + a_P = 0 \tag{9-33}$$

的根 z_k （$k=1, 2, \cdots, P$），并用式（9-21）递推计算 $\hat{x}(n)$ [$n=1, 2, \cdots, (N-1)$]，其中 $\hat{x}(0) = x(0)$。

(4) 利用式（9-31）计算参数 b_k （$k=1, 2, \cdots, P$）。

(5) 用下式计算振幅 A_k，衰减因子 α_k，振荡频率 f_k，相位 θ_k

$$\begin{cases} A_k = |b_k| \\ \theta_k = \text{angle}(b_k) \\ f_k = \text{angle}(z_k)/2\pi\Delta t \\ \alpha_k = \ln(z_k)/\Delta t \end{cases} \quad (k = 1, 2, \cdots, P) \tag{9-34}$$

9.3.3 短时傅里叶法

1870 年，法国数学家傅里叶在解释热传导现象时，提出了傅里叶分析方法（Fourier Analysis）。他认为，任意周期函数都可以用成谐波关系的正弦函数级数表示。1965 年 Cooley 和 Tukey 提出快速傅里叶变换（FFT），大大加快了傅里叶变换的速度，使其具有真正的工程应用意义。

1. 连续时间信号傅里叶变换

连续性非周期信号的傅里叶变换有

$$F(\omega) = \int_{-\infty}^{\infty} f(t) \mathrm{e}^{-\mathrm{j}\omega t} \mathrm{d}t \tag{9-35}$$

连续性周期信号的傅里叶变换有

$$F(\omega) = 2\pi \sum_{n=-\infty}^{\infty} F_n \delta(\omega - n\omega_1) \tag{9-36}$$

2. 离散时间信号傅里叶变换

离散时间信号包括三类，即无限长非周期信号、无限长周期信号和有限长信号。

对于无限长非周期信号，其对应的傅里叶变化公式为

$$X(\mathrm{e}^{\mathrm{j}\omega}) = \sum_{n=-\infty}^{\infty} x[n] \mathrm{e}^{-\mathrm{j}\omega n} \tag{9-37}$$

式中：$x[n]$ 表示离散信号的数值序列。

无限长非周期信号，其频谱为连续的曲线，频率范围是 $[-\pi, \pi]$。

无限长周期信号的傅里叶级数的表示形式为

$$\tilde{x}[n] = \frac{1}{N} \sum_{k=0}^{N-1} \tilde{X}[k] \mathrm{e}^{\mathrm{j}(2\pi/N)kn} \tag{9-38}$$

式中：$\tilde{X}[k]$ 表示傅里叶系数。

无限长周期信号，其频谱周期离散，频率范围是 $[-\infty, \infty]$。

有限长信号的傅里叶级数的表示形式为

$$x[n] = \begin{cases} \dfrac{1}{N} \sum_{k=0}^{N-1} X[k] \mathrm{e}^{\mathrm{j}(2\pi/N)kn}, & 0 \leqslant k \leqslant (N-1) \\ 0, & \text{others} \end{cases} \tag{9-39}$$

式中：n 表示曲线在时域中的离散采样点；k 表示曲线的频谱曲线在频域的离散采样点。n 和 k 的取值范围相同，都是 $0 \sim (N-1)$ 的闭区间。

有限长信号可以视为无限长非周期信号，只是在 $[0, (N-1)]$ 之外的采样点上，取值为 0。所以该信号的频谱为连续的曲线，频率范围是 $[-\pi, \pi]$。

3. 低频振荡分析的傅里叶法

在低频振荡检测算法中，需要分析的信号属于无限长周期性离散时间信号。用于分析的数据是从该信号中截取的一段信号，属于离散时间信号中的"有限长信号"。假设这段信号正好对应原周期信号中一个周期中的内容，那么对该信号进行离散傅里叶变换，即达到了对无限长周期离散时间信号的频谱分析。但在实际情况中，并不能保证原信号是周期信号，所以若要得出更精确的频谱分析结论，还需要在离散傅里叶分析的基础之上，引入加窗、补零和短时傅里叶变换的分析方法，如图 9-3 所示。

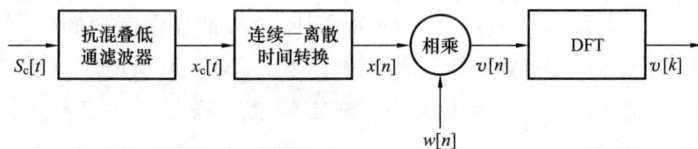

图 9-3　连续时间信号的离散时间傅里叶分析的处理步骤

在进行傅里叶分析之前，原始信号首先要通过"抗混叠低通滤波器"和"连续—离散时间转换"模块的处理，得到无限长的离散信号 $x[n]$。因为 DFT 的输入信号必须是有限长的，所以通常用有限长窗 $w[n]$ 乘以序列 $x[n]$，这就产生了有限长序列 $v[n] = w[n]x[n]$。它在频域上表现为周期卷积，即

$$V(\mathrm{e}^{\mathrm{j}\omega}) = \frac{1}{2\pi} \int_{-\pi}^{\pi} X(\mathrm{e}^{\mathrm{j}\theta}) W(\mathrm{e}^{\mathrm{j}(\omega-\theta)}) \mathrm{d}\theta \tag{9-40}$$

对加窗序列 $v[n] = w[n]x[n]$ 进行 DFT 变换为

$$V[k] = \sum_{n=0}^{N-1} v[n] e^{-j(2\pi/N)kn} \quad [k = 0, 1, \cdots, (N-1)] \tag{9-41}$$

有限长序列 $v[n]$ 的 DFT 对应于 $v[n]$ 的傅里叶变换的等间隔采样，采样间隔为 $2\pi/N$。

在低频振荡检测算法中，直接使用 DFT 进行频谱分析，实际是用一个矩形窗对原信号进行截取。矩形窗频谱曲线的特点是：对于给定的窗长度，具有最小的主瓣宽度（分辨率高），但是在常用的窗函数中，它的旁瓣幅度最大，所以泄漏严重。如果原信号理想（就是频率一定的周期信号），那么原信号的频谱曲线在主频处有值，其他频率处均为零，如果使用矩形窗截取信号进行频谱分析，能够得出正确的结果。但是如果原信号不理想（具有高频分量），那么使用矩形窗截取信号进行频谱分析时将会产生严重的泄漏，导致分析结果错误。

但是由于检测低频振荡而采集的信号，属于不平稳信号，它的频域特性是随时间变化的。对于这类信号，我们不但需要了解某些局部时段上所对应的主要频率特性，也需要了解某些频率的信息出现的时段，也就是提出了时—频局部化的要求。单纯的 DFT 计算无法满足这种要求。因此，在算法设计中引入了短时傅里叶变换的分析方法。

4. 低频振荡分析的短时傅里叶法

由于短时傅里叶变换是针对一段时间内的信号进行频谱分析，所以当时间段足够短时，可在短时傅里叶变换的应用中理想地认为：在窗 $w[n]$ 内的信号近似于平稳信号。

信号 $x[n]$ 的短时傅里叶变换定义为

$$X[n,\lambda] = \sum_{m=-\infty}^{\infty} x[n+m] w[m] e^{-j\lambda m} \tag{9-42}$$

式中：$w[m]$ 是一个窗序列。在短时傅里叶表示中，一维序列 $x[n]$ 是单个离散变量的函数，它转换为一个离散的时间变量 n 和连续的频率变量 λ 的二维函数。与 DFT 相同，短时傅里叶中对于频率变量 λ 而言，也是周期为 2π 的函数。式（9-42）可以看为移位信号 $x[n+m]$ 通过窗 $w[m]$ 的傅里叶变换。窗有一个平稳的起始点，并且当 n 改变时，信号滑动着通过窗，对于每个 n 值，可以看到信号的一段不同部分。

就时间分辨率而言，短时傅里叶变换中窗的主要目的是显示被变换序列的所在范围，即显示从某一时刻开始，到某一时刻截止，这一时间段之内被变换序列的样本序列。如果需要获得较高的时间分辨率，则需要采用尽可能小的窗宽。但通过"加窗对原函数频谱响应的影响"中的讨论可知，随着窗宽变短，频率的分辨率将随之降低。对于无限长离散时间信号，当使用无限长窗宽时，具有最好的频率分辨率，但是它不具备时间分辨率；当窗宽缩小为仅能包括一个采样点时，具有最好的时间分辨率，但是它不具备频率分辨率。也就是说，不可能选择一个窗宽，使其满足同时提高两种分辨率的要求。

由短时傅里叶变换对信号进行分析，相当于用一个形状、大小和放大倍数相同的"放大镜"在时—频相平面上移动去观察某固定长度时间内的频率特性。尽管窗式傅里叶变换能解决变换函数的局部化问题，但是在实际问题中，对于高频谱的信息，由于时域波形相对较窄，窗 $w[n]$ 的宽度相对较小时，可以给出比较好的时域精度，也就是说需要使用较窄的时窗来反映信号中的高频成分；对于低频谱的信息，由于时域波形相对较宽，窗 $w[n]$ 的宽度相对较大时，才能给出相对完整的信号信息，也就是说必须使用较宽的时窗来反映信号中的低频成分。在短时傅里叶变换中，时窗宽度不具备自适应性，所以根据所分析信号的频谱特性来选择窗函数变得非常关键。

9.3.4 小波分析法

小波分析（Wavelet Analysis）作为一种数学工具，被认为是数学发展史上的重要成果；作为一种时频分析理论，被认为是傅里叶分析的新发展。它既包含有丰富的数学理论，又是工程应用中强有力的方法和工具。小波分析来自于傅里叶分析，其存在性的证明依赖于傅里叶分析，因而它不能替代傅里叶分析，但它所具有的优良特性是其他分析方法无法比拟的。这些良好的分析特性使得小波变换已成为信号处理的一种强有力的新工具。

小波的起源可以追溯到 20 世纪初。1910 年，Haar 提出了规范正交小波基的思想，构造了紧支撑的正交函数系——Haar 函数系。1936 年，Littlewood 和 Paley 对 Fourier 级数建立了二进制频率分量分组理论，构造了一组 Littlewood—Paley 基，这为小波在后来的发展奠定了理论基础。1946 年，Gabor 提出了加窗傅里叶变换理论，使得对信号的表示具有时频局部化性质。小波理论在 20 世纪 80 年代获得了长足发展。1982 年，Stromberg 构造了一组具有指数衰减且具有有限次连续导数的小波基。1984 年，Grossman 和 Morlet 首次提出了小波（wavelet）的概念，给出了按一个确定函数的伸缩平移展开函数的新方法和进行信号表示的新思想。随后，Meyer 证明了一维小波的存在性，并构造了具有一定衰减性质的光滑小波函数。1987 年，Mallat 进一步提出了多分辨分析的概念，统一了在此之前各种具体的小波构造方法，为小波基的构造提供了一般的途径并给出了与 FFT 对应的快速算法——Mallat 算法，并将它用于图像分解和稳定重构。

小波变换在时域和频域同时具有良好的局部化特性。在检测高频信息时，时窗变窄，主频变高；分析低频信息时，时窗变宽，主频变低，具有自适应分辨分析的特点，因此适合处理非平稳信号。

1. 小波基本概念

（1）小波函数。小波变换在伸缩平移后的小波上分解信号。小波函数是由小波母函数伸缩和平移得到。小波母函数 $\psi(t)$ 是一个均值为 0 的平方可积函数，即

$$\int_{-\infty}^{\infty} |\psi(t)|^2 dt < \infty \tag{9-43}$$

且同时满足允许条件

$$C_\psi = \int_{-\infty}^{\infty} \frac{|\hat{\psi}(\omega)|^2}{|\omega|} d\omega < \infty \tag{9-44}$$

式中：$\hat{\psi}(\omega)$ 是 $\psi(t)$ 的傅里叶变换。由式（9-44）可以得到

$$\int_{-\infty}^{\infty} \psi(t) dt = 0 \tag{9-45}$$

式（9-44）说明 $\psi(t)$ 具有快速衰减性，式（9-45）说明 $\psi(t)$ 具有波动性。

通过尺度因子 a 及平移因子 b，将母函数 $\psi(t)$ 伸缩及平移，生成小波函数 $\psi_{a,b}(t)$

$$\psi_{a,b}(t) = \frac{1}{\sqrt{a}} \psi\left(\frac{t-b}{a}\right) \quad (a, b \in R, a \neq 0) \tag{9-46}$$

小波母函数为 $b=0$，$a=1$ 的小波函数。$a>1$ 相当于拉伸小波母函数；$a<1$ 相当于压缩小波母函数。

（2）连续小波变化。任意平方可积函数 $x(t)$ 的连续小波变换定义为

$$W(a, b) = \int_{-\infty}^{+\infty} x(t)\psi_{a,b}^*(t)\mathrm{d}t \tag{9-47}$$

当 $\psi(t)$ 满足允许条件式（9-44）存在逆变换为

$$x(t) = C_\psi^{-1}\int_{-\infty}^{\infty}\int_{-\infty}^{\infty}\psi_{a,b}(t)W(a, b)\mathrm{d}b\,\frac{\mathrm{d}a}{|a|^2} \tag{9-48}$$

其中，a 为尺度变量；b 为时间变量。尺度变量 a 与频率相关，其对应的频率为

$$f = f_0/a \tag{9-49}$$

f_0 为小波母函数的中心频率。可见，尺度变量与频率成反比关系。

2. Morlet 小波分析方法

（1）解析小波。设有小波函数 $\psi(t)$，如果满足式（9-49）的解析性质，则称为解析小波。对于不同的应用，小波变换可以选择不同的小波基函数，得到的分析结果也可能有较大差别。在谐波分解的应用领域，Morlet 小波具有突出的优点。Morlet 母小波表示如下

$$\psi(t) = \frac{1}{\sqrt{2\pi}\sigma}\mathrm{e}^{j\omega_0 t}\mathrm{e}^{-\frac{t^2}{2\sigma^2}} \tag{9-50}$$

对其进行伸缩和平移，得到一族 Morlet 小波函数

$$\psi_{a,b}(t) = \frac{1}{\sqrt{a}}\psi\left(\frac{t-b}{a}\right) \tag{9-51}$$

取 $\omega_0 = 2\pi$，$\sigma = 1$ 得到的母小波 $\psi(t) = \frac{1}{\sqrt{2\pi}}\mathrm{e}^{j2\pi t}\mathrm{e}^{-\frac{t^2}{2}}$ 及由其得到的两个小波函数示于图 9-4 中。

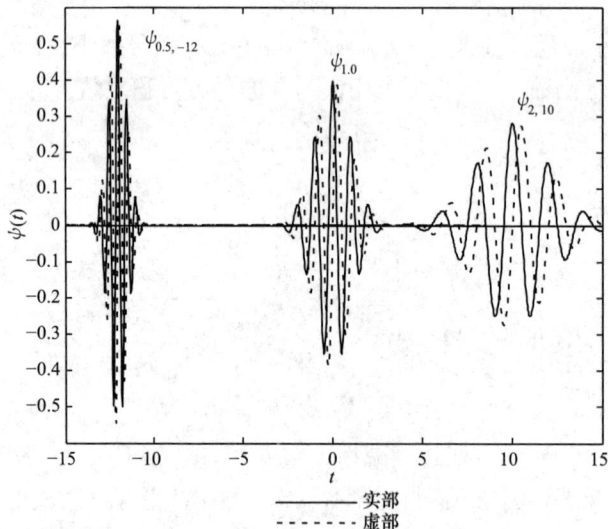

图 9-4　不同尺度的 Morlet 小波时域波形

Morlet 小波可以作为加了高斯窗的正弦信号分析，即 $\psi(t) = g(t)\mathrm{e}^{j\omega_0 t}$，其中 $g(t) = \frac{1}{\sqrt{2\pi}\sigma}\mathrm{e}^{-\frac{t^2}{2\sigma^2}}$

为高斯窗函数,其傅里叶变换为 $\hat{g}(\omega) = \mathrm{e}^{-\frac{\sigma^2\omega^2}{2}}$。则 Morlet 小波的傅里叶变换为

$$\hat{\psi}(\omega) = \hat{g}(\omega - \omega_0) \tag{9-52}$$

图 9-4 三个小波的傅里叶变换如图 9-5 所示。

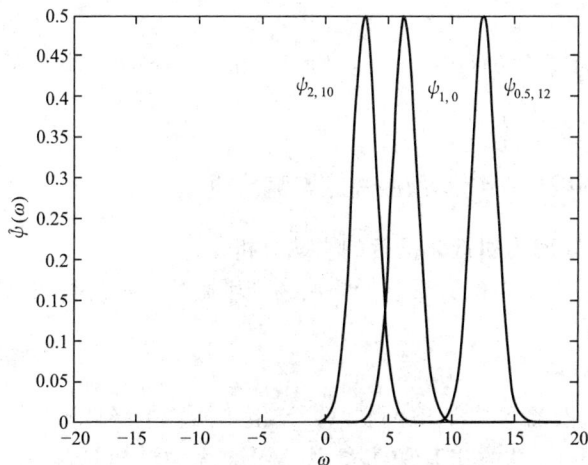

图 9-5 不同尺度的 Morlet 小波频域波形

由图 9-5 可见,适当选择母小波的中心频率 ω_0,可以使得 $\omega<0$ 时 $\hat{\psi}(\omega)\approx0$,得到渐进解析的 Morlet 小波。通常实用中取 $\omega_0 \geqslant 5.6\mathrm{r/s}$。严格来讲,Morlet 小波不满足允许条件式 (9-44) 或式 (9-45),但是,如果取 $\sigma=1$,则当 $\omega_0>5\mathrm{r/s}$ 时有 $\int_{-\infty}^{\infty}\psi(t)\mathrm{d}t \approx 0$,近似满足允许条件。此外,虽然 Morlet 小波不是紧支撑小波。但是从图 9-5 中可以看出,Morlet 母小波的包络在 $t=0$ 两侧迅速衰减,因此,Morlet 小波在谐波分解中仍然可以得到较好的结果。

(2) 采用 Morlet 小波的连续解析小波变换。待分析信号为时域信号 $x(t)$,分析目的是从其数值序列中获得时变振幅 $A(t)$ 和时变相位 $\psi(t)$ 的信息,并进一步获得瞬时频率 $\omega(t)=\dot{\psi}(t)$。因此,设

$$x(t) = A(t)\cos\psi(t) \tag{9-53}$$

采用 Morlet 小波 $\psi(t)=g(t)\mathrm{e}^{\mathrm{j}\omega_0 t}$ 对信号 $x(t)$ 做连续小波变换

$$W(a, b) = \int_{-\infty}^{+\infty} x(t)\psi_{ab}^*(t)\mathrm{d}t = \frac{\sqrt{a}}{2}A(b)\{\hat{g}[\omega_0 - a\omega(b)] + \varepsilon\}\mathrm{e}^{\mathrm{j}\psi(b)} \tag{9-54}$$

$g(t)=\dfrac{1}{\sqrt{2\pi}\sigma}\mathrm{e}^{-\frac{t^2}{2\sigma^2}}$ 为高斯函数。定义高斯函数的时频窗

$$\begin{cases} t^* = 0 \\ \omega^* = 0 \\ \Delta_t = \dfrac{\sigma}{\sqrt{2}} \\ \Delta_\omega = \dfrac{1}{\sqrt{2}\sigma} \end{cases} \tag{9-55}$$

如果 $g(t)$ 的频窗宽度 $2\Delta_\omega \leqslant a\omega(b)$，并且时变振幅 $A(t)$ 在 $g(t)$ 支集上变化较小，则校正项 ε 可以忽略不计，得到

$$W(a,b) = \int_{-\infty}^{+\infty} x(t)\psi_{ab}^*(t)\mathrm{d}t = \frac{\sqrt{a}}{2}A(b)\{\hat{g}[\omega_0 - a\omega(b)]\}\mathrm{e}^{\mathrm{j}\psi(b)} \qquad (9-56)$$

小波变换的模值为 $\frac{\sqrt{a}}{2}A(b)\{\hat{g}[\omega_0 - a\omega(b)]\}$，相位为 $\mathrm{e}^{\mathrm{j}\psi(b)}$，由其可以得到信号 $x(t)$ 的时变振幅 $A(t)$ 和时变相位 $\psi(t)$。

9.4 无功功率对电力系统低频振荡的影响分析

9.4.1 发电机无功出力对低频振荡的影响分析

发电机无功出力多少将对电力系统低频振荡产生影响，如安徽电网平圩机组进相运行时曾发生数次低频振荡事故。

1. 2001.5.16 低频振荡

2001 年 5 月 16 日安徽 500kV 电网肥（西）洛（河）平（圩）地区发生低频有功、无功振荡现象。振荡前平圩 1♯机发出有功功率 590MW，无功进相 67Mvar；洛河 3♯机发出有功功率 294MW，无功功率 153Mvar；洛河 4♯机发出有功功率 287MW，无功功率 84Mvar。

2001 年安徽 500kV 电网肥（西）洛（河）平（圩）地区发生低频有功、无功振荡现象的接线图如图 9-6 所示，由于此时还没有 PMU 装置对低频振荡的数据进行记录，所以在此采用小干扰推导法分析。

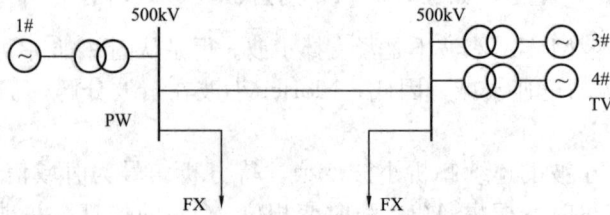

图 9-6　发生低频振荡时的 500kV 系统图

任一发电机的电磁功率可用式（9-57）表达

$$
\begin{aligned}
P_{Ei} &= R_e(\dot{E}_i \hat{I}_i) = R_e(\dot{E}_i \sum_{j=1}^{G} \hat{E}_j \hat{Y}_{ij}) \\
&= E_i \sum_{j=1}^{G} E_j(G_{ij}\cos\delta_{ij} + B_{ij}\sin\delta_{ij}) \\
&= E_{ii}^2 G_{ii} + E_i \sum_{\substack{j=1 \\ j\neq i}}^{G} E_j(G_{ij}\cos\delta_{ij} + \beta_{ij}\sin\delta_{ij}) \qquad (9-57)
\end{aligned}
$$

对式（9-57）展开

$$
\begin{cases}
P_{E1} = E_1^2 G_{11} + E_1' E_2'(B_{12}\sin\delta_{12} + G_{12}\cos\delta_{12}) \\
P_{E2} = E_2^2 G_{22} + E_1' E_2'(-B_{12}\sin\delta_{12} + G_{12}\cos\delta_{12})
\end{cases} \qquad (9-58)
$$

将功率偏移量表示为各发电机 $\Delta\delta$ 的参数

$$\begin{cases} \Delta P_{E1} = \left(\frac{\partial P_{E1}}{\partial \delta_1}\right)_0 \Delta\delta_1 + \left(\frac{\partial P_{E1}}{\partial \delta_2}\right)_0 \Delta\delta_2 = K_{11}\Delta\delta_1 + K_{12}\Delta\delta_2 \\ \Delta P_{E2} = \left(\frac{\partial P_{E2}}{\partial \delta_1}\right)_0 \Delta\delta_1 + \left(\frac{\partial P_{E2}}{\partial \delta_2}\right)_0 \Delta\delta_2 = K_{21}\Delta\delta_1 + K_{22}\Delta\delta_2 \end{cases} \tag{9-59}$$

其中

$$\begin{cases} K_{11} = \left(\frac{\partial P_{E1}}{\partial \delta_1}\right)_0 = -\left(\frac{\partial P_{E1}}{\partial \delta_2}\right)_0 = -K_{12} = E_1' E_2'(B_{12}\cos\delta_{120} - G_{12}\sin\delta_{120}) \\ K_{21} = \left(\frac{\partial P_{E2}}{\partial \delta_1}\right)_0 = -\left(\frac{\partial P_{E2}}{\partial \delta_2}\right)_0 = -K_{22} = E_1' E_2'(-B_{12}\cos\delta_{120} - G_{12}\sin\delta_{120}) \end{cases} \tag{9-60}$$

将 ΔP_{E1} 和 ΔP_{E2} 代入转子运动方程，则得到两机不计阻尼影响的发电机转子运动方程并写成矩阵形式如下

$$\begin{bmatrix} \Delta\dot{\delta}_1 \\ \Delta\dot{\delta}_2 \\ \Delta\dot{\omega}_1 \\ \Delta\dot{\omega}_2 \end{bmatrix} = \begin{bmatrix} 0 & 0 & \omega_0 & 0 \\ 0 & 0 & 0 & \omega_0 \\ -\dfrac{K_{11}}{T_{J1}} & -\dfrac{K_{12}}{T_{J2}} & 0 & 0 \\ -\dfrac{K_{21}}{T_{J2}} & -\dfrac{K_{22}}{T_{J2}} & 0 & 0 \end{bmatrix} \begin{bmatrix} \Delta\delta_1 \\ \Delta\delta_2 \\ \Delta\omega_1 \\ \Delta\omega_2 \end{bmatrix} \tag{9-61}$$

对上式求特征值可得

$$\lambda_{1,2} = \pm\sqrt{-\bar{\omega}_0\left(\frac{K_{11}}{T_{J1}} + \frac{K_{22}}{T_{J2}}\right)} \tag{9-62}$$

系统静态稳定的判据为

$$\frac{K_{11}}{T_{J1}} + \frac{K_{22}}{T_{J2}} > 0 \tag{9-63}$$

从上式的判据可看出，$\dfrac{K_{11}}{T_{J1}} + \dfrac{K_{22}}{T_{J2}} > 0$ 即是

$$\frac{B_{12}\cos\delta_{120} - G_{12}\sin\delta_{120}}{T_{J1}} + \frac{B_{12}\cos\delta_{120} + G_{12}\sin\delta_{120}}{T_{J2}} > 0$$

图 9-7 是其相量分析图。

由图 9-7 可见，随着一台发电机进相，两电厂的功角差将由 δ_1 增加到 δ_2（图 9-7 中的 δ_1、δ_2 分别表示 δ_{120} 在滞相运行和进相运行的功角差）。随着功角的增大，由上式可见 K_{11} 将由正值逐渐减小并至负值，当 K_{11} 的负值大于 K_{12} 值时，系统将发生低频振荡。

另外，当功角增大时，也将使发电机的励磁系统对系统产生负阻尼，从而引起系统的低频振荡。对励磁系统的影响主要是通过 K_5 系数来影响的，当功角增大，K_5 值将可能变为负值，从而使系统的阻尼转矩变为负，而具有负阻尼的系统将引起电力系统运行的不稳定。

2. 2011.1.13 低频振荡

以 2011 年 1 月 13 日平圩机组进相运行时低频振荡事故为例，图 9-8 给出了平圩电厂接入安徽 500kV 系统图，相对于 2001 年，新投运了袁庄 2 台机组，平圩至肥西增加了一回 500kV 线路。

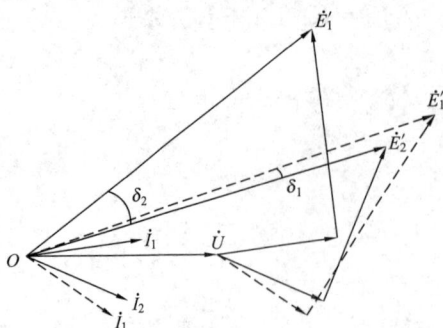

图 9-7　两机组滞相、进相运行功角差的变化相量图　　图 9-8　平圩电厂接入系统图

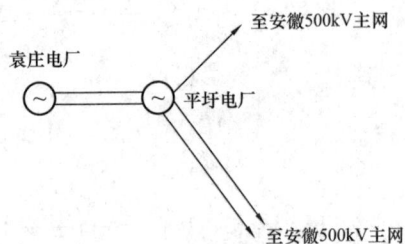

平圩电厂进相运行时，PMU 实测发电机的有功功率、无功功率、端电压幅值、发电机内电动势以及功角曲线如图 9-9 所示。

由图 9-9（a）可以看出，发电机进相运行时，系统发生增幅振荡事故，此后增加发电机发出的无功功率，系统振荡平息并回到稳态运行。

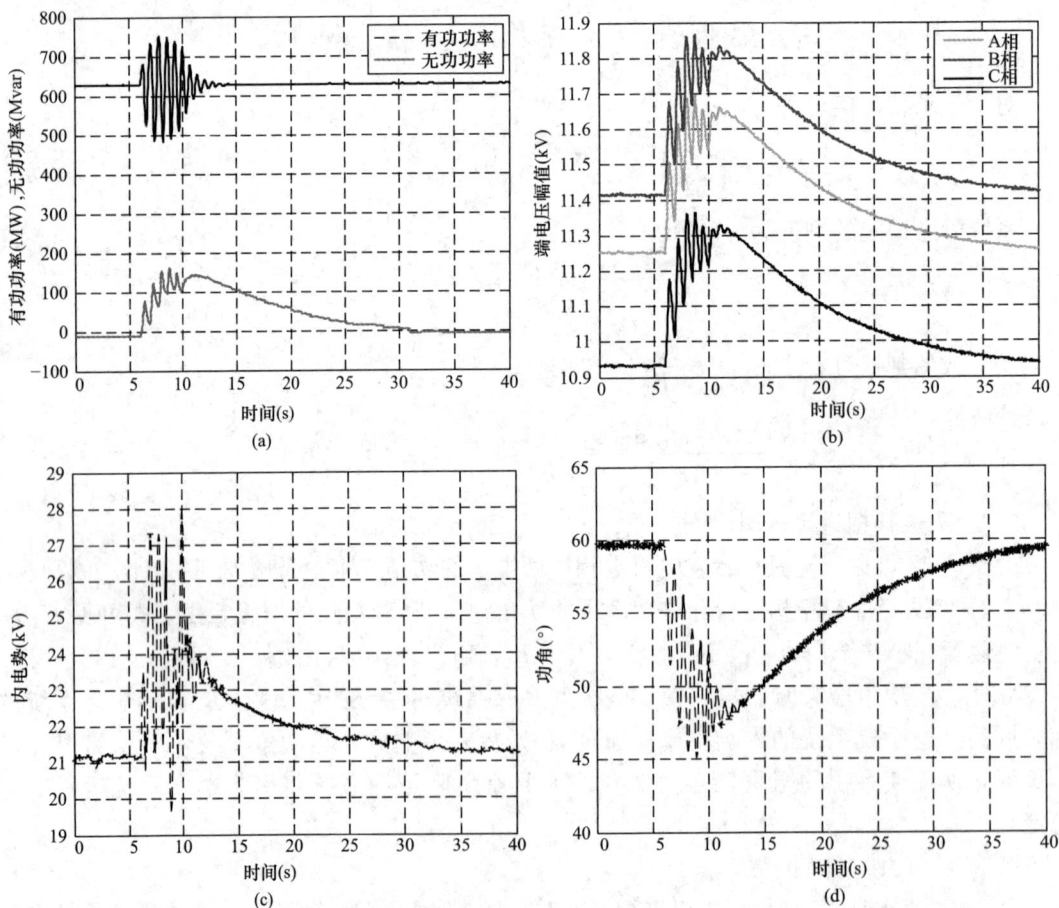

图 9-9　PMU 实测曲线
（a）发电机有功功率与无功功率；（b）发电机端电压幅值；（c）发电机内电动势；（d）发电机功角

由图 9-9 (b)～(d) 可知,发电机再次从迟相运行变为进相状态后 (时间大于 10s),发电机的内电动势和端电压持续下降,功角持续增大。随后系统又发生第二次低频振荡事故。

基于图 9-9 (a) 中 4～14s 区间发电机有功功率的振荡曲线,采用 Morlet 小波方法提取系统振荡频率及阻尼率,如图 9-10 所示。

由图 9-10 可知,发电机由进相运行变为迟相运行,逐步增加所发无功功率期间,低频振荡频率逐步增加,振荡阻尼也由负值逐渐增大为正值,系统由小扰动不稳定变为小扰动稳定。

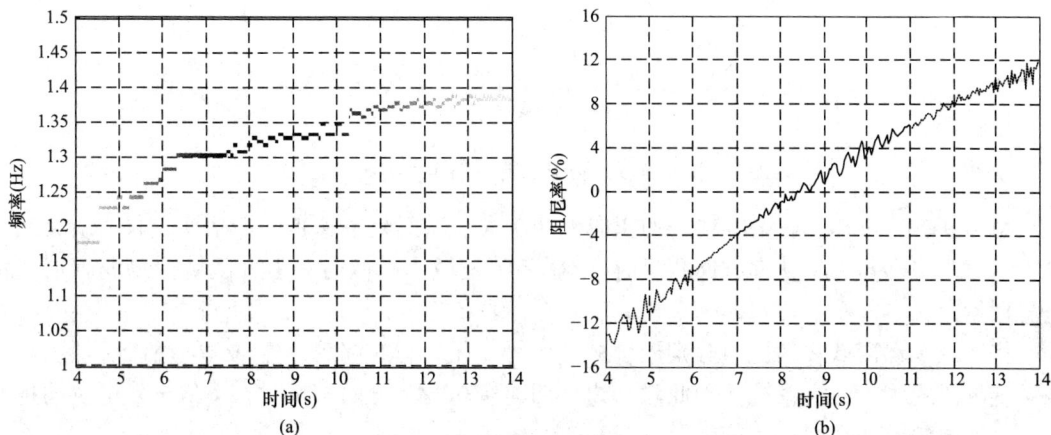

图 9-10 时变小波频率与阻尼
(a) 辨识频率;(b) 辨识阻尼率

9.4.2 联络线无功变化对区域振荡阻尼的影响

图 9-11 所示的 4 机 2 区域系统。其中发电机采用双轴模型,并设有电力系统稳定器 (PSS),总有功负荷与总无功负荷分别为 2734MW 和 200Mvar,采用恒阻抗负荷模型。

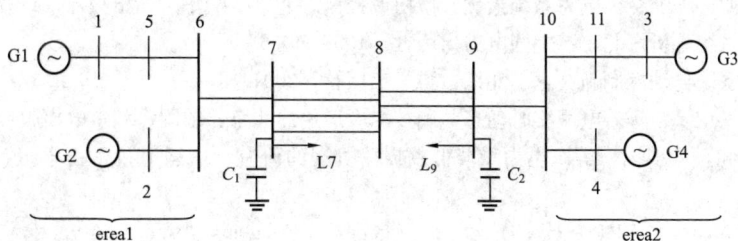

图 9-11 4 机 2 区域系统

根据潮流结果可知,联络线 8-9 上总功率为 $\widetilde{S}_{8-9}=390.3-j15.9$MVA,即母线 8 向母线 9 输送的有功为 390.3MW,无功为 -15.9Mvar。采用 SSAT 软件计算得到系统的区域振荡模式为机组 (G1,G2) 相对于 (G3,G4) 之间的振荡,该模式的振荡频率为 0.7032Hz,阻尼率为 1.55%。

在有功负荷不变的情况下,改变母线 7 和 9 的无功负荷,仿真分析联络线 8-9 上无功功率大小和方向不同时,区域振荡阻尼的变化,如图 9-12 所示。

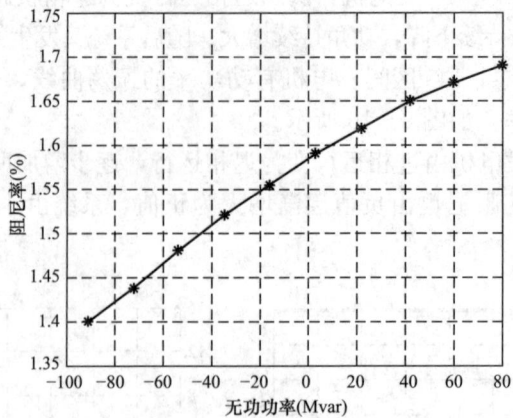

图 9 - 12　区域振荡阻尼随联络线无功功率变化

由图 9 - 12 可知，联络线输送的正向无功越大，振荡阻尼率越高；相反，联络线无功功率为负值时（即与有功功率方向相反时），振荡阻尼减小，此时易引发区域振荡弱阻尼或负阻尼现象。

将区域 1 和区域 2 的机组分别聚合成一台等值机，母线 7 和 9 看成等值机的近区负荷，该系统等值成为一 2 机系统，因此联络线无功与有功功率方向相反时，类似于发电机的进相运行，反向的无功功率数值越大，越不利于系统的阻尼。

参考文献

1　Prabha Kundur. Power System Stability and Control. 北京：中国电力出版社，1998.

2　韩祯祥. 电力系统稳定. 北京：中国电力出版社，1995.

3　倪以信，陈寿孙，张宝霖. 动态电力系统的理论和分析. 北京：清华大学出版社，2002.

4　余贻鑫，王成山. 电力系统稳定性理论与方法. 北京：科学出版社，1999.

5　韩英铎，王仲鸿，陈淮金. 电力系统最优分散协调控制. 北京：清华大学出版社，1997.

6　夏道止. 电力系统分析. 北京：中国电力出版社，1998.

7　郭培源. 电力系统自动控制新技术. 北京：科学出版社，2001.

8　陈实，许勇，王正风，等. 电网实时动态监测技术及应用. 北京：中国水利水电出版社，2011.

9　王铁强，贺仁睦，王卫国，等. 电力系统低频振荡机理的研究. 中国电机工程学报，2002，（22）2：21 - 25.

10　Wong D Y, Rogers G J, Porretta B, et al. Eigenvalue Analysis of Very Larger Power Systems [J]. IEEE Trans on Power System，1988，3 (2).

11　王正风，刘盛松. 安徽 500kV 电网 5 · 16 低频振荡分析. 继电器，2002，30 (10)：41 - 43.

12　徐情，王正风，潘学萍. 发电机进相深度对电力系统低频振荡的影响. 中国电力，2012，45 (12)：57 - 61.

第10章

广域测量系统在电网安全运行中的应用

10.1 电网广域测量系统

现代科技的发展为电力系统广域网动态监控提供了有力的技术手段，自 20 世纪 90 年代初期，基于全球定位系统（Global Position System，GPS）的相量测量单元 PMU 的成功研制，标志着同步相量技术的诞生。应用广域网动态测量（Wide Area Measurement System，WAMS）技术可以在同一时间参考轴下获取大规模的电力系统实时动态信息和稳态信息，为电力系统的运行和控制提供了新的途径和方法。该系统利用 PMU 的三大特色：①直接测量发电机功角；②每隔 40ms 及以内向调度主站传送一次电网动态数据；③利用 GPS 给每个数据打上时标，获取同一时间断面上的数据，从而实现电网的动态数据监测、记录、电网扰动分析和电网低频振荡告警等，提高电网安全稳定性。由于该系统可以实现 40ms 及以内的高速同步测量和数据记录，为准确分析电网的扰动原因发挥了重要作用，因此又称为电网实时动态监测系统。

美国于 1992 年开始装设相量测量装置，我国也于 1995 年开始组建了电网的实时动态监测系统。大量的应用实践证明，电网动态实时监控系统能监测电网运行状态、进行系统特性分析，准确捕捉电力系统在故障扰动、低频振荡和系统试验等情况下的动态过程及行为特性，成为校核电力系统稳定计算模型的有效手段，取得了较好的社会效益和经济效益。

随着区域电力系统互联的发展，电力系统动态行为的监测和控制日益受到广泛关注。国家电力调度通信中心于 2003 年 2 月颁布试行的《电力系统实时动态监测系统技术规范（试行）》中提到："为配合全国联网，进一步加强电力系统调度中心对电力系统的动态稳定监测和分析能力，应在重要的变电站和发电厂安装同步相量测量装置，构建电力系统实时动态监测系统，并通过调度中心分析中心站实现对电力系统动态过程的监测和分析。该系统将成为电力系统调度中心的动态实时数据平台的主要数据源，并逐步与 EMS 系统及安全自动控制系统相结合，以加强对电力系统动态安全稳定的监控"。该技术规范强调了对电力系统动态过程的实时监测。2006 年，国家电力调度通信中心又颁布了《电力系统电网实时动态监测系统的技术规范》，进一步规范电网实时动态监测技术。

运行实践证明，同步相量测量系统不仅为电网的安全运行提供了准确的实时功角数据，还能忠实、精确地记录电网中发生的所有异常工况，成为电网安全稳定运行不可缺少的工具。如东北电网利用电网广域测量系统/WAMS 系统，在 2004 年和 2005 年两次进行了大扰动试验中，同步相量测量装置及电网实时动态监测系统/WAMS 系统完整记录了扰动过程的数据。根据同步相量测量装置记录的动态数据及暂态数据，完成了系统的模型参数的验证，对东北电网的负荷模型和系统分析提供了有力的支持。

10.1.1 广域测量系统的构成

电网广域测量系统是同步相量测量单元、高速数字通信设备、电网动态过程分析设备的有机组合体，是近年来发展起来的一项新技术，被称为电力系统三项前沿课题之一。

广域测量系统的构成如图 10-1 所示。

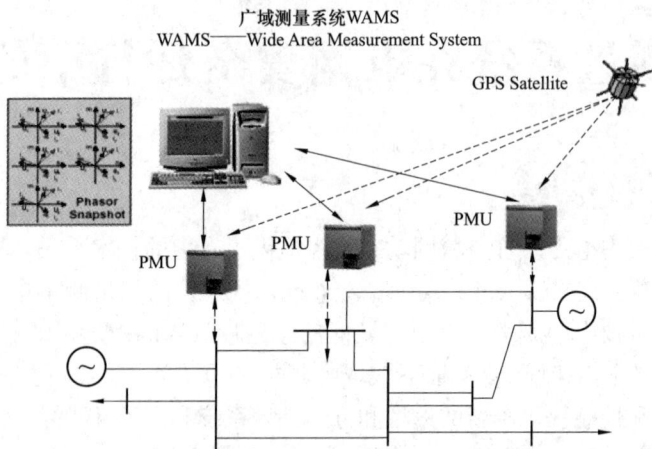

图 10-1　广域测量系统的构成

由图 10-1 可知，各个 PMU 子站接受 GPS 下发的时钟信号，对测量所得的每个数据打上时标，通过电网数据通道，发送给 WAMS 系统主站。WAMS 主站完成对整个系统的动态监测、记录、在线稳定计算和分析，并进行优化稳定控制策略的计算，为调度运行人员的操作提供指导。

WAMS 主站为了提高系统可靠性，通常采用双机双网配置，其主站结构如图 10-2 所示。

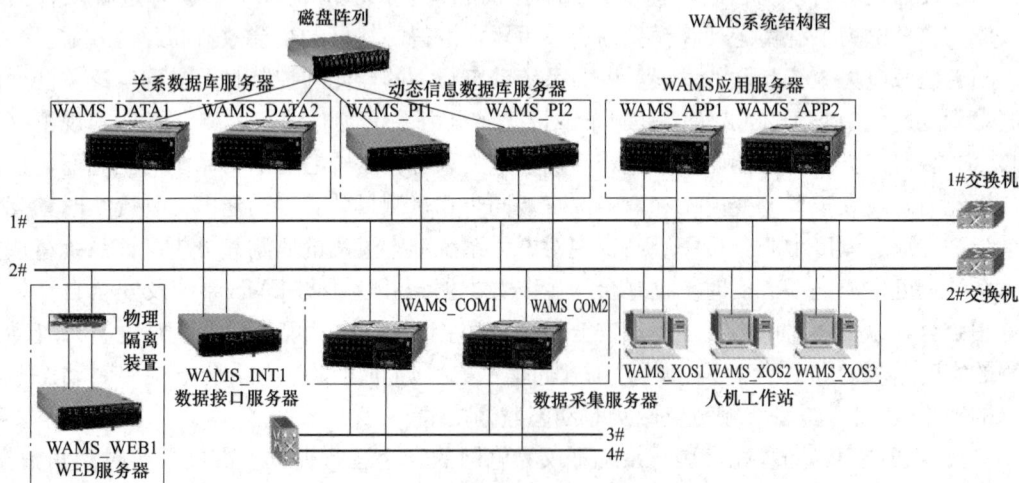

图 10-2　WAMS 主站结构

WAMS 主站通常由 2 台前置服务器、2 台关系数据库服务器、2 台动态信息数据库服务器、2 台应用服务器、1 台 WEB 服务器、1 台数据接口服务器、1 个磁盘列阵和 3 台人机工作站构成。

2 台前置服务器接收 PMU 子站传送上来的数据，在实际工作中，此 2 台服务器应达到负载均衡，并且其负载率均应低于 50%以下。2 台关系数据库服务器存储关系型数据库，通常将采用 ORACLE 数据库存储的电网模型、PMU 采集定义，应用功能的数据库结构定义、SOE、告警事件等信息存储在这 2 台服务器上。2 台动态信息数据库服务器用来存储动态信息数据库，实现对电网动态数据和历史数据的保存。2 台应用服务器实现对电网的动态监测、低频振荡在线分析、电网扰动识别和状态估计等应用功能的实现。WEB 服务器通过数据安全隔离设备从实时信息数据库和应用服务器读取信息，并提供浏览服务。数据接口服务器实现从 EMS 系统中导入电网模型和电网"稳态数据"，实现 WAMS 和 EMS 的数据交换和模型导入。磁盘列阵主要用来存储历史数据，通常需要保存 2 年以上的历史数据。三台工作站分别置于调度台、自动化机房和方式机房，用于在线监测和事故后分析。

目前 PMU 子站普遍采用分布式结构，PMU 子站的结构如图 10-3 所示。

子站通常直接测量线路、母线、机组机端的三相电压和电流，一般要求接入到电流互感器测量回路，个别厂站由于二次回路资源限制只能接到保护回路里。PMU 子站的电流信号通常接入测量 TA 的缘由是在电网出现短路等大扰动时，故障录波仪均记录下电网的扰动数据，而 WAMS 最主要的目的是针对电网的小扰动和电网的动态过程监测和记录，特别是为了实现电网的低频振荡监测、分析和记录。电网发生低频振荡时，电流突变程度远低于短路扰动情况，故测量 TA 不易饱和，因此此时的测量 TA 精度高于保护 TA 的精度。

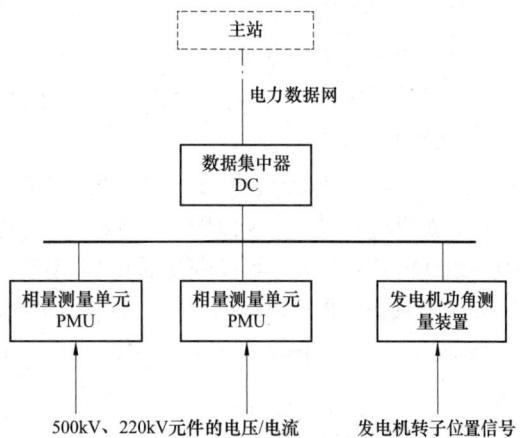

图 10-3 PMU 子站的结构

对于发电厂 PMU 子站，要求接入发电机转子位置信号，以便直接测量发电机的功角，避免通过机端电压电流估算功角带来的计算误差。

PMU 子站内部各测量单元之间通过内部以太网通信。各测量单元都接入独立的或公用的 GPS 授时信号。为了保证同步测量的对时精度 $1\mu s$ 的要求，子站均采用专用的授时方式，与站内的 GPS 不公用。

对于适合适应集中式测量结构了电厂，也可根据现场情况选择集中式方式。

10.1.2 相量测量技术原理

1. 相量

模拟信号 $v(t) = \sqrt{2}V\cos(\omega_0 t + \varphi)$ 对应相量形式为 $V\angle\varphi$。当 $v(t)$ 的最大值出现在秒脉冲时，相量的角度为 0°，当 $v(t)$ 正向过零点与秒脉冲同步时相量的角度为 $-90°$，如图 10-4 所示。

当相量幅值不变时，相量的相位与模拟信号的频率符合如下关系

$$\frac{\mathrm{d}\varphi}{\mathrm{d}t} = 2\pi(f - f_0)f_0 = 50\mathrm{Hz} \tag{10-1}$$

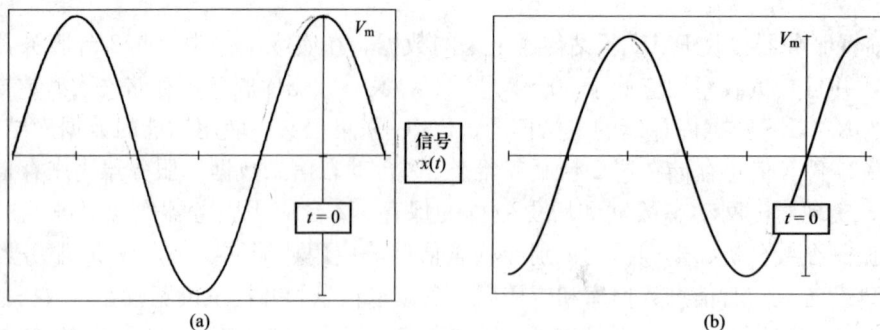

图 10 - 4　波形信号与同步相量之间的转换关系

(a) 0°；(b) −90°

即相量的频率等于 50Hz 时，相量的角度不变；当相量的频率大于 50Hz 时，相量的角度逐渐增大，当相量的频率小于 50Hz 时，相量的角度逐渐减小。

为保证相量数据时标的一致性，《电力系统实时动态监测系统技术规范》规定相量的时标对应于采样数据窗第一点的时刻，其角度对应于此采样数据窗第一点的角度。

2. PMU 相量计算原理

相量数据处理单元计算相量的方法有傅里叶算法和过零点检测方法。

(1) 傅里叶算法。目前 PMU 比较通用的算法是采用傅里叶算法，通过每秒 9600 点的采样或 10 000 点的采样，经过变换后得到相量。

由 A/D 转换单元对三相电压、电流瞬时信号进行采样，设每个周期采样 N 点数据，得到采样值为：$\{x_n, n=0, 1, \cdots, N-1\}$，经离散傅里叶变换得到三相的电压、电流相量值为

$$X = \frac{\sqrt{2}}{N} \sum_{k=1}^{N} x_n e^{-j2k\pi/N} \tag{10-2}$$

再将其变换为正序、负序和零序相量

$$\begin{bmatrix} X_0 \\ X_1 \\ X_2 \end{bmatrix} = \frac{1}{3} \begin{bmatrix} 1 & 1 & 1 \\ 1 & \alpha & \alpha^2 \\ 1 & \alpha^2 & \alpha \end{bmatrix} \begin{bmatrix} X_a \\ X_b \\ X_c \end{bmatrix} \tag{10-3}$$

其中，$\alpha = e^{j120°}$。在获得电压和电流的相量后可以计算有功和无功。电压和电流信号的频率波动会影响到计算精度，则可采用变采样率的相量测量算法。如采用递归傅里叶算法则数据采集周期可以根据需要调整，理想情况下每个采样点都可以计算一次相量。

(2) 过零点检测方法。由 CPU 时钟建立标准 50Hz 信号，并对测量信号过零点打上时间标签，并求出其相对于标准 50Hz 信号的角度。其实质是每个周期采样一次，所以数据采集周期为 0.02s。

傅里叶算法精度优于过零点检测方法，但是需要较多的数据采样点，占用 CPU 资源较多，同时也会影响 PMU 的反应时间。因此，对于实时性要求较高的情况可以采用过零点检测；否则，可以采用傅里叶算法。

PMU 的测量、计算和传送过程如图 10 - 5 所示。

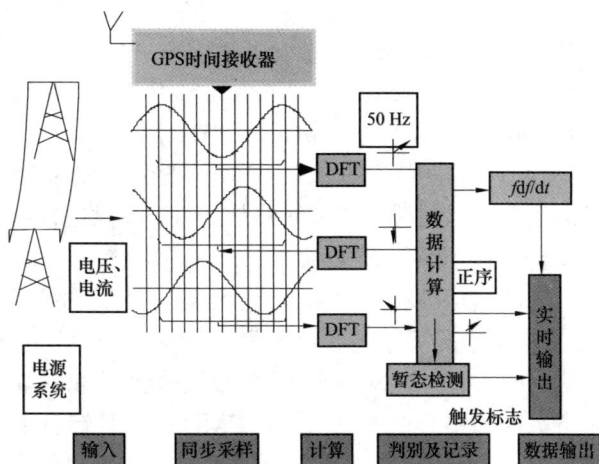

图 10-5 PMU 的测量、计算和传送过程

10.1.3 发电机内电势角度直接测量法原理

PMU 的另一特点是能直接测量发电机的功角。发电机内电势测量装置通过测量发电机转子脉冲发生时刻、机端电压角度来测量内电势角度,其测量原理如图 10-6 所示。

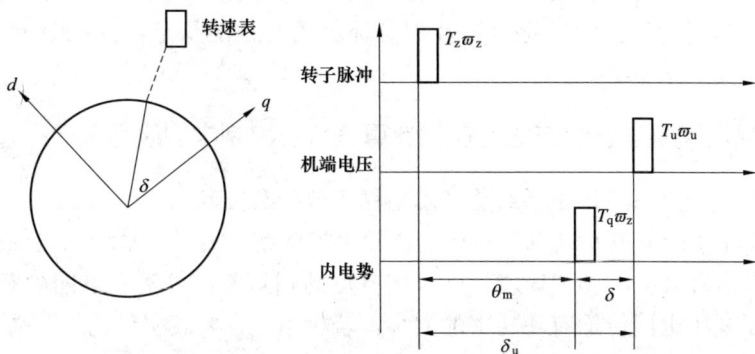

图 10-6 内电势测量原理示意图

PMU 可测量转速表发出的位置脉冲信号出现的时间 T_z,发电机机端电压上升沿(过零点)时间 T_u、内电势上升沿(过零点)时刻为 T_q。

由图 10-6 可以看出

$$\delta = \varpi_u T_u - \varpi_z T_q = \delta_u - \theta_m = (\varpi_u T_u - \varpi_z T_z) - \theta_m \qquad (10-4)$$

式中:ϖ_u、ϖ_z 分别为转子机械(q 轴)转速和定子侧(机端电压)的转速,θ_m 为 q 轴与转子上某个固定点(转速表发出脉冲点)之间的夹角。在稳态情况下 ϖ_u、ϖ_z 相同,在暂态情况下,则不同。而 θ_m 则在暂稳态情况下,均是恒定不变的。

从式(10-4)中可以看到通过测量到 ϖ_u、T_u、ϖ_z、T_z、θ_m 等量及可直接得到 δ。

因为 θ_m 是恒定的,在 PMU 装置中为了较为方便地得到 θ_m,采用特定的算法,使得不需要在发电机停机时校正 θ_m,而使装置自动校正 θ_m。

在 PMU 装置中,直接法测量机组内电势角度,在系统稳态及暂态情况下,均能够精确测量内电势角度,同时可直接利用目前国内电网中各发电厂转速表的输出脉冲信号,大大降

233

低了工程施工的难度。

10.1.4　PMU 与故障录波仪的区别

虽然 PMU 和故障录波仪都是采集正弦电压或电流的瞬时值，起到了保存电网扰动数据的功能，但 PMU 和故障录波仪的作用是不同的，区别在于：

（1）PMU 是经过傅里叶计算后得到的相量，PMU 是将相量上传 WAMS 主站，PMU 上传的相量反映了电网的当前运行情况，诸如线路是否重载、发电机的工况等；在电网发生扰动时，不仅同时保存相量，而且保存 9600 点及以上的采集数据；而故障录波仪仅在当地保存了电网发生短路时的 9600 点及以上的数据，也无法反映系统的运行特征。

（2）PMU 无论在系统正常情况下还是在电网发生扰动时均记录电网实时数据，而故障录波仪只有在保护系统启动时才记录电网实时数据。若系统发生低频振荡，故障录波仪可能不启动，因而无法记录下电网的实时动态数据。而 PMU 的这种针对小扰动所记录下的实时动态数据为电网的振荡模式识别及调度运行人员的小扰动分析都提供了有益的帮助。在目前运行的系统中，如国调、华北、华东和华中等系统中均起到了有益的作用。

（3）PMU 拥有高精度的 GPS 对时，保证了数据的获取在同一时间断面上，为事故后的分析提供了有效的数据。而目前故障录波仪记录的数据缺乏同一时标，故无法从系统的角度去分析问题和解决问题。

（4）PMU 能够采用机械法直接测量发电机的功角，为发电机运行状态和低频振荡的监测提供了手段，从而为系统的稳定运行及控制提供了有益的指导，保证了电力系统的稳定运行。

10.2　广域测量系统在静态稳定在线计算分析及控制中的应用

10.2.1　广域测量系统用于系统静态功角稳定分析及控制

利用 PMU 能直接测量发电机功角和母线相角的特点，实现对系统相角的监测。选择某个 PMU 参考点作为节点，观察其余节点对该节点的相角差，可实现电网静态稳定的监测。电网的相角差反映了电网传输有功功率的大小，若相角差大，表明传输的有功功率很大，因此若两点间的相角差大时，表明系统处于重载。

电力系统静态功角稳定的要求是我国现行的《电力系统安全稳定导则》规定：系统在正常运行情况下的静态储备系数应不小于 15%～20%；在事故后，系统的静态储备系数应不小于 10%。若以 15% 计，对应的发电机功角（对应于机端母线）约为 58°。因此当发电机的功角超过此角度时，应用不同颜色标示，向调度员提供实时告警信息。图 10-7 给出了某省电网动态监测系统监视画面。

图 10-7 中左边栏和右边栏都是对电网进行实时监测的结果，柱状呈绿色表示系统运行正常；柱状呈红色，表示系统运行不正常或不稳定；柱状呈黄色，表示系统处于临界稳定情况。

由于系统静态功角稳定直接表示的是系统最小稳定裕度的发电机组运行情况，因此对于静态功角稳定的控制可以直接减少该发电机组的有功出力即可。

此外通过 WAMS 对电网的动态监测，我们可以获得潮流计算无法获取的发电机功角。通过动态监测功能，我们可以发现，电网的功角（相角）差很大一部分消耗在发电机同步电抗 x_d 上。通常发电机的功角占用的相角差是升压变引起的相角差的 5～10 倍。而发电机的

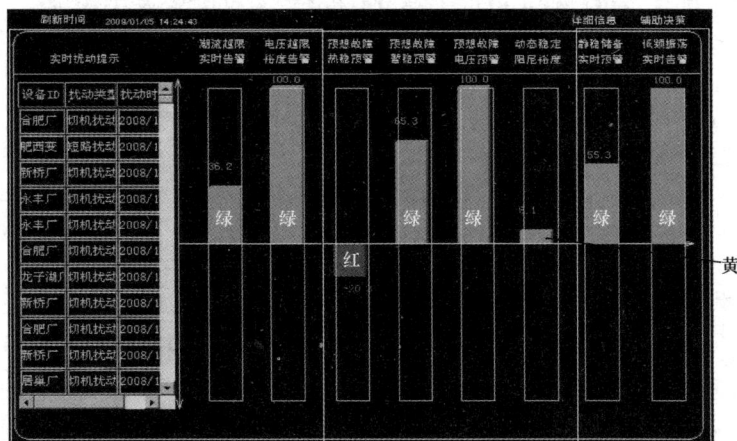

图 10-7 电网实时动态监测图

同步电抗 x_d 不仅影响静态功角稳定水平而且影响系统的暂态功角稳定水平，特别是送端电源更是如此。因此可以利用 PMU 测量的发电机功角（机械法测量），有功出力和无功出力，实现对发电机运行状态下的同步电抗的校正，可进一步提高电网的仿真计算精度和提高发电机组的出力。

10.2.2 广域测量系统在静态电压稳定分析及控制中的应用

在线评估全网的静态电压安全稳定水平，主要包括：静态电压安全稳定故障扫描、静态电压安全稳定极限功率计算、电压稳定的模态分析。如发现系统存在安全隐患，则进行预防控制计算，寻找使系统保证静态电压安全稳定的控制措施。

（1）静态电压安全稳定故障扫描。该功能主要考察在所有 $N-1$ 故障和同杆双回线的 $N-2$ 故障及各种用户感兴趣的故障形式下，系统能否满足指定的各种安全准则的要求。安全准则包括电压幅值、电压跌落、无功储备和有功储备。

对静态电压分析而言，完全的交流潮流计算能精确地给出故障后的潮流分布，可以计及有载调压变压器（OLTC）、自动投切电容、电抗器等的动作，因此，适用于精确计算扰动后的场景。然而对于在线应用，对计算速度的要求较高，可以预先采用一些快速的算法，快速过滤掉大量的安全稳定程度较高的算例，仅仅对其余的故障作完整的交流潮流计算，这样可以显著地提高在线计算速度。

（2）静态电压安全稳定极限功率计算。极限功率计算按照事先确定的功率调整方案（参与元件和调整方式），在考察的故障集下，寻找系统满足安全准则的临界运行点。给定功率调整方案后，程序可以采用指定搜索步长的方法，也可以在给定最大功率调整方案后采用二分法的计算方法，从当前的运行点开始，逐步分析各个运行点是否满足所有考察的故障下对安全准则的要求，直到找到安全/不安全的临界运行点，以此作为系统的极限传输功率。程序同时给出限制系统传输功率的预想事故，以及受到威胁的安全准则和相应断面的传输功率极限。

该功能给出了系统距离极限运行点的距离，也可作为系统的静态电压安全稳定裕度。

该功能类似电压稳定分析中常用的 $P-V$、$Q-V$ 曲线，但更符合工程实际的情况。

（3）电压稳定的模态分析。采用 $Q-V$ 模态（特征值）分析功能通过计算降阶雅可比矩

235

阵的特征值和特征相量，可以确定电网关键负荷母线、关键线路和关键机组，以及电网的相对薄弱区域。

Q-V 模态分析原理如下：

线性化的静态系统功率—电压方程可以表示为

$$\begin{bmatrix} \Delta P \\ \Delta Q \end{bmatrix} = \begin{bmatrix} J_{P\theta} & J_{PV} \\ J_{Q\theta} & J_{QV} \end{bmatrix} \begin{bmatrix} \Delta\theta \\ \Delta U \end{bmatrix} = J \begin{bmatrix} \Delta\theta \\ \Delta U \end{bmatrix} \tag{10-5}$$

式中：ΔP 为节点有功微增量变化；ΔQ 为节点无功微增量变化；$\Delta\theta$ 为节点电压角度微增量变化；ΔU 为节点电压幅值微增量变化；$J_{P\theta}$、J_{PV}、$J_{Q\theta}$ 和 J_{QV} 为潮流方程偏微分形成的雅可比矩阵的子阵。

令 $\Delta P = 0$，则

$$\Delta Q = [J_{QV} - J_{Q\theta} J_{P\theta}^{-1} J_{PV}] \Delta U = J_R \Delta U \tag{10-6}$$

或

$$\Delta U = J_R^{-1} \Delta Q \tag{10-7}$$

式中：J_R 为系统简化的雅可比矩阵。J_R 的奇异对应的是系统电压静态不稳定。

J_R 每一个特征值的大小决定了相应模态电压的脆弱程度，提供接近电压不稳定的相对量度。特征值越小，相应的模态电压越脆弱。如果 $\lambda_i = 0$，则第 i 个模态电压将崩溃，因为模态无功功率的任何变化都将引起模态电压的无限变化。

如果雅可比矩阵 J_R 的所有特征值都是正的，则系统可以认为是电压稳定的。如果有一个特征值为负，则可认为系统是电压不稳定的。J_R 的零特征值意味着系统处于不稳定的边界。而且 J_R 的较小特征值决定了系统临近电压不稳定的程度。

特征值的幅值可以提供发生不稳定可能性的相对量度。但是因为问题的非线性，特征值不能提供一个绝对的量度。这一点类似于小扰动（角度）稳定分析中的阻尼系数。它表示阻尼的程度，但不是稳定裕度的绝对量度。

（4）静态电压安全稳定在线预防控制。当在预想故障集下系统不能保证安全稳定时，需要对当前的运行工况进行预防控制，将系统拉回安全稳定区域。控制措施包括调节有载变压器分接头，调整发电机运行电压，投切并联电容电抗和切负荷等。首先基于潮流方程的雅可比矩阵，求取各个控制措施对节点电压的灵敏度系数。然后根据各个控制措施的代价，采用优化的方法，寻找性能代价比最大的控制措施，满足用户指定的安全准则要求。

通常静态电压稳定计算及其预防控制策略需要输入以下数据：

1）潮流文件。

2）反映电网元件参数的数据，如发电机以及控制器的参数、负荷特性参数、可投切电容电抗器数据等。

3）扫描的预想故障集，预想故障集中包括了系统所有 $N-1$ 故障和同杆双回线的 $N-2$ 故障、各种用户感兴趣的故障形式和故障元件。

4）功率调整方式，对极限功率计算而言，可能需要事先确定功率调整的参与元件和调整方式。

5）预防控制措施的种类、代价及搜索空间。对于在线预防控制措施搜索而言，必须事先明确控制措施的种类、代价及搜索空间范围，自动搜索出的在线策略要求满足用户的定义，工程上切实可行。

10.2.3 热稳定在线计算分析及控制

1. 热稳定在线计算分析

热稳定指的是流过电力设备元件如线路及变压器的电流水平允许在设备额定运行范围之内。

电网实时动态监测技术可以实现对线路及变压器等设备的实时监测，当发现线路及变压器的设备处于重载的情况时，及时向调度运行人员发出告警。电力设备的热稳定情况可用热稳定裕度来表示，其指的是电力设备的额定载流水平减去当前的电流差值比上设备的额定载流能力。

电网在实时运行中，还可以通过在线计算，考虑预想故障下电网其他设备是否过载，是否存在热稳定问题。通常对于预想故障下的热稳定问题，都是采用潮流计算获得的。潮流计算方法有多种，为了保证潮流计算程序具有良好的收敛性，可采用 PQ 解耦法提供初值，再转入牛顿—拉夫逊法求解。若为了提高在线分析的计算速度，首先可以进行外网等值，以注入功率不变为原则，进行静态等值，从而大幅度降低设备过载分析的电网规模；再采用速度较快的补偿法对预想故障集中的故障进行筛选，剔除安全稳定程度较高的故障，剩余故障再采用牛顿—拉夫逊法详细求解。为了进一步提高计算速度和收敛性，采用故障前的节点电压和相角作为牛顿—拉夫逊法的启动初值。

潮流计算程序的主要功能包括：

（1）潮流计算不收敛时，可根据设定原则修改参数，如牛顿—拉法逊法迭代修正因子等，重新计算。

（2）根据设定原则修改后仍不收敛者，重新读取数据进行计算。

（3）用户可设置潮流参数更改原则。

（4）可以给出潮流计算不收敛时的告警及统计。

（5）对于不收敛的算例，系统将通过对计算过程中的信息分析得到造成不收敛的可能原因，如系统有功缺额过大，或某些节点由于无功不足而导致电压过低等。

（6）对于收敛的潮流，可以给出分类统计，包括断面潮流、分区潮流、功率备用、母线电压分布图和电容器/电抗器投入等。

2. 在线热稳定控制辅助决策

设备过载的功率极限值都是通过灵敏度分析来求取。计算步骤如下。流程图如图 10-8 所示。

（1）求取当前参数下系统的稳定裕度。

（2）利用同样的方法计算参数变化后的稳定裕度。

（3）根据裕度对参数变化的灵敏度（设备过载的灵敏度可直接求出），计算与裕度为 0 对应的参数值，该值就是该参数的极限值。

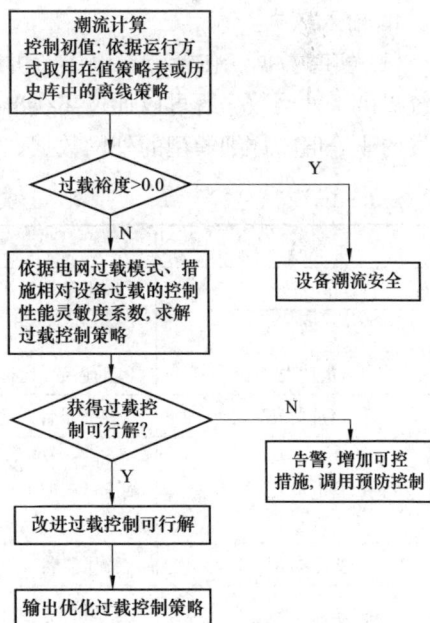

图 10-8 设备过载紧急控制寻优

237

10.3 广域测量系统在暂态稳定在线计算分析及控制中的应用

10.3.1 基于 WAMS 的暂态功角稳定和暂态电压安全在线计算

目前用于电力系统暂态功角计算方法主要有 EEAC 算法和基于 BPA 程序的数字仿真。在国内已建成的电网实时动态监测系统中多数采用的是基于 EEAC 算法的在线稳定计算，包括功角稳定计算和电压安全计算，因此在此主要介绍基于 EEAC 算法的在线稳定计算。

基于 EMS、电网实时动态监测系统和稳控系统等提供的电网运行实时信息，在面向安全稳定分析与控制的混合状态估计的基础上，对电网预想故障进行安全稳定在线分析，分析计算预想故障发生后暂态功角稳定裕度、安全稳定模式，提供各断面的输电功率极限及其受限制的原因与故障，评估现有稳控策略的效果，从而实现电网安全稳定的实时预警。

在功角稳定实时预警的基础上，当预想故障发生后电网安全稳定性没有保证或安全稳定裕度不足时，根据电网运行实际可调控的措施，结合电网运行控制经济信息和机组能耗与环保指标，在线分析计算出提高电网安全稳定性的预防控制措施，提供各控制措施和方案对危险点的灵敏度指标，给出控制建议。例如，发电机出力调整和控制负荷等，供调度运行人员确认后实施，或提供与 AVC 系统的接口信息自动进行调节，从而以最小的运行方式调整控制代价，提前消除事故隐患，满足电网运行安全稳定裕度的要求。当电网具有一定的安全稳定裕度时，根据调度运行人员给出的增加负荷方式和允许的机组出力变化情况，考虑网损、机组能耗与环保指标，计算出提高电网输电能力的调度辅助决策建议，供调度人员参考，从而充分利用输电容量。

根据电网运行工况的实时信息、电网运行环境的实时信息以及历史上曾经发生过的故障，利用自学习功能，在线预想历史上的故障场景，当条件相近时，在线计算一套预处理方案，提供给调度员进行预防控制，减小发生历史同类故障对电网产生的影响，减少调度事故处理的难度。

1. 输 入 数 据

（1）实时数据。包括节点电压、机组出力、网络拓扑、线路参数等，由状态估计、稳控系统提供。外网数据既可以通过离线准备的典型方式数据获取，也可以通过国调或网调汇总转发的非等值、详细模型的外网数据。用到的信息表见表 10-1。

表 10-1 实 时 数 据 信 息 表

表名	主要内容
节点表	物理节点所属的拓扑节点
拓扑节点表	拓扑节点名、拓扑节点的类型、电压幅值、相角、厂站
负荷表	负荷名、运行状态、有功负荷、无功负荷、厂站、连接节点
容抗器表	容抗器名、运行状态、额定容量、无功值、厂站、连接节点
发电机表	发电机名、运行状态、额定容量、有功出力、无功出力、厂用电、励磁模型 ID、调压器模型 ID、调速器模型 ID、电力系统稳定器模型 ID、发电机类型、厂站、连接节点
变压器表	变压器名、运行状态、绕组类型、厂站
变压器绕组表	绕组名、运行状态、有功值、无功值、正序参数、零序参数、分接头位置、分接头类型 ID、额定功率、绕组类型、绕组连接类型、厂站、连接节点

表名	主要内容
变压器分接头类型表	变压器分接头类型名、最小挡位、最大挡位、额定挡位、步长
交流线段表	交流线段名、运行状态、两端厂站、正序参数、零序参数、额定电流值、电流限值
交流线段端点表	所属交流线段、运行状态、有功值、无功值、厂站、连接节点
厂站信息表	厂站名、厂站类型、最高电压等级、区域
电压等级表	电压类型 ID、电压上限、电压下限
电压类型表	电压类型名、电压基值、电压上限、电压下限

（2）元件参数。包括发电机以及控制器的参数，负荷特性参数等，可离线准备，将来可与相关在线参数辨识系统接口，在线更新。常用的参数表见表 10-2。

表 10-2 常 用 的 参 数 表

表名	主要内容
发电机动态参数表	交轴、直轴暂态、次暂态电抗、阻尼等
调压器 E 型模型表	E 型调压器模型参数
调压器 F 型模型表	F 型调压器模型参数
调压器 F 新型模型表	F 新型调压器模型参数
调速器和原动机系统模型表	调速器和原动机系统模型参数
电力系统稳定器 S 型表	电力系统稳定器 S 型参数
电力系统稳定器 SH 型表	电力系统稳定器 SH 型参数
电力系统稳定器 SI 型表	电力系统稳定器 SI 型参数
负荷模型表	负荷模型参数
感应电动机动态参数表	感应电动机动态参数
线路固定串补模型表	线路固定串补模型参数
静止无功补偿器表	静止无功补偿器参数

（3）稳定扫描的预想故障集。用于暂态稳定仿真计算，可离线准备或根据预定规则，分析网络拓扑自动生成。

根据历史分析结果，识别电网中的薄弱环节，结合分析时刻网络拓扑结构和潮流断面的特点，在线修改或增加故障。

预想故障定义表见表 10-3。

表 10-3 预 想 故 障 定 义 表

表名	主要内容
算例表	算例描述、故障起始时间、故障切除时间、故障级别、故障概率
事件表	事件元件、故障类型、故障时序
算例和事件关系表	事件之间的组合关系、事件时刻
紧急控制措施集表	措施元件、措施代价、切负荷轮次

表名	主要内容
紧急控制受限表	措施优先级、措施互斥关系
故障和候选措施集关系表	指定故障和候选措施的关联
搜索空间表（极限搜索/预防控制）	搜索元件、搜索类型、搜索区域、优先级、代价
无功备用表	母线、区域、小区、无功备用阀值

对仿真曲线进行数据挖掘，给出每个预想故障的暂态功角稳定裕度和主导模式，为调度员提供在线监视暂态功角稳定水平的手段。

2. 暂态功角稳定和暂态电压安全在线计算

目前，国内暂态功角稳定和暂态电压安全都是采用统一暂态稳定程序仿真软件包，都是采用数值积分，因此在线计算方法一样。

对于暂态功角稳定，在实际电网稳定计算分析中，通常给出的是断面的概念，即该断面潮流小于某一值时，系统暂态功角稳定。因此可以通过断面的极限功率计算来保证系统暂态功角稳定性。

可以根据电网运行状态、模型和参数、预想故障场景，以及事先定义的调整方式，进行极限负荷、发电机极限功率的计算，极限值同时满足暂态功角稳定性约束，并最终形成调整方案。

断面极限功率的潮流调整方式有两种，一是指定了发电机、负荷的调整方式，求取与该调整方式相对应的断面极限功率；二是指定发电机、负荷的可调范围，不限定调整方式，通过求取最容易导致电网失去安全稳定的临界调整方式和调整量，得到与之对应的断面极限功率。

断面极限功率的计算流程图如图 10-9 所示。

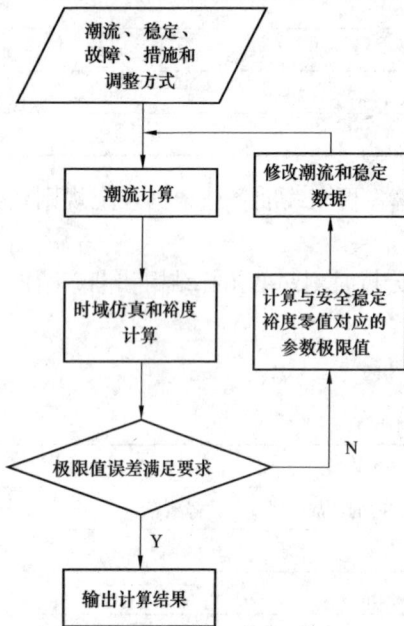

图 10-9　断面潮流计算流程

10.3.2　基于 WAMS 的暂态安全性在线预防控制

由于暂态功角稳定和暂态电压安全都是通过数值积分程序实现，因此可将暂态功角稳定和暂态电压安全整合，可以通过一次性仿真对电网的暂态稳定进行仿真并提供控制策略。

根据电网的运行状态、模型和参数、预想故障场景及相关安稳设备的配置、事先确定的暂态电压考核二元表，以及事先定义的候选措施空间（包含发电机出力调整、负荷调整、无功补偿调整等），经并行分布式平台进行暂态安全性分析计算，研究电网在给定预想故障场景下的暂态功角稳定性和暂态电压安全性对改善系统暂态安全性所需的敏感控制对象（如发电机、负荷、无功补偿节点）进行识别，借助于电力系统暂态安全极限功率计算工具，在候选措施空间获取同时满足暂态功角稳定性和暂态电压安全性为约束且控制代价最优或者次优的调整方案，形成最终预防性稳定控制措施输出，该控制措施可为调度人员提供辅助决策支持，也可送入 EMS 经 AVC/AGC 通道进行闭环安全稳定控制。

暂态功角稳定和暂态电压安全的策略搜索程序的计算步骤如下：

（1）利用裕度计算方法求取调整前基准潮流下系统在各故障场景中的暂态安全裕度（系暂态功角稳定裕度和暂态电压安全裕度的最小者）。

（2）若存在故障场景使得系统暂态不安全，则将此类故障进行模式分类，对属于同一模式的故障，取其中裕度最低者作为限制性故障做进一步研究。

（3）根据暂态不安全性质的不同，利用功角稳定机组参与因子的排序结果，或者电压无功灵敏度的排序结果、元件潮流灵敏度的排序结果等在给定候选措施空间设置极限功率调整方式，执行相应极限计算。

（4）把极限功率计算结果根据模式分类的信息加以处理，构成暂态安全性约束，在给定候选措施空间以控制代价最小为目标进行控制措施的寻优。

（5）把优化求解得到的控制措施应用到基准潮流数据上，获得调整后的新的方式数据，在此基础上进行暂态安全性校核，若系统在每一故障场景下均暂态安全，则已获得预防性控制策略，否则转第（1）步，直至达最大迭代次数。

预防控制策略搜索计算框图如图 10-10 所示。

暂态稳定及控制的仿真输入数据包括：

（1）在线安全稳定评估的输入数据。

（2）发电机、负荷、无功补偿候选措施空间。

（3）联络线或联络断面定义（可选）。

暂态稳定及控制的仿真输出数据包括：

（1）预防性稳定控制措施（调整前后功率值对照）。

（2）调整后的系统运行方式数据。

（3）联络线/联络断面初始功率和极限功率（可选）。

（4）冲突故障控制信息（可选）。

（5）调整后关键故障。

（6）调整后系统裕度。

（7）总控制代价。

10.3.3 基于 WAMS 的暂态安全性在线紧急控制

（1）优化目标。紧急控制措施多为离散控制措施，如切机、快关和切负荷等。由于 FAST-EST 提供了暂态功角稳定性和暂态电压安全性的量化稳定裕度，则各安全稳定约束可转换为相应安全稳定裕度大于零的问题。因此不同的安全稳定约束下的紧急控制优化可以处理为统一的整数

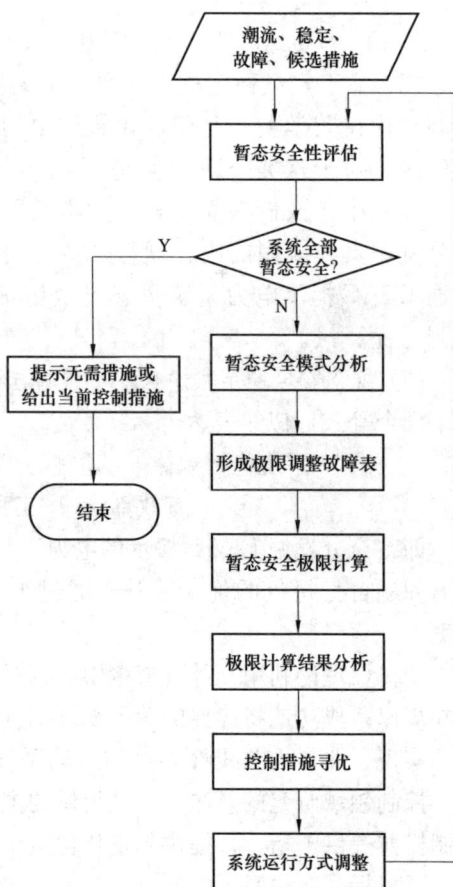

图 10-10 预防控制策略搜索

规划问题。进一步，某一种特定控制措施对系统稳定的影响与其控制量并不成正比，一定条件下控制还会有负效应。因此，紧急控制优化本质上是一个非线性整数规划问题。其数学描述为

$$\begin{cases} \min J = \sum_{i=1}^{n} c_i x_i \\ \text{s. t.} \quad \eta(x_1, x_2, \cdots, x_n) > \varepsilon \\ \sum_{i=1}^{n} a_{ij} x_i < b_j \quad j = 1, \cdots, m \end{cases} \qquad (10-8)$$

式中，离散变量不妨以切机措施为例解释如下：x_i 为第 i 台机组状态，1 表示切除该机组，否则为 0；c_i 为切机控制代价。$\eta(x_1, x_2, \cdots, x_n)$ 表示对采用控制组合 $(x_1, \cdots, x_n)$ 的系统安全稳定裕度，ε 为一小正数。模型中的线性约束条件表示控制措施在实施中的各种工程约束，例如：

1) 控制最大切机台数的约束条件可表述为：$\sum x_i \leqslant n_{\max}$，$n_{\max}$ 为最大切机数量。

2) 只有在第 i 台机组切除后第 j 台机组才可能被切除，可表述为：$x_j \leqslant x_i$。

3) 第 i 台机组和第 j 台机组状态相同，或者同时切除，或者同时保留，可表述为：$x_j - x_i = 0$。

4) 第 i 台机组和第 j 台机组互斥（不能同时被切除），可表述为：$x_j + x_i \leqslant 1$。

（2）基于安全稳定内在机理的紧急控制寻优算法。理论上，电力系统安全稳定紧急控制寻优在数学上是属于优化领域中的典型不可微、不连续、多维、高度非线性的 NP 难问题，对于这类问题如何进行全局优化，而且避免"维数灾"，至今都没有得到解决。实践中，人们确立了解决此类问题的指导思路是借鉴优化领域研究成果的基础上，充分发掘具体应用的内在规律形成针对特定问题特有的优化方法。依据这一指导思想，依据 EEAC 揭示电力系统暂态安全稳定的内在机理，设计开发了有效的暂态安全稳定控制寻优算法。

（3）暂态安全稳定紧急控制寻优算法。暂态稳定寻优算法的设计开发思路可以概略地用以下两个等式近似的表达：

系统稳控规律 ＋ 适宜的优化思路 ＝ 具有问题特色的有效算法

有效算法 ＋ 工程经验 ＝ 实用的优化方案

即：充分发掘 EEAC 揭示的电力系统暂态稳定控制机理，融合适宜的优化思想，形成具有问题自身特色的优化算法；通过工程应用的磨合形成实用有效的在线紧急控制寻优方案。

EEAC 理论利用互补群惯量中心相对运动变换（CCCOI‐RM）严格地描述暂态稳定的内在规律，成功地将经典的等面积准则（EAC）拓展到非自治单刚体运动系统的量化分析，从而实现了非自治非线性多刚体运动系统稳定性的量化，开辟了电力系统暂态稳定量化分析、控制领域研究的新途径。其提供的主导失稳模式、潜在危险模式为快速获取有效的失稳控制机群提供了指标；提供的量化稳定裕度和控制参数性能指标为选择有效的失稳控制机组提供了指标。在线紧急控制寻优算法中首先根据这些指标快速的寻求使系统稳定的可行控制策略；若在线计算时间允许，则依据控制措施的控制性能代价比，进一步进行优化搜索。

在具体在线工程应用中,充分利用现场、运方人员稳定分析、控制中积累的工程经验,可大大提高寻优算法的计算效率。比如在控制策略初值设定上,由于当前计算潮流断面和上一次潮流断面相差未必很大,则可以将当前在值的控制策略表作为本次策略搜索的初值,以提高控制搜索效率。同理,控制策略初值还可以采用以下方式:①依据当前潮流运行方式检索离线控制策略库中的相近方式下的控制策略;②利用过载模块提供的过载控制策略。

暂态电压安全紧急控制是在满足暂态稳定的基础上,进一步改进系统暂态过程的电能质量。因此其控制寻优是在暂态功角稳定控制策略的基础上进一步采用追加控制措施。其算法思路与暂态功角稳定寻优策略相似,依据 FASTEST 提供的暂态电压、安全模式和控制性能代价比进行快速的可行解搜索,然后在在线控制时间允许下,进一步进行优化搜索,流程图如图 10-11 所示。

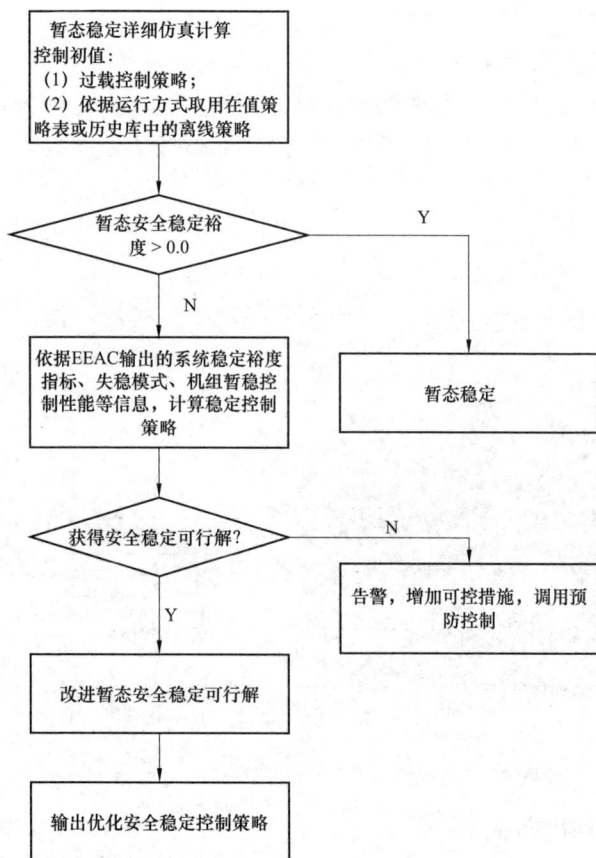

图 10-11　紧急控制策略寻优流程图

10.4　广域测量系统在低频振荡在线计算分析及控制中的应用

目前国内外用电网广域测量系统(实时动态监测系统)的低频振荡在线监测方法主要是采用 Prony 方法,这是由于 Prony 算法是利用一组指数函数来拟合等间距采样信号,其振荡、衰减数学特点适合现场实际的振荡数据特征。同时电力系统规模不断扩大，很难得到符合系统实际的数学模型，而 Prony 算法对大系统可以分散提取各点的特征，与系统的阶数和参数没有关系，这对于实际电网中 PMU 安装不全来说也是适合的，这些都使 Prony 算法非常适合 WAMS 的进行电力系统低频振荡分析。此外，应用 Prony 算法分析实测振荡数据，还可以确定系统振荡频率及振荡模式；定量分析系统振荡的阻尼问题；提取曲线的振荡特征，为振荡仿真分析的有效性提供有力验证。图 10-12 为某省利用 Prony 算法在线监测获得的低频振荡监测画面。

通过 Prony 算法分析低频振荡数据可得到准确的振荡模式，但其对输入信号的要求较高，实际系统中输入信号的噪声会影响 Prony 算法的精度，需要对其进行改进，一种方法是对信号进行滤波消除可能的噪声，另一种方法是通过计算均方差（MSE）确定算法的阶数。

由图 10-12 可见，通过 PMU 上传的动态数据，利用 Prony 算法，连续跟踪电网的电压相对相角、频率和功率动态曲线，实时计算分析动态曲线的频谱，对低频振荡的模式、幅值、频率、阻尼比、振荡点进行快速实时分析，分析低频振荡的形成、发展、分布范围、振荡源及主振荡模式（包括振荡频率、阻尼特性、参与机组及其参与因子）。

电网实时动态监测系统应在发现系统存在低频振荡或存在低频振荡危险时，都应该根据计算结果提供预防控制措施。基于 Prony 算法的低频振荡控制流程图如图 10-13 所示。

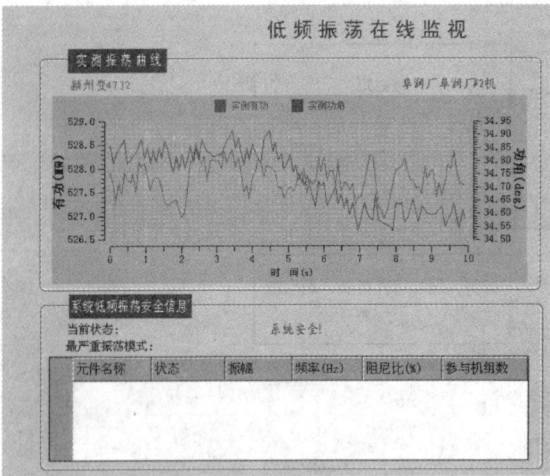

图 10-12　低频振荡监测画面

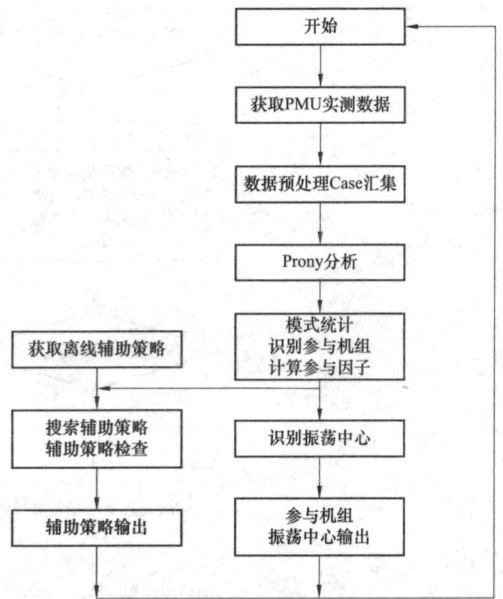

图 10-13　基于 Prony 算法的低频振荡控制流程图

在在线分析中，还有基于电网实时运行状态、模型和参数、预想故障对当前方式和预想故障后方式进行低频振荡分析计算，通常采用 IRAM 算法。采用 IRAM 算法在线分析低频振荡的核心指标见表 10-4。

表 10-4 在线低频振荡分析核心指标

核心指标		含义
阻尼比		阻尼比 $\xi = \dfrac{-\sigma}{\sqrt{\delta^2 + \omega^2}}$，其中，$\sigma$、$\omega$ 分别为共轭特征值的实部和虚部，它确定了振荡幅值衰减的速度
振荡频率		频率 $f = \dfrac{\omega}{2\pi}$，f 为该模式的振荡频率，单位 Hz
振荡模态		特征值的右特征向量，反映了在状态向量上观察相应的振荡时，相对振幅的大小和相位关系，可根据与某振荡模式相对应的振荡模态得出该振荡模式反映的是那些机群之间的失稳模式
参与因子		参与因子 p_i，反映与可控性和可观性的综合指标，可反映各机组参与各振荡模态的程度
机电回路比		机电回路相关比 ρ_i，反映了特征值 λ_i 与变量 $\Delta\omega$、$\Delta\delta$ 的相关程度。在实际应用中，若对于某个特征值 λ_i 有 $$\begin{cases} \rho_i \gg 1 \\ \lambda_i = \sigma_i + j\omega_i = \sigma_i + j2\pi f_i \end{cases} \quad f_i \in (0.2\sim 2.5)\ \text{Hz}$$ 则认为 λ_i 为低频振荡模式，即机电模式
参与机组		与该模态强相关的机组
最低阻尼比相关信息	最低阻尼比	表示当前断面最低阻尼比
	对应频率	为当前断面最低阻尼比对应的频率
	参与机组	与最低阻尼比对应模态强相关的机组

《国家电网安全稳定计算技术规范》对低频振荡的阻尼分类见表 10-5。

表 10-5 低频振荡运行标准

阻尼分类	阻尼比范围	说明
负阻尼	小于 0	系统不能稳定运行
弱阻尼	0～0.02	—
较弱阻尼	0.02～0.03	—
适宜阻尼	0.04～0.05	—
	大于 0.05	系统动态特性较好

在正常方式下，区域振荡模式及与主要大电厂、大机组强相关的振荡模式的阻尼比一般应达到 0.03 以上，故障后的特殊运行方式下，阻尼比至少应达到 0.01～0.015

以安徽电网某时刻在线断面数据为例进行低频振荡计算，计算参数设置和详细结果信息见表 10-6～表 10-8，其模式分布图如图 10-14 所示。

表 10-6 小干扰计算参数设置

频率范围（Hz）	阻尼比范围	特征值个数	机电回路相关比限值	PSS 投退
0.3～1.6	≤30%	100	1	机组全投

表 10 - 7   模式信息

阻尼比（%）	频率（Hz）	特征根实部	特征根虚部	机电回路相关比	主导发电机
8.56	0.75	−0.4035	4.6941	1.59	安徽.虎山厂♯2机

表 10 - 8   主要发电机参与因子

序号	参与因子	模态幅值	模态相角	对应发电机名	区域
1	1.000	0.8	14.42	安徽.虎山♯2机	淮北
2	0.488	1	0	华东.琅琊山♯2机	华东直属
3	0.474	0.61	32.70	安徽.阜润♯2机	阜润
4	0.472	0.60	32.46	安徽.阜润♯1机	阜润
5	0.466	0.82	24.67	安徽.汇源♯5机	宿州

　　从表 10 - 7 可知，符合扫描频率、阻尼比范围内的振荡模式仅有一例，该模式下振荡频率为 0.75Hz，主导发电机为虎山厂♯2 机，阻尼比为 0.0856，系统动态性能较好。

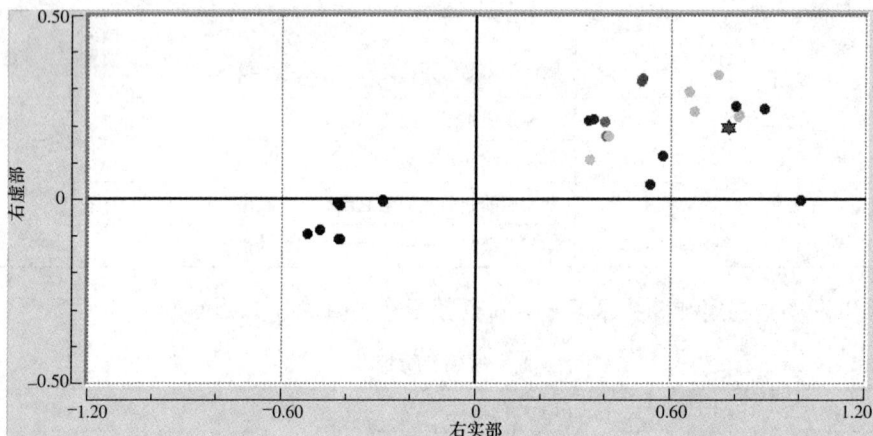

图 10 - 14　模态分布图

参考文献

1　国家电力调度通信中心. 电力系统实时动态监测系统技术规范. 北京：国家电力调度通信中心，2006.

2　国家电力调度通信中心.《关于加强广域相量测量系统建设及实用化工作的要求》. 北京：国家电力调度通信中心，2005.

3　国家经贸委. 电力系统安全稳定导则 DL 755—2001. 北京：中国电力出版社，2001.

4　王正风，黄太贵，吴迪，等. 电网实时动态监测技术在电力系统中的应用. 华东电力，2007，35（5）：44 - 48.

5　陈实，许勇，王正风，等. 电网实时动态监测技术及应用. 北京：中国水利水电出版社，2010.

6　王正风，胡晓飞. 安徽广域测量系统的建设与应用. 中国电力，2008，41（7）：17 - 21.

7　王正风，黄太贵. 安徽电网动态监测预警与辅助决策系统的建设与研究. 电气应用. 2010，29（8）：96 - 100.

8　汪永华，王正风，等. 电网动态监测预警与辅助决策系统的应用与发展. 电力系统保护与控制. 2010，38（10）：71 - 74.

9　DUNLOP R D，GUTMAN R，MARCHENKO P P. Analytical development of loadability characteristics for EHV and UHV transmission lines. IEEE Transactions on Power Apparatus and System，1979，PAS98（2）：606-613.

10　袁季修. 防御大停电的广域保护和紧急控制. 北京：中国电力出版社，2007.

11　陈新琪，竺士章，袁斌，等. 同步发电机参数与工况关系初探. 中国电力，2001，34（10）：31-34.